도시교통의 이해

박창수 · 황정훈 공저

머리말

교통공학원론이 나온 지 20여년이 되었습니다. 그 동안 이 책을 교재로써 사용하였거나 저자의 홈페이지에 접속하여 내용을 참조한 여러분들의 애정 어린 충고에 답하고자 개정판을 내게 되었습니다.

개정판의 주요 내용은

전체적으로 미진하고 부족한 부분을 보완하고자 노력하였고, 다소 혼재되어 있든 내용을 교통공학 전반의 체계에 맞춰 재배열하였습니다.

각 장별로

4장 교통조사는 각 장별에 산재되어 있든 조사항목을 취합하여 정리하였고,

5장 용량분석은 최근 발간된 '도로용량편람 2013년' 판의 내용으로 개정하였으며,

9장 교통시설물은 '도로의 구조·시설 기준에 관한 규칙 해설 및 지침 2013년' 판을 기준으로 수정하였으며,

10장 교통안전도 안전에 대한 관심도에 맞추어 보다 보강하였으며, 11장 ITS 역시 최근의 중요도에 맞게 별도의 장으로 꾸며졌습니다.

따라서 이 책은 도시공학, 교통공학, 토목공학, 지역개발 등을 공부하는 학부생들을 위한 교재로서 교통학의 전 분야를 각론별로 간단 명료하게 수록하였습니다. 특히 교통기사를 준비하는 학생들에게는 이론과 응용을 동시에 접할 수 있어 수월할 것입니다.

처음 교통공학원론을 탄생시키면서, 저자의 교통에 관한 지식이 얼마나 일천한지를 토로한 바 있습니다. 이번에는 나름대로 고민하여 개정판을 내었지만 다소의 아쉬움이 남아있음을 부인할 수 없습니다. 독자 여러분의 많은 질책을 바라고 이를 자양분으로 좀 더 노력할 것을 약속드립니다.

본 교재의 출판 과정에서 미국 NYU의 William R. Mcshane교수님 및 여러 선배님들의 옥고들이 많은 참조가 되었으며, 본 교재를 출간해 준 이병덕 사장님에게 감사를 드립니다.

2021년 2월

박창수, 황정훈

목차

제1장 교통의 개념

제2장 교통공학의 개요
1. 교통공학의 분류 ·················· 14
2. 교통체계의 구성 ·················· 18

제3장 교통류의 특성 및 이론
1. 교통류란 ························ 36
2. 연속류와 단속류의 특성 ············ 43
3. 연속교통류의 특성 ················ 44
4. 단속교통류의 특성 ················ 45
5. 교통류 모형 ···················· 48
6. 교통류 분석모형 ·················· 51

제4장 교통조사
1. 교통조사 ························ 74
2. 교통시설 현황조사 ················ 75
3. 교통류 특성조사 ·················· 77
4. 통행실태조사 ···················· 89
5. 대중교통조사 ···················· 92
6. 사고조사 ························ 97
7. 주차조사 ························ 100

제5장 용량
1. 용량 개요 ······················ 107
2. 고속도로 ························ 112
3. 2차로 도로 ······················ 138
4. 다차로도로 ······················ 147
5. 신호교차로 ······················ 160
6. 도시 및 간선도로 ·················· 184

제6장 교통통계
1. 확률변수의 분포 ·················· 197
2. 여러 가지의 이산확률분포 ·········· 202
3. 정규분포 ························ 209
4. 표본분포 ························ 213
5. 모수의 추정 ···················· 217
6. 가설의 검정 ···················· 224
7. 회귀분석과 상관분석 ·············· 233

제7장 교통운영
1. 회귀분석과 상관분석 ·············· 238
2. 교통신호기 ······················ 242
3. 전자교통신호제어 체계 ············ 247
4. 신호시간 산정절차 ················ 256
5. 교통통제 기법 ···················· 271

제8장 교통계획

1. 교통계획이란? ·· 280
2. 교통계획 자료수집 ································· 287
3. 토지이용계획 조사방법 ························· 291
4. 4단계 교통수요예측 ······························· 294
5. 통행발생(Trip generation) ···················· 297
6. 통행분포(Trip distribution) ·················· 306
7. 교통수단 선택(Modal choice) ·············· 328
8. 통행배정(Trip assignment) ·················· 335
9. 평가 ·· 340

제9장 교통시설

1. 도로의 개요 ·· 351
2. 도로망 계획 ·· 354
3. 도로설계 ·· 360
4. 도로평면선형 ·· 377
5. 시거(Sight Distance) ····························· 391
6. 종단선형 ·· 396
7. 평면교차 ·· 401
8. 입체교차 ·· 411

제10장 교통안전

1. 교통안전 ·· 419
2. 교통사고의 특성 ···································· 422
3. 사고의 조사 ·· 424
4. 사고의 분석 ·· 430
5. 교통사고 방지대책 ································ 445
6. 개선대안의 시행 ···································· 453

제11장 지능형 교통체계

1. 지능형 교통체계(Intelligent Transportation Systems) ··· 460
2. ITS 국가 기본계획 ································ 464
3. 자동차·도로교통 분야 ITS 추진계획 ······ 466

제12장 교통정책

1. 도시교통의 특성 및 문제점 ················· 475
2. 교통체계관리기법(TSM) ······················· 480
3. 교통환경 개선 ·· 486
4. 대중교통 정책 ·· 490

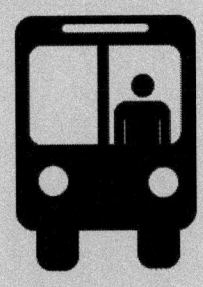

제1장
교통의 개념

(1) 교통의 정의

'교통이란 무엇일까' 이 질문에 대한 답변은 각 개인마다 다르다. 국어대사전에는 교통을 "오고 가는 일, 좀 더 구체적으로 서로 떨어진 지역 간에 있어서의 사람의 왕복, 화물의 수송, 기차·자동차 등의 운행하는 일의 총칭"이라고 되어 있다. 교통공학에서 일반적으로 정의하는 교통은 "사람이나 화물을 한 장소에서 다른 장소로 이동시키는 모든 활동과 그 과정 및 절차"라고 되어 있다.

실생활에서 대다수의 사람들은 사회 구성원으로써 경제활동을 수행해야 하며, 대부분의 경우 주거지와 경제활동지가 일치하지 않으므로 일정한 공간을 통행할 필요가 있다. 사회가 발전할수록 통행수는 증가하고 또한 이런 통행을 가능케 하려면 교통수단의 도움을 받아야 한다.

즉, 사람이나 화물을 한 장소에서 다른 장소로 이동시키는 모든 활동 혹은 과정으로써 장소와 장소간의 거리를 극복하기 위한 행위를 교통이라 할 수 있다. 그리고 구체적으로 교통이란 거리에 대한 저항을 극복하는 공간적 이동이 성립되어야 하고, 체계적인 교통수단에 의한 이동이어야 하며, 반드시 반복현상이 있어야 한다.

(2) 교통의 목표

교통은 통근, 통학, 쇼핑, 위락 등과 같은 활동을 보조해주기 위한 수단적인 의미를 가진다. 즉, 교통은 그 자체가 목적이라 볼 수 없고 인간 활동을 충족시키기 위한 수단으로서의 의미를 가진다.

이러한 교통서비스의 궁극적인 목표는 공간적 제약을 극복하는 이동성(mobility)과 접근성(accessibility)을 제공하는 것이며, 부가적으로 편리성(convenience), 쾌적성(comfort), 안전성(safety), 경제성(economy), 신속성(rapidity) 등을 추구하는 것이다. 한편 서비스를 제공받는 개인은 이들 각 요소들의 선호도에 따라 교통수단을 선택한다.

(3) 교통의 역할

교통은 인간생활에 없어서는 안 될 기본적인 요소로 인정받고 있다.

개인의 측면에서는 매일의 출퇴근과 친교, 쇼핑 등과 같은 일상적인 삶의 진행이 교통을 통해서 이루어진다. 교통과 인간생활과의 이러한 밀접한 관계 때문에 교통의 양과 질은 그 사회 구성원의 생활의 질을 평가하는 척도가 된다.

경제적인 측면에서 교통은 상품의 생산과 분배활동에 적극 참여하여 공간적 효용과 시간적 효용을 증대시키는 기능을 수행하여, 생산성의 극대화와 물류비용의 최소화를 이룸으로써 국가경제활동의 원동력이 된다.

정치·사회적인 측면에서도 현대사회가 안고 있는 인구, 교육, 도시문제 등 상당수가 교통서비스의 불균형에서 기인한 바가 크다. 따라서 교통의 발달이 지역 간 격차해소와 문화적 단절을 해소할 수 있으며 국가 또는 사회발전 정도를 평가하는 척도로 작용할 수 있다.

(4) 교통의 기능

교통의 목표와 역할에서 살펴보았듯이 교통이 수행하는 기능은 다양하고 또한 사회발전을 위해 필수적이다.

이러한 교통의 순기능을 살펴보면 다음과 같다.

① 사람과 화물을 일정시간에 목적지까지 이동
② 도시화 촉진을 통한 대단위 도시(metropolis) 및 도시벨트(belt) 형성 가능
③ 물류비용 절감으로 국제 경쟁력 확보
④ 지역 간, 권력간 교류 촉진으로 지역 간 차이를 해소하고 시장권의 확대
⑤ 문화, 사회 활동 등을 수행하기 위한 이동 수단 제공

그러나 교통의 발전에 따라 발생되는 교통사고, 환경문제 등의 교통의 역기능도 증가하고 있다. 사회발전 정도에 따라 역기능의 해결에 대한 중요성이 높아지고 있으며 이에 부응하는 새로운 교통수단의 개발, 더 나아가 교통을 바라보는 인식의 전환이 요구되고 있다. 교통의 역기능을 살펴보면 다음과 같다.

① 교통사고를 유발하여 인명 및 재산피해를 유발하는 위험이 따른다.
② 배기가스, 소음, 진동에 의한 환경피해를 유발한다.
③ 많은 에너지 자원을 소비한다.

(5) 교통체계 구성요소

교통체계를 구성하고 있는 요소는 그 성격과 기능에 따라 구분할 수 있다. 일반적으로 연

결체계(Links), 운반체계(Means), 터미널체계(Terminals), 인적 구성체계(Users and Labors) 등으로 대별되며, 통상 전자의 3가지를 교통의 3요소, 또는 인적구성체계까지 포함하여 교통의 4요소라고 하는데, 이들 각 요소들을 살펴보면 다음과 같다.

① 연결 체계(Links) : 교통의 출발지와 목적지를 연결해 주는 기능으로 크게 물리적 연결로와 비물리적 연결로로 구분할 수 있으며 그 내용은 다음과 같다.
- 물리적 연결로 : 도로, 궤도, 관로(pipeline), 연속연결로(belts), 삭도(cable)
- 비 물리적 연결로 : 항로, 해로, 수로, 운하

② 운반수단체계(Means) : 사람 및 재화를 실어 나를 수 있는 운반수단을 의미하며, 크게 차량수단과 연속수송수단으로 구분할 수 있으며 그 내용은 다음과 같다.
- 차량수단 : 자동차, 버스, 열차, 선박, 항공기 등
- 연속수송수단 : 관로(pipeline), 연속연결로(belts), 에스컬레이터, 케이블카

③ 터미널 체계(Terminals) : 사람 및 재화의 출발과 도착, 환승, 주차, 하역 및 선적할 수 있는 공간 기능을 제공한다. 크게 대형·소형 터미널과 기타 유사시설로 구분할 수 있으며, 그 내용은 다음과 같다.
- 대형터미널 : 공항, 항구, 철도역, 버스터미널, 대형 주차시설 등
- 소형터미널 : 버스정류장, 부두, 주택지의 차고 등
- 기타 유사시설 : 연도변 주차장, 수화물 적하장 등

④ 인적 구성 체계(User and Labors) : 상기 시설을 이용하고 운영하며 유지 관리하는 인원을 의미한다. 크게 이용자와 관련시설 종사자로 구분할 수 있으며, 그 내용은 다음과 같다.
- 이용자 : 승용차 운전자, 승객, 보행자 등
- 관련시설 종사자 : 경영자, 유지관리자, 시설운영자 등을 포함한 고용자 등

이러한 구성요소들은 교통이용자와 함께 주변 환경과 복합적으로 상호작용하면서 유기적인 관계를 형성하고 있다.

한편 또 다른 교통구성요소의 분류방법은 교통주체, 교통수단, 교통시설의 3요소로 분류하는 것이다. 개념상으로는 앞서 교통의 4요소에서 연결체계와 터미널체계를 교통시설로 통합하고, 운반수단체계를 교통수단으로 분류하고, 인적 구성 체계에서의 이용자와

화물을 포함하여 교통주체로 통합했다고 할 수 있다.

상기 분류방법에 의한 교통의 3요소 세부 내용은 다음과 같다.

① 교통주체 : 사람(운전자, 승객, 보행자), 화물
② 교통수단 : 자동차(승용차, 버스, 택시, jitney, 기타), 기차, 비행기, 선박
③ 교통시설 : 환경(도로, 철도, 공항, 터미널, 항만, 역, 운하, 항로), 교통통제수단(신호, 표지판, 도로표지, 기타)

(6) 교통체계의 특성

교통체계를 평가하기 위한 일반적인 특성은 편재성(Ubiquity), 이동성(Mobility)과 효율성(Efficiency) 등의 관점에서 비교될 수 있다.

① 편재성(Ubiquity) : 편재성이란 각 체계를 이용하기 위하여 필요한 접근노력이나 출발지에서 목적지까지에 이르는 체계의 노선에 대한 굴곡성, 다양한 형태의 교통수요를 수용할 수 있는 체계의 융통성을 의미한다.
② 이동성(Mobility) : 이동성은 체계의 용량과 속도로써 표현되는 것으로 체계를 이용할 수 있는 교통량과 이동시의 신속성을 의미한다.
③ 효율성(Efficiency) : 교통서비스에 소요되는 직·간접의 비용과 체계의 생산성을 나타내는 특성으로써 직접비용이란 체계의 도입에 필요한 투자비와 운영비를 의미하며 간접비용이란 교통사고, 교통공해 등과 같은 비경제적인 영향을 포함한다.

(7) 교통의 분류

교통을 크게 공간과 수단에 따라 구분하는데, 수단적 분류는 승객이나 화물이 이용하는 교통수단을 유형별로 분류하는 것이고, 공간적 분류는 교통이 일어나는 지역적 규모에 의해 분류하는 방법이다.

① 교통수단에 의한 분류
- 개인교통수단(이동성, 비정기성. 예 : 자가용, 오토바이, 자전거)
- 준대중 교통수단(고정된 노선 없이 비정기적으로 운행. 예 : 택시, 지트니(jitney), 기타)

- 대중교통수단(대량수송 수단으로 일정한 노선과 스케줄에 의해 운영. 예 : 버스, 지하철, 기타)
- 화물교통수단(트럭, 철도, 기타)
- 보행교통수단
- 서비스교통수단(소방차, 구급차, 이동 우편차, 이동 도서차, 청소차 등 공공서비스를 제공하는 수단)

② 지역적 규모에 따른 분류
- 국가교통(국가전체)
- 지역교통(지역)
- 도시교통(도시)
- 지구교통(주거단지, 상업시설)

제2장
교통공학의 개요

1. 교통공학의 분류

교통공학은 실제 교통현상을 대상으로 하는 경험과학으로서 복합적인 기술, 과학적인 원리의 적용을 위한 이론과 접근방법, 그리고 사회·경제활동을 위한 인간의 형태 등 다양한 분야가 집적된 종합학문으로서의 영역을 구축하고 있다.

교통공학은 교통시스템을 건설하고 운영하는데 필요한 모든 기술적인 활동-연구, 계획, 설계, 건설, 운영, 유지관리-에 대한 책임을 가진 과학기술 분야이며, 이와 같은 활동은 단계별로 다음과 같은 8가지로 나누어 볼 수 있다.

① 계획
- 시스템계획
- 프로젝트계획

② 설계
- 시스템설계
- 프로젝트설계(도로, 교차로, 인터체인지, 주차시설, 터미널설계)

③ 조사 및 감시

④ 시공건설

⑤ 운영 및 통제
- 시스템 운영(TSM)
- 위험 및 혼잡지역 운영

⑥ 정비유지

⑦ 연구
- 학술연구
- 기술연구

⑧ 행정
- 위의 7가지 기능을 지원

한편 ITE(Institute of Transportation Engineers)에 의하면 교통공학이란 '교통계획, 기하구조 설계 및 도로, 네트워크, 터미널 인접 토지이용과 모든 교통수단과의 관계를 다루는 학문'이라고 정의하고 있으며, 교통공학을 크게 다음과 같이 분류하고 있다.

① 교통계획
- 계획과정과 계획기법을 발전시킴으로써 각종 교통수단에 대한 연구를 촉진
- 에너지 효율이 큰 교통시스템으로 유도하기 위한 연구
- 통계자료 및 정보의 수집

② 교통설계 : 교통시설물(도로, 터미널, 주차시설 등)의 기능적 설계 및 기하설계를 위한 기준, 표준, 기법 및 지침을 발전

③ 교통운영 : 여러 교통시스템의 운영 및 통제대책, 기법 및 설비를 발전시키고 연구

교통공학은 그 정의에서 살펴본 바와 같이 대상과 목적에 따라 다양하게 나누어진다. 일반적으로는 이와 같이 세분된 분야를 유사분야별로 묶어서 교통계획(Transportation Planning), 교통운영 및 관리(Transportation Operation and Management), 교통설계(Transportation Design), 교통행정(Transportation Administration) 등 4가지 분야로 대별할 수 있다.

① 교통계획 : 계획대상 지역의 장래 교통이용 행태 및 수요를 분석, 예측하여 적정규모와 소요시설의 투자규모를 산정하고 계획을 집행하고 평가하는 분야.

② 교통운영 및 관리 : 교통시설의 운영 및 관리의 효율성과 주변 환경과의 조화 등을 제고하기 위하여 교통현황을 분석·판단하여 교통시설의 합리적인 운영대책을 계획하고 수립하며 그 성과를 측정, 분석, 평가하는 분야.

③ 교통설계 : 교통의 연결체계(도로, 가로망, 철도 등), 운반수단체계(차량, 선박 등), 정류장 및 터미널 체계(출발, 도착, 환승 등) 등의 특성과 교통의 행태 등을 규명하여 교통수단 및 교통시설의 효율적 교통처리를 위한 교통시설의 합리적 운영체계 등을 설계하는 분야.

④ 교통행정 : 기존의 교통문제를 합리적이고 체계적으로 해결하기 위해서는 교통행정관련 부서의 유기적이고 합리적인 협조체계의 구축이 필요한데, 이를 위해서 합리적이고 효율적인 교통행정체계를 구축하고 관리하는 분야.

한편 현행 교통기사시험의 출제 기준표는 다음 표들과 같다. 이는 앞서 논의된 교통공학의 분류와 관련지어서도 유의한 자료라 할 수 있으며, 교통공학을 공부하는 학생들이 교통공학 분야의 학습방향을 잡는데 도움이 될 수 있다.

[표 2-1] 교통기사 필기시험 출제기준표

시험 과목	주요 항목	세부 항목
교통계획	교통계획을 위한 수요예측 및 대중교통수단 등에 관한 지식	1. 경제사회 지표의 조사 및 예측 2. 교통조사 및 통행특성 3. 교통시설 조사 4. 도시교통계획 과정 5. 교통수요 분석 및 예측 6. 대중교통체계 7. 교통정책 및 관리대안
교통공학	도로시설, 차량, 운전자 및 보행자에 관한 지식	1. 도로이용자 및 차량의 운행 특성 2. 교통류 조사 3. 교통류 특성 및 분석 4. 교통용량 5. 교통신호 및 관제
교통시설	도로 등 주요 교통시설물에 관한 지식	1. 도로의 기능체계 2. 도로의 기하설계 요소 및 부대시설 3. 교차로의 계획 4. 터미널 및 정거장 계획 5. 주차장 계획
도시계획 개론	교통계획을 위한 도시계획 과정에 관한 지식	1. 도시계획 과정 2. 토지이용계획 3. 가로망 계획
교통관계 법규	교통운영 및 관리에 관한 제 법규	1. 도시교통정비촉진법 시행령 2. 도로교통법 및 시행령, 시행규칙 3. 도로법 및 시행령 도로의 구조시설 기준에 관한 규정 4. 주차장법 및 시행령 5. 교통안전법 및 시행령 6. 도시계획법 및 시행령
교통안전	교통사고에 관한 특성, 조사, 원인분석, 방지대책에 관한 지식	1. 교통사고의 특성 2. 교통사고 조사 3. 교통사고 원인분석 4. 교통사고 방지대책

먼저 필기시험과목 중 교통계획, 교통공학, 교통시설 등은 일반적인 교통공학의 분류에서도 언급된 교통공학의 필수전공이라 할 수 있다. 도시계획개론의 포함은 교통공학과

도시계획과의 밀접한 관계를 의미하며, 교통관계법규 부분은 교통공학 전문가에 대한 관련 법규의 숙지 요구라 할 수 있다. 교통안전분야는 궁극적인 목표를 교통사고 방지대책 수립이라 할 때, 교통전문가로서 사회적 봉사활동의 역할을 기대한다.

실기시험은 교통운영 및 관리에 관한 실무적인 지식을 요구하며, 이는 교과과정에서 다양한 현장학습과 프로젝트 등을 통한 실무경험을 필요로 한다.

[표 2-2] 교통기사 실기시험 출제기준표

시험 과목	주요항목	세부항목
교통운영 및 관리	교통의 계획 및 운영에 관한 실무적인 지식	1. 교통계획에 관한 실무적인 지식 　1) 교통량 조사 　2) 교통계획의 접근방법 및 계획 과정 　3) 교통계획의 평가방법 　4) 도시교통의 정책 및 관리방안 2. 교통공학에 관한 실무적인 지식 　1) 교통류 조사기법 　2) 교통용량과 서비스수준 분석 　3) 교통체계관리 (TSM) 　4) 교통신호 운영 　5) 도로 및 교차로의 계획

2. 교통체계의 구성

> 교통체계의 구성요소
> 교통주체(운전자, 보행자, 승객)
> 교통수단(자동차, 기차·전철, 신교통수단)
> 교통시설(보행시설, 도로시설, 주차시설) 및 제어(신호를 포함한 각종 안전 시설물)

교통체계 구성의 3요소를 교통주체, 교통수단, 교통시설로 분류할 수 있다고 앞서 밝힌 바 있다. 교통체계는 구성요소들 간의 물리적이고 유기적인 조화 속에서 효용성을 발휘할 수 있으므로 요소들 상호 간의 연관성은 대단히 중요할 뿐만 아니라 향후 교통공학 연구의 주요 과제이다.

본 절에서는 먼저 교통주체인 인간과 교통수단과의 기본적인 특성 이해에 중점을 두고 서술한다. 또 다른 요소인 교통시설은 이 책의 교통시설물 공학에서 보다 자세히 다루어질 것이다.

2.1 교통주체

교통주체인 인간은 운전자, 보행자, 승객 등으로 교통시설 및 교통수단을 이용하는 모든 사람을 총칭한다.

(1) 운전자의 특성

운전자는 운전자의 나이, 성별, 피로도, 음주상태, 감성 등에 따라 운전의 패턴 및 사물을 인지 반응하는 시간이 달라지며, 이는 도로 설계 시 고려되어야 할 중요한 사항중의 하나이다. 인지반응 시간을 측정하기 위한 일련의 과정을 살펴보면 다음과 같은 과정을 통하여 이루어진다.

① 인지 또는 지각(Perception) : 자극을 느끼는 과정
② 식별 또는 판단(Identification) : 자극을 식별하고 이해하는 과정
③ 행동판단 또는 결정(Emotion) : 상황에 맞는 적절한 행동을 결심하는 의사결정 과정
④ 의지 또는 행동 및 브레이크 반응(Volition) : 행동의 실행 및 차량의 작동이 실행되기 직전까지의 과정

이와 같은 일련의 과정을 PIEV과정이라 하며, 이때 소요되는 시간을 반응시간이라 한다. 실험에 의하면 운전자의 최소반응시간은 평상시 운전에 요구되는 시간과 갑작스런 변화가 있을 때 요구되는 반응시간을 합하여 약 1.64초로 본다. 그러나 이것은 최소한의 기준이므로 실제 도로의 설계 시에는 복잡한 도로조건을 고려하여 운전자에게 보다 안전성을 확보할 수 있도록 2.5초의 반응시간을 적용하고 있다.

운전자가 인지하고 반응하는 동안 자동차가 주행하는 거리는 도로의 설계 시에 중요한 변수로 다음과 같이 산정한다.

$$D_p(m) = 0.278 VT$$

여기서,
D_p=인지반응거리(m)
V=자동차 속도(kph)
T=인지반응시간(초)
0.278=전환계수(kph)를 mps로 변환하기 위한 계수

그리고 운전자 인지반응을 위한 정보의 인지과정은 대부분 운전자의 시력에 의해 이루어지므로 운전자의 시력 또한 교통에서 중요한 변수 중의 하나이다. 운전자의 정상시력은 아주 밝은 곳에서 1/3inch 글자를 20feet의 거리에서 읽을 수 있는 시력을 말한다.

또한 운전자들은 도로를 주행할 때 터널의 유출 입구에서와 같이 조명의 밝기 차가 심한 곳을 주행하게 되면 순간적으로 앞을 볼 수 없게 된다. 이렇게 밝은 곳에서 어두운 곳으로 이동할 경우에 일어나는 현상을 암반응이라 하며, 수축된 동공이 이완되는 데는 6초 이상의 시간이 경과되어야만 한다. 반대로 어두운 곳에서 밝은 곳으로 이동할 때 일어나는 현상을 명반응이라 하며 3초 정도의 시간이 필요하다.

일반적으로 운전자는 눈 중앙을 기준으로 3~5°의 원추형 범위 내에서는 물체를 가장 정

확하게 인지할 수 있으며, 10~12° 범위 내에서는 상대적으로 상당히 또렷하게 인지가 가능하나, 120~180° 범위 내에서는 물체를 인지할 수는 있으나 색상이나 모양을 선명하게 분별하지 못한다.

이러한 시력의 범위는 안전시설물의 위치, 즉 크기, 높이, 거리 등을 설계하는데 중요한 변수이다. 따라서 안전시설물 설계 시 가장 선명하게 식별이 가능한 범위인 운전자의 눈 중앙을 기준으로 상하 3~5° 범위 내에 설치하는 것이 가장 바람직하다.

그리고 안전시설물의 색상과 형태는 운전자에게 운전 도중 피로도의 감소와 위험에 대한 반응을 즉각적으로 할 수 있게 설계되어야 한다. 가령 적색 같은 자극적인 색상은 규제표시로 녹색 및 청색에 흰색글씨는 방향표시를 나타내는 표지판으로 설계하는데, 그 이유도 바로 여기에 있다.

> ❶ 운전자의 인지반응시간이 운전자의 상태에 따라서 0.5초에서 4.0초까지의 다양한 반응 시간 분포를 가지고 있다. 이에 따른 인지반응거리를 0.5초 간격으로 산정하고 그래프를 그려라.

(2) 보행자의 특성

보행이란 인간의 이동에 관한 가장 기본적인 교통수단으로 볼 수 있고, 어떠한 교통수단을 이용하더라도 그 시작과 끝에는 보행이 필요하다. 따라서 모든 교통체계에서는 적절한 보행시설을 마련하여야 한다. 이러한 보행자의 특성에 따라 보도, 횡단보도, 통로, 계단 및 에스컬레이터 등을 적절하게 설계할 수 있다.

① 보행자의 크기 : 보행자를 위한 보도의 설계 시는 사람과 사람사이의 물리적인 공간의 확보가 필요한데, 일반적인 사람의 어깨 넓이는 0.49~0.53m로 하며 앞뒤 폭은 0.26~0.31m로 한다.

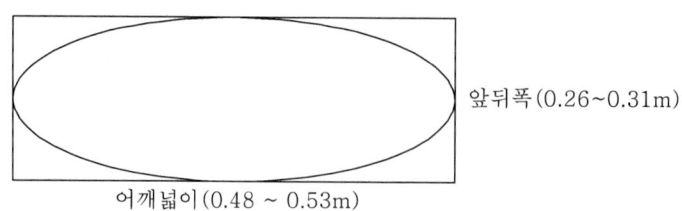

[그림 2-1] 보행자의 크기

② 보행자를 위한 고려사항으로 보행속도, 대중교통시설과의 거리 등으로 구분할 수 있다.
- 보행속도
  일반적인 보행자의 보행속도 : 1.2m/초
  보행속도는 교차로에서 신호현시, 주기조정 및 보행신호에 중요한 변수로 작용한다.
- 대중교통으로 환승하기 위한 일반적인 보행거리
  도심부 : 400m 내외
  시 외곽지 및 기타 : 800m 내외
  기타 : 통행목적에 따라 보행거리가 상이

③ 보행자도로 서비스 수준
보행자도로의 효과척도로는 보행교통류율과 보행점유공간이 쓰인다.
보행교통류의 교통량-속도-밀도-보행자점유공간의 관계를 통해 얻어진 보행교통류율-속도 관계를 그래프로 표시했을 때 기울기의 변화가 두드러진 점을 기준으로 [표 2-3]같이 서비스수준 A~E까지 구분하였고, 서비스수준 E 값을 벗어나면 서비스수준 F로 판정한다. 보행자도로의 서비스수준은 단순히 제공되는 보행공간의 크기만 비교하여 결정하는 것이 아니라 보행자의 안전성, 편리성, 쾌적성을 고려하여야 한다.

[표 2-3] 보행자 서비스수준

서비스수준	보행교통류율(인/분/m)	점유공간(m²/인)	밀도 (인/m²)	속도(m/분)
A	≤ 20	≥ 3.3	≤ 0.3	≥ 75
B	≤ 32	≥ 2.0	≤ 0.5	≥ 72
C	≤ 46	≥ 1.4	≤ 0.7	≥ 69
D	≤ 70	≥ 0.9	≤ 1.1	≥ 62
E	≤ 106	≥ 0.38	≤ 2.6	≥ 40
F	-	〈 0.38	〉 2.6	〈 60

2.2 교통수단

교통수단의 종류는 그 형태에 따라 여러 가지로 분류할 수 있으나, 도시계획적 관점에서 특히 중요한 것은 이용의 대중성에 따른 분류로서 크게 개인교통(Private auto)과 대중교통(Public transit)으로 구분할 수 있다.

개인교통은 폭넓은 이동성, 낮은 재차 인원, 다양한 교통목적 충족 등을 특징으로 삼는 승용차를 의미하며 택시도 개인교통의 범주에 포함시킨다. 대중교통은 차량이 지정된 노선을 지정된 시간에 따라 운행하며 이용을 원하는 사람에게는 누구에게나 서비스하는 교통수단을 뜻한다. 대중교통은 다시 교통시설에 의한 구분으로 노면교통과 궤도교통으로 구분할 수 있는데, 노면교통 대중교통수단인 버스는 단거리 수송, 도시철도와 연계를 주목적으로 하나 중소도시에서는 대중교통의 주역을 담당하기도 한다. 궤도교통수단인 도시철도(지하철, 전철)는 안전성, 정시성, 고속성, 대량수송 등을 특징으로 하고, 최근에는 경전철, 모노레일, 미니지하철 등 신교통수단에 대한 연구도 활발하다.

(1) 자동차

교통류에 포함되는 차량은 승용차, 버스, 화물자동차, 2륜차 등으로서 크기나 중량이 크게 다르다. 이들 차량의 재원은 도로설계시 구조적, 기하적인 면에서 큰 영향을 미친다. 차량의 가속 및 감속 특성은 교통공학과 도로기술상 특히 중요하며, 운전자가 정상적인 여건에서 속도를 변화시키는 변화율은 고속도로의 가속, 감속차로 및 테이퍼의 설계, 주의표식의 위치 선정, 속도 변화구간의 설치를 위한 기초가 된다.

(가) 제원

① 소형승용차 : 길이(4.7m), 폭(1.7m), 높이(2.0m)
② 중대형 자동차 : 길이(13.0m), 폭(2.5m), 높이(4.0m)
③ 세미트레일러 : 길이(16.7m), 폭(2.5m), 높이(4.0m)

(나) 차량제원과 도로시설 특성과의 관계

차량의 제원은 아래와 같이 도로의 기하구조 설계에 활용된다.
① 차량의 길이 : 주차면 길이, 대중교통 정류장 길이 등
② 차량의 폭 : 차로폭, 주차면의 폭, 측방 여유폭
③ 차축간의 길이 : 교차로 가각 반경, 횡단경사에서의 측방 여유폭

④ 중량 : 교량 설계, 분리대의 설계, 도로 포장 및 지반 구조
⑤ 가감속 : 최대 종단경사, 종단경사의 길이, 평면선형 반경
⑥ 속도 : 최대 편경사, 평면선형 반경, 기타

(다) 차량의 가속

차량의 가속 및 감속특성은 교통공학과 도로 설계시 특히 중요하며, 운전자가 정상적인 여건에서 속도를 변화시키는 변화율은 고속도로의 가속, 감속차로 및 테이퍼의 설계, 주의표지의 위치선정, 속도변화구간의 설치를 위한 기초가 된다.

① 도로의 종단경사 및 평면선형 설계시 중요한 변수
② 주행거리와 가속도와의 관계

차량의 속도가 v 이고, 일정한 가속도 a 로 움직인다고 가정하면,

$$a = \frac{dv}{dt}$$

여기에 분모, 분자에 dx를 곱하면

$$a = (\frac{dv}{dx})(\frac{dx}{dt}) = (\frac{dv}{dx})v$$

$$\therefore vdv = adx$$

여기에 시간 $t=0$에서 t까지 적분하면, 시간 $t=0$일 때, 속도 및 이동거리는 v_0 및 x_0가 되고, 시간 t일 경우에는 속도 및 이동거리는 v 및 x가 되므로

$$\int_{v_0}^{v} vdv = \int_{x_0}^{x} adx$$

$$\therefore \frac{1}{2}(v^2 - v_0^2) = a(x-x_0)$$

여기서 $(x-x_0)$를 거리(S)로 대체하면

$$S(m) = \frac{v^2 - v_0^2}{2a}$$

여기서,
S : 주행거리(m)
v : 나중속도($m/초$)

v_0 : 처음속도(m/초)

a : 가속도(m/초^2)

> ❗ 차량이 20kph로 달리다가 300m를 더 주행하고 나서 70kph가 되었다면, 이때의 가속도를 구하라(단, 일정한 가속도로 주행하였다).

> ❗ 고속도로 램프구간에 가속차로를 설치하고자 한다. 이 도로는 승용차 전용도로로서 램프에서의 제한 속도가 30kph이며, 고속도로 기본구간에서는 100kph이다. 일반적으로 승용차의 가속도는 0.7m/초2이다. 가속차로 길이를 구하라.

> ❗ 종단경사가 5%인 국도에 저속차로를 설치하고자 한다. 국도의 제한속도는 60kph이며, 일반적으로 승용차는 종단경사에 영향을 받지 않고 평지와 같은 속도로 주행하는 반면, 중차량은 정상지점에서 속도가 30% 가량 감소한다. 그렇다면 저속차로가 끝나는 지점은 경사의 정상으로부터 하향경사 몇m 지점에서 합류하여야 하는가(단, 중차량의 가속도는 0.4m/초2이다)?

(라) 차량의 제동거리

브레이크를 밟아 감속하는 경우, 비상시 최소정지거리를 얻기 위해서는 최대감속도를 사용하며, 정지 표지나 신호등 앞에서 정상적인 정지를 위해 필요한 적절한 길이와 시간을 얻기 위해서 필요하다.

① 차량의 제동시 달리고자 하는 관성의 힘과 타이어와 도로와의 마찰계수에 영향을 받는다.

② 차량의 제동거리 산정방법

$$D_b = \frac{V^2 - V_0^2}{254(f \pm g)}$$

여기서,

D_b : 제동거리(m)

f : 마찰계수

g : 종단경사

V : 처음 속도(kph)

V_0 : 나중 속도(kph)

> ❗ 다음의 조건을 가지고 교통사고 직전의 속도를 구하라.
> 조건 : 스키드마크(15m), 마찰계수(0.4), 평지, 충격시 속도(40kph)

(마) 정지시거

① 운전자의 눈높이를 1.0m로 하고 15cm 높이의 장애물을 보통 사람의 시력으로 인지반응하여 정지하기 위해 필요한 거리

② 정지시거에 영향을 미치는 요인
- 속도
- 반응시간
- 미끄럼마찰계수(속도와 반비례, 타이어 및 노면상태에 따라 변화)
- 종단경사
- 편경사

③ 정지시거 산정방법 : 운전자가 비상시 급정거 할 때의 정지거리는 교통공학이나 도로설계에서 아주 중요한 요소이며, 이 거리는 운전자가 어떤 상황에서 반응하는 시간동안 달린 거리와 제동거리의 합이다.

$$D_s = 0.278\,VT + \frac{V^2}{254(f \pm g)}$$

여기서,

D_s : 최소정지시거(m)

V : 속도(kph)

f : 마찰계수

g : 종단경사 (%)

> ❗ 마찰계수(0.1 - 0.4)를 0.1 단위로, 종단경사(1 -10%)를 1% 단위로, 인지반응시간(0.5 - 4.0)을 0.5초 단위로 변화시키면서 정지시거의 변화를 그래프로 그려보라.

❶ 설계속도가 100kph인 평지 고속도로에서 차간간격을 유지하기 위한 안전표지판을 설치하고자 한다. 표기하기 위한 적절한 차간간격을 구하라(단, 마찰계수: 0.4).

❶ 설계속도 100kph인 고속도로에 톨게이트 안내표지판을 설치하고자 한다. 톨게이트에는 5대정도의 대기차량이 있으며, 표지판은 보통 시력 소유자가 100m 거리에서 볼 수 있는 글자의 크기로 설치하고자 한다. 톨게이트로부터 몇m 후방에 설치하여야 하는가?

(2) 도시철도

대량고속대중교통수단으로서 도시철도에 대한 관심은 도시화의 진행정도에 따라 더욱 높아지고 있다. 전철과 지하철은 대상지역의 특성에 알맞도록 레일선도시스템, 차량지지방법, 동력추진시스템, 운전통제시스템 등을 개선하여 수송효율을 향상시키기 위한 기술발전이 활발하다.

도시철도는 자본집약적인 교통수단으로서 건설비용과 운행비용이 막대하기 때문에 계획단계에서부터 교통효율의 향상과 교통비용의 절감, 이용승객의 증대방안이 면밀히 검토되어야 한다.

도시철도는 도시규모 및 이용승객규모 그리고 운행특성에 따라 전차, 경전철, 중전철 등으로 구분할 수 있다.

① 전차(Street Car)
- 1~2량의 차량으로 편성
- 도로의 일부에 설치된 궤도 이용
- 사회주의 국가를 제외하고는 점차 감소추세

② 경전철(Light Rail Transit)
- 1~3량의 차량으로 편성
- 정원은 250인/량 정도이며 좌석수는 50~125인석
- 운행속도는 20~40km/h로 최고속도는 70~80km/h 수준임

③ 중전철(Heavy Rail Transit)
- 10량까지 연결
- 정원은 120~250인/량

- 운행속도는 25~60km/h 임

(3) 신교통수단

오늘날 세계의 모든 거대도시는 중전철의 막대한 운행적자와 그에 따른 서비스저하의 방지를 최대과제로 삼고 있다. 이러한 노력의 일환으로 신교통수단의 도입이 연구되고 있다. 신교통수단은 기존 교통수단에 비하여 건설비용, 운행비용이 절감되고 역간거리의 단축, 운행회수의 증대 등으로 서비스 수준면에서 유리하며, 에너지소비 효율측면에서도 보다 나은 결과를 보여준다.

① 리니어 모터카
- 레일식 리니어 모터카
  리니어 모터의 추진력과 기존 레일 시스템으로 구성
  기어 장치가 필요 없기 때문에 차량 높이를 줄일 수 있고 차량의 소형화 가능
  급경사(6~8%), 급곡선(40~50m)도 가능
  터널 단면의 축소 가능
  건설비 저렴
- 자기부상식 리니어 모터카
  자기에 의한 반발력(또는 흡인력)을 이용하여 차체를 부상시킴
  리니어 모터에 의해 추진력 확보
  시속 300km/h의 초고속
  주행 저항, 소음, 진동의 감소
  초전도를 이용하여 고성능, 고에너지 획득 가능

② 경전철
- 미니 지하철
  대도시의 지선 교통축, 중소도시의 간선 교통축
  차체의 소형화로 건설비 절감
  차체의 저상화
  급경사, 급곡선 가능
  리니어 모터카와 접속으로 고성능 가능

- 노면 전차

    기존 노면전차의 지하화 혹은 고가화가 가능

    신설의 경우 소형 경량 전차의 도입으로 건설비 감소

③ 모노레일

　없는 식과 메다는 식의 두 가지 유형

　중용량에서 대용량까지 가능

　급경사, 급곡선도 가능

　도시 내 교통공간의 효율적 이용

　건설비가 비교적 저렴

④ 듀얼 모드 버스

　일반도로에서는 운전자, 버스전용도로에서는 궤도 시스템에 의해 자동운행

2.3 교통시설

도시공간에서의 교통시설은 크게 보행시설, 도로시설, 주차시설 그리고 교통신호체계로 이루어진다.

(1) 보행시설

보·차 분리를 위해 자동차 전용도로 이외의 일반도로에서는 보도를 설치한다.

① 분리기준 : 보행자수 150인/일 이상, 자동차교통량 2,000대/일 이상, 통학로 및 주거밀집지역은 위의 조건 이하인 경우에도 보도 설치

② 보도의 폭 : 보도의 폭은 아래 기준 이상으로 한다.

- 지방지역의 도로 : 1.5m
- 주간선도로 및 보조간선도로 : 3.0m
- 집산도로 : 2.25m
- 국지도로 : 1.5m

    부득이한 경우는 1m 이상으로 할 수 있다.

    가로수(1.5m) 및 기타 노상시설(0.5m)을 추가하여야 한다.

③ 보도의 구성 : 보도는 연석, 방호책 등으로 분리한다. 연석에 의해 20~25cm 높게 설치한다.

(2) 도로시설

도로는 물자나 사람을 수송하는 데 있어서 없어서는 안 될 가장 기본적인 공공교통시설로서, 국토의 기능을 증진시키는 전국간선도로망에서부터 지역개발과 주변 토지이용을 활성화시키는 지역 내 도로망에 이르기까지 유기적인 네트워크를 이루어 각 도로가 상호 기능을 보완해 가면서 국토 발전의 기반과 생활기반의 정비, 생활환경의 개선에 큰 역할을 하고 있다.

도로의 기능은 크게 교통기능, 공간기능 2가지로 나누고 기타 도시방재기능, 도시구조형성 기능 등을 추가할 수 있다.

① 교통기능
- 도로교통 처리 : 자동차, 자전거, 도보 교통처리 기능
- 연도 이용 : 도로주변 건축물 출입기능, 일시적 주·정차기능, 화물의 적·출하기능, 버스 정차기능

② 공간 기능
- 통풍, 채광 등 생활환경의 확보
- 도시경관
- 도시 시설의 설치 공간 : 전기 전화, 도시가스, 상하수도, 지하철 등의 설치공간

③ 도시방재기능
- 화재진화를 위한 소방 및 긴급구조 활동 등을 위한 공간제공
- 피난공간제공
- 화재확산 억지공간 제공

④ 도시구조형성 기능
- 도시구조의 골격형성

통상적으로 도로는 교통기능을 기준으로 그 기능에 따라 고속도로, 간선도로, 집산도로, 국지도로 등으로 구분하는데, 이는 이동성과 접근성에 그 기초를 두고 구분한다.

이동기능을 중요시해야 할 고속도로에서는 접근기능을 제한하여 교통류를 원활히 소통시키며, 인터체인지 이외에서는 접근하지 못하게 하는 것이 그 대표적인 예이다. 그 반대

로 주거지역 내의 국지도로에서는 접근기능을 중요시하여 이동기능을 제한함으로써 주행속도 또는 주행의 쾌적성이 감소하게 된다.

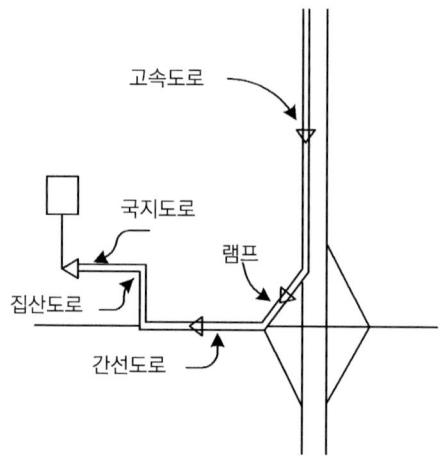

[그림 2-2] 도로의 기능상 분류에 의한 전통적인 체계

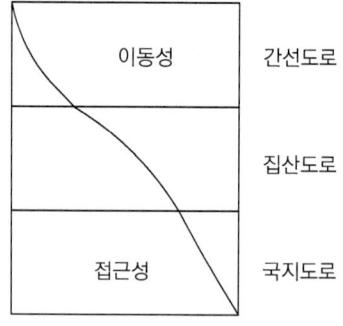

[그림 2-3] 제공되는 서비스에 따른 도로의 기능상 분류

도로의 구조·시설 기준에 관한 규칙의 도시지역 도로구분은 다음과 같다.
① 고속도로 : 가장 높은 기능을 가진 도로로서 진·출입이 제한되고, 고속 주행이 가능하며 대량 수송이 가능하도록 높은 설계 기준을 가진 4차로 이상의 도로
② 주간선도로 : 주요 지점을 연계하며 다량의 교통량과 통행길이가 비교적 긴 통행을 흡수하며, 도시 내 광역 수송기능을 담당하고 접근성 보다는 이동성에 중점을 두고 설계

한 도로

③ 보조간선도로 : 주간선도로보다는 통행량과 통행길이가 짧고 통행의 지역적 담당 기능이 도시 내 광역 기능보다는 좁은 거리를 주행하는 도로

④ 집산도로 : 국지도로를 통해 유·출입되는 교통을 모으거나 분산시켜 간선도로와 연계하는 기능을 담당하며, 간선도로에 비해 상대적으로 접근성에 중점을 둔 도로

⑤ 국지도로 : 주거단위에 직접 접근되는 도로로서 이동성이 가장 낮고 접근성이 가장 높은 도로이며 통과 교통이 배제되도록 설계 및 운영되며, 일반적으로 버스통행이 없고 보행자 통행이 차량보다는 우선권을 갖는다.

(3) 철도시설

철도시설은 철도통행로(철로), 역 및 차량기지로 구분된다.
철도시설의 구성요소와 분류는 다음과 같다.

① 구성요소
- 선로 : 노반, 노반구조물, 철도방호시설, 방재시설, 기타
- 차량 : 기관차, 객차, 화차
- 정류장 : 여객 화물취급설비, 운전취급설비, 기타 부속설비
- 보완설비 : 신호장치, 연동장치, 폐쇄장치, 열차운전제어장치, 열차집중제어장치, 진로제어 장치, 원격제어장치, 건널목 보완장치
- 통신설비 : 안전성과 정확성, 능률성을 확보하기 위한 장치로 전신, 유무선 전화, 전기시계
- 기타 부속시설 : 제작설비, 공작기계설비, 자재용품 보급설비

② 분류
- 기술적인 분류
    - 동력의 유형별 : 증기, 전기, 내연기관철도
    - 궤도 간격별 : 표준형, 광연, 협연철도
    - 궤도수별 : 단선, 복선, 다선철도
    - 설치지역별 : 평지, 산악, 시가지, 해안, 외곽철도
    - 시공지면별 : 지표, 교량, 지하철도

- 운행속도별 : 완속, 고속, 초고속철도
- 선로등급에 따라 : 1급선, 2급선, 3급선, 4급선,
- 구동 및 지지방식별 : 모노레일, 톱니, 케이블철도 등
• 경제적인 분류
- 수송의 중요도별 : 간선, 주요선, 지선철도
- 수송대상별 : 일반철도, 여객전용, 화물전용철도, 기타
- 수송목적별 : 도시간, 도시고속, 관광, 군용, 산림, 산업철도 등

한편 철도시설물인 철로의 물리적인 특성에 따른 분류는 주로 철도의 운행고저에 의해 결정된다. 철도의 운행고저는 크게 3가지로 구분할 수 있다.

① 고가식 : 성토제방, 고가교량 등 활용
② 평면식 또는 지상 : 철도노선이 지상으로 운행되는 것을 말하며, 노면의 다른 차량과 혼용하는 비분리, 완전분리 또는 부분 분리되어 운행한다. 부분분리 통행로의 경우 연석, 분리대 회전금지, 전용신호를 활용하는 경우도 있으며, 중요교차로에서는 입체교차처리를 할 수 있다.
③ 지하식 : 지하에서 운행하는 것으로 오픈 컷(open-cut) 형태가 될 수도 있고 터널식이 될 수도 있다. 오픈 컷 형태는 시각 및 청각공해를 최소화하거나, 평면철도에서 좁은 간격의 여러 교차로 구간에서 고속운행 및 안전을 위해 입체교차 처리할 때 많이 사용된다.

운행형태에 따른 통행로의 분류는 다른 교통류와의 분리 정도에 따라 3가지로 구분된다.

① 비분리(등급 C) : 선로구간이 다른 교통류와 같이 사용되는 노상운행을 말하며, 노면전차와 부분적으로 경전철에서 사용된다.
② 부분분리(등급 B) : 선로 상에 다른 차량이 운행되지 못하지만 평면교차 형태이다. 경전철에 주로 사용되며 부분분리를 위해 여러 종류의 시설이 사용된다.
③ 완전분리(등급 A) : 전철만이 운행되는 별도의 전용 통행로로서 운영기관에 의해 완벽하게 관리되며, 다른 차량 또는 보행자의 진·출입이 물리적으로 차단된다. 이러한 통행로는 모든 중전철과 일부 경전철에서 사용된다.

(4) 주차시설

주차장법에 의한 주차장의 종류는 다음과 같다.

① 노상주차장 : 도로의 노면 또는 교통광장의 일정한 구역에 설치되어 일반에게 제공되는 주차장

② 노외주차장 : 도로의 노면 및 교통광장외의 장소에 설치되어 일반에게 제공되는 주차장

③ 건축물부설 주차장 : 건축물의 내부 또는 그 부지내의 일정구역에 설치되어 건물이용자나 일반에게 제공되는 주차장

교통에 사용되는 모든 차량은 그 통행이 끝나는 순간 어딘가에 반드시 보관되어야 하고, 통상 차량의 정지시간은 통행에 사용되는 시간보다 길다. 차량보유대수가 폭발적으로 증가하는 추세에 있으므로, 주차문제는 대도시뿐만 아니라 시·군 더 나아가 읍·면 소재지 이상에서도 심각한 교통혼잡 상황을 보이고 있다.

이러한 주차의 문제는 필요한 주차 공간 확보측면 외에도 이로 인한 통행공간의 잠식, 주차의 편리함에 따른 통행유인영향 등을 최소화하는 전체 교통체계상에서의 주차수급정책이 수립되어야 한다.

많은 도로 공간에서 차량의 통행과 주차를 함께 수용할 만한 시설여건이 갖추어져 있지 않다. 따라서 주차공간의 공급형태를 다양화할 필요가 있다. 즉, 노상주차를 합리적으로 운영하여야 하며, 중심업무지구(CBD)나 쇼핑, 업무, 학교, 터미널 등 교통의 고밀지역에 있어서는 노외주차장을 적절히 공급해야 한다. 대개의 경우 이러한 교통집중지역은 지가가 높으므로 주차공간의 효율화를 위하여 여러 형태의 기계식 주차장 등이 고안되어 운영되며, 이를 제도적으로 뒷받침하기 위하여 도시계획이나 건축 및 건설관련 법령의 주차장 관련 조항을 완화하는 조치를 줄 수 있다.

한편, 공급 일변도의 주차정책은 승용차 이용을 부추기는 등 교통체계의 효율을 왜곡시킬 수도 있으므로 적정수준 이상의 주차공급에 대해서는, 과밀지역의 개발제한이나 대중교통 이용률을 높이기 위하여 주차공급을 제한하거나, 지역별로 주차요금을 차등화 시키는 등의 정책을 지향해야 할 필요가 있으며, 그러한 정책의 대표적인 예로 도심지 주차상한제 등이 있다.

(5) 교통신호 체계

도시교통체계에서의 교통신호체계는 신호등 등의 시설물과 이의 운영체계를 의미한다. 신호등의 설치 목적은 신호등에 의해 각 방향별 교통류에 순차적으로 통행권을 부여함으로써 차량의 안전한 교차로 통행을 도모하고자 하는 것이다. 따라서 신호등은 통행권의 배분측면에서 강조되어야 하며, 배분시간은 가능한 한 교통량에 따라 할당되어 교차로의 이용효율을 높이는 방향으로 접근되어야 한다. 이러한 신호등은 교차로에서의 사고방지, 보행자의 안전 확보, 차량의 원활한 소통, 지연의 최소화, 에너지의 절약, 교통공해 감소 등의 기능을 수행한다.

신호기의 종류는 크게 다음과 같이 구분된다.

① 일반교통신호기 : 인접교차로의 운영을 고려하지 않고 그 교차로만의 교통류를 제어하는 방법
② 전자교통신호기 : 중앙컴퓨터에 의해 지역 내의 신호등 전 체계를 운영 감독 통제하므로 신호운영에 효율을 기할 수 있음

현재 가장 많이 사용되고 있는 전자교통신호의 제어방식은 다음과 같은 방식이 있다.

- 요일별 및 시간대별로 고정된 신호시간을 선택하는 시간대별 신호운영방식(TOD: Time Of Day)
- 교통량에 따라 미리 준비된 신호시간계획을 자동으로 선택하는 교통대응방식(AUTO: Traffic Responsive System)
- 신호현시의 길이를 교통수요에 맞추어서 부여하는 교통감응방식(Actuated Traffic Signal Control)
- 그 외에 일부 선진외국에서는 신호제어 방법으로 시스템 스스로가 교통상황을 파악하여 즉시 최적 신호시간을 산출하는 실시간 신호제어방식(Real-Time Control)

제3장
교통류의 특성 및 이론

1. 교통류란

교통류란 차량의 흐름으로서 그 특성을 교통량, 밀도 및 속도를 이용하여 나타내며, 이 세 변수들 간의 상관관계를 모형화하여 차량의 흐름이 갖는 다양한 특징을 파악하는데 활용하고 있다.

> **교통류란**
> 수학적 방법을 동원하여 차량의 흐름이 갖는 특징 파악

- 차량의 흐름을 물의 흐름에 비유하여 수학적 방법 적용
- 한 방향으로 주행하는 연속적인 차량의 흐름
- 차량의 흐름이 갖는 특징 파악이 주목적

1.1 교통류의 특성

교통류의 특성을 나타내는 기본적인 요소는 다음과 같으며, 이들은 서로 밀접한 상관관계를 가지고 있다.
① 속도(speed) : 일정시간 동안의 공간 이동량(km/시)
② 교통량(volume) : 일정시간 동안에 한 지점을 통과하는 차량대수(대/시)
③ 밀도(density) : 한 순간에 도로의 일정구간을 점유한 차량대수(대/km)

한편 교통류의 요소들은 각기 그 역수를 가지고 있다. 속도의 역수인 통행시간, 교통량 또는 교통류율의 역수인 차두시간(Headway)과 차량 간의 차간간격(Gap), 밀도의 역수인 차두거리(Spacing) 등이다.

교통류의 분석은 도로 또는 교차로의 용량을 알아낼 뿐만 아니라, 병목현상이 발생할 경

우에 일어나는 교통행태가 어떠할 것인가를 예측할 수 있게 한다.

1.2 교통류 3요소의 기본적 특성

(1) 교통량

> **교통량(Volume)**
> 일정시간 동안에 한 지점을 통과한 차량대수(대/시, vph)
> 1시간 미만의 교통량을 1시간당 교통량으로 환산한 것은 교통류율(rate of flow)

교통량은 단위시간당 도로의 한 지점을 통과한 차량대수를 말하며, 단위시간으로 1일 또는 1시간이 많이 이용되며 목적에 따라 12시간, 15분, 5분 등이 있다. 또한 어떤 시간(통상 1시간미만)의 교통량을 1시간당 교통량으로 환산한 것을 교통량과 구별해서 교통류율(rate of flow)이라고 한다.

차두 시간은 한 지점을 통과하는 연속된 차량의 통과시간 간격을 말하며, 이를 그림으로 표시하면 [그림 3-1]과 같다. 차간 간격은 연속으로 진행하는 앞차의 뒷부분과 뒤차의 앞부분 사이의 시간간격을 말한다.

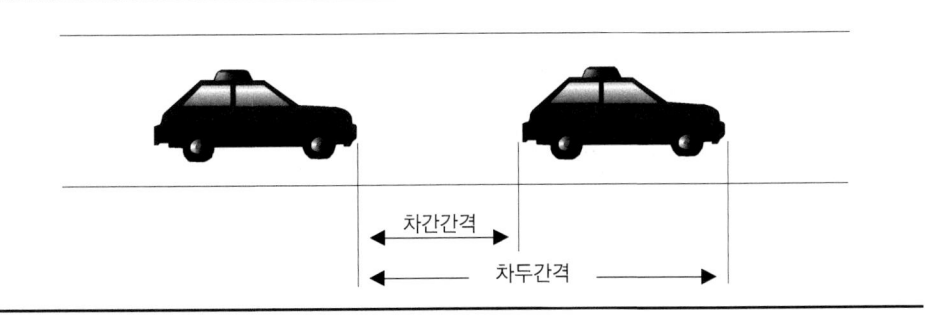

[그림 3-1] 차두시간

교통량과 차두시간, 차두시간과 차간간격과의 관계는 다음과 같다.

$$q = \frac{3{,}600}{h}$$
$$g = h - \frac{l}{v}$$

여기서,

q : 교통량(대/시)

h : 평균 차두시간(초)

g : 평균 차간간격(초)

v : 평균속도(m/초)

l : 차량길이(m/)

> ❶ 도고속도로에서 15분간 교통량을 조사한 결과 1차로당 600대가 측정되었다. 차두시간을 구하라. 그리고 차량의 속도가 30kmh이고 차량의 평균길이가 5m라면 차간간격은 얼마나 되는가?

한편 교통량은 교통공학 여러 분야의 필요성에 따라 다음과 같이 나누어진다.

(가) 일교통량(도시계획시 사용)

① 연평균 일교통량(AADT) : 365일 동안 조사하여 일 평균화한 값

② 평균 일교통량(ADT) : 일년 미만의 일정기간동안 조사하여 일 평균한 값

(나) 시간교통량(도로의 설계, 운영시 사용)

① 첨두시간 교통량(Peak hour volume) : 하루 중 교통량이 가장 많은 시간대의 1방향 1시간 교통량

② 15분 교통량 : 교통류 분석시 첨두시간 내의 15분 교통량을 통상적으로 이용

③ 설계시간 교통량(DHV)
- 도로설계의 기준이 되는 장래 시간 교통량
- 도로 구간을 통과 또는 이용할 것으로 예상되는 교통량으로 보통 1시간당 차량 통과 대수를 의미

④ 첨두시간 계수 : 첨두 1시간 교통량과 시간 내의 작은 단위(15분)로 구한 최대 교통량

을 1시간 단위로 환산한 값과의 비, 첨두시 교통량 변동의 척도로 사용

$$PHF = \frac{첨두시교통량}{4 \times 15분교통량}$$

- 첨두시간 계수가 높다는 것은 첨두시간 내의 15분 단위 교통량 간의 변동이 크지 않다는 것을 의미하며 주로 도시지역 도로의 특성을 나타낸다. 반대로 낮다는 것은 교통량 간의 변동이 큰 것을 의미하며, 주로 지방지역 도로의 특성을 나타낸다.

❶ 어느 간선도로의 교통량조사결과가 아래와 같다, 첨두시간계수를 구하라.

시간	6:00-6:15	6:15-6:30	6:30-6:45	6:45-7:00
교통량	1200	1150	1050	1250

(2) 속도

> **속도(Speed)**
> 일정시간동안 차량의 공간 변화량
> 시간평균속도와 공간평균속도로 구분(단위: km/시, kph)

속도는 단위 시간당 주행한 거리로 표현하며, 통상 km/시, m/초의 단위가 사용된다. 통행시간은 일반적으로 속도에 반비례한다. 속도의 종류에는 측정하는 방법에 따라 지점속도와 구간속도로 나눌 수 있고 이는 각각 시간평균속도와 공간평균속도로 정의된다. 또한 이용하는 관점에 따라 통행속도, 주행속도, 운행속도, 설계속도 등으로 구분된다.

(가) 시간평균속도(Time mean speed)와 공간평균속도(Space mean speed)

① 시간평균속도 : 일정 시간 동안 도로의 한 지점을 통과하는 차량의 평균속도, 지점속도라 하며 속도의 산술평균, 속도단속 및 교통사고 분석시 사용

$$u_t = \frac{\sum_{i=1}^{N} u_i}{N}$$

여기서,

u_t : 시간 평균 속도
u_i : 차량 i의 속도
N : 차량 대수

② 공간평균속도 : 일정 시간 동안 도로의 한 구간을 주행하는 차량의 평균속도를 구간길이를 고려하여 산출되며, 도로구간의 길이에 관련된 속도로서 속도의 조화평균, 교통류 분석시 이용

$$u_s = \frac{d}{\bar{t}} = \frac{d}{\frac{1}{N}\sum_{i=1}^{N}\frac{d}{u_i}} = \frac{N}{\sum_{i=1}^{N}\frac{1}{u_i}}$$

여기서,
u_s : 공간 평균 속도
d : 일정 구간 길이
$\bar{t}$: 차량의 평균 구간통과 시간

시간평균속도는 각 차량속도의 산술평균이며 공간평균속도는 조화평균이다. 따라서 각 차량의 속도가 전부 동일하지 않는 한 시간평균속도는 공간평균속도보다 항상 크다.

❗ 다음을 이용하여 시간평균속도와 공간평균속도를 구하라.

차량순서	거리(m)	시간(분)
1	1000	0.7
2	1000	0.6
3	1000	0.8
4	1000	0.5
5	1000	0.9

(나) 이용관점에 따른 속도의 종류

① 지점속도(spot speed) : 어느 특정지점에서 측정한 차량속도이며 각 차량속도의 산술평균값
② 통행(운행)속도(travel speed) : 어느 특정 도로구간을 통행한 평균속도이며 각 차량속도의 조화평균값, 구간거리÷총통행시간
③ 주행속도(running speed) : 구간거리÷(통행시간-정지시간)

④ 자유속도(free speed) : 주행시 다른 차량의 영향을 받지 않고 자유롭게 낼 수 있는 속도
⑤ 설계속도(design speed) : 도로의 구조 및 설계조건을 감안한 속도

(3) 밀도

> **밀도(Density)**
> 일정시간에 어떠한 구간에 존재하는 차량대수(단위: 대/km, 대/km/차로)

밀도는 특정시각에 도로의 일정한 구간을 점유하고 있는 차량의 수로 정의되며, 교통혼잡과 교통류의 특성을 규명하는 주요한 요소가 된다. 차두거리는 동일방향으로 진행하는 차량들에 있어서 연속된 차량의 통과거리 간격을 말한다.

밀도와 차두거리의 관계는 다음과 같다.

$$k = \frac{1,000}{h}$$

여기서,

k : 밀도(대/km)

h : 평균 차두거리(m)

---

❶ 시간당 교통량이 1800대, 평균속도가 30kph, 2차로일 경우의 밀도를 구하라((단, 차로당 동일한 교통량으로 운행된다).

---

❶ 60초 동안에 어느 한 감지기가 차량 점유시간을 감지한 결과가 다음과 같다. 밀도와 속도를 구하라.

0.38초	0.45초	0.35초	0.40초
0.52초	0.55초	0.42초	
0.30초	0.41초	0.60초	
$\sum t_0$ =4.38초, 차량대수 N=10대			

해설

차량유효길이(L_e : 차량길이+감지기 loop길이)의 평균이 9.0m이면 밀도는

$$k = \frac{1,000 \sum t_0}{TL_e} = \left(\frac{4.38}{60}\right)\left(\frac{1,000}{9}\right) = 8.11 대/km$$

시간당 교통류율은 $q = 3{,}600 \times N/T$ 이고, $\overline{u_s} = q/k$ 의 관계가 있으므로 평균속도는 다음과 같다.

$$\overline{u_s} = \frac{3.6NL_e}{\sum t_0} \text{ (kph)}$$

따라서 위의 감지기 자료에 의하면 이 교통류의 평균속도는

$\overline{u_s} = 3.6(10)(9)/4.38 = 74\ kph$

2. 연속류와 단속류의 특성

교통류는 교통흐름을 통제하는 외부 영향의 유무에 따라 연속류와 단속류로 구분된다. 연속류란 고속도로를 주행하는 교통류와 같이 교통류 자체 운행특성에 의해서 교통특성(속도, 밀도, 교통량 등)이 제약된다. 반면에 단속류는 도시부를 주행하는 교통류와 같이 신호등을 비롯한 교통제어시설에 의해서 교통흐름이 단절되며 정지와 주행을 반복한다. 연속류와 단속류는 그 교통특성이 다르기 때문에 교통류 분석기법과 효과척도가 상이하다. 연속류의 경우 주행속도를 효과척도로 사용하는 반면, 단속류는 지체도를 효과척도로 사용한다. [그림 3-2]와 같이 연속류와 단속류의 시간-거리 다이어그램(diagram)은 두 교통류간의 차이를 이해하는데 도움을 준다.

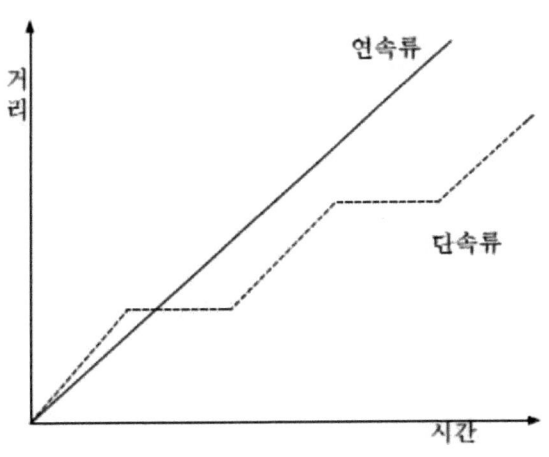

[그림 3-2] 연속류와 단속류의 시간-거리 다이아그램

① 연속류도로 : 고속도로 기본구간, 엇갈림구간, 연결로와 접속부, 2차로도로, 다차로도로
② 단속류도로 : 신호교차로, 비신호교차로

3. 연속교통류의 특성

연속교통류의 특성은 교통량, 속도 및 밀도와의 상관관계를 다음과 같은 기본 방정식으로 표현하고, 이들에 대한 관계를 그림으로 표시하면 [그림 3-3]과 같다.

$$q = u \times k$$

여기서,

q : 교통량(대/시)

u : 속도(km/시)

k : 밀도(대/km)

모든 연속교통류의 특성은 [그림 3-3]과 같지만, 정확한 모양과 수치는 해당도로의 도로조건 및 교통조건에 따라 결정된다. 각 그래프에서 실선은 적은 밀도와 교통량을 갖는 정상적인 교통류 상태를 나타내며 점선은 용량에 도달한 교통량(q_m)과 이때의 속도(u_m) 및 임계밀도(k_m) 상태 이후인 강제류 상태를 나타낸다.

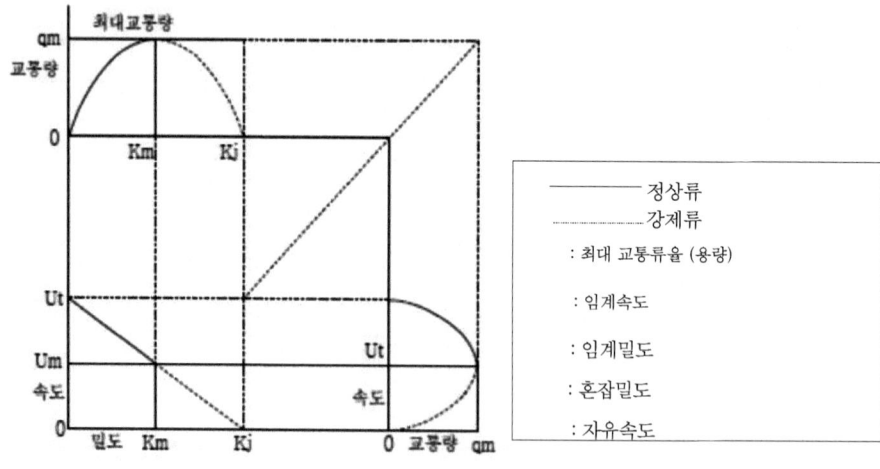

[그림 3-3] 속도, 밀도, 교통량간의 관계 그래프

4. 단속교통류의 특성

단속교통류 시설에서의 교통은 교통통제 설비, 즉 교통신호 '정지', '양보' 표지 등의 영향을 받게 되며 이들은 전체 교통의 흐름에 각기 판이한 효과를 나타낸다.

(1) 신호교차로에서 녹색시간

단속교통류 시설에서 가장 중요한 고정 단속시설은 교통신호이다.

신호시간은 변하기 때문에 신호교차로의 용량 및 서비스 용량을 나타내기 위해서는 녹색시간당 차량대수(vphg)의 단위를 사용한다. 이를 포화유율(Saturation Flow Rate) 또는 포화교통량이라고 하며, 1시간 동안의 실제 교통류율로 환산하기 위해서는 이 값에다 주기에 대한 유효녹색시간 비(g/C)를 곱하면 된다.

(2) 포화유율과 손실시간

포화유율은 안정류 상태로 신호교차로를 통과하는 차로당, 시간당 포화유율로 정의되며 그 계산은 다음과 같다.

$$s = \frac{3,600}{h}$$

여기서,
S : 포화류율($vphpgpl$)
h : 포화차두시간(초)

따라서 포화유율은 1시간 내내 녹색시간이며 차량진행에 중단이 없다는 가정 하에서 차로당, 시간당 교차로를 통과할 수 있는 차량대수를 의미한다.

신호교차로에서 실제 차량의 흐름은 주기적으로 중단되며, 매 주기마다 다시 출발이 시작되기 때문에 아래 [그림 3-4]에 나타난 바와 같이 처음 N번째까지의 차량들은 출발반응 및 가속에 의한 차두시간을 가지게 된다. 즉 [그림 3-4]에서 보는 것과 같이 처음 6번째까지의 차량은 포화차두시간(h)보다 긴 차두시간을 나타내게 되며 이때의 증가분 t_i를 출발손실시간(start-up lost time)이라 한다.

이들 차량들의 전체 출발손실시간은 이들 증가분의 합으로 다음과 같이 표시한다.

$$l_1 = \sum_{i=1}^{N} t_i$$

여기서,
l_1 : 출발손실시간(초)
t_i : i번째 차량의 손실시간(초)

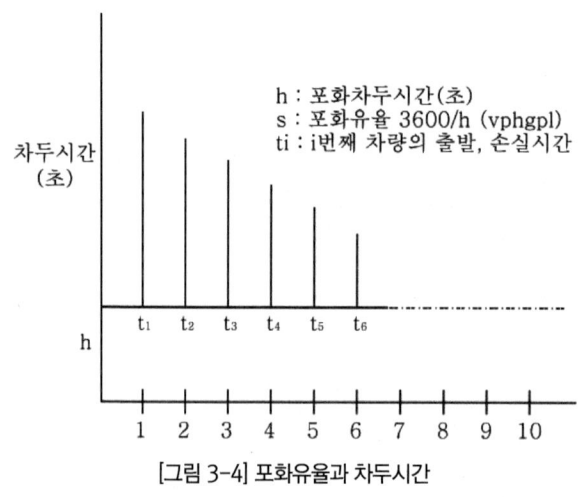

[그림 3-4] 포화유율과 차두시간

차량의 흐름이 중단될 때마다 또 다른 시간손실이 생긴다. 즉, 일단의 교통류가 중단되고 다른 방향의 교통류가 교차로에 진입하기 위해서는 안전을 위해서 교차로 내부를 정리하는 시간이 필요한데 이를 소거손실시간(clearance lost time)이라 한다. 실제 신호주기에는 황색 또는 전방향 적색신호를 사용하여 교차로 정리를 한다. 그러나 운전자들은 신호가 바뀌었을 때 정지선에서 급정거를 할 수 없으므로 이와 같은 시간의 일부분을 불가피하게 이용하지 않을 수 없다. 이 시간을 진행연장시간(end lag)이라 하며, 우리나라에서는 평균값으로 2.0초를 사용한다.

따라서 소거손실시간 l_2는 황색 또는 전적색 신호 중에서 진행연장시간을 뺀 시간을 말한다. [그림 3-5]는 신호교차로 접근로에서 교통수요가 용량을 초과할 때 신호의 변화에 따른 교통류율의 변화와 출발손실시간, 진행연장시간, 유효녹색시간, 소거손실시간의 개념을 나타낸 것이다.

포화유율과 손실시간과의 관계는 대단히 중요하다. 어느 진행방향의 교통은 교차로를 일정기간, 즉 유효녹색시간(녹색시간+황색시간-출발 및 소거손실시간)동안 포화유율로 통과하게 된다. 손실시간은 출발 및 멈춤이 일어날 때마다 생기게 되므로 한 시간 동안의 전체 손실시간은 신호주기와 관계가 있다. 만약 신호주기가 120초라면 한 시간 동안에 30번의 출발과 멈춤이 각 진행방향에 대해서 일어나게 된다. 따라서 한 방향의 총 손실시간은 $30(l_1+l_2)$가 되며, 만약 신호주기가 60초라면 각 방향의 총 손실시간은 $60(l_1+l_2)$가 되어 120초 주기보다 두 배의 손실시간이 생기게 된다.

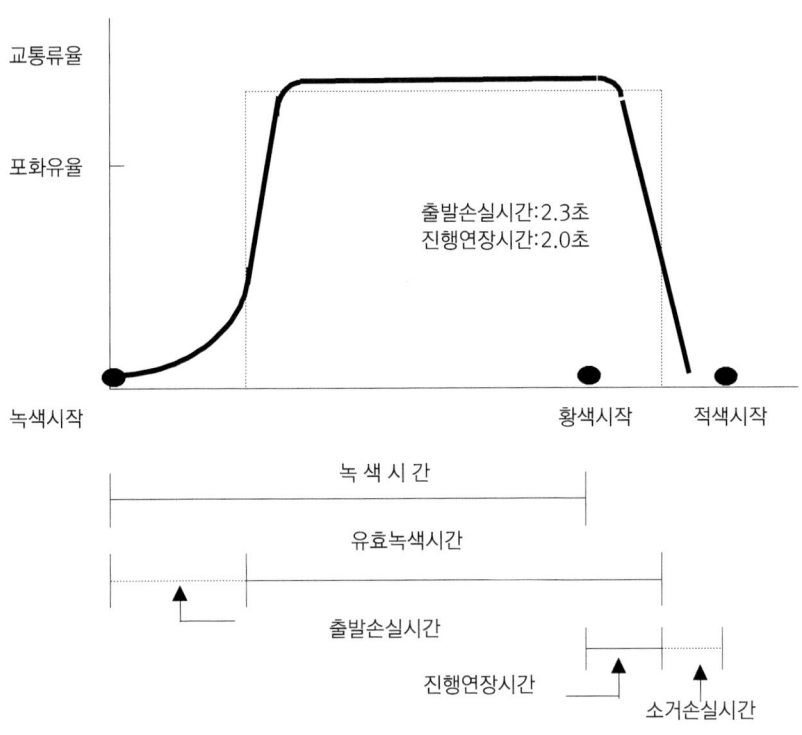

[그림 3-5] 신호변화와 포화교통류율의 개념

5. 교통류 모형

교통류의 특성을 나타내는 세 변수, 즉 속도, 교통량, 밀도의 상관관계는 다음과 같다.

$$q = u \times k$$

5.1 속도-밀도 모형

(1) 직선모형(Greenshields)

Greenshield는 속도와 밀도간의 관계를 세밀히 분석해 다음과 같은 직선모형 관계식을 제시하였다. 직선모형은 수학적으로 단순하여 사용하기 편리하고 연속교통류에 적합하다. 그러나 현실적인 k_j값을 나타낼 수 없으며, 직선상의 가정이 밀도가 아주 높거나 낮은 경우 관측자료와 일치하지 않는다.

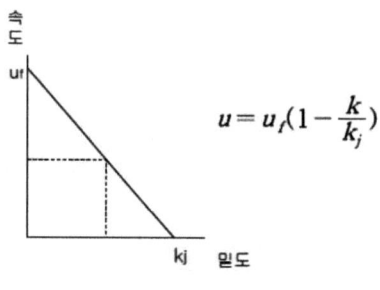

$$u = u_f(1 - \frac{k}{k_j})$$

[그림 3-6] 직선모형

(2) 로그모형(Greenberg)

Greenberg는 속도와 밀도간의 관계를 다음과 같은 로그모형으로 설명하였다.

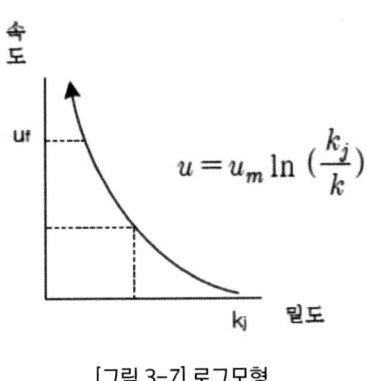

[그림 3-7] 로그모형

로그모형은 밀도가 높은 교통류는 상대적으로 잘 맞으나 밀도가 낮은 교통류에서는 속도 값이 관측치와 일치하지 않는 경우가 있다.

5.2 교통량-밀도 모형

교통류 기본공식에 Greenshields의 속도-밀도 모형(직선모형)을 대입하여 유도하였다.

$$q = u \times k$$
$$u = u_f \left(1 - \frac{k}{k_j}\right)$$

u 대신에 Greenshields 공식을 대입하면 다음과 같다.

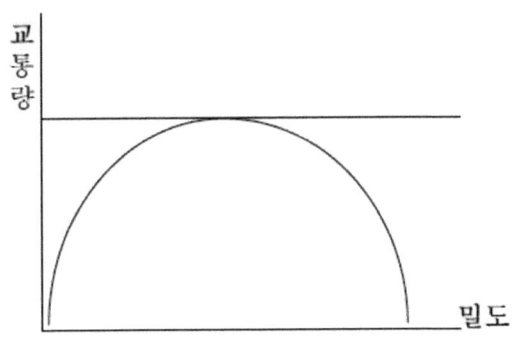

[그림 3-8] 교통량-밀도모형

최대 교통량의 상태는 위 식을 미분하여 기울기가 0인 경우이므로

$$\frac{dq}{dk} = u_f(1 - \frac{2k}{k_j}) = 0$$

여기서 $u_f \neq 0$, 따라서 $1 - 2k/k_j = 0$, $k = k_j/2$일 때 교통량이 최대가 된다. 마찬가지로 교통량, 속도의 관계식도 유추해 보면 $u = u_f/2$인 지점이 교통량이 최대가 된다. 따라서 $q_m = u_f \times k_j/4$일 때이다.

5.3 속도-교통량 모형

Greenshields의 속도-밀도 모형을 변형하면 다음과 같이 정리할 수 있다.

$$k = k_j\left(1 - \frac{u}{u_f}\right)$$

이 식을 교통류 기본공식의 k 대신에 대입하면 다음과 같다.

> ❶ 특정지점에서 교통류를 조사한 결과 속도-밀도 관계식이 아래와 같다.
> $$U = 57.5(1 - 0.008K)$$
> a) 자유속도와 혼잡밀도를 구하라.
> b) 속도와 교통량의 관계식은?
> c) 교통량, 밀도관계식?

6. 교통류 분석모형

6.1 충격파이론

교통류의 상태는 시간-거리에 따라 항상 끊임없이 변화하며, 이때 한 상태와 또 다른 상태의 교통류 간에는 속도 등의 변화로 서로 다른 교통흐름이 생기며, 두 교통흐름 간에는 일종의 경계선이 생기게 된다. 교통류이론에서 이 경계선을 충격파(shock wave)라고 하며, 이는 경우에 따라 매우 완만하거나 때론 급격한 특징을 갖는다. 전자는 양방향 2차로 도로에서 저속차량과 고속차량 사이의 예를 들 수 있고, 후자는 신호교차로에 정지하여 대기하고 있는 차량들을 향해 접근하는 승용차 흐름을 그 예로 들 수 있다.

경계선의 특성에 따라 충격파는 6개의 구분이 가능하다.

- 전면 정지(frontal stationary)
- 후면 정지(rear stationary)
- 전방 형성(forward forming)
- 후방 형성(backward forming)
- 전방 소멸(forward recovery)
- 후방 소멸(backward recovery)

(1) 충격파 방정식

어느 연속류 도로구간의 교통량-밀도곡선이 [그림 3-9(a)]와 같이 설정되었다고 하자. 이 그림에서 보는 바와 같이 A교통류 상태가 본래의 교통흐름이라 하고 이때의 교통량, 밀도, 속도는 q_A, k_A, u_A로 표시한다. A교통류 다음으로는 교통량이 감소하고 이에 따라 새로운 B교통류(q_B, k_B, u_B)가 나타난다. B교통류에서는 그림에서 보는 대로 아직 용량에 도달하기 이전 상태이므로 교통량 감소는 곧 속도의 증가로 나타나고($u_B > u_A$), 그 결과 B

교통류의 차량들이 A교통류의 차량들을 따라 잡게 된다.

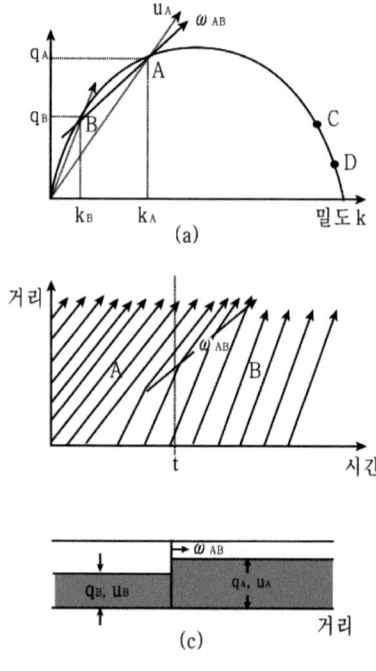

[그림 3-9] 충격파 방정식의 분석도

이를 보다 구체적으로 나타내기 위해[그림 3-9(b), (c)]를 추가로 도식한다. [그림 3-9(b)]는 거리-시간 관계도이며 이 그림에서 A, B상태에서의 차량속도를 나타내는 기울기는 의도적으로 [그림 3-9(a)]의 속도를 나타내는 원점과 A, B점간을 연결하는 직선의 기울기와 평행하도록 작도되었다. [그림 3-9(b)]에서 굵은 선 ω_{AB}는 A, B교통류 간 충격파를 표시하고 있는데, 이는 B교통류의 고속차량들이 A교통류의 저속차량들을 따라잡는 모습을 보여 주는 거리-시간 관계도이다.

[그림 3-9(c)]는 시점 t에서 나타나는 교통류 A, B의 형상을 나타낸 것이다. 이 그림에서는 세 종류의 속도가 표시되고 있는데 u_A가 u_B에 비해 낮은 값을 갖기 때문에 충격파의 방향은 분명하다. 그러나 이는 단순한 경우에 불과하며 교통류 간 변화상태가 복잡해지게 되면 충격파의 진행방향은 쉽게 알 수 없게 된다. 따라서 이러한 경우에서는 일단 충격파의 진행방향을 전방, 즉 교통류의 진행방향과 같다고 가정해서 분석한 후, 그 결과에 따라 충격파 진행방향을 결정하는 것이 좋다.

다음으로 충격파 방정식의 산출과정을 보면 개념적으로 A, B교통류의 경계면을 중심으로 양 교통류에서 차량대수는 같아야 한다. 그런데 도로의 상류에서 주행하는 B교통류의 속도를 충격파를 기준으로 해서 표시하면 $(u_B - w_{AB})$가 되고 하류부 교통류의 경우 $(u_A - w_{AB})$가 된다. 따라서 이 두 식을 이용해서 두 교통류의 시간 t동안의 교통량을 각각 다음과 같이 표시 할 수 있다.

$$N_B = q_B \cdot t = [(u_B - w_{AB}) \cdot k_B]t$$
$$N_A = q_A \cdot t = [(u_A - w_{AB}) \cdot k_A]t$$

경계면이 충격파 w_{AB}에서 이 두 값은 같으므로

$$\omega_{AB} = \frac{u_A k_A - u_B k_B}{k_A - k_B} = \frac{q_A - q_B}{k_A - k_B} = \frac{\Delta q}{\Delta k}$$

결국 두 교통류간에서 발생하는 충격파의 속도는 두 교통류간 밀도차이와 교통량 차이의 비율로 나타남을 알 수 있는데 이는 [그림 3-9(a)]에서 확인할 수 있다.

(2) 충격파이론의 적용 예

[그림 3-10]에서 점①은 교통량 1,000대/시, 밀도 25대/km, 평균속도 40km/시를 갖고 움직이는 교통류를 표시하고 있다. 이 교통류 내에서 트럭 한 대가 고장이 나서 10km/시로 감속하여 주행한다고 할 때 추월이 허용되지 않는다면 뒤따르는 차량들은 모두 10km/시로 주행하게 되며, 이때 차량행렬의 크기는 길어지게 될 것이다. 한편 차량행렬 안에서 차량간 차두간격은 지체되기 전에 비해서 짧아지게 된다. 이러한 여러 가지 변화된 교통류 여건에 해당하는 q-k 곡선상의 점은 [그림 3-10]의 점②에 의해 나타나며 점②와 원점을 연결한 직선이 트럭에 의해 지체되는 교통류의 속도를 나타내고 있다. 점②에서의 교통량은 1,200대/시이고 밀도는 120대/km를 나타난다.

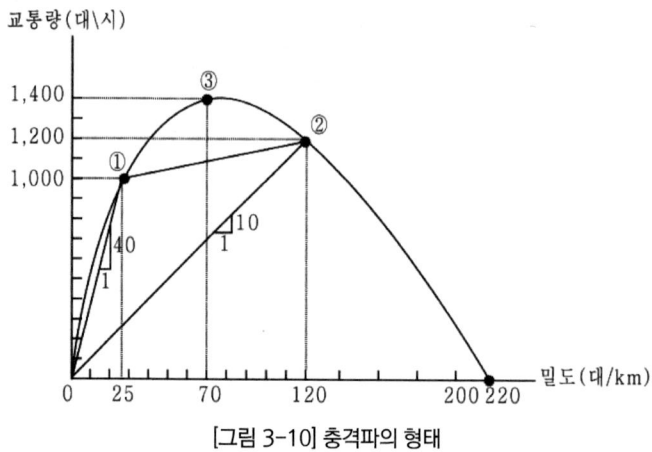

[그림 3-10] 충격파의 형태

만약 위에서 설명한 상황을 한 사람이 도로변에서 관찰한다면 트럭에 의해 지체되는 교통류가 마치 기관차에 연결되어 있는 열차들처럼 일렬로 줄을 지어 10km/시의 속도로 주행하는 것을 볼 수 있을 것이며 이 차량행렬의 뒤쪽에서는 40km/시의 속도로 달려오던 차량들이 10km/시로 감속하면서 계속 차량행렬의 뒤에 이어지는 것을 볼 수 있을 것이다. [그림 3-11]은 위의 상황을 그림으로 표시한 것이다. 시점 t=0에서의 교통류 상태는 [그림 3-10]에서의 점①을 의미하며 교통류의 평균특성을 따른다. 이때 고장난 트럭의 속도가 10km/시로 변하게 되면 바로 뒤에서 달려오던 차량이 곧 트럭의 뒤로 연결되면서 차량행렬은 그대로 유지되지만, 시간이 지날수록 차량행렬은 계속 커지게 된다.

또한 위의 예에서 볼 때, 2개의 충격파가 존재하는데 한 개는 차량행렬의 앞부분 경계선이며([그림 3-11]의 AA선), 또 한 개는 차량행렬의 뒷부분 경계선([그림 3-11]의 BB선)이다. 앞부분 경계선의 특성은 트럭의 속도에 따르며 뒷부분 경계선은 차량행렬의 맨 마지막 차량의 속도문제와 차량행렬의 크기가 얼마만큼 빨리 변화하는가 하는 문제는 차량행렬의 전후 충격과 AA와 BB선의 상대속도에 의해 지배받게 된다. 또한 차량행렬의 길이와 밀도를 알 수 있기 때문에 차량행렬 내에 있는 차량대수를 결정할 수 있는데 [그림 3-12]는 위의 상황을 시간-거리도로 나타낸 것이다.

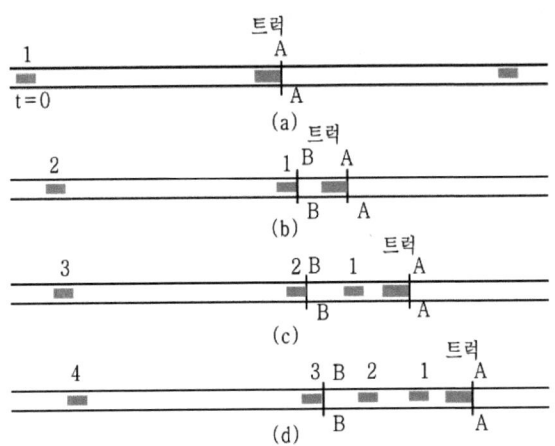

[그림 3-11] 충격파에서 차량군의 형성과정

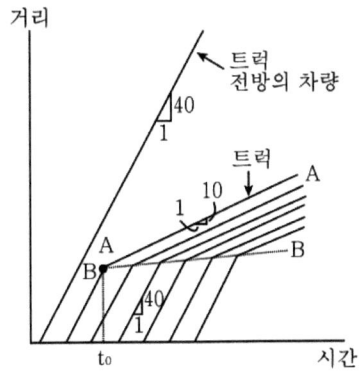

[그림 3-12] 충격파에서 차량군의 시간-거리도

❶ [그림 3-12]에서 두 충격파 AA와 BB의 방향과 속도를 결정하고 트럭 후방에서의 충격파 속도 및 성장속도를 구하라.

해설

먼저 AA선에서
q_A=1,200(대/시), k_A=120대/km

트럭 전방의 자유흐름 상태에서는
q_B=0, k_B=0

따라서 AA의 충격파 속도는 다음과 같다.
$U_{SW}(AA)$=(0-1,200)/(0-120)=10km/시

한편 차량군의 뒤쪽에서 발생하는 차량군에 대한 속도는 다음과 같다.
$U_{SW}(BB)$=(1,200-1,000)/(120-25)=(+)2.1km/시

따라서 차량군의 앞쪽은 차량진행 방향을 기준으로 할 때 앞쪽으로 충격파가 10km/시의 속도로 진행하며, 차량군의 뒤 쪽 역시 교통류 진행방향으로 2.1km/시의 속도로 충격파가 진행한다. 이렇게 볼 때 차량군의 성장속도는 10-2.1=7.9km/시의 속도를 나타내게 된다.

❗ 위의 예제에서 문제의 트럭이 10분 후에 이 도로를 빠져 나갔으며 이와 함께 차량군 앞쪽에 있던 차량들이 20km/시의 속도와 70대/km의 밀도로 풀리게 시작한다. 이때 10km/시로 진행하던 차량군이 소멸되기까지 소요되는 시간을 구하라.

해설

차량군이 풀릴 때의 조건은
$$q=(20km/시)(70대/km)=1,400대/시$$
[그림 3-10]에서 점③을 의미한다.
10분 후에는 이 차량군의 크기가 다음과 같이 된다.
$$L=(7.9km/시)(10/60시)=1.3km$$
1.3km 내에 들어갈 수 있는 차량대수는 (1.3)(120)=156대이다.
트럭이 빠지고 나면 차량군 내에서 다음의 충격파가 발생하게 된다.
$$U_{SW}=(1,400-1,200)/(70-120)=-4.0km/시$$
따라서 차량군 앞쪽의 충격파는 뒤쪽으로 4.0km/시의 속도로 진행하며 차량군 뒤쪽의 충격파는 변동 없이 앞쪽으로 2.1km/시의 속도로 진행하므로 이 두 충격파간의 상대속도는 다음과 같다.
$$4.0+2.1=6.1km/시$$
트럭이 빠지기 바로 직전에 차량군 크기는 1.3이므로 두 충격파간에 발생한 상대속도 6.1km/시에 의해 다음 시간이 지나면 소멸된다.
$$(1.3/6.1)\cdot 60=12.7(분)$$
맨 마지막 차량이 차량군에서 벗어나고 나서 이 마지막 차량의 전방과 사이에서 충격파가 발생하며 이 충격파의 속도는 다음과 같다.
$$U_{SW}=(1,400-1,000)/(70-25)=(+)8.9km/시$$
충격파의 방향은 도로의 앞쪽 방향이다.

❗ 10km/시로 진행하던 차량군이 완전히 소멸되는 시점에서 발생한 충격파의 방향과 속도를 구하라.

❶ 단차로도로에서 교통량이 1800vph이고, 속도는 45kmh인 상태에서 9kmh로 주행하는 트럭이 3km 주행 후 도로를 벗어났다.

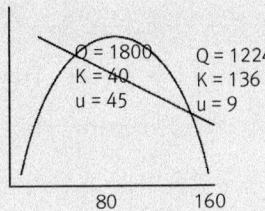

❶ a) 차량군이 생성되는 충격파 속도(U_W)는?
b) 차량군 전체의 생성속도는?
c) 차량군의 최대 대기길이는?
d) 대기차량 대수는?

해설

a) 충격파(U_w) = $\dfrac{q_2 - q_1}{k_2 - k_1}$

따라서, $(1224 - 1800)/(136 - 40) = -6.0 kph$

b) $9pkh - (-6kph) = 15kph$

c) $15 \times 20분/60 = 5km$ ⇐ $3km/9kph = 20분$

d) $5 \times 136 vpk = 680대$

❶ 위의 교통량 1800대, 속도 45kph 상태에서 사고로 차량이 10분간 정지하였다.
a) 차량군의 생성속도는?
b) 대기행렬 길이는?
c) 대기차량은?

해설

a) $(1800 - 0)/(40 - 160) = -15 kph$

b) $15 \times 10/60 = 2.5 km$

c) $2.5 \times 160 = 400대$

6.2 추종이론

추종이론은 주행하는 선·후행 두 차량간 가·감속도, 차두간격, 속도 등의 변화상태 및 상호 관계식을 규명하기 위해 개발된 분석기법을 말한다. 이는 미시적 관점에서 두 차량간에 대한 분석이지만 차량전체의 흐름도 결국은 이러한 개별적인 차량 움직임이 합쳐져 이루어지는 것임을 감안할 때, 개별적 움직임을 통해 흐름의 어떤 평균적인 특성이 파악될 수 있다면 개별적이든 전체적이든 서로 통하는 것이라 할 수 있다.

추종이론은 1950년대에 들어와 Pipers가 처음으로 추종이론을 도입했으며 Sasaki 및 Forbes에 의해 발전되었으며 연구팀으로는 미국 General Motors 연구소가 이 분야에 많은 업적을 남기고 있다.

(1) 기본개념

자극-반응의 관계로부터 나온 것으로서, 뒤따르는 운전자(추종운전자)는 시간 t일 때의 자극의 크기에 비례하여 가속 혹은 감속을 하되 그 반응시간은 T만한 지체시간을 갖는다. 이를 식으로 표시하면 다음과 같다.

예를 들어 교통량이 많은 곳에서 차로를 변경하거나 추월할 수가 없이 앞 차량만 따라가야 하는 운전자를 생각해 보자. 이때 뒤 차량은 [그림 3-13]에서 보는 바와 같이 앞 차량과 일정간격 $s(t)$만큼 떨어져 따라감으로써 앞 차량이 급정거할 때 추돌되지 않도록 할 것이다. 앞 차량이 정지하기 시작하는 시점에서부터 뒤 차량이 정지하기 시작하는 시점간의 시간간격은 반응시간 T이다. 정지동작 후의 두 차량의 상대적인 위치변화는 [그림 3-13]에 나타나 있다.

여기서,
$x_n(t)$=시각 t에서의 n 차량의 위치
$s(t)$=시각 t일 때 두 차량의 간격 =$x_n(t)-x_{n+1}(t)$
d_1=반응시간 T동안 $(n+1)$차량이 움직인 거리 = $Tu_{n+1}(t)$
d_2=감속하는 동안 $(n+1)$차량이 움직인 거리 = $[u_{n+1}(t+T)]^2/2a_{n+1}(t+T)$

d_3 = 감속하는 동안 n 차량이 움직인 거리 = $[u_n(t)]^2/2a_n(t)$

L = 정지해 있을 때 두 차량간의 차두거리

$u_i(t)$ = 시각 t일 때 i차량의 속도

$a_i(t)$ = 시각 t일 때 i차량의 가속도

추돌이 일어나지 않기 위해서는 시각 t때 차두거리는 다음과 같아야 한다.

$$s(t) = x_n(t) - x_{n+1}(t) = d_1 + d_2 + L - d_3$$
$$= Tu_{n+1}(t) + \frac{u_{n+1}^2(t+T)}{2a_{n+1}(t+T)} + L - \frac{u_n^2(t)}{2a_n(t)}$$

만약 두 차량의 정지거리가 같다면 $d_2 = d_3$이므로,

$$x_n(t) - x_{n+1}(t) = T \cdot u_{n+1}(t) + L$$

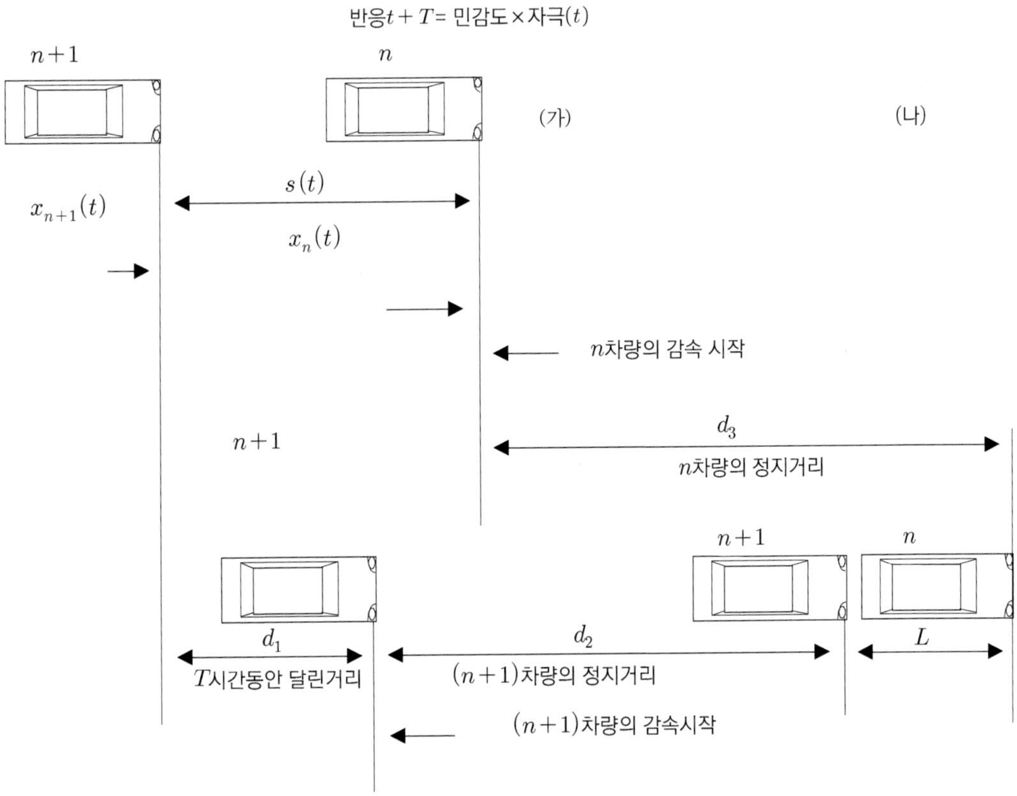

반응$t+T$ = 민감도×자극(t)

[그림 3-13] 추종이론의 기본개념도

여기서 반응시간(T)동안 뒷차량의 속도변화는 없으므로,

$$u_{n+1}(t) = u_{n+1}(t+T)$$

이다. 따라서

$$x_n(t) - x_{n+1}(t) = T \cdot u_{n+1}(t+T) + L$$

양변을 t에 관해서 미분하면,

$$u_n(t) - u_{n+1}(t) = T \cdot a_{n+1}(t+T)$$
$$\therefore a_{n+1}(t+T) = T^{-1}[u_n(t) - u_{n+1}(t)]$$

즉, $(t+T)$ 시각일 때 $(n+1)$ 차량의 반응은 t시각일 때의 앞 차량(n차량)과의 상대속도에 비례하며 그 비례상수, 즉 민감도는 T^{-1}이다.

한편 이 식을 좀더 일반화시키면 다음과 같다.

$$a_{n+1}(t+T) = \alpha[u_n(t) - u_{n+1}(t)]$$

여기서 α는 민감도 계수이다. 이 모형은 반응이 자극에 직접 비례하기 때문에 선형추종모형이라 할 수 있다.

(2) 추종모형과 교통량모형

선형추종모형에서 α 즉, 뒤 차량이 취하는 반응의 민감도를 나타내는 계수는 상수로서 뒤 차량과 앞 차량과의 거리와는 무관하다. 예를 들어 다른 조건이 같을 때, 앞 차량과의 거리가 100m일 때와 10m일 때의 반응이 꼭 같다는 결론이다. Gazis 등은 이와 같은 비현실성을 배제한 모형, 즉 뒷 차량의 반응민감도는 앞차량과의 거리에 반비례하는 모형을 개발하였다.

즉,

$$a_{n+1}(t+T) = \frac{\alpha_0}{x_n(t) - x_{n+1}(t)} \cdot [u_n(t) - u_{n+1}(t)]$$

여기서 α_0의 단위는 거리/시간이다.

이 추종모형을 교통류 모형으로 변환시키는 방법은 다음과 같다. 위 식을 적분하면,

$$u_{n+1}(t+T) = \alpha_0 \ln[x_n(t) - x_{n+1}(t)]$$

교통류 모형은 안정상태(steady state)의 교통류 조건을 표현하는 것이므로 앞에서도 언급한 바 있지만, $u_{n+1}(t) = u_{n+1}(t+T) = u$이며, $[x_n(t) - x_{n+1}(t)]$ 는 평균차두시간, 즉, $1/k$

을 나타내기 때문에 다음과 같이 고쳐 쓸 수 있다.

$$u = \alpha_0 \ln\left(\frac{1}{k}\right) + C_0$$

교통류에서 $k = K_j$ 일 때 $u = 0$ 이므로,

$$C_0 = -\alpha_0 \ln\left(\frac{1}{k_j}\right)$$

이며, 이를 다시 정리하면 다음과 같다.

$$u = \alpha_0 \ln\left(\frac{k_j}{k}\right)$$

또 $q = uk$ 이므로,

$$q = \alpha_0 \ln\left(\frac{k_j}{k}\right) \text{이다.}$$

q-k 곡선에서 q가 최대일 때의 K값은 $dq/dk = 0$에서 구할 수 있다. 즉,

$$\left(\frac{dq}{dk}\right) = \alpha_0 \ln\left(\frac{k_j}{ke}\right)$$

여기서 $\alpha_0 \neq 0$ 이므로 $K = \dfrac{k_j}{e}$ 일 때 q 가 최대값 q_m을 가지며, 또 이 때 u는 u_m이다. 따라서,

$$u_m = \alpha_0 \ln(e) = \alpha_0 \text{이다.}$$

따라서 최종 정리된 식은 다음과 같이 된다.

$$u = u_m \ln\left(\frac{k_j}{k}\right)$$

이 식은 Greenberg의 모형과 일치하므로 Greenberg의 교통류 모형은 추종모형의 이론과 같이 근거를 가진 모형이라 할 수 있다.

뒤 차량의 반응민감도를 일반식으로 나타내면 다음과 같다.

$$a_{n+1}(t+T) = \alpha_0 \frac{u_{n+1}^2(t+T)}{[x_n(t) - x_{n+1}(t)]^l}[u_n(t) - u_{n+1}(t)]$$

여기서 l 과 m의 값에 따라 여러 가지 추종모형과 이에 따른 교통류 모형을 얻을 수 있다.

6.3 차량 대기행렬이론

앞에서 소개한 교통류 분석이론이 주로 연속류에 대한 것이었다면 본 절에서 설명하려는 대기행렬이론은 주로 도시 내의 단속류에 대한 것이다. 교통량을 처리하기 위한 여러 가지 분석기법들의 주된 목적은 대개 교통시설물의 용량을 충분히 확보함으로써 대상 교통시설물로 접근해 오는 교통량을 효율적으로 처리하고자 하는 것이며 이러한 목적이 달성되게 되면 도로를 주행하는 차량들의 입장에서 볼 때 교통혼잡을 겪지 않게 되는 것이다. 그러나 교통량은 시간의 흐름과 함께 수시로 변화하기 때문에 교통용량을 확보했다고 해서 순간적으로 발생하는 교통혼잡까지도 발생하지 않는 것은 아니며, 특히 출퇴근시간의 교통량 첨두시간대에 다소간의 교통혼잡은 항상 발생할 수 있다.

대기행렬이론은 이러한 상황을 분석하는데 매우 중요한 교통류 이론의 한 분야인데 원래 대기행렬이론은 교통시설을 비롯해서 우리들이 일상생활에서 쉽게 접할 수 있는 다양한 체계(system)에서의 형태를 묘사하기 위해 개발되어졌다. 특히 차량 대기행렬이론의 주된 분석대상은 무작위로 변화하는 교통량에 대한 교통체계의 작동과정이었다. 다시 말해서 도로나 정류장의 플랫폼과 같이 처리능력이 일정한 시설물에 도착하는 차량이나 승객의 도착형태에 따라 발생하는 대기행렬의 형태를 분석하는데 대기행렬이론의 초점이 모아져 왔다.

도로를 중심으로 하는 교통망의 경우, 대기행렬은 여러 곳에서 발생하게 되는데 이와 대표적인 장소로는 신호교차로, 톨게이트, 주차장, 병목구간, 교통사고 발생지, 합류지점 및 저속차량의 후방지역 등 모든 교통체계에서 수시로 발생하며, 우리의 일상생활에서도 흔히 그 발생 과정을 관찰할 수 있다.

교통공학에서 대기행렬의 생성과정을 분석하는 데는 두 가지 접근방법을 사용할 수 있다. 즉, 충격파이론 분석기법은 수요와 공급의 특성이 시간의 변화에 따라 예측 가능한 경우에 사용할 수 있다. 또한 이 이론은 상기한 경우 외에도 수요와 공급의 특성이 시간의 변화에 따라 일정하지 않은 이른바 추계론적 분석에도 사용될 수 있다.

본 절에서는 대기행렬이론의 분류 및 입력에 필요한 자료의 구분을 비롯한 기본적인 이론 및 개념을 살펴보고, 우리 실생활에서 볼 수 있는 예를 들어 그 적용과정을 살펴본다.

(1) 대기행렬 분석이론의 개념

대기행렬 분석이론은 거시적 분석과 미시적 분석으로 구분할 수 있다.
여기서 거시적 분석이란 시설물로 도착하는 수요의 형태와 시설물의 서비스 형태를 연속적인 변수로 설명할 수 있는 경우를 의미하며, 미시적 분석이란 이들이 불연속적 변수를 설명할 때를 의미한다. 일반적으로 거시적 분석은 도착률과 서비스율이 높을 때 적용하며 미시적 분석은 도착률과 서비스율이 낮을 때 적용한다.
대기행렬의 분서에서 필요한 입력 자료는 다음과 같다.

- 평균 도착률
- 도착분포의 형태
- 평균서비스율
- 서비스 분포의 형태
- 대기행렬의 형성형태

평균 도착률은 교통량 또는 차두 간격 등의 개념으로써 일반적인 표현방식은 대/시 또는 대/초의 형태를 갖는다. 도착분포의 형태는 결정론적 분석방법과 확률론적 분석방법으로 구분할 수 있으며, 우리가 흔히 사용하는 수요라는 개념과 대체로 일치한다고 볼 수 있다. 평균서비스율은 교통공학에서의 용량과 일치하는 개념이라 할 수 있다. 서비스분포의 형태 또한 결정론적 분석방법과 확률론적 분석방법으로 구분한다.
대기행렬의 형성형태는 대기행렬이 어떤 방식으로 형성되는가 하는 것을 규명하는 항목으로써, 그 필요성이란 톨게이트와 같이 먼저 온 사람이 먼저 서비스 받는 방식과 엘리베이터와 같이 늦게 온 사람이 오히려 먼저 내릴 수 있는 방식이 존재하는 것을 생각해 볼 때 반드시 규명되어져야 하는 것임을 알 수 있다. 전자의 경우는 가장 보편적인 대기행렬의 형성형태로서 FIFO(first in, first out)라고 부르며 후자를 FILO(first in, last out)라고 부른다. 한편 도착순서에 상관없이 무작위로 서비스 받는 형태는 SIRO (served in random order)라고 한다.
대기행렬 공식 유도과정을 살펴보면 평균 도착률을 λ라 하면 도착간의 평균시간 간격 $1/\lambda$이 되고, 평균서비스율을 μ라 하면 평균서비스시간은 $1/\mu$이 된다. 교통강도 $\rho = \lambda/\mu$는 $\rho < 1$ 이어야 하며, $\rho \geq 1$이면 대기행렬이 무한정 길어진다.
시각 t에 n개가 시스템 내에 있을 확률을 $P_n(t)$라고 할 때, t +△t의 상황을 고려하고자 하는데 이때, △t는 매우 짧아서 이 시간동안에는 하나의 차량만이 시스템으로 들어오거나 나갈 수 있다.

① △t동안 다음의 4가지의 확률이 존재한다.
- λ△t = 한 대의 차량이 시스템 내로 들어올 확률
- 1 -λ△t =한대의 차량도 시스템 내로 들어오지 않을 확률
- μ△t = 한 대의 차량이 시스템을 나갈 확률
- 1 -μ△t =한대의 차량도 시스템을 나가지 않을 확률

② 시각 t +△t에 시스템 내에 n대의 차량이 있는 경우는 다음의 세 가지 경우가 있다.
- 시각 t에 n대가 있고, △t동안 한 대의 차량도 들어오거나 나가지 않을 때
  (△t동안 동시에 출발과 도착이 있을 확률은 "0"이라고 가정)
- 시각 t에 n-1대가 있고, △t동안 한 대의 차량이 도착할 때
- 시각 t에 n+1대가 있고, △t동안 한 대의 차량이 출발할 때

③ 시각 (t +△t)에 n대의 차량이 시스템 내에 있을 확률은 다음과 같다.

$$P_n(t+\triangle t) = P_n(t)[(1-\lambda\triangle t)(1-\mu\triangle t)] + P_{n-1}(t)[\lambda\triangle t(1-\mu\triangle t)]$$
$$+ P_{n+1}(t)[(1-\lambda\triangle t)\mu\triangle t] \quad (\text{for } n \geq 1)$$

$$P_n(t+\triangle t) - P_n(t) = -P_n(t)(\mu+\lambda)\triangle t + P_{n-1}(t)\lambda\triangle t$$
$$+ P_{n+1}(t)\mu\triangle t + \mu\lambda(\triangle t)^2[P_n(t) - P_{n-1}(t) + P_{n+1}(t)]$$

$(\triangle t)^2 \simeq 0$이라고 가정하고, △t로 나누면,

$$\frac{P_n(t+\triangle t) - P_n(t)}{\triangle t} = \lambda P_{n-1}(t) - (\mu+\lambda)P_n(t) + \mu P_{n+1}(t)$$

△t →0라고 하자.

$$\frac{dP_n(t)}{dt} = \lambda P_{n-1}(t) - (\mu+\lambda)P_n(t) + \mu P_{n+1}(t), \ n = 1,2,3,......$$

④ 시각 t + △t에 시스템 내에 차량이 한 대도 없을 확률은 다음의 두 가지가 있을 수 있다.
- 시각 t에 차가 한 대도 없고, 시간 △t동안 한 대도 도착하지 않을 때
- 시각 t에 차가 한 대 있고, 시간 △t동안 한 대가 출발하고 한 대도 도착하지 않을 때
  이 관계를 식으로 나타내면,

$$P_0(t+\triangle t) = P_0(t)(1-\lambda\triangle t) + P_1(t)[(\mu\triangle t)(1-\lambda\triangle t)]$$

△t로 나누면,

$$\frac{P_0(t+\triangle t) - P_0(t)}{\triangle t} = \mu P_1(t) - \lambda P_0(t)$$

△t →0라고 하자.

$$\frac{dP_0(t)}{dt} = \mu P_1(t) - \lambda P_0(t)$$

⑤ 시스템이 steady state이므로, 결과는 다음과 같다.

$dP_n(t)=0$(시각 t에 모든 n에 대해)

$$\mu P_{n-1}(t) + \lambda P_{n+1} = (\lambda + \mu)P_n \quad (n > 0)$$

$\mu P_1 = \lambda P_0$, $n=0$일 때

$t \to \infty$에 따라 P_n는 $P_n(t)$의 값이 된다.

$$\lambda P_0 = \mu P_1$$
$$\lambda P_0 + \mu P_2 = (\lambda + \mu)P_1$$
$$\lambda P_1 + \mu P_3 = (\lambda + \mu)P_2$$

$\rho = \lambda/\mu$로 대체하면,

$$P \quad P_1 = \rho P_0$$
$$P_2 = (\rho + 1)P_1 - \rho P_0 = \rho^2 P_0$$
$$P_3 = (\rho + 1)P_2 - \rho P_1 = \rho^3 P_0$$
$$\vdots$$
$$P_n = \rho^n P_0$$

모든 확률의 합은 1이므로,

$$\sum_{n=0}^{n \to \infty} P_n = 1$$

$$1 = P_0 + \rho P_0 + \rho^2 P_0 + \ldots$$
$$= P_0(1 + \rho + \rho^2 + \rho^3 + \ldots)$$
$$= P_0 \left(\frac{1}{1-\rho}\right) \quad (\rho < 1)$$
$$\therefore P_n = \rho^n(1-\rho)$$

기타 단일서비스 대기행렬의 관계식들은 다음과 같다.

① 시스템 내의 차량대수(대기행렬 길이 + 서비스 받고 있는 차량대수)

$$P(0) = 1 - \rho$$
$$P(n) = \rho^n(1 - \rho)$$

② 평균대기 행렬길이(시스템 내의 평균차량대수(대기행렬길이) - 서비스 받고 있는 차량대수)

$$E(m) = \frac{\rho^2}{1 - \rho} = \frac{\lambda^2}{\mu(\mu - \lambda)}$$

③ 시스템 내의 평균 차량대수

$$E(n) = \frac{\rho}{1 - \rho}$$

④ 평균 대기시간

$$E(\omega) = \frac{\lambda}{\mu(\mu - \lambda)}$$

⑤ 시스템내의 평균체류시간(평균 대기시간 + 평균 서비스 시간)

$$E(v) = \frac{\lambda}{\mu(\mu + \lambda)} + \frac{1}{\mu} = \frac{1}{\mu - \lambda}$$

(2) 신호교차로에서의 대기행렬 분석 적용 예

신호교차로는 결정론적 대기행렬 분석방법의 대표적인 예이다. 또한 신호교차로에서는 거시적 분석방법을 적용하게 되며, 그 분석과정이 매우 간편하다.

일반적으로 신호교차로의 대기행렬 분석방법을 적용하는 경우, 신호등의 현시는 2현시로 생각하며 한 개의 접근로에 대해서만 생각하게 된다.

또한 평균 도착률이 평균서비스율보다 적은 경우를 분석대상으로 하는 수가 많으며, 이는 신호교차로에 진입한 차량이 한 번의 신호주기보다 더 오랜 시간을 기다릴 필요가 없다는 의미로서 사실상 이런 가정은 매우 비현실적인 가정일 수 있으나 여기에서는 대기행렬 분석의 기법과 적용과정을 소개한다는 관점에서 다루었다.

[그림 3-14]은 신호교차로에서의 대기행렬 분석을 위한 입력자료와 대기행렬의 형성과정을 도시하고 있다. [그림 3-14]의 위의 그림(a)에서도 도착률 λ는 시간의 변화와 상관없이 일정하며, 서비스율 μ는 신호등이 녹색일 때는 포화교통류율 s이고 신호등이 적색일 때는

0인 두 개의 상태로 존재하고 있다. 여기서 서비스율 μ가 포화교통류율에 이르는 것은 신호 정지선 후방으로 충분한 대기행렬이 존재할 때만 가능하며 만약 녹색신호시간이 길어져 대기하고 있던 차량들이 신호등을 모두 빠져나간 후에는 서비스율이 다시금 도착률 λ로 감소하게 된다는 점이다.

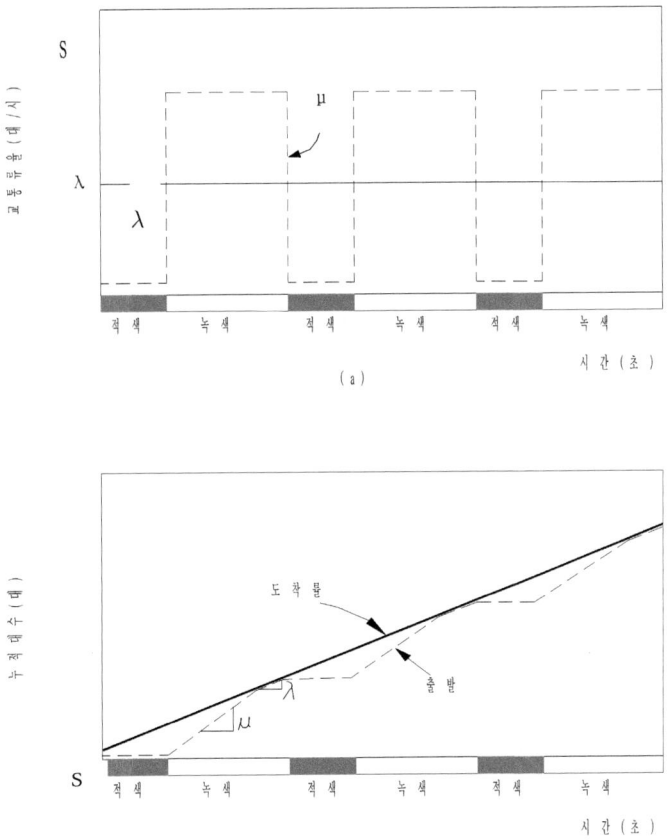

[그림 3-14] 신호교차로에서 대기행렬도의 예

[그림 3-14]의 아래 그림(b)에서 y축이 대기행렬의 길이를 나타내고 있기 때문에 상단부에서 와는 달리 도착률이 x축에 수평인 직선이 아니고 기울기 λ인 사선으로 나타나고, 서비스율 μ는 신호등이 적색일 때는 x축에 수평한 직선이지만 신호등이 녹색일 때는 포화교통류율을 나타내는 시간대와 도착률을 나타내는 시간대로 다시 구분하여, 포화 교통류

율일 때는 도착률 직선과 포화 교통류율 직선이 교차하는 지점에서 끝나고 그 이후부터 녹색시간의 끝 지점까지는 도착률을 갖게 된다.

이러한 대기행렬의 형성과정은 신호주기마다 반복되어 계속되기 때문에 [그림 3-14]에서와 같은 대기 행렬도를 분석함으로써 각 시점에서의 대기 행렬 길이를 쉽게 알 수 있는데, 이 때 대기행렬 길이는 삼각형의 높이로 나타나게 된다. 이 외에도 대기행렬도를 통해 대기행렬이 존재하는 시간, 정지했다가 통과하는 수, 총 지체시간 및 차량당 지체시간을 산출할 수 있다.

(가) 대기행렬이 존재하는 시간의 산정

대기행렬이 존재하는 시간의 길이 산정은 신호시간계획, 차로수 및 길이 결정 등 교통시설물의 적정성판단에 중요한 자료로 활용될 수 있다. 대기행렬이 존재하기 위해서는 서비스율이 도착률보다 작아야 할 것이며 이러한 상태는 적색시간이 시작되는 점에서부터 포화교통류율과 도착률의 직선이 교차하는 지점까지의 시간 길이로 나타낼 수 있다. 또한 이 시간은 유효적색시간과 신호주기에 대한 함수로 나타낼 수 있으며 이는 다음과 같다.

대기행렬이 존재하는 시간길이 t_Q는 도착률과 서비스율, 그리고 적색시간 관계로 나타낼 수 있는데 이는 다음 식과 같다.

$$\lambda t_Q = \mu(t_Q - r)$$
$$\lambda t_Q = \mu t_Q - \mu r$$
$$t_Q(\mu - \lambda) = \mu r$$
$$t_Q = \frac{\mu r}{\mu - \lambda}$$

한편 대기행렬이 존재하는 시간길이를 전체 신호시간에 대한 백분율 Pt_Q로 나타내면 다음 식과 같이 표현할 수 있다.

$$Pt_Q = \frac{100 t_Q}{C}$$

여기서,

λ = 평균 도착률(대/시)

μ = 평균 서비스율(대/시)

t_Q = 대기행렬이 존재하는 시간길이(초)

r = 유효녹색시간(초)

C = 신호주기(초)

Pt_Q = 대기행렬이 존재하는 시간길이의 백분율

신호교차로에서 대기행렬이 존재하는 시간과 그 변화를 나타내보면 [그림 3-15]와 같다. 이 그림에서 보는바와 같이 신호교차로 운영 상태를 나타내는 중요척도 중의 하나인 포화상태를 쉽게 이해할 수 있다. [그림 3-15]의 (b)에서는 대기행렬이 나타나는 시점이 곧 유효녹색시간의 시작점이고 이는 t_Q초만큼 지속됨을 알 수 있다.

[그림 3-15]의 (a)에서는 대기행렬이 존재하는 시간 t_Q는 유효적색시간 전부와 유효녹색시간의 일부분까지 펼쳐져 있음을 보여주고 있다. 여기서 대기하는 차량대수는 도착률과 대기행렬이 존재하는 시간을 곱해서 산정할 수 있다.

[그림 3-15]의 그림(a)에서 보는바와 같이 A1과 A2는 그 형상이 다른데 이 두 형상의 면적이 같아지는 시점이 바로 대기행렬이 소멸된다는 점을 암시하고 있다.

한편 면적 A3은 대기행렬이 소멸되고 난 후 유효녹색시간 동안에 도착하는 차량의 대수를 나타내고 있는데 이는 곧 신호교차로의 여유 용량이라고 볼 수 있다.

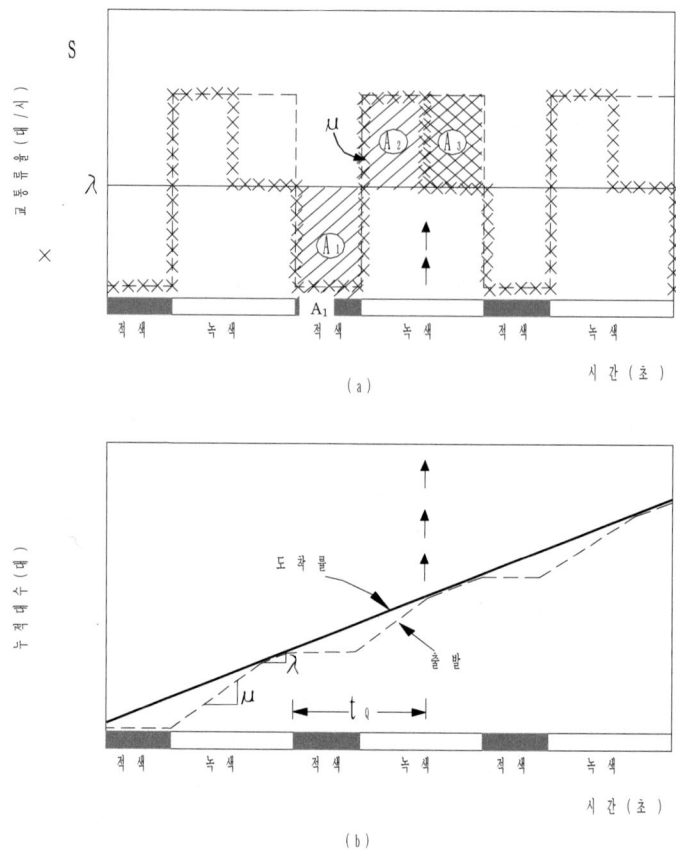

[그림 3-15] 신호교차로 대기행렬도의 상세도

(나) 정지했다가 통과하는 차량의 수

신호교차로에 진입하여 일단 정지한 후 통과하는 차량의 수를 결정하는 것은 신호등에 의해 차량들의 소통 상태를 나타낼 수 있는 것으로 신호교차로 분석에 상당히 중요하다.
[그림 3-15]의 (a)에서 통과 차량대수는 면적 A1과 A2의 합으로 표시할 수 있으며 그림 (b)에서는 도착률 직선과 점선으로 표시되는 서비스율 직선이 만드는 삼각형의 면적으로 나타낼 수 있다. 또한 정지했다가 통과하는 차량대수는 유효적색시간에 도착한 차량은 모두 고려해야 하며 이는 신호주기를 넘어서 통과할 수 없기 때문에 λr과 λC의 범위 내에 존재할 수밖에 없다.
정지했다가 통과하는 차량의 수를 알 수 있게 되면 이와 관련하여 매 신호주기당 통과 차

량수 및 정지했다가 통과하는 차량수의 백분율은 알 수 있는데 이는 교차로 소통상태의 지표로 나타낼 수 있는 주요 변수이다.

$$N = \frac{\lambda C}{3,600}$$
$$N_Q = \frac{\lambda t_Q}{3,600}$$
$$PN_Q = \frac{100 t_Q}{C}$$

여기서,

N = 신호주기당 차량 대수

N_Q = 대기행렬을 경험한 총 차량대수

PN_Q = 정지했다 통과하는 차량의 백분율

(다) 대기행렬의 길이

대기행렬의 길이는 대기차량의 대수로서 유효적색시간의 시점에서는 그 값이 0이다가 유효적색시간의 종점에서 최대값을 나타내게 되며 그 이후 유효녹색시간이 시작되면서 그 길이가 점차 감소하다가 t_Q 시간이 끝나게 되면 다시금 0으로 되며 이러한 상태는 유효녹색시간이 끝날 때까지 지속된다.

교통공학에서는 대기행렬의 길이와 관련해서 대기행렬의 최대길이, 대기행렬이 존재하는 시간 동안의 평균대기행렬길이 등이 중요한 값들인데 이를 산정하는 수식은 다음과 같다.

$$Q_M = \frac{\lambda r}{3,600}$$
$$\overline{Q}_Q = \frac{Q_M}{2} = \frac{\lambda r}{7,200}$$
$$\overline{Q} = \frac{Q_M t_Q}{2C}$$

여기서,

Q_M = 신호주기당 차량 대수

$\overline{Q_Q}$ = 대기행렬을 경험한 총 차량대수

$\overline{Q}$ = 정지했다 통과하는 차량의 백분율

(라) 지체 시간의 크기

지체시간의 크기는 한 신호교차로에 도착하는 차량 중 가장 많이 지체하는 차량은 적색시간이 시작할 때 교차로에 진입한 차량이며 이와 정반대로 가장 지체시간이 적게 걸리는 차량은 적색시간의 종점, 또는 녹색시간의 시작시점에 교차로에 진입한 차량으로서 서비스율이 도착률 보다 커서 신호주기 내에 모든 차량이 빠져나갈 수 있어서 지체시간은 0이 된다.

따라서 지체시간의 크기는 대기행렬도의 삼각형에서 가로축의 길이로 나타낼 수 있는데 지체시간 길이와 관련수식을 보면 다음 식과 같다.

$$d_M = r$$
$$\overline{d}_Q = \frac{r}{2}$$
$$\overline{d} = \frac{rt_Q}{2C}$$

여기서,

d_M = 신호주기당 차량 대수

$\overline{d_Q}$ = 대기행렬을 경험한 총 차량 대수

$\overline{d}$ = 정지했다 통과하는 차량의 백분율

따라서 한 신호주기당 전체 지체시간은 삼각형의 면적으로 표시되며 전체 지체시간 TD는 다음과 같은 식으로 나타낼 수 있다.

$$\begin{aligned} TD &= \frac{N_Q r}{2} \\ &= \frac{Q_M t_Q}{2} \\ &= \overline{d} N \end{aligned}$$

제4장
교통조사

1. 교통조사

교통조사는 교통체계의 추이나 문제점진단, 개선사업의 성과확인 등을 위한 사실자료를 파악할 목적으로 실시되며, 통행실태, 교통류 또는 그에 관련된 사항을 어떤 객관적인 수치로 분석, 측정하는 작업으로 그 개념은 다음과 같이 구분된다.

- 광의의 개념 : 교통량 이외의 사회경제 지표, 토지이용, 교통시설물의 운영 및 관리 실태조사까지도 포함하여 시행하는 조사.
- 협의의 개념 : 여객, 화물, 차량통행 실태에만 국한하여 실시하는 조사.

한편 교통조사의 진행단계는 아래와 같이 세 단계로 구분되는데, 어느 단계에서나 충분한 통계기법을 이용하여 정확하고 과학적으로 이루어져야 한다.

① 현장조사(Data collection)
- 물리적 자료(도로의 기하구조, 제어기기, 도로조건, 주차공간 등)
- 인구특성(도로사용자의 특성, 자동차의 특성, 차종)
- 운영변수(교통량, 속도, 여행시간, 지체도, 밀도, 차두시간)
- 특별한 목적을 위한 자료(교통사고, 주차, 대중교통, 보행자, 기타)

② 조사 자료의 정리(Data reduction)
- 조사자료 중 목적에 따라 분류하거나 특정 방법으로 정리 및 묶는 단계

③ 분석(Analysis)
- 분석수단(Tool)에 의해 결과를 도출하는 단계

교통조사는 앞서 밝힌바와 같이 다양한 교통분석의 목적을 수행하기 위하여 시행되므로 그 종류도 다양하다. 교통조사의 종류는 일반적으로 교통시설현황조사, 교통류 특성조사, 통행실태조사 등으로 구분하여 왔으나 본 책에서는 그 중요성이 높아지고 있는 주차조사, 대중교통조사, 교통사고조사 등도 별도로 정리하였다.

2. 교통시설 현황조사

교통체계의 시설 및 운영현황에 대한 조사는 모든 교통조사에서 필수적이다. 교통시설현황조사의 종류 및 세부 항목들은 다음과 같다.

2.1 도로망 체계 현황

도로망은 교통체계의 기본적인 시설로서 모든 교통관련업무 및 연구의 기초자료가 된다. 이러한 도로망의 현황조사는 조사지역 내의 모든 도로를 대상으로 한다. 일반적으로 도로망체계 현황조사에 포함되는 조사항목은 다음과 같다.

- 도로등급 및 길이
- 도로용지(right-of-way), 도로 폭, 보도 폭
- 차로수(양방향), 차로운영, 각 차로의 폭
- 포장종류, 노면상태, 배수시설
- 설계속도 및 속도제한
- 교통량
- 도로구조물 및 장애물 높이(통과간격, 통과높이 등)
- 도로 기하구조(시거, 곡선반경 및 길이, 종단 및 편경사 등)
- 노상주차여부 및 방법

2.2 교차로 제어체계 현황

- 신호등/표지판의 종류, 위치, 크기, 색상, 제작자

- 신호등/표지판의 설치방법(지주, 전봇대 등)
- 신호등/표지판의 최초 설치시점 또는 운영개시일, 조정 시기 및 내용
- 신호등의 신호주기, 신호현시, 오프셋(offset) 등

2.3 통행제한체계 현황

트럭의 통행, 우회도로 설정, 특별행사경로 설정시 통행에 제한을 주는 도로구간이 존재하게 된다. 이러한 제한요소로서는 다음과 같은 것들이 있다.
- 무게 제한
- 통과높이 제한
- 일방통행
- 회전 금지

위의 4가지 요소를 지닌 도로구간을 별도의 도로현황 도면에 표시하여 관리하는 것이 바람직하다. 이러한 현황자료는 최신의 변화를 정확히 파악하여 자료의 정확성을 유지하는 것이 중요하다. 예로서 도로가 덧포장되었을 경우 고가차도, 지하차도, 육교, 신호등 등의 도로구조물의 통과높이 자료의 보완이 요구된다.

3. 교통류 특성조사

교통류 특성조사는 교통량, 속도, 밀도 등 교통류 특성 3요소의 제반 현상을 파악하기 위한 관측조사를 말한다.

3.1 교통량 조사

일정시간 동안 한 지점을 통과하는 차량대수를 인력이나 장비에 의해서 조사하는 것으로 사용목적에 따라 다양한 조사기간과 조사방법을 사용한다.

(1) 교통량의 구분

① 연평균 일 교통량(AADT) : 365일 24시간 교통량을 조사하여 365로 나눈 값 (새로운 도로망이나 최적 노선 선정시 사용, 서비스 수준 평가, 도로개선 타당성 사용)
② 평균 일 교통량(ADT) : 2일 이상 1년 미만 교통량을 조사하여 조사 일수로 나눈 값 (교통관제 시설-신호등, 교통표지 등-의 타당성 및 설치위치 등의 설계, 일방통행제나 가변차로제 등의 교통운영설계에 자료)
③ 연평균 주중 교통량(AAWT) : 1년 동안 월요일부터 금요일까지, 260일간 조사한 교통량을 조사일수로 나눈 값
④ 평균 주중 교통량(AWT) : 1년 미만, 즉 계절 또는 1개월 이상 동안 주간교통량을 조사하여 조사일수로 나눈 값
⑤ 시간 교통량(vph) : 특정 1시간 동안의 교통량
⑥ 방향별 설계시간 교통량 : 도로설계 및 운영상태 분석에 주로 사용하며 다음과 같이 산정한다.

$$DDHV = AADT \times K \times D$$

여기서,

    $DDHV$: 방향별 설계시간 교통량

    K : 연평균 일교통량 중 첨두시간 교통량의 비율

    D : 첨두시간동안 교통량의 중방향 비율

⑦ 15분 교통량 : 첨두시간 내에 교통량의 변화를 분석하기 위한 교통량

⑧ 교통류율 : 첨두시간 교통량을 첨두시간계수로 보정하여 산출한 교통량

$$Q = \frac{첨두시간교통량}{PHF}$$

여기서,

    Q : 교통류율

    PHF : 첨두시간 계수

(2) 교통량 조사의 종류

(가) 조사종류

조사 자료의 종류와 조사종류는 자료가 활용되는 목적에 따라 다르다. 여러 가지 목적에 따라 일반적으로 수행되는 교통량조사의 종류는 다음과 같다.

① 가로교통량 조사 : 일정 단위시간 동안 가로상을 통과하는 총 차량수를 조사하는 것으로 일일 총통행량 산출, 교통량 분포도 작성, 추세판단, 교통제어방법 결정, 개선방안 모색 등을 위해 수행된다. 필요에 따라 방향별로 구분하여 조사하기도 하는데 이를 방향별 교통량조사라 한다. 또한 좀더 세분하여 차종별로 구분하여 조사하기도 한다.

② 교차로교통량 조사 : 교차로에서 각 접근로의 차량 진행방향별로 모든 교통량을 조사하는 것으로 도류화 설계, 교통제어방법 결정, 용량산출, 혼잡도 분석 등을 위해 수행된다.

③ 승차인원 조사 : 차량내의 승차인원을 조사하는 것으로 차량당 평균 승차인원 파악, 대중교통 이용현황 파악 등을 위해 수행된다.

④ 보행인 조사 : 횡단보도, 인도의 필요성 판단, 횡단보도 신호등 필요성 판단, 신호등 운영방안 결정 등을 위해 수행된다.

⑤ 폐쇄선(cordon-line) 조사 : 도심, 쇼핑센터 등 한 지역을 둘러싼 폐쇄선상에서 교통량

을 조사하는 것으로 특정 시간대에 그 지역의 진·출입 통행량을 측정한다. 이 조사는 그 지역 내의 누적 차량수를 알기 위하거나, 기·종점 조사 자료의 검증을 위해 수행된다.

⑥ 스크린라인(screen-line) 조사 : 한 지역을 가로지르는 가상적인 선과 교차하는 모든 도로상에서 통행량을 측정하는 것으로 교통량추세 분석, 기·종점조사자료의 검증, 통행배정을 위해 수행된다. 일반적으로 스크린라인은 한 지역을 둘로 나누는 기존의 인공 또는 자연적인 경계선을 사용하는 것이 조사 지점수를 최소화할 수 있다. 서울의 한강과 같은 것이 한 예로서 한강의 모든 교량의 통행량을 조사하면 서울을 남북으로 갈라서 두 지역 간의 모든 교통량을 파악할 수 있는 것이다.

(나) 교통량 조사방법

① 기계식 조사
- 자기감응방식(Loop detector)
- 마이크로웨이브(Micro-wave)
- 울트라소닉(Ultra-sonic)
- 영상검지기(Image detector)
- 기타

② 수동식 조사 : 수동적 조사기법은 1인 또는 다수의 조사원이 조사표나 계수기(tally)를 이용하여 직접 차량을 관찰하여 조사하는 기법이다. 사람이 직접 관측하기 때문에 차종구분, 교차로 회전교통량, 방향별 교통량, 차로별 교통량, 차량등록발급 시·도별 교통량, 보행교통량, 대기차량수, 승차인원 등의 조사까지도 가능하다.

③ 주행산정법(Moving car method)
- 교통류적응 운행법(Floating car method) : 일정구간에 다른 차량과 균형을 유지하게 시험차량을 운행하여 주행시간을 기록하는 방법(추월차량수 = 추월당한 차량수)
- 평균속도 운행법(Average speed method) : 시험차량을 평균속도라고 판단되는 속도로 운행하여 주행시간을 기록하는 방법
- 주행차량 이용법(Moving car method) : 시험차량을 일정구간 주행시 주행시간, 반대편 주행 차량수, 추월 차량수, 추월당한 차량수 등을 기록 일정구간의 교통량과 주행시간을 동시에 구할 수 있음

$$V_n = \frac{60(M+O-P)}{T_n + T_s}$$

여기서

V_n : n방향 시간당 교통량

T_n : n방향 주행시간

T_s : S방향 주행시간

M : 주행방향 반대방향에서 만난 차량 수

O : 시험차량을 추월한 차량수

P : 시험차량이 추월한 차량 수

$$U_{tn} = T_n - \frac{60(O-P)}{V_n}$$

여기서

U_{tn} : n방향 평균 주행시간

---

❶ 다음의 시험차량 결과를 이용하여 방향별 시간당 교통량과 주행시간을 구하라.

구분 조사대수	주행시간(분)	반대방향 주행 차량수(대)	주행차량을 추월한 대수	주행차량이 추월한 대수
북방향 1	2.56	82	1	3
2	2.70	73	0	1
3	2.80	81	2	1
4	2.97	80	1	1
남방향 1	2.85	76	1	1
2	3.01	85	1	1
3	3.10	88	1	1
4	2.85	87	2	0

① 북방향 : 평균주행시간평균반대방향 주행차량수
　　　추월한 차량　　추월당한 차량수
② 남방향 : 평균주행시간평균반대방향 주행차량수
　　　추월한 차량수　　추월당한 차량수

3.2 속도조사

교통체계에서 통행시간, 서비스수준, 경제성, 안전 등이 속도에 의해 큰 영향을 받으므로 속도는 교통서비스의 수준을 나타내는 중요한 척도이다. 본 절에서는 지점속도의 조사와 시간평균속도를 포함한 속도자료의 분석에 대하여 알아본다.

(1) 속도조사 방법

① 수동적 조사
- 스톱워치 : 짧은 구간 측정
- 차량번호판조사 : 상대적으로 긴 구간

② 기계적 조사
- 자동감응감지기 : 도로상에 매설된 루프로부터 지점속도 측정
- 속도총 : 한 지점에서 속도총을 이용하여 차량의 속도 측정

(2) 지점속도의 활용

① 속도제한
② 속도 현황 파악
③ 특별 설계 활용
④ 제어에 활용
⑤ 교통사고 분석시 활용

(3) 표본 선정시 유의사항

① 충분한 수의 표본 수집 필요(최소 : 30대)
② 차량군중 처음으로 주행하는 차량을 선택
③ 무작위로 추출하되 전체 교통류를 대표할 수 있어야 한다.
④ 대형차량의 혼입률에 준하여 대형차 표본조사를 실시

$$N = (\frac{KS}{E})^2$$

여기서,

N : 필요한 표본수

K : 통계 신뢰도 계수(신뢰도 95%일 때 K=1.96)

S : 속도 표준편차

E : 허용오차

> ❶ 표준편차가 7.2kph, 허용오차 속도가 ±1.0kph이며, 95%의 신뢰도를 유지하기 위한 샘플 수를 구하라.

$$N=(\frac{KS}{E})^2$$

$$=(\frac{7.2 \times 1.96}{1.0})^2$$

$$\simeq 199 \Rightarrow 200 \text{ 샘플}$$

표준편차를 알지 못할 때에는 모집단의 개체특성치의 비율을 추정하여 이용할 수 있는데, 이때 절대적 오차 d 대신 상대적 오차 r을 사용하여 분석한다.

즉 $d = r \cdot p$

$$n = \frac{z^2 P(1-P)}{(r \cdot P)^2} = \frac{z^2(1-P)}{r^2 \cdot P}$$

P : 모집단 개체특성치의 몫에 관한 관측 값(%)

r : 상대적 허용오차 한계(%)

z : 유의수준 변수(%)

또한 설문지를 이용한 표본추출의 경우에는 예상되는 회송률을 고려해야 한다.

$$n = \frac{z^2 P(1-P)}{(r \cdot P)^2 \cdot S} = \frac{z^2(1-P)}{r^2 \cdot P \cdot S}$$

P : 모집단 개체특성치의 몫에 관한 관측값(%)

r : 상대적 허용오차 한계(%)

z : 유의수준 변수(%)

S : 우편기대 회송률(%)

❶ 출근통행자의 표본수를 추정하려고 한다. 통행자 중 30%가 출근자로 조사되었다. 추정치의 오차허용범위를 ±5%, 95%의 신뢰구간을 적용할 때 표본의 크기는 얼마인가? 또한 우편엽서로 조사하는 경우 우편엽서 회송률이 45%일 때 표본의 크기는?

$$P = 0.3, \quad r = 0.05, \quad z = 1.96$$

$$n = \frac{(1.96)^2(0.7)}{(0.05)^2(0.3)} = 3586$$

3586명을 조사하여야 함.

$$P = 0.3, \quad r = 0.05, \quad z = 1.96, \quad S = 0.45$$

$$n = \frac{(1.96)^2(0.7)}{(0.05)^2(0.3)(0.45)} = 7969$$

우편엽서를 이용할 때에는 7969명을 조사하여야 한다.

❶ 고속도로의 제한속도를 결정하고자 한다. 속도의 표준편차가 10kph, 허용오차가 2kph인 경우의 필요한 표본수를 구하라(신뢰도 : 95%).

(5) 속도 분석을 위한 기본통계

① 평균

$$\bar{x} = \frac{\sum_{i=1}^{n} x_i}{n}$$

여기서,

$\bar{x}$ = 평균값
n = 샘플수
x_i = i의 관측값

② 분산과 표준편차

$$S^2 = \frac{\sum_{i=1}^{n}(x_i - \bar{x})^2}{n-1} = \frac{\sum_{i=1}^{n} x_i^2 - n\bar{x}^2}{n-1}$$

표준편차(standard deviation)는 S로 표시하고 표본분산의 양의 제곱근으로 한다.

> ❗ 다음 표를 이용하여 평균과 분산 및 표준편차를 구하라.
>
> | 53 | 43 | 63 | 61 | 54 | 41 | 57 | 38 |
> |----|----|----|----|----|----|----|----|
> | 43 | 58 | 63 | 46 | 37 | 31 | 34 | 52 |
> | 47 | 44 | 46 | 47 | 41 | 45 | 49 | 48 |
> | 62 | 39 | 48 | 58 | 37 | 48 | 55 | 51 |
> | 47 | 42 | 54 | 34 | 44 | 37 | 39 | 47 |
> | 43 | 46 | 32 | 51 | 36 | 57 | 53 | 54 |
> | 32 | 50 | 47 | 52 | 63 | 47 | 43 | 37 |
> | 36 | 50 | 62 | 48 | 58 | 57 | 53 | 59 |
> | 51 | | | | | | | |

[해설]

평균($\bar{x}$) = $\frac{1}{65}(3,100)$ = 47.7kph

분산(S2) = $\frac{152,584 - 65 \times 47.7^2}{65-1}$ = 73.3

표준편차 (S) = 8.6

③ 표준정규분포 정규확률변수 Z값 산정 방안

$$Z = \frac{X-\mu}{\delta}$$

여기서

X : 표본 평균

μ : 모집단 평균

δ : 표준편차

> ❗ 정규분포를 가진 속도의 모집단의 평균값이 50kph이고, 표준편차가 6.58kph이다. 현장 조사 결과 평균값이 60kph 이하로 나타날 확률을 구하라.

[해설]

X = 60, $Z = \frac{60-50}{6.58}$ = 1.52

X ≤ 60,   Z ≤ 1.52

정규분포표에 의하면 : 93.57%

> ❶ 속도조사 결과 샘플수가 54개, 평균값이 47.8kph, 표준편차가 7.8kph로 조사되었다. 95%의 신뢰도를 갖는 표본평균의 신뢰구간을 구하라.

해설

$$\overline{x} - z_{\frac{\alpha}{2}} \frac{\sigma}{\sqrt{n}} < \mu < \overline{x} + z_{\frac{\alpha}{2}} \frac{\sigma}{\sqrt{n}}$$

$$\overline{x} - 1.96 \frac{s}{\sqrt{n}} < \mu < \overline{x} + 1.96 \frac{s}{\sqrt{n}}$$

$$47.8 - 1.96 \frac{7.8}{\sqrt{54}} \leq u \leq 47.8 + 1.96 \frac{7.8}{\sqrt{54}}$$

$$47.8 - 2.1 \leq u \leq 47.8 + 2.1$$

$$45.7 \leq u \leq 49.9 = 0.95$$

∴ 95% 신뢰도, 47.8 ± 2.1kph

④ 설계 변경전후 테스트(Before - After Tests)

$$\mu_\theta = |\mu_A - \mu_B|$$

$$\delta_\theta = \sqrt{\delta_{aN_a}^2 + \frac{\delta_{bN_b}^2}{}}$$

여기서

μ_θ : 두 속도 평균의 차

μ_A : 사후 조사값의 평균

μ_B : 사전 조사값의 평균

N_A : 사후 조사시의 샘플 수

N_B : 사전 조사시의 샘플 수

δ_A : 사후 조사시의 표준편차

δ_B : 사전 조시사의 표준편차

$\mu_\theta \leq \delta_\theta \cdot Z$ 이면 두 속도간의 차이가 있다고 할 수 없다. 일반적으로 공학에서는 95% 신뢰수준이 많이 사용되고, 이때의 Z값은 1.96이다.

❶ 도로 개선 사업 전후의 속도조사 결과 다음과 같이 나타났다. 확률적으로 개선의 효과가 있는지를 분석하라.

	표본수	평균	표준편차
사전조사	45	42.0kph	5.2kph
사후조사	49	38.0kph	4.9kph

해설

$\mu_\theta = |\mu_A - \mu_B| = 42.0 - 38.0 = 4.0\text{kph}$

$\delta_\theta = \sqrt{\frac{(4.9)^2}{49} + \frac{(5.2)^2}{45}} = 1.044\text{kph}$

$4 > 1.044 \cdot 1.96 = 2.06$

∴ 평균 속도에 차이가 있다.

❶ 어느 도로에서 개선이 이루어지기 전과 후의 속도를 측정한 결과가 다음과 같이 산출되었다. 개선으로 인한 효과가 있는지를 검정하라.
평균1 = 40.4kph, 분산 = 4.5kph, 표본수 = 350
평균2 = 45.4kph, 분산 = 3.5kph, 표본수 = 420

3.3 주행시간 및 지체도 조사

(1) 목적

① 교통혼잡 및 서비스수준의 지표로 활용
② 개선안의 경제성 평가 및 환경에 미치는 영향 평가시 사용
③ 문제점 지적 및 해결방안 제시
④ 교통체계관리사업(TSM)의 개선안에 대한 효율성 판단의 기준

(2) 주행시간 조사방법

① 시험차량을 이용하는 방법
- 주행차량 이용법(Moving car method) : 시험차량을 일정구간 주행 후 교통량과 주행시간을 동시에 구할 수 있음

② 시험차량을 이용하지 않는 방법
- 번호판 판독법(Plate number survey) : 관측자 2인이 일정시간의 시·종점에서 번호판 끝 3~4자리와 도착시간을 기록한 후 이를 비교하여 구간속도를 구하는 방법
- 면접조사(Interview) : 통행시간, 지체의 경험 등에 대해 일정구간을 주행한 운전자에 대해 면접 조사

(3) 교차로 지체도 측정법

① 정지지체가 보편적으로 사용(접근지체, 정지지체)
② 지체도 조사과정
- 시간간격 설정, 조사를 위해 관찰자 위치
- 시간간격에 대해 정지한 차량수 기록
- 통과 차량의 수 기록
- 기록된 자료를 이용하여 지체도 산정

③ 지체도 계산 공식

총지체도 = 총 정지차량수 * 설정된 시간간격

접근 차량당 평균지체도 = 총지체도/접근교통량

❶ 다음의 정지차량수의 결과를 이용하여 총지체도와 차량당 평균지체를 구하라.

시간	15초	30초	45초	60초	통과차량
09:00-09:01	4	2	4	8	46
09:01-09:02	6	3	1	2	40

❶ 지체도 조사(Delay Studies) 결과 다음과 같다. 총 정지차량대수, 총정지지체, 차량당 평균 정지지체를 구하라(단, 조사시간 내에 정지하지 않고 통과한 차량대수는 60대이다).

Min	Seconds into Minute		
	0 sec	20 sec	40 sec
5:00	2	4	2
5:01	3	5	0
5:02	6	3	5
5:03	4	5	3
5:04	2	2	4
5:05	4	4	6
5:06	5	2	1
5:07	1	3	2
5:08	4	4	3
5:09	2	6	2

해설

20초 내에 총정지 차량대수 : 33+38+28 = 99

∴ 관측된 총 정지지체 99 × 20 = 1980

∴ 차량당 평균 정지지체 1980/159 = 12.45초/대   <= 총 차량수 159=99+60

4. 통행실태조사

통행실태조사는 사람, 화물 그리고 차량을 대상으로 통행의 목적, 기·종점조사, 이용교통수단 등 제반 통행특성에 관한 조사를 하는 것이다. 이러한 조사 내용은 관측조사로서는 제한적일 수밖에 없고 이용자에게 직접 필요한 자료를 얻기 위해서 면접조사가 실시된다.

통행실태조사는 가구방문, 도로상, 주차장 또는 대중교통수단 내에서 행해지므로 조사시간 등에서 제약을 받을 수밖에 없고, 시간, 비용측면에서도 상당한 투자를 필요로 한다. 따라서 통행실태조사는 사전에 충분한 조사계획과 정리된 설문지 등을 준비해야 한다.

4.1 가구면접조사

가구면접조사는 표본으로 선정된 가구를 직접 방문하거나 전화면담, 우편회수 등의 방법으로 수행되는데, 도시교통계획과정에 가장 중요한 자료를 제공하는 종합적인 조사이다. 통상 지구내의 가구 수 중에서 약 2~20%의 표본을 선택하여 면접을 실시한다.

조사자는 표본으로 선택된 가구를 방문하여 직접 질문을 통하여 바로 전날 그 가구 구성원이 발생시킨 모든 통행에 대한 세부 내용을 조사한다. 또는 학생들을 매체로 하여 가구면접조사와 같은 효과를 얻을 수 있는 학생매체 설문조사를 하기도 한다.

조사내용은 5세 이상의 가구 구성원이 그 전날 발생시킨 모든 통행에 대해서 다음과 같은 내용을 조사한다. 기타로 포함되는 사항은 가족 수, 직업, 차량보유대수, 기타 교통계획에 중요한 사회경제적 자료 등이다.

① 이용교통수단(자가운전, 승용차탑승, 대중교통 이용, 보행 등)
② 통행 기점
③ 통행 종점

④ 통행 시간
⑤ 통행 목적
⑥ 승객 수(승용차 경우)
⑦ 주차의 종류

이 조사는 비용이 많이 들긴 하지만 도시교통계획과정에 가장 중요한 자료를 제공하는 종합적인 기·종점조사 가운데 주요 요소 중의 하나이다.

4.2 노측면접조사

노측면접조사는 조사지점상의 도로에서 통과차량의 일부를 표본 추출하여 정지시킨 후 면담을 통하여 필요한 자료를 수집하는 방법이다. 통상 경계선(cordon line)이나 검사선(screen line)상의 한 지점을 통과하는 차량들을 정지시킨 후 현재의 통행패턴에 대한 질문을 한다. 그 통행의 기점과 종점 및 통행목적을 운전자에게 묻고, 통행시간, 차종 및 승객 수 등을 기록한다.

조사원들이 그 점을 지나가는 모든 차량을 전부 조사할 수는 없으므로 표본조사를 한다. 표본은 조사시간에 그 점을 지나가는 차량의 종류별 대수에 비례하여 추출하는 것이 좋으며 또 그 비례에 따라 전수화시킨다.

조사를 위해서 차량을 정지시킬 때는 안전대책과 정체 방지대책을 강구하여야 한다. 정체가 발생하면 통행패턴이 변화할 수도 있기 때문이다. 교통량이 많은 곳에서 우편설문엽서를 나누어주어 나중에 회신을 하게 방법을 사용하기도 한다.

4.3 화물차 및 택시 조사

종합적인 기·종점조사의 일부분으로서 화물차와 택시의 일상적인 운행에 관한 자료를 얻을 수 있다. 등록된 화물차나 택시 중에서 비교적 많은 표본을 선택하여, 조사기관의 요청에 의해 해당 운전자가 바로 전날 운행한 기록으로부터 필요한 자료를 얻는다.

4.4 기타 면접조사

주차장 이용조사에서 주차된 차량의 운전자를 직접 면접을 하거나 또는 우편설문엽서를 주차된 차량에 남겨두고 운전자가 나중에 이를 작성하여 회신해 주도록 요청한다. 이 조사는 주차장에서 조사자가 직접 얻을 수 있는 자료 외에 그 주차운전자의 통행목적, 주차된 그 차량의 출발지, 주차장을 떠난 후의 목적지 등에 관한 자료를 얻는다.

큰 도시에서는 승객을 대상으로 대중교통에 관한 특별조사가 실시된다. 이 경우 승객에게 직접 질문을 해도 좋으나 우편설문 엽서를 사용하는 것도 좋은 방법이다.

5. 대중교통조사

대중교통조사는 대중교통연구나 대중교통서비스 평가를 위한 가장 기본적인 자료를 구축하기 위함이다. 대중교통조사는 크게 대중교통이용실태조사와 대중교통운행실태조사로 구분된다.

대중교통이용실태조사의 목적은 수요의 분포와 밀도에 따른 운행시격과 정류장위치의 결정 또는 조정, 노선의 신설, 조정, 연장, 단축 등의 판단, 회차 지점의 선정 등이다. 반면 대중교통운행실태조사의 목적은 대중교통 노선의 서비스수준 평가, 지체발생지점 및 지체시간 판정, 운행의 정시성 평가 등이다. 대중교통자료는 서비스를 필요로 하는 승객에게 적절한 시간에 적절한 장소에서 편안한 서비스를 제공하는 대중교통서비스제공 기본방향 수립의 기초자료가 된다.

5.1 대중교통 이용실태조사

(1) 조사목적

대중교통 이용실태조사는 조사대상노선에서 승하차승객의 이용특성을 조사하는 것으로서 대중교통체계의 계획, 설계, 운영과 도로 및 주차개선을 목적으로 수행된다. 대중교통 이용실태자료의 구체적인 활용 분야는 다음과 같다.

① 대중교통서비스 배차간격의 결정
② 기존 또는 신설노선의 타당성평가
③ 운행차량의 형태, 크기 및 편성의 결정
④ 승객서비스 개선과 교통흐름 개선을 위한 버스 정류장의 폐쇄
⑤ 학교, 도심, 도·소매지역, 공단, 공항 등에서 특정시간에 발생하는 대량 수송수요의 처리를 위한 특별운행시간의 결정

⑥ 버스노선길이의 조정, 연계서비스 제공, 회차지점의 선정, 노선변경, 서비스형태 결정 등 운행개선방안의 평가
⑦ 대중교통 수송수요의 추세분석
⑧ 대중교통 운영 및 개선을 위한 경제성 분석
⑨ 대중교통 이용승객의 특성파악(시간가치, 형태 등)

(2) 조사노선 및 조사시간

대중교통 이용실태조사의 조사대상노선은 조사목적에 따라 모든 대중교통노선이 될 수도 있고, 하나 또는 몇 개의 과밀, 과소 문제노선 또는 특정지역 통과노선이 될 수도 있다. 조사시간은 보통 첨두시와 비첨두시에 버스재차인원의 분포, 승하차인원 및 특성을 파악하기 위해 조사하므로 배차간격이 다른 각 시간대별로 조사해야 한다. 일반적으로 대중교통서비스의 시간대 구분은 심야, 새벽, 오전첨두, 낮, 오후첨두, 야간 등으로 이루어진다.
이들의 정확한 시간은 조사지역의 사회·경제활동의 시간분포에 따라 달라질 것이다. 또한 수요변화의 패턴을 알기 위한 조사일 경우 일일, 요일, 월별, 매년 등의 일정한 주기로 반복적인 조사가 이루어져야 한다.

(3) 조사방법

승·하차인원 및 재차인원의 조사는 운전기사 또는 별도의 조사원을 통해 이루어질 수 있다. 승객이 많지 않은 경우 운전기사가 직접 계수기 또는 조사표를 이용하여 기록할 수 있다. 그러나 승객이 많고 운전기사의 업무가 많은 경우에는 별도 1~2인의 조사원이 노선의 출발점에서 승차하여 잘 관찰할 수 있는 자리에서 기록해야 한다. 승·하차인원 및 재차인원은 버스가 정류장에 정차시마다 정확한 관측으로 기록되어져야 한다. 기점에서는 출발시간, 위치, 재차인원을 기록하고 각 중간 정류장에서의 기록사항은 다음과 같다.
① 정류장 도착시간
② 정류장 출발시간
③ 정류장위치 또는 명칭
④ 승차인원
⑤ 하차인원 등

승하차인원 및 재차인원조사 이외에 목적에 따라 주요 정류장, 주차장 등에서 버스와 타 교통수단간 환승 승객을 조사하기도 하는데, 이러한 경우에도 사전에 조사항목 및 조사방법을 철저히 계획하여 조사를 수행해야 한다.

(4) 자료의 정리 및 분석

각 노선별 운행에 대해 각 정류장의 승하차인원과 각 구간의 재차인원은 조사표로부터 직접 얻어진다. 이러한 기초자료를 정리하여 시간대별로 분류, 합계하여 여러 도면, 표 등을 통해 분석하게 된다. 일반적으로 분석하는 항목 및 방법은 다음과 같다.

① 운행별 승하차 및 재차인원 분석도 : 각 운행의 모든 정류장과 구간에 대해 승·하차인원 및 재차인원을 도면을 통해 나타내는 것으로서 횡축에 노선의 각 정류장, 종축에 각 정류장에서의 승·하차인원 및 재차인원을 표시한다.

② 노선별 재차인원 분석도 : 특정한 노선의 하루 전체 승객에 대해 주요정류장과 구간에 대해 재차인원 및 총좌석수를 앞서 ①과 같은 방법으로 도면을 통해 나타낸다.

③ 수송실적 : 각 노선에 대해 (각 구간길이)×(각 구간 재차인원)의 합으로 km당 총승객수를 구한다.

④ 운행성과지표 : 운행에 대한 성과를 판단하기 위해 운행 km당 평균재차인원, 승차인원, 하차인원, 승하차인원 등을 산출한다. 운송수입자료를 얻을 수 있는 경우, 승객-km당 수입 1회 운행당 수입 등도 산출 할 수 있다.

⑤ 도시 도로구간별 버스승객 분포도 : 도시도로의 각 구간별로 교통량 분포도와 유사한 1일 버스승객분포도를 작성한다.

5.2 대중교통 운행실태조사

대중교통서비스의 효율성은 운행속도, 부하계수(load factor), 운행의 정시성 등으로 판단될 수 있다. 대중교통 운행실태조사는 통행시간 및 주행속도, 지체의 위치, 원인, 형태, 지속시간 등을 조사하여 대중교통서비스의 효율성을 평가하고자 할 때 수행된다.

(1) 조사목적

운행실태조사는 대중교통서비스의 효율성을 평가하여 문제노선 또는 지역을 파악하고자 하는 목적으로 수행된다. 구체적인 목적은 아래와 같다.

① 노선의 현재운행 여건에 따른 운행스케줄의 결정
② 지체의 위치, 유형, 지속시간의 파악
③ 대중교통 개선방안의 경제성 평가시 운행비용의 산출
④ 대중교통 운행속도 변화 추세의 파악
⑤ 회차 지점의 변경, 혼잡지역의 우회, 노선변경, 스케줄변경
⑥ 특정 전후조사를 통한 대중교통 서비스개선의 효과판단

(2) 조사노선 및 조사시간

조사노선은 일반적으로 문제가 있는 노선을 대상으로 한다. 특히 부적절한 스케줄이나 교통혼잡으로 정시성을 지키기 어려운 노선을 대상으로 한다. 대중교통체계 전반의 효율성을 판단하기 위한 목적일 경우에는 적절한 표본을 추출하여 조사한다. 조사는 일반적으로 첨두시 및 비첨두시의 상태를 알기 위해 시간대별로 구분하여 조사한다. 전체노선 및 구간의 거리는 차량의 거리계를 사용하여 측정한다.

(3) 조사기법

대중교통 통행속도 및 지체조사는 적절한 조사표를 사용하여
① 정류장을 포함한 주요지점의 통과시간을 측정하여 통행시간을 조사하고, 또한
② 혼잡, 제어시설, 정류장 등 지체가 발생하는 장소에서 지체의 원인, 위치, 유형 지속시간 등을 조사한다. 전체노선 및 각 구간의 거리는 차량의 거리계를 사용하여 측정한다.

(4) 자료정리 및 분석

조사를 통하여 수집된 통행시간 및 지체시간자료는 통행속도 및 지체분석을 위하여 정리·분석된다. 즉, 각 운행의 통행 및 주행속도, 공간평균통행속도, 공간 평균주행속도를 산출한다. 또한 각 지체의 유형별, 지정별로 지체를 분석하고, 노선의 총통행시간을 주행, 각

지체유형별로 소요시간 및 비율을 구한다. 필요에 따라 운행의 거의 모든 정보를 수록한 각 운행의 궤적을 나타낸 시공도를 작성하기도 한다.

6. 사고조사

> **사고조사 방법 및 목적**
> ① 사고지점 확인(Identification of location)
> ② 사고 잦은 지점에 사고요인을 추출하기 위한 세부 분석
> ③ 다양한 사고요인 통계 분석(운전자 요인, 도로 환경 요인, 기타)
> ④ 특정지점에 사고 발생 전에 사고 발생요인을 분석하여 사전에 사고예방

교통사고율은 통행량과 같은 교통사고가 발생할 수 있는 상황의 정도에 따른 교통사고 발생건수를 의미한다. 교통사고가 발생할 수 있는 상황을 노출이라 하는데, 이는 통행량, 진입교통량, 등록차량대수, 인구 또는 운전자수 등 교통사고의 발생에 직접적으로 관련이 있는 요소들을 주로 사용한다.

$$교통사고율 = \frac{사고건수 \times 노출량의\ 기준}{노출}$$

여기서 노출량의 기준은 여러 가지의 사고율을 비교하기 위해 많이 사용되는 정해진 단위 노출의 양을 말하는 것으로 이는 다음과 같다.

① 통행량의 경우 100만 대-㎞ (MVK) 또는 억대-㎞(HMVK)
② 진입교통량의 경우 100만 진입차량(MEV, Million Entering Vehicles)
③ 등록차량대수의 경우 1만 대 또는 10만 대
④ 인구 또는 운전자수의 경우 1만명 또는 10만명 등

(1) 사고통계의 분류

① 사고 빈도수(Accident occurrence)
② 사고에 포함된 대상(Accident involvements)
③ 사고정도(Accident severity)

(2) 사고율(Accident Rates)

$$사고율 = 전체사고수 \times \frac{척도}{전체통계}$$

- 척도 : 분석시 사용되는 기본 인구 및 노출수
- 전체통계 : 분석지역의 분석하고자 하는 분야의 전체 통계

① 인구에 기초한 사고율(Population - Based Accident Rates)
  - 지역 인구 100,000당 사망자 및 사고 건수
  - 등록 자동차 10,000당 사망자 및 사고 건수
  - 운전 면허 소지자 10,000당 사망자 및 사고 건수
  - 도로연장 1,000km당 사망자 및 사고 건수

② 노출수에 기초한 사고율(Exposure - Based Accident Rates)
  - 주행거리 100,000,000km당 사망자 및 사고 건수
  - 주행시간 10,000,000시간당 사망자 및 사고 건수
  - 유입 자동차대수 1,000,000당 사망자 및 사고 건수

---

❶ 사망자 : 75명   부상자 : 60명
경상자 : 300명   재산피해사고 건수 : 2,000건
주행거리 : 15억km   등록자동차대수 : 10만대
운전면허소지자 : 15만명   지역인구 : 30만명

해설

사고율1 : $75 \times \frac{100,000}{300,000}$ = 지역인구 10만명당 사망자수 25명

사고율2 : $75 \times \frac{10,000}{100,000}$ = 자동차 만대당 사망자수 7.5명

사고율3 : $75 \times \frac{10,000}{150,000}$ = 운전면허소지자 만명당 사망자수 5.0명

사고율4 : $75 \times \frac{100,000,000}{1,500,000,000}$ = 주행거리 1억km당 사망자수 0.0318

③ 교통사고 사전-사후 분석을 위한 통계
  - 근사정규분포 조사(normal approximation test)

$$Z_1 = \frac{f_a - f_b}{\sqrt{f_a + f_b}}$$

여기서

f_a : 사후기간 동안의 교통사고수
f_b : 사전기간 동안의 교통사고수

만약에 분석값이 0.95보다 크면 차이가 있고, 분석값이 0.95보다 작으면 차이가 없다.

(3) 사고조사 기록

사고조사에 포함되는 사항은 사고위치, 날짜, 요일, 기간, 사고종류, 피해정도, 사고에 연루된 차량종류, 노면상태, 기후 등이며 사고발생의 경위 및 사고 직전의 어떤 상황들이다.

① 현황도 : 축척에 맞추어 그리며 안전에 영향을 미칠 수 있는 모든 요소, 즉 시계제약건물 또는 나무, 가로등 기둥, 소방전, 표지판, 노면표시, 신호등 등을 표시한다.

② 충돌도 : 축척에 맞출 필요 없이 모든 사고의 발생일시 및 사고유형을 표시한다. 이 도면은 안전상의 문제점을 파악하기 쉽게 하며 현황도와 대조하여 사고원인을 찾는데 도움을 준다

7. 주차조사

주차에 관한 용어는 이해하기가 매우 까다로우며, 또 미국과 일본에서 사용하는 용어가 서로 틀리므로 혼동하기가 쉽다. 이 책에서는 미국식 용어를 기준으로 사용했다.

- Parking Accumulation(관측 주차대수 : A)-어느 특정 시점에 관측된 주차대수(대). 주차장 진출입 대수의 누적 차와 같기 때문에 붙인 이름이며, 특정시간대내에서 일정 시간 간격으로 관측하여 구한다.
- Parking Volume(주차량 : V)-어느 특정시간 동안에 주차장을 빠져나간(주차를 끝내고) 차량 대수(대)
- Parking Load(주차부하 : L)-특정시간대에서 각 차량의 주차시간을 누적한 값으로서, 관측주차대수를 누적한 값에다 관측시간간격을 곱해서 얻는다(대-시간).
- Possible Capacity(가용용량 : C)-주차면수(면)
- Practical Capacity(실용용량 : C_e)-주차수요가 가용용량보다 클 때, 실제로 주차할 수 있는 최대대수(면). 주차를 끝낸 후 주차면에서 나오는 차량, 주차면을 찾는 차량, 통로에서의 마찰 등으로 가용용량보다 적다. 가용용량에다 효율계수 e를 곱해서 얻는다.
- Efficiency Factor(효율계수 : e)-주차수요가 용량을 초과할 경우에 발생할 수 있는 주차장 최대 이용율을 말하며, 실용용량을 가용용량으로 나눈 값과 같으며, 최대 점유율과도 같다.
- Turnover(회전수 : T)-어느 특정시간대의 주차면 당 평균주차량(회/면)
- Parking Duraton(평균주차시간 : D)-어느 특정시간대의 주차 차량당 평균 주차시간 길이(시간/대)
- Occupancy(점유율 : O)-어느 특정시간대의 주차장 평균이용률. 주차수요가 용량보다 클 때의 이 값을 그 주차장의 효율계수라 한다.
- Possible Parking Volume(가능 주차량 : Vm)-어느 특정시간 동안에 주차장을 이용했다가 나갈 수 있는 최대 차량대수

(1) 주차조사의 목적

주차조사의 목적은 어떤 지역의 주차문제를 해결하기 위한 주차개선 계획을 세우기 위함이다. 그러기 위해서는 아래와 같은 자료가 필요하다.
① 주차시설의 형태와 공급량
② 주차시설의 사용목적과 사용방법
③ 주차공간의 수요
④ 주차수요 특성
⑤ 주차발생요인의 위치
⑥ 주차에 관한 법적, 재정적, 행정적 자료

(2) 주차면수 결정 방법

활동상황→인구→수단분담→자동차 교통량→주차대수(회전율, 주차시간)→주차면수 결정

(3) 주차장 위치 설정 방법

① 고려사항
- 접근성(교통유발시설, 도로 접근성)
- 지점의 적절성(크기, 토지 모양, 환경, 심미적)
- 토지 가격

② 위치선정
- 시 외곽지 대중교통 환승장
- 지선과 간선, 간선과 간선이 교차하는 지점
- 시간제 주차지역
- 도심주차 억제정책

(4) 설계방법

- 안전성 및 편리성

- 공간 이용의 효율화
- 주변지역과의 조화

(5) 주차비용 설정 방법

- 토지이용 및 수요자의 부담 고려
- 도심교통정책 고려, 탄력성, 교통수요 억제

(6) 주차 가능 대수 산정 방안

$$P = \frac{(\sum_n N \times T)}{D} \times F$$

여기서,

P : 주차 가능 대수(대수)

N : 주자창 운영시간동안 공급되는 주차면수

T : 주차장 운영시간(시간)

D : 조사기간 동안 차량당 평균 주차시간(시간/자동차)

F : 주차회전으로 인해 사용되지 않는 시간을 보정하기 위한 보정계수(0.85-0.96)

---

❶ 12시간 조사시간 동안에 다음 시간과 같이 운행되는 주차장을 조사하였다.
  면수 • 450 (12시간 운영) • 280 (6시간 운영) • 150 (7시간 운영) • 100 (5시간 운영)
  • 차량당 평균주차시간 1.4시간/차량 주차 가능 대수를 구하라.

해설

$P = [(450 \times 12) + (280 \times 6) + (150 \times 7) + (100 \times 5)] \times \frac{0.9}{1.4}$

$P = 5548$ 차량 (12시간 동안)

(7) 평균 주차시간 및 주차회전율 산정 방안

$$D = \frac{\sum_x (N_x)(X)(I)}{N_T}$$

$$TR = \frac{N_T}{S \times T_s}$$

여기서,

D : 조사기간 동안 차량당 평균 주차시간(시간/자동차)

N_x : 주어진 시간동안 주차한 차량수

X : 설정된 시간동안의 조사 번호

I : 설정된 시간 간격 길이(시간)

N_T : 관측된 전체 차량 수

S : 전체 주차장 면수

T_S : 총 조사 시간(시간)

❶ 다음 표를 이용하여 평균주차시간 및 주차회전율을 구하라.
(8시부터 11시까지 조사결과, 1500 주차면)

주차장 번호	조사 번호					
	1	2	3	4	5	6
61	28	17	14	9	2	1
62	32	19	20	7	1	3
-						
-						
-						
180	24	15	12	10	3	0
181	35	17	11	9	4	2
총 차량수	875	490	308	275	143	28

해설

$$D = \frac{(875 \times 1 \times \frac{1}{2}) + (490 \times 2 \times \frac{1}{2}) + (308 \times 3 \times \frac{1}{2}) + (275 \times 4 \times \frac{1}{2}) + (143 \times 5 \times \frac{1}{2}) + (28 \times 6 \times \frac{1}{2})}{2119}$$

D = 1.12 시간/차량

$$TR = \frac{2119}{1500 \times 3} = 0.47 차량/면/시간$$

제5장

용량

용량이란 일반적으로 주어진 시간 내에 주어진 도로조건, 교통조건, 교통운영조건 아래에서 도로 또는 차로의 균일 구간이나 지점을 통과할 수 있는 최대시간교통량을 말하며, 이때의 도로조건은 좋은 기후조건과 좋은 노면상태를 전제로 한 것이다.

용량은 비단 도로에 대해서 뿐만 아니라 다른 모든 교통시설이나 교통수단, 즉 주차장, 보행자시설, 자전거시설, 대중교통수단, 항공기, 선박 등에서도 유사한 의미로 사용된다. 따라서 일반적으로 언급되는 교통량은 교통수요의 변화에 따른 실제 교통류율을 의미하는 반면에 용량은 어떤 시설이 처리할 수 있는 최대교통류율 또는 그 능력을 나타낸다.

본 장에서는 도로시설은 먼저 연속류에 해당되는 고속도로, 2차로도로, 다차로도로에 대한 용량분석을 한다. 여기서 고속도로는 다시 기본구간, 엇갈림구간, 연결로구간으로 구분하여 용량 및 서비스수준 분석방법에 대하여 설명한다. 단속류는 각각 신호교차로, 도시 및 교외 간선도로의 용량 또는 서비스수준 분석 방법을 제시한다.

1. 용량 개요

1.1 용량산정 목적

도로의 운행상태를 평가하여 기존도로의 개선 방안을 세우거나, 도로계획시 계획도로의 차로수를 결정하는 데 있다.

① 도로종류, 기능별로 교통량을 수용할 수 있는 능력 평가를 통해서 교통운영시 교통수요 관리 및 효과분석을 측정가능
② 계획, 설계, 운영, 제어 등에 사용

1.2 용량에 영향을 미치는 요소

(1) 도로의 기하학적 조건

① 선형과 설계속도
② 차로폭 및 측방여유폭
③ 평면 및 종단선형에서의 경사

(가) 일반지형

① 평지 : 중차량이 승용차와 거의 같은 속도를 유지할 수 있는 경사와 평면선형 및 종단선형의 조합, 2%미만의 짧은 경사 구간이 포함된다.
② 구릉지 : 2~5%미만의 경사 구간(중차량 속도저하)을 가지며, 속도가 어느 정도 감소하지만, 상당히 긴 시간동안 최대 오르막속도로 주행하게 되지는 않는다.
③ 산지 : 중차량이 종단 경사, 평면선형 및 종단선형 조합으로 인하여 상당히 긴 구간을

오르막 한계속도로 주행하거나, 자주 오르막 한계속도로 주행하는 곳이다. 이 구간에는 일반적으로 5% 이상의 경사 구간이 포함된다.

(나) 특정경사구간

종단경사가 3% 이상이고, 경사길이가 500m 이상인 경사구간을 말하며, 평면선형과 종단선형의 다양한 조합으로 인하여 중차량의 속도가 승용차의 속도보다 구릉지 이상으로 떨어지는 산지를 포함한다.

(2) 교통조건

① 방향별 분포

교통량의 방향별 분포는 2차로 지방도로의 운영에 상당한 영향을 미치게 된다. 가장 바람직한 상태는 각 방향별로 50대 50으로 분포될 때이며, 방향별 분포가 어느 한 쪽에 치우칠수록 용량은 감소한다.

② 차로별 분포

다차로도로에서 차로별로 교통량 이용정도가 다른 특성을 의미한다. 일반적으로 길어깨쪽 차로의 교통량이 가장 적다. 분석에서는 각종 도로에 대한 대표적인 차로 이용률을 가정한다.

③ 중차량 혼입률

용량분석에서 특히 중차량에 의한 영향을 많이 받는데, 이렇게 중차량을 분리하는 이유는 다음과 같다.
- 중차량은 승용차보다 크기 때문에 도로면을 더 넓게 차지한다.
- 중차량은 가감속 능력과 오르막구간에서 성능이 떨어진다.

(3) 통제조건

① 속도제한
② 차로이용통제
③ 교통신호
④ 교통표지

1.3 용량분석 시 주요 요점

① 도로의 용량은 주어진 조건에 따라 다르다.
② 용량은 도로의 한지점이나 일정한 조건을 가진 시설에 한정하여야 하며, 비록 같은 도로라 하더라도 다른 조건에서는 다른 용량을 가진다. 따라서 조건이 다르면 분리해서 분석해야 한다.
③ 용량이란 도로가 수용할 수 있는 최대 교통류율로서 첨두시간 최대 15분 교통량을 1시간으로 환산한 값이다.
④ 운영상태 분석시나 설계시에 사용하기 위해서 용량은 일관성을 가지며 합리적으로 기대할 수 있는 값을 사용한다.
⑤ 용량은 도로에 따라 시간당 차량의 수, 시간당 사람의 수로 한정한다.

1.4 서비스 수준

서비스수준이란 통행속도, 통행시간, 통행 자유도, 안락감 그리고 교통안전 등 도로의 운행 상태를 설명하는 개념이다. 수준은 A~F까지 6등급으로 나눌 수 있으며, A수준은 가장 좋은 상태, F수준은 가장 나쁜 상태를 나타낸다. 일반적으로 E수준과 F수준의 경계는 용량이 된다.

(1) 평가 척도

① 속도 및 통행시간
② 밀도
③ 지체도
④ 교통량

[표 5-1] 도로기능별 서비스수준 평가 척도

도로기능			서비스 수준 측정 요소
연속류	고속도로	기본구간	밀도(대/km/차로)
		엇갈림구간	평균밀도(pcpkmpl)
		연결로구간	영향권의 밀도(pcpkmpl)
	다차로도로		평균통행속도(kph)
	2차로도로		도로 유형별 총 지체율(%)
단속류	신호교차로		- 제어지체와 추가 지체 고려 - 연동계수 적용
	비신호교차로		여유교통용량(대/시)
	간선도로		평균통행속도(km/시)
	대중교통		부하지수(사람수/좌석)
	보행자		공간점유율(면적/보행자)

(2) 서비스수준별 교통류 상태

교통 운행 상태의 질을 정의한 서비스수준은 일반적으로 아래의 표와 같이 A~F의 6단계로 구분된다. 이 중에서 설계 서비스수준으로는 서비스수준 C와 D가 사용된다.

[표 5-2] 서비스수준별 교통류 상태

서비스수준	교통류 상태
A (자유교통류)	운전자의 자유로운 운행 가능 타 차량의 영향을 전혀 받지 않음
B (안정 교통류)	속도에 제한을 받기 시작
C (안정 교통류)	타 차량의 영향을 어느 정도 받음 운전속도가 떨어지고 약간의 지체 발생
D (안정교통류, 높은 밀도)	주행에 많은 제약 운전자가 견딜 수 있을 정도의 지체
E (용량 상태)	주행시 정체 현상 발생 도로의 용량에 접근(V/C비가 1에 도달)
F (와해 상태)	극도의 교통혼잡 발생 거의 속도는 낼 수 없는 상태

그러나 현재 우리나라 도시부 도로시설에서 용량을 초과하는 경우가 빈번하여 서비스 수준 F를 나타내는 경우가 많다. 그리고 이 경우, 같은 서비스 수준 F를 나타낸다 하여도, 질

적으로는 상당히 다른 형태를 나타낼 수 있다. 따라서 도시 및 교외간선도로 등 일부 도로 유형에 대하여서는 서비스수준을 F, FF, FFF로 구분하여 제시할 필요성이 있다.

[표 5-3] 서비스 수준 F의 구분

서비스 수준	교통류의 상태
F	평균통행속도가 자유속도의 1/3~1/4 이하인 상태이다. 교차로 혼잡은 접근지체가 매우 큰 주요 신호교차로에서 일어나기 쉽다. 이런 경우는 주로 나쁜 신호연동 때문에 발생한다.
FF	과도한 교통수요로 혼잡이 심각한 상태이다. 차량이 대상구간의 전방 신호교차로를 통과하는데 평균적으로 2주기 이상 3주기 이내의 시간이 소요된다.
FFF	극도로 혼잡한 상황으로, 차량이 대상구간의 전방 신호교차로를 통과하는데 3주기 이상 소요되는 상태이다. 평상시에는 거의 발생하지 않으며, 상습정체지역이나 악천후 시 관측될 수 있는 혼잡상황이다.

2. 고속도로

도로의 구조·시설 기준에 관한 규칙에 의하면 고속도로는 다음과 같은 특성을 지닌다.
① 중앙분리대가 설치되어야 하며
② 방향별로 2차로 이상의 최상급 도로로서
③ 유출입이 완전통제방식, 즉 연결로를 통해서만 가능하다.
④ 관련법규에 의한 고속국도 외에 도시 고속도로와 지방부 일반도로 중 자동차 전용도로로 지정된 도로가 포함된다.

2.1 고속도로 시스템 구성

고속도로는 다음 세 가지 요소로 구성되어 있다.
① 엇갈림 구간 : 교통 통제시설의 도움 없이 두 교통류가 맞물려 동일 방향으로 상당히 긴 도로를 따라가면서 서로 다른 방향으로 엇갈리는 구간을 말한다. 엇갈림은 합류 구간에 이어 분류 구간이 있는 구간 또는 유입 연결로 바로 다음에 유출 연결로가 있어 이 두 연결로가 연속된 보조 차로로 연결되어 있는 구간에서 발생한다. 통상 유입연결로와 유출연결로간의 거리가 750m 이내일 때를 엇갈림 구간이라 한다.
② 연결로 접속부 : 유입 연결로 또는 유출 연결로가 고속도로 본선에 접속되는 구간을 말한다. 이러한 접속부에서는 합류 또는 분류 차량의 집중으로 본선의 교통 흐름이 방해를 받는다.
③ 기본 구간 : 엇갈림 구간, 연결로 접속부에서 엇갈림과 합류 및 분류 차량의 영향을 받지 않는 구간을 말한다.

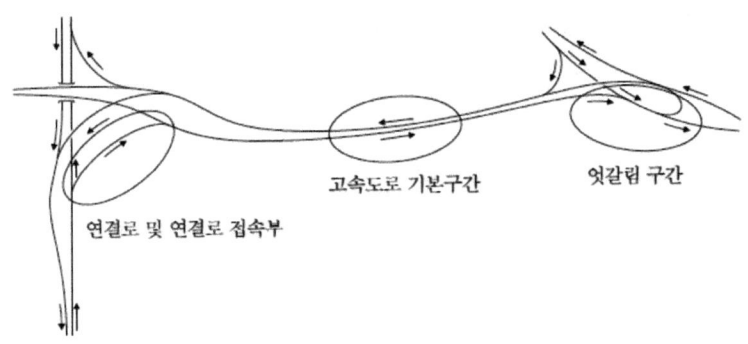

[그림 5-1] 고속도로의 시스템 구성

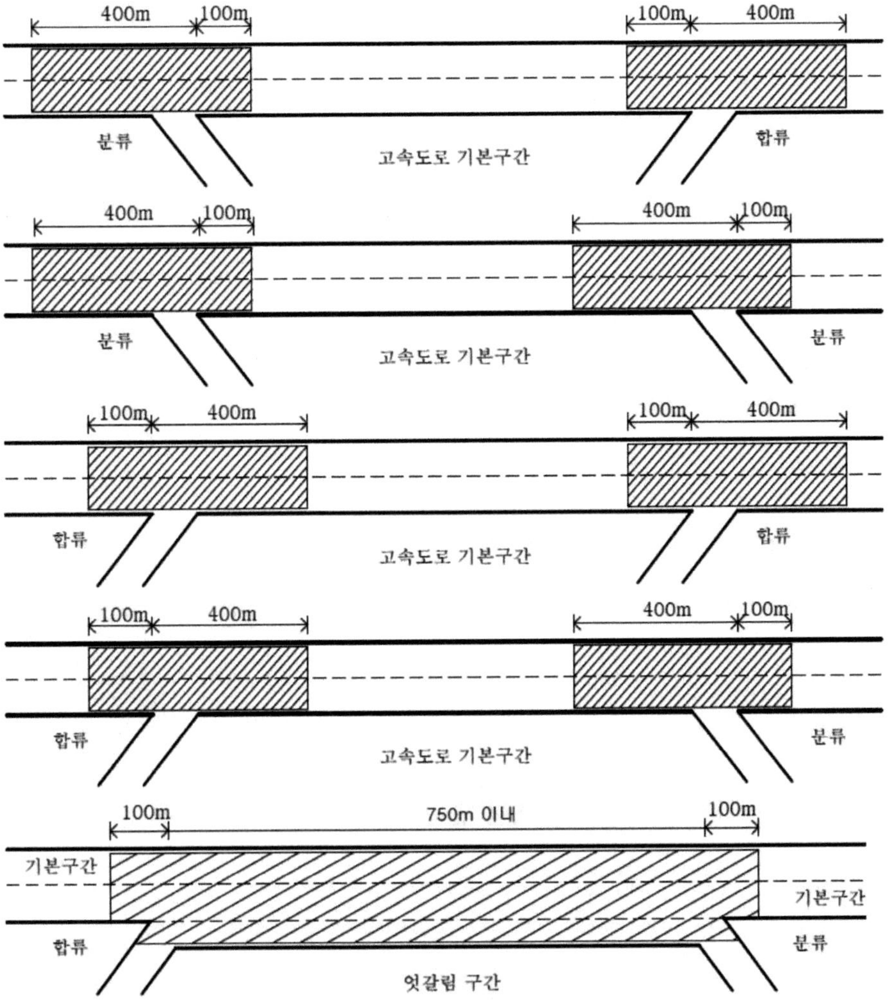

[그림 5-2] 고속도로 구성 요소의 영향권

이러한 고속도로 구성요소들의 영향권은 다음과 같다.
① 기본구간 : 연결로 접속부에서의 합류와 분류의 영향을 받지 않는 고속도로 구간
② 엇갈림 구간 : 엇갈림이 시작되는 유입연결로의 100m 상류 지점부터 엇갈림이 끝나는 유출연결로의 100m 하류지점까지의 구간
③ 유입연결로(합류부) : 연결로 접속부의 100m 상류지점부터 400m 하류지점까지의 구간
④ 유출연결로(분류부) : 연결로 접속부의 400m 상류지점부터 100m 하류지점까지의 구간

2.2 고속도로 기본구간

(1) 일반사항

고속도로 기본 구간의 이상적인 조건
① 차로폭 3.5m 이상
② 측방 여유폭 1.5m 이상
③ 승용차만으로 구성된 교통류
④ 평지

(2) 분석 방법

(가) 서비스수준의 효과척도

① 밀도 : 밀도는 운전자들이 원하는 대로 움직일 수 있는지의 여부 또는 고속도로 통행의 안전 측면에서 매우 중요한 앞 뒤 차량과의 거리를 나타낼 수 있는 좋은 기준이므로 고속도로 서비스수준을 나타내는 주 효과척도로 사용한다.
② 교통량 대 용량비 : 교통량 대 용량비는 통과 교통량 대 용량의 비를 말하며, 해당 시설을 이용하는 교통류의 상태를 설명해주는 또 다른 효과척도로, 계획 및 설계 단계에서 유용하게 이용된다.

참고로, 평균통행속도(단위 시간당 통행할 수 있는 거리의 평균값)는 운전자들에게 교통

류의 서비스수준을 느낄 수 있는 좋은 판단 기준이 되나, 고속도로에서 교통량의 변화에 따른 속도의 변화가 거의 없으므로 속도를 효과척도로 사용하지 않는다.

(나) 도로 용량

도로의 용량은 이상적인 조건의 용량과 주어진 조건의 용량으로 구분한다. 대부분의 도로는 이상적인 조건을 만족하지 못하기 때문에 각 구간의 도로 용량은 주어진 조건에 따라 다르다. 주어진 특정 구간의 용량은 이상적인 조건의 도로 용량에 도로 및 교통 조건에 따른 감소 요인을 반영한 보정계수를 곱하여 구한다.

(다) 서비스 수준

고속도로 기본 구간의 서비스수준은 밀도를 주 효과척도로 하여 판정한다. [표 5-4]는 설계 속도별 서비스수준이다. 서비스수준 A와 D의 최대 밀도 값은 관측 자료를 바탕으로 한 것이다. 서비스수준 E의 최대 밀도값은 용량 상태에서 교통류가 지속적으로 발생할 경우 예상되는 최대값이다. 이 표에서 교통량과 관련된 척도(교통량, V/C)는 이상적인 조건에 대한 것으로 도로 및 교통 조건이 바뀔 경우 적용에 유의할 필요가 있다.

[표 5-4] 고속도로 기본구간의 서비스수준 평가 척도

LOS	밀도 (pc/km/차로)	설계속도 120kph		설계속도 100kph		설계속도 80kph	
		교통량 (pcphpl)	V/C	교통량 (pcphpl)	V/C	교통량 (pcphpl)	V/C
A	≤ 6	≤ 700	≤ 0.30	≤ 600	≤ 0.27	≤ 500	≤ 0.25
B	≤ 10	≤ 1,150	≤ 0.50	≤ 1,000	≤ 0.45	≤ 800	≤ 0.40
C	≤ 14	≤ 1,500	≤ 0.65	≤ 1,350	≤ 0.61	≤ 1,150	≤ 0.58
D	≤ 19	≤ 1,900	≤ 0.93	≤ 1,750	≤ 0.80	≤ 1,500	≤ 0.75
E	≤ 28	≤ 2,300	≤ 1.00	≤ 2,200	≤ 1.00	≤ 2,000	≤ 1.00
F	> 28	-	-	-	-	-	-

(라) 서비스 수준별 교통류율 산정방법

최대서비스교통량(MSF)은 이상적인 조건하에서 어떤 서비스수준을 유지하는 차로당 최대교통량을 의미하는 반면에, 서비스용량이란 이상적인 조건이 아닌, 주어진 실제의 도

로조건, 교통조건, 및 교통운영조건하에서 주어진 서비스수준을 유지할 수 있는 최대교통량을 말한다.

$$MSF_i = C_j \times (V/C)_i$$

여기서,

MSF_i = 서비스수준 i에서 차로당 최대 서비스 교통량(승용차/시/차로, $pcphpl$)
C_j = j 설계 속도의 용량($pcphpl$)
$(V/C)_i$ = 서비스수준 i에서 교통량 대 용량비

따라서,

$$SF_i = MSF_i \times N \times f_W \times f_{HV}$$
$$= C_j \times (V/C)_i \times N \times f_W \times f_{HV}$$

여기서,

SF_i : 서비스 수준 i에서 주어진 도로 및 교통 조건에 대한 서비스 교통량(vph)

N : 편도 차로 수

f_W : 차로폭 및 측방여유폭 보정계수

f_{HV} : 중차량 보정계수

한편, 일반적으로

$$SF = \frac{V}{PHF}$$

여기서,

V = 시간교통량
PHF = 첨두시간계수

첨두시간계수는 한 시간 동안 교통수요의 시간적 변동을 나타낸다. 이 계수는 첨두시간에 관측된 15분 교통량 중에서 가장 많은 15분 교통량을 1시간 기준으로 환산한 교통량에 대한 해당 첨두시간 교통량의 비로 나타낸다. 이 값이 1.00에 가까울수록 교통량의 시간적 변화가 적은 것을 의미한다. 교통류를 관측해보면, 첨두 15분 동안 가장 많이 관측된 교통류가 한 시간 동안 지속되지 않는데, 첨두시간계수(PHF)는 이러한 현상을 반영한 것이다.

(마) 용량 보정 계수

① 차로폭 및 측방여유폭 보정계수 (f_W)

차로폭 및 측방여유폭에 대한 보정계수는 차로폭과 측방여유폭이 교통류에 미치는 영향을 반영하는 보정계수이다.

[표 5-5] 차로폭 및 측방여유폭 보정계수

측방여유폭 (m)	한쪽에만 측방여유가 확보된 경우				양쪽에 측방여유가 확보된 경우			
	차로폭(m)							
	3.5 이상	3.25	3.00	2.75	3.5 이상	3.25	3.00	2.75
4차로(편도2차로)고속도로								
1.5 이상	1.00	0.96	0.90	0.80	0.99	0.96	0.90	0.80
1.0	0.98	0.95	0.89	0.79	0.96	0.93	0.87	0.77
0.5	0.97	0.94	0.88	0.79	0.94	0.91	0.86	0.76
0.0	0.90	0.87	0.82	0.73	0.81	0.79	0.74	0.66
6차로 이상(편도3차로이상)인 고속도로								
1.5 이상	1.00	0.95	0.88	0.77	0.99	0.95	0.88	0.77
1.0	0.98	0.94	0.87	0.76	0.97	0.93	0.86	0.76
0.5	0.97	0.93	0.87	0.76	0.96	0.92	0.85	0.75
0.0	0.94	0.91	0.85	0.74	0.91	0.87	0.81	0.70

② 중차량 보정계수

중차량 보정계수는 중차량이 교통류에 미치는 영향을 나타내기 위한 보정계수이다. 중차량에 대한 보정계수를 얻기 위해서는 먼저 해당 도로의 교통 조건 및 도로 조건을 고려하여, 중차량에 대한 승용차 환산계수를 산출한다. 승용차 환산계수는 일반지형과 특정 경사 구간에서의 중차량에 대한 승용차 환산계수로 나누어진다.

[표 5-6] 일반지형에서 중차량의 승용차 환산계수

차종구분 \ 지형	평지	구릉지	산지
소형(2.5t 미만 트럭, 16인승 미만 버스)	1.0	1.2	1.5
중형(2.5t 이상 트럭, 16인승 이상 버스)	1.5	3.0	5.0
대형(세미 트레일러 또는 풀 트레일러)	2.0		

중차량 보정 계수의 계산은 승용차 환산계수와 각 중차량의 구성비에 대해 다음 식에 따라 중차량 보정계수를 계산한다.

- 일반 지형의 경우

$$f_{HV} = \frac{1}{\left[1+P_{T_1}(E_{T_1}-1)+P_{T_2}(E_{T_2}-1)+P_{T_3}(E_{T_3}-1)\right]} \quad \text{(평지)}$$

$$f_{HV} = \frac{1}{\left[1+P_{HV}(E_{HV}-1)\right]} \quad \text{(구릉지, 산지)}$$

- 특정 경사 구간의 경우

$$f_{HV} = \frac{1}{\left[1+P_{HV}(E_{HV}-1)\right]}$$

여기서,

$E_{T_1}, \ E_{T_2}, \ E_{T_3}, \ E_{HV}$ = 소형, 중형, 대형, 특정경사 중차량의 승용차 환산계수

$P_{T_1}, \ P_{T_2}, \ P_{T_3}, \ P_{HV}$ = 소형, 중형, 대형, 특정경사 중차량의 구성비

[표 5-7] 특정경사구간에 따른 승용차 환산계수

경사(%)	경사길이(km)	중차량 구성비(%)					
		<5	<10	<20	<30	<40	≧40
<2	모든 경우	1.5	1.5	1.5	1.5	1.5	1.5
<3	0.0 - 0.5	1.5	1.5	1.5	1.5	1.5	1.5
	0.5 - 1.0	1.5	1.5	1.5	1.5	1.5	1.5
	1.0 - 1.5	1.5	1.5	1.5	1.5	1.5	1.5
	1.5 - 1.8	2.0	2.0	2.0	1.5	1.5	1.5
	1.8 - 2.5	2.5	2.0	2.0	2.0	2.0	2.0
	> 2.5	3.0	2.5	2.0	2.0	2.0	2.0
<4	0.0 - 0.5	1.5	1.5	1.5	1.5	1.5	1.5
	0.5 - 1.0	1.5	1.5	1.5	1.5	1.5	1.5
	1.0 - 1.2	2.0	2.0	2.0	1.5	1.5	1.5
	1.2 - 1.5	3.0	2.5	2.0	2.0	2.0	2.0
	1.5 - 1.8	3.5	3.0	2.0	2.0	2.0	2.0
	> 1.8	4.0	3.0	2.5	2.0	2.0	2.0
<5	0.0 - 0.4	1.5	1.5	1.5	1.5	1.5	1.5
	0.4 - 0.5	1.5	1.5	1.5	1.5	1.5	1.5
	0.5 - 0.8	2.0	2.0	2.0	1.5	1.5	1.5
	0.8 - 1.0	4.0	3.0	2.5	2.0	2.0	2.0
	1.0 - 1.5	5.0	4.0	3.0	3.0	2.5	2.0
	> 1.5	5.5	4.0	3.5	3.0	3.0	2.5
<6	0.0 - 0.4	1.5	1.5	1.5	1.5	1.5	1.5
	0.4 - 0.5	2.0	2.0	2.0	2.0	1.5	1.5
	0.5 - 0.8	4.0	3.0	2.5	2.0	2.0	2.0
	0.8 - 1.0	6.0	4.5	4.0	3.0	3.0	2.5
	1.0 - 1.5	6.5	5.0	4.0	4.0	3.0	3.0
	> 1.5	7.0	5.0	4.5	4.0	3.5	3.0
<7	0.0 - 0.4	2.0	2.0	1.5	1.5	1.5	1.5
	0.4 - 0.5	4.0	3.0	2.5	2.0	2.0	2.0
	0.5 - 0.8	6.0	4.5	4.0	3.0	2.5	2.5
	0.8 - 1.0	7.5	6.0	5.0	4.5	4.0	3.5
	1.0 - 1.5	8.0	6.0	5.5	5.0	4.0	3.5
	> 1.5	8.0	6.5	5.5	5.0	4.0	3.5
<8	0.0 - 0.4	3.0	2.5	2.0	2.0	2.0	2.0
	0.4 - 0.5	6.0	5.0	4.0	3.0	2.5	3.5
	0.5 - 0.8	8.0	6.0	5.0	4.5	4.0	4.5
	0.8 - 1.0	9.0	7.5	6.5	6.0	5.0	4.5
	1.0 - 1.5	9.5	7.5	7.0	6.0	5.0	4.5
	> 1.5	9.5	7.5	7.0	6.0	5.0	4.5
≧8	0.0-0.4	5.0	3.5	3.0	2.0	2.0	2.0
	0.4-0.5	8.0	6.0	5.5	4.0	4.0	3.5
	0.5-0.8	10.0	8.0	7.0	6.5	5.5	4.5
	0.8-1.0	10.5	9.0	8.0	7.0	5.5	4.5
	1.0-1.5	11.0	9.0	8.0	7.0	5.5	4.5
	> 1.5	11.0	9.0	8.0	7.0	5.5	4.5

(3) 분석 과정

(가) 고속도로 분석 대상 구간의 분할

용량이나 서비스 수준의 분석 대상 구간은 교통 조건과 도로 조건이 같아야 한다. 고속도로 분석 대상 구간을 분할하는 데에는 다음과 같은 특징들을 이용한다.
- 연결로 접속부
- 차로수가 변하는 구간
- 차로 폭 및 측방여유폭이 변하는 구간
- 특정 경사 구간

(나) 운영 상태 분석

① 분석대상 도로의 도로 조건과 교통 조건을 명시한다.
② 주어진 도로 및 교통 조건에 대해 관련 보정계수(f_W, f_{HV})를 산출한다.
③ 현재 또는 장래 교통량(V)을 첨두시간 환산 교통량(V_p)으로 환산한다.

$$V_P = \frac{V}{PHF} \quad (vph)$$

④ 주어진 도로 및 교통 조건에 대한 용량(C)을 산출한다.

$$C = C_j \times N \times f_W \times f_{HV} \quad (vph)$$

⑤ 수요 교통량(V_p)과 용량(C)에서 교통량 대 용량비(V_P/C)를 산출한다.
⑥ 산출한 교통량 대 용량비로 [표 5-4]에서 그에 상응하는 밀도값을 보간법으로 찾고 서비스 수준을 판정한다.

(다) 계획 및 설계 분석

계획 및 설계 분석의 분석 절차에서는 다음 절차를 이용하여 고속도로 구간별 서비스수준 및 방향별 소요 차로수를 구한다.
차로수를 구하는 과정은 다음과 같다.
① 설계속도, 차로폭, 측방여유폭, 차로수, 지형 구분 또는 특정 경사를 포함한 예상 도로 조건을 명시한다.
② 중방향 설계시간 교통량(DDHV) 이외에 차량 구성 비율(%), 첨두시간계수(PHF), 속

도를 포함한 예상 교통 조건을 명시하고, 수요 교통량(PDDHV)을 산출한다.

$$PDDHV = \frac{DDHV}{PHF} = \frac{AADT \times K \times D}{PHF}$$

$PDDHV$ = 첨두 설계시간 교통량(vph)

$DDHV$ = 중방향 설계시간 교통량(vph)

$AADT$ = 계획 목표연도의 연평균 일교통량(대/일, vph)

K = 설계시간 계수

D = 중방향 계수

PHF = 첨두시간 계수

K 값과 D 값은 해당 지역의 교통 수요 패턴에 따라 변하는데, 매년 발간되는 교통량 상시 조사 자료(국토교통부, 도로교통량 통계 연보, 각 연도)를 활용하여 해당 사업에 맞게 도출하여 적용하면 된다. 적정 값을 구할 수 없는 경우 [표 5-8]의 값을 사용할 수 있다.

[표 5-8] 지역에 따른 설계시간 계수(K)와 중방향의 교통량 비(D)

구분	도시 지역	지방 지역
설계 시간 계수(K)	0.10 (0.07 - 0.13)	0.14 (0.09 - 0.19)
중방향 계수(D)	0.60 (0.55 - 0.65)	0.65 (0.60 - 0.70)

③ 주어진 도로 및 교통 조건에 대해 관련 보정계수(f_W, f_{HV})를 산출한다.

④ 공급 서비스 교통량(SF_i)을 계산한다.

$$SF_i = MSF_i \times f_W \times f_{HV}$$

⑤ 소요 차로수(N)를 계산한다.

$$N = \frac{수요\ 교통량}{서비스\ 교통량} = \frac{PDDHV}{SF_i}$$

❶ 다음과 같은 도로 및 교통 조건을 갖는 지방지역 고속도로가 있다. 이 도로의 서비스수준을 평가하시오.

도로 및 교통 조건	
설계속도 100kph	첨두시간계수(PHF) 0.95
양방향 4차로	첨두시간 교통량 2,000vph(일방향)
차로폭 3.5m	중차량 구성비 20%
중앙분리대측 여유 1.0m, 길어깨측 여유 2.5m	
지형은 구릉지	
포장 상태와 기후 조건은 양호한 상태로 가정	
중차량 구성은 2.5톤 이상의 트럭으로 가정	

해설

1) 보정계수 값을 찾는다.
   ① 차로폭 및 측방여유폭 보정계수
   $f_W = 0.98$
   ② 중차량 보정계수
   $E_{HV} = 3.0$에서
   $$f_{HV} = \frac{1}{1+P_{HV}(E_{HV}-1)} = \frac{1}{1+0.2(3.0-1)}$$
   $= 0.71$

2) 교통량(V)을 첨두시간 교통량(V_P)으로 환산한다.
   $$V_P = \frac{V}{PHF} = \frac{2,000}{0.95} = 2,105 \text{vph}$$

3) 주어진 도로 및 교통 조건에 대한 용량(C)을 산출한다.
   설계속도 100kph일 때 용량 Cj = 2,200이다.
   $C = C_j \times N \times f_W \times f_{HV} = 2,200 \times 2 \times 0.98 \times 0.71 = 3,062 \text{vph}$

4) 교통량 대 용량비(V_P/C)를 산출한다.
   $V_P/C = 2,105/3,062 = 0.69$

5) V_P/C에 상응하는 밀도값을 보간법으로 찾고 서비스수준을 판정한다.
   $V_P/C = 0.69 \rightarrow$ 밀도 = 15.8, 서비스수준 = D

❶ 다음과 같은 도로 및 교통 조건을 갖는 지방지역 고속도로를 설계하고자 한다. 이 도로의 운영 상태를 C로 유지하려면 몇 차로로 설계해야 하는가?

도로 및 교통 조건
설계속도 100kph 차로폭 3.5m 측방여유폭 1.5m 지형은 평지	첨두시간계수(PHF) 0.90 중방향 설계시간 교통량(DDHV) 3,500대/방향 중차량 구성비 25% (2.5톤 이상의 트럭 23%, 특수 차량 2%) 포장 상태와 기후 조건은 양호한 상태로 가정

해설

1) 설계시간 교통량을 첨두시간계수로 보정한다.

$$PDDHV = \frac{DDHV}{PHF} = \frac{3{,}500}{0.90} = 3{,}889\text{vph}$$

2) 최대 서비스 교통량을 계산한다.

$$MSF_C(\text{설계속도 100kph}) = 1{,}350\text{pcphpl}$$

3) 보정계수 값을 찾는다.

① 차로폭 및 측방여유폭 보정계수

$$f_W = 1.00$$

② 중차량 보정계수

$E_{T2} = 1.5$, $E_{T3} = 2.0$에서

$$f_{HV} = \frac{1}{1+P_{T2}(E_{T2}-1)+P_{T3}(E_{T3}-1)}$$

$$= \frac{1}{1+0.23(1.5-1)+0.02(2.0-1)} = 0.88$$

4) 공급 서비스 교통량 SF_i를 산정한다.

$SF_i = MSF_i \times f_W \times f_{HV}$에서

$SF_C = 1{,}350 \times 1 \times 0.88 = 1{,}188$ vphpl

5) 차로수(N)를 결정한다. $N = \dfrac{PDDHV}{SF_i} = \dfrac{3{,}889}{1{,}188} = 3.27$ 차로/방향

따라서, 설계 서비스수준이 C인 점을 감안하면 편도 4차로가 필요하다.

---

❶ 다음조건의 지방지역고속도로의 서비스수준을 평가하고 용량까지의 여유교통량을 산정하시오.

도로 및 교통조건 : 설계속도 100km/시, 일방향 첨두시간 교통량 2,000대/시/차로, 트럭 구성비 20%, 첨두시간계수(PHF)=0.95

차로폭 : 3.25m, 중앙분리대 및 도로변에 장애물이 포장 끝에 바로 위치, 평균통행속도 : 65km/시, 구릉지, 차로수 : 2

2.3 고속도로 연결로 구간

(1) 연결로와 접속부의 정의 및 개요

두 도로 사이의 연결을 주목적으로 하는 도로 또는 도로 구간을 말하며, 연결로-고속도로 접속부, 연결로 자체, 연결로-일반도로 접속부 등의 세 가지 기하요소로 이루어진다.

① 연결로의 세 가지 요소

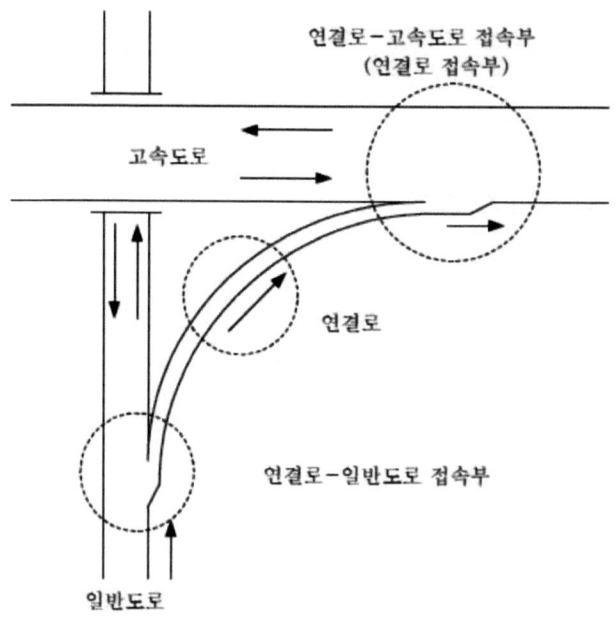

[그림 5-3] 연결로, 접속부의 구분

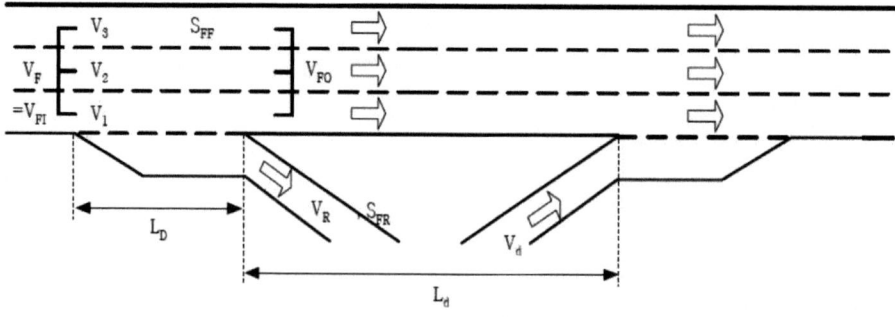

(a) 우분류 연결로 접속부가 주 분석 대상 시설일 때

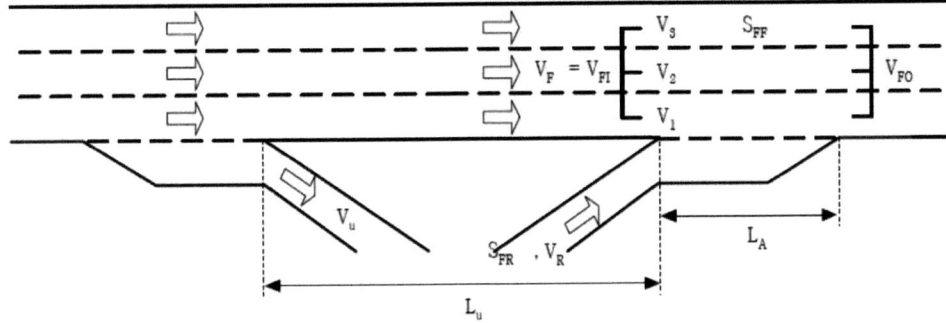

(b) 우합류 연결로 접속부가 주 분석 대상 시설일 때

[그림 5-4] 연결로 접속부 변수 정의

② 연결로의 고속도로 및 일반도로 접속부는 2개의 교통류와 상충
③ 연결로 접속부 분석시 고려사항
  - 15분 교통량을 첨두시간 최대 환산 교통류율로 환산한 승용차 교통량을 이용
  - 연결로 접속부에서 승용차 환산계수는 고속도로 기본구간의 값을 사용한다.
  - 분류 후 합류의 형태를 분석의 기본 형태로 하며, 고속도로 본선의 우측에 접속되는 연결로 접속부 형태를 대상으로 한다.
  - 연결로 접속부에서는 유출입 차량에 의해 본선 차량의 주행이 영향을 받고, 이러한 영향을 미치는 범위를 영향권이라고 하며, 영향권은 연결로에 접속되는 차로로부터 두 개 차로를 포함한다.
④ 연결로 접속부의 형태는 독립적인 합류부와 분류부, 연속적인 분류-합류, 연속적인 분류-분류-합류가 일반적이다.
  - 독립 합류부(On-ramp) : 고속도로 본선 차량과 연결로에서의 유입 차량이 주행권의 확보를 위해 상호 작용하는 구간.
  - 독립 분류부(Off-ramp) : 유출 차량이 연결로에 접속되는 차로로 집중되어 분류함으로써 차량의 차로 변경이 잦은 구간
  - 연속적인 분류-합류 : 가장 일반적인 연결로 접속부 형태로 주요 인터체인지에서 나타나며 분석 시에 두 연결로 사이의 거리가 500m를 초과하면, 독립적인 연결로 접속부로 간주한다(거리 기준은 분류부가 끝나는 지점의 노면 표시 끝에서부터 합류부가 시작되는 노면 표시의 끝까지).

- 연속적인 분류-분류-합류 : 일반적인 것은 아니며, 주로 혼잡한 일반도로나 두 개의 고속도로가 교차하는 곳에서 볼 수 있는 형태다. 일반적인 경우는 하나의 분류부를 이용하여 일반 가로에 교통류를 분류시키고, 여기에서 상행 및 하행 교통류가 처리되는 것이 바람직하다. 그러나 일반도로의 혼잡이 아주 심한 경우에는 분류부 1로(처음 분류부) 일반가로의 하행 교통류를 처리하고 분류부 2로(두 번째 분류부) 상행 교통류를 처리하게 만든다.

⑤ 연결로 접속부의 운행특성

유입 또는 유출 차량의 합류 특성이나 분류 특성, 합류나 분류로 인한 혼란을 피하기 위한 본선차량의 차로변경 특성 등으로 나누어 생각할 수 있다.

(2) 용량과 서비스 수준

① 연결로 접속부의 용량

연결로 접속부에서는 본선의 용량(a), 분류부(b1) 및 합류부(b2)의 영향권 용량, 연결로의 용량(c) 등 세 가지 용량 값이 존재한다. 연결로 접속부와 연결로의 용량은 고속도로 본선의 자유속도와 연결로의 자유속도에 따라 변한다.

- 합류부나 분류부의 용량은 결국 연결로 접속부의 분류 직전 또는 합류 직후 구간의 용량에 지배를 받는다는 가정 하에서 이 구간의 용량을 산정할 수 있으며, 서비스 수준도 이와 같은 시각에서 판단한다.
- 분류부 및 합류부 본선 교통량은 합류부에서는 합류 직후, 분류부에서는 분류 직전의 용량을 의미한다.
- 영향권 용량은 유입부 교통량이 합류부 영향권의 용량을, 유출부 교통량이 분류부 영향권의 용량을 나타낸다.
  - 연결로의 용량은 연결로의 곡선반경, 경사 또는 본선과의 경사 차이, 길어깨 폭, 연결로의 형태 및 이들의 종합 개념인 연결로의 설계속도 등에 영향을 받는다(연결로 자체의 차로수를 결정해야 할 때 [표 5-10]의 연결로 용량을 사용할 수 있다).

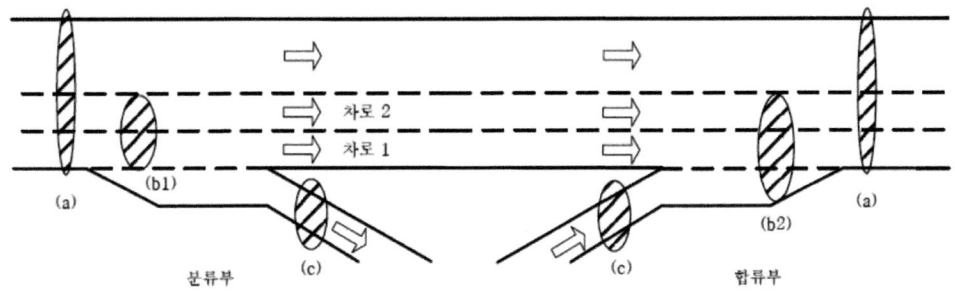

[그림 5-5] 연결로 접속부 용량 정의

[표 5-9] 연결로 접속부 용량

본선 자유속도 (kph)	분류부 및 합류부 본선 교통량(pcph)[a]			영향권 용량	
	2차로	3차로	4차로 이상	유출부 교통량 (pcph)[b1]	유입부 교통량 (pcph)[b2]
≤120	≤4,600	≤6,900	≤2,300/차로	4,400	4,600
≤110	≤4,500	≤6,750	≤2,250/차로	4,400	4,600
≤100	≤4,400	≤6,600	≤2,200/차로	4,400	4,600
≤90	≤4,200	≤6,300	≤2,100/차로	4,400	4,600

주) (a), (b1), (b2)는 [그림 5-5]참조

[표 5-10] 연결로 용량

연결로의 자유속도(kph)	연결로의 용량(pcph)[c]	
	1차로 연결로	2차로 연결로
> 70	≤ 2,000	≤ 4,000
≤ 70	≤ 1,900	≤ 3,800
≤ 60	≤ 1,800	≤ 3,600
≤ 50	≤ 1,700	≤ 3,400
≤ 40	≤ 1,600	≤ 3,200

주) (c)는 [그림 5-4]참조

② 연결로 접속부의 서비스 수준 효과척도

연결로 접속부의 서비스 수준을 평가하기 위한 효과척도는 영향권의 밀도로 한다. 연결로 접속부의 영향권 밀도는 보조차로를 포함하여 접속 차로로부터 두 개 차로의 평균 밀도로 한다.

[표 5-11] 연결로 서비스수준

서비스수준	밀도 (pcpkmpl)
A	≤ 6
B	≤ 12
C	≤ 17
D	≤ 22
E	> 22
F	용량 초과

(3) 분석과정

연결로 접속부의 효과척도인 밀도를 산출하기 위하여 계획 및 설계 단계에서는 예측된 교통수요를 이용하고, 운영 상태 분석에서는 실측 교통량을 이용한다.

연결로 접속부의 분석 과정은 계획 및 설계 분석과 운영 상태 분석으로 나누어지고, 두 가지의 분석과정은 교통 수요에 해당하는 변수만 다를 뿐 분석개념은 동일하다.

(가) 운영 상태 분석 과정

① 기하구조 및 교통수요 파악
- 기하구조 자료 : 본선 연결로의 차로 수, 접속 형태, 가속 및 감속 차로의 길이, 인접 연결로까지의 거리
- 교통수요 자료 : 본선 및 연결로의 교통량, 인접 상류 및 하류의 연결로 교통량
- 이 밖에도 용량 확인을 위해 본선 및 연결로의 자유속도 자료가 필요하다.

② 첨두시간 환산 교통량 산출

위에서 수집된 교통수요 자료는 첨두시간 환산 교통량으로 환산한다.

$$V_P = \frac{V}{PHF \times f_{HV}}$$

여기서,

V_P = 첨두시간 환산교통량 $(pcph)$

V = 1시간 교통량(vph)

PHF = 첨두시간 계수

f_{HV} = 중차량 환산계수

③ 용량 확인

첨두시간 환산 교통량을 용량 값과 비교한다. 합류부에서는 본선 하류 교통량 ($V_{FO} = V_F + V_R$)과 유입부 교통량(V_{R12}), 연결로 교통량(V_R)을 비교하며, 분류부에서는 본선 상류 교통량($V_F = V_{FI}$)과 유출부 교통량(V_{12}), 본선 하류 교통량 ($V_{FO} = V_F - V_R$)과 유출 연결로 교통량(V_R)을 비교한다.

④ 영향권 교통량 계산

영향권 교통량을 산출하기 위해 본선 전체에 대한 차로 1, 2의 교통량 비율(영향권비)을 산출해야 한다.

[표 5-12] 합류부 영향권 비 계산(PFM)

구 분		$V_{12} = V_F \times P_{FM}$
본선 편도 2차로		$P_{FM} = 1.00$
본선 편도 3차로	독립 합류부	$P_{FM} = 0.5127 + 0.000193 \times V_R$
	연속 분류-합류 중 합류부	$P_{FM} = 0.635 - 0.000022 \times (V_R + V_F) - 0.00504 \times (V_U/L_U)$
본선 편도 4차로		$P_{FM} = 0.094 - 0.0000203 \times V_R + 0.0502(L_A/S_{FR})$

[표 5-13] 분류부 영향권 비 계산(PFD)

구 분		$V_{12} = V_R + (V_F - V_R) \times P_{FD}$
본선 편도 2차로		$P_{FD} = 1.00$
본선 편도 3차로	독립 분류부	$P_{FD} = 0.609 - 0.0000004 \times V_F - 0.00015 \times V_R$
	연속 분류-합류 중 분류부	$P_{FD} = 0.7960 - 0.0000758 \times V_F + 0.0259 \times (V_d/L_d)$
본선 편도 4차로		$P_{FD} = 0.453$

주) 여기서,
V_{12} = 접속차로로부터 두번째 차로까지의 교통량($pcph$)
V_F = 합류부~ 및 ~분류부 상류의 본선 교통량($pcph$)
P_{FM}, P_{FD} = 합류부, 분류부의 영향권 비
V_R = 분석 대상 연결로의 교통량($pcph$)
L_A, L_D = 가속차로, 감속차로의 길이(m)
V_u, V_d = 인접 상류부, 하류부 연결로의 교통량($pcph$)
L_u, L_d = 인접 상류부, 하류부 연결로까지의 거리(m)
S_{FR} = 분석대상 연결로의 자유속도(kph)

⑤ 밀도 산출 및 서비스수준 판정

합류부 및 분류부의 영향권의 비가 결정되면 V_{12}를 계산할 수 있게 되며, 다음 식을 이용하여 연결로 접속부 영향권의 밀도를 추정한다.

- 합류부 :

$$D_{MR} = 0.2048 + 0.003185 \times V_R + 0.005989 \times V_{12} - 0.00101 \times L_A$$

- 분류부 :

$$D_{DR} = 0.5108 + 0.00589 \times V_{12} - 0.0043 \times L_D$$

여기서,

D_{MR} = 합류 영향권의 평균밀도 ($pcpkmpl$)

D_{DR} = 분류 영향권의 평균밀도 ($pcpkmpl$)

산출된 밀도는 분석방법의 [표 5-11]을 이용하여 서비스 수준을 분석한다.

(나) 계획 및 설계분석

계획 및 설계 분석은 장래의 추정 교통 수요나 도로 조건에 따라 요구되는 서비스 수준을 만족하는 차로수 등을 결정하는 분석이다. 계획과 설계 분석의 차이는 분석 자료의 내용적 수준 차이에 있다. 계획 분석의 경우, 연평균 일교통량을 이용하여 중방향 설계시간 교통량을 산정하고, 입력 자료는 일반적인 값을 적용한다.

산출된 연결로와 본선의 첨두시간 교통수요를 이용하여 차로수를 결정하고 연결로 접속부 운영 상태 분석 절차에 따라서 서비스수준을 분석한다. 일반적으로 설계 서비스수준은 도시지역 D, 지방지역 C로 한다.

한편 차로수는 고속도로의 구간별 교통수요에 따라 달라질 수 있음에 유의해야 한다. 즉 설계 구간별 교통수요에 맞게 차로수를 다르게 제공하는 차로 균형 개념에 따라 설계해야 한다. 연결로 유출입부의 일반적인 차로 균형 원칙은 다음과 같다.

- 합류부 : 합류후 차로수 ≥ 합류전 전체 차로수-1
- 분류부 : 분류전 차로수 ≥ 분류후 전체 차로수-1

❶ (1) 접속형태 : 독립적인 본선 4차로, 합류 연결로 1차로로 구성됨
(2) 문제 : 첨두시간의 서비스수준은?
(3) 조건
- 독립적으로 위치
- 1차로 연결로
- 양방향 4차로구간
- 평지구간
- 3.5m 차로폭
- 본선 자유속도 100kph
- 연결로 교통량 550vph
- 본선 교통량 2,900vph
- 본선 트럭비율 10%
- 첨두시간 계수 0.90
- 가속차로 길이 225m
- 연결로 트럭 비율 4%
- 연결로 자유속도 70kph

(4) 참고 : 중차량 보정계수와 운전자 보정계수는 고속도로 기본구간을 참고

해설

1) 첨두시간 환산 교통량, 중차량 보정계수를 산출한다.

$$V_P = \frac{V}{(PHF)(f_{HV})},$$

$$V_F = \frac{2,900}{(0.90)(0.95)} = 3,392 \text{pcph}$$

$$V_R = \frac{550}{(0.90)(0.98)} = 624 \text{pcph}$$

$$f_{HV}(본선) = \frac{1}{1+0.10(1.5-1)} = 0.95$$

$$f_{HV}(연결로) = \frac{1}{1+0.04(1.5-1)} = 0.98$$

2) V_{12}를 계산한다.

$$V_{12} = V_F \times P_{FM} = 3,392 \times 1.000 = 3,392 pcph$$

$$P_{FM} = 1.00$$

3) 용량 확인

① 합류부 하류의 용량을 확인한다.

$$V_{FO} = V_F + V_R$$

$$V_{FO} = 3,392 + 624 = 4,016 pcph$$

본선 자유속도가 100kph이고, 편도 2차로의 용량이 4,400pcph이므로 용량을 초과하지 않는다.

② 영향권의 최대 유입부 교통량을 확인한다.

$$V_{R12} = V_R + V_{12} = 624 pcph + 3,392 pcph = 4,016 pcph$$

본선 자유속도가 100kph이고 용량은 4,600pcph이므로, 용량을 초과하지 않는다.

4) 연결로 용량 확인

연결로의 첨두시간 환산 교통량은 624pcph이다. 연결로의 자유속도가 70kph이고, 1차로이므로 용량은 1,900pcph로 용량을 초과하지 않는다.

5) 밀도 예측

$$D_{MR} = 0.2048 + 0.003185 V_R + 0.005989 V_{12} - 0.00101 L_A$$
$$= 0.2048 + 0.003185(624) + 0.005989(3,392) - 0.00101(225)$$
$$= 22.3 pcpkmpl$$

6) 서비스수준 판정
    산출된 밀도 22.3pcpkmpl는 서비스수준 E이다.

2.4 고속도로 엇갈림 구간

(1) 일반 사항

엇갈림(weaving)이란 교통통제 시설의 도움 없이 상당한 구간을 따라가면서 동일 방향의 두 교통류가 차로를 변경하는 교통현상을 말한다. 일반적으로 엇갈림 구간은 합류 구간 바로 다음에 분류 구간이 있을 때 또는 유입 연결로 바로 다음에 유출 연결로가 있을 때, 이 두 지점이 연속된 보조 차로로 연결되어 있는 구간이다.
엇갈림구간 운영에 영향을 미치는 주요 요소는 다음과 같다.

① 엇갈림구간의 형태 : 본선 - 연결로 엇갈림, 연결로 - 연결로 엇갈림
    본 절에서는 현실적으로 대다수를 차지하고 있는 본선 - 연결로 엇갈림 형태만을 다룬다. 그러나 연결로-연결로 엇갈림 형태는 고속교통에 부적합한 엇갈림이라는 교통 현상을 저속 교통 기능의 도로인 집산도로로 이격시켜 처리한 바람직한 설계 형태라고 볼 수 있다.

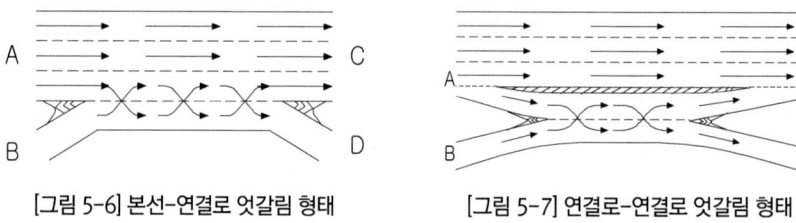

[그림 5-6] 본선-연결로 엇갈림 형태   [그림 5-7] 연결로-연결로 엇갈림 형태

② 엇갈림구간의 길이(Length of weaving section) : 엇갈림 구간 진입로와 본선이 만나는 지점에서 진출로 시작 부분까지의 길이

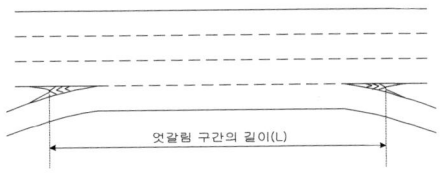

[그림 5-8] 엇갈림 구간의 길이

③ 엇갈림구간의 폭(차로수) : 엇갈림 구간의 폭이 넓을수록 엇갈림 교통류가 이 구간에 미치는 영향은 작으며, 통행속도도 그만큼 덜 제약을 받는다.

(2) 분석 방법

(가) 엇갈림 속도와 비엇갈림 속도 산출

본선-연결로 엇갈림 구간의 분석에서 가장 중요한 절차는 엇갈림 구간 내의 엇갈림 교통류와 비엇갈림 교통류의 공간 평균 속도를 산출하는 것이다. 계획 및 설계 단계에서는 다음 추정식에 따라 속도를 추정하며, 운영 분석 단계에서는 현장 조사나 다음 추정식을 통해 속도를 산출한다.

$$S_{nw}(\text{또는 } S_w) = 30 + \frac{[(S_D + 10) - 30]}{1 + W_{nw} (\text{또는 } W_w)}$$

$$W_{nw} = 0.00000054 \times (1 + VR)^{0.68} (V/N)^{2.0} / L^{0.17}$$

$$W_w = 0.059 \times (1 + VR)^{2.2} (V/N)^{0.97} / L^{0.80}$$

여기서,

S_{nw} (또는 S_w) = 비엇갈림 또는 엇갈림 교통류의 평균 속도(kph)

S_D = 본선의 설계속도(kph)

W_{nw} = 비엇갈림 교통류에 따른 엇갈림 강도 계수

W_w = 엇갈림 교통류에 따른 엇갈림 강도 계수

VR = 교통량 비(Volume ratio, V_w/V)

V = 엇갈림 구간의 총 교통량(pcph)

V_w = 엇갈림 교통량(pcph)

N = 엇갈림 구간의 총 차로 수

L = 엇갈림 구간의 길이(m)

속도 산출시 관련 변수들을 적용할 때에는 다음의 적용 한계를 고려해야 하며, 이를 넘어서는 경우는 적용상의 주의를 요한다.

① 엇갈림 교통량 비(VR) ≤ 0.50 (N = 3, 본선 차로수 = 2 인 경우)
  ≤ 0.45 (N = 4, 본선 차로수 = 3 인 경우)
  ≤ 0.40 (N = 5, 본선 차로수 = 4 인 경우)
② 엇갈림 구간 교통량
  - 본선-연결로 엇갈림 구간의 총 교통량(V/N) ≤ 2,000 pcphpl
  - 본선-연결로 엇갈림 구간의 엇갈림 교통량(V_w) ≤ 2,800 pcph
  - 연결로-연결로 엇갈림 구간의 엇갈림 교통량(V_w) ≤ 3,000 pcph

(나) 평균 밀도 산출

$$S = \frac{V}{\frac{V_w}{S_w}+\frac{V_{nw}}{S_{nw}}}$$

$$D = \frac{V/N}{S}$$

여기서,
S = 엇갈림 구간의 모든 차량에 대한 평균 속도(kph)
D = 엇갈림 구간의 평균 밀도(pcpkmpl)

(다) 서비스 수준 판정

엇갈림 구간의 서비스수준을 판단하는 척도는 밀도이며, 각 서비스수준은 [표 5-14]와 같다.

[표 5-14] 엇갈림 구간의 서비스수준

서비스수준	밀도(D, pcpkmpl)	
	연결로 엇갈림 구간	측도 엇갈림 구간
A	≤ 6	≤ 8
B	≤ 12	≤ 13
C	≤ 17	≤ 18
D	≤ 22	≤ 25
E	≤ 27	≤ 38
F	> 27	> 38

(3) 분석 과정

(가) 계획 및 설계 단계

본선-연결로 엇갈림 구간을 계획하고 설계할 때에는 시행 착오법에 의해 설계 서비스수준에 맞는 엇갈림 구간의 길이를 결정한다.

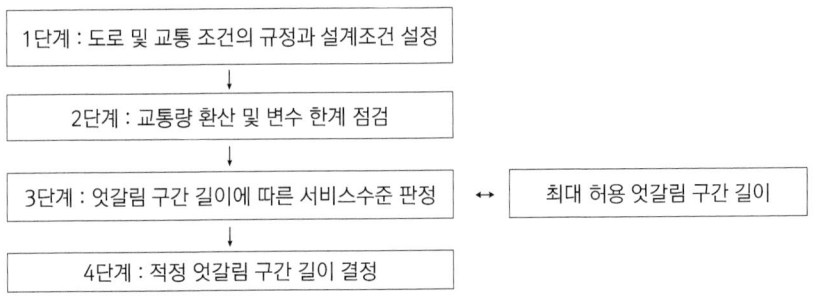

[그림 5-9] 엇갈림 구간 계획 및 설계 분석 과정

(나) 운영 분석 단계

운영 분석 단계에서는 비엇갈림 차량과 엇갈림 차량의 속도를 조사하고 이를 교통량으로 가중 평균하여 밀도를 산출하여 이 구간의 서비스 수준을 판별한다.

```
1단계 : 도로 및 교통 조건 조사
          ↓
2단계 : 교통량을 첨두시간 승용차 교통량으로 환산
          ↓
3단계 : 방향별 교통량의 도식화 및 변수 한계 점검
          ↓
4단계 : 교통류별 평균 속도 계산 및 밀도 산출
          ↓
5단계 : 서비스 수준 판정
```

[그림 5-10] 엇갈림 구간 운영 분석 과정

❶ 다음과 같은 도로 및 교통 조건을 갖는 엇갈림 구간이 있다. 이 엇갈림 구간의 서비스수준을 판정하라.

도로 및 교통 조건

설계속도 80kph
양방향 본선 6차로
본선-연결로 엇갈림 형태(평지 구간)
첨두시간계수 0.95
엇갈림 구간의 길이 350m

본선 교통량 4,000vph
유입 800vph
유출 1,000vph
중차량 구성비 20%

해설

1) 교통량을 첨두시간 승용차 교통량(VP)으로 환산한다.

   PHF = 0.95   ET = 1.5

   $f_{HV} = 1/[1+0.2(1.5-1)] = 0.91$

   $V_P(A→C)$ = 3,000 / (0.95×0.91) = 3,470pcph

   $V_P(A→D)$ = 1,000 / (0.95×0.91) = 1,157pcph

   $V_P(B→C)$ =   800 / (0.95×0.91) =   925pcph

2) 방향별 교통량을 도식화하고 변수 한계를 점검한다.

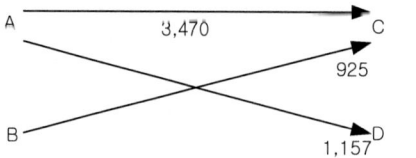

   Vw = 2,082pcph ≤ 2,800pcph

   V/N = (3,470+2,082)/4 = 1,388pcphpl ≤ 2,000pcphpl

   VR = 2,082 / 5,552 = 0.38 ≤ 0.45

3) 비엇갈림 차량과 엇갈림 차량의 평균 속도와 밀도를 계산한다.

   V_P = 5,552pcph,   N = 4(보조차로 포함),   VR = 0.38

$$W_w = 0.059 \times (1+0.38)^{2.2}(5,552/4)^{0.97}/350^{0.80} = 1.234$$

$$W_{nw} = 0.00000054 \times (1+0.38)^{0.68}(5,552/4)^{2.0}/350^{0.17} = 0.478$$

$$S_w = 30 + \frac{[(80+10)-30]}{1+1.234} = 56.86\text{kph}$$

$$S_{nw} = 30 + \frac{[(80+10)-30]}{1+0.478} = 70.56\text{kph}$$

$$S = \frac{5,552}{\frac{2,082}{56.86} + \frac{3,470}{70.56}} = 64.71\text{kph}$$

$$D = \frac{5,552}{64.71 \times 4} = 21.45\text{pcpkmpl}$$

4) 서비스수준을 판정한다 : 서비스수준 D

---

❶ 다음과 같은 도로 및 교통 조건을 갖는 지방부 고속도로에 엇갈림 구간을 설계하려고 한다. 이 도로의 서비스수준을 D로 유지하기 위한 최소 엇갈림 구간 길이를 결정하라.

도로 및 교통 조건	
본선 설계속도 80kph	본선 교통량 6,200pcph/방향
본선 양방향 8차로	유입 교통량 600pcph
본선-연결로 엇갈림 형태	유출 교통량 700pcph
첨두시간계수 0.92	유입→유출 교통량 0pcph
최대 허용 엇갈림 구간의 길이 400m	

3. 2차로 도로

2차로도로는 중앙선을 기준으로 각 방향별로 한 차로씩 차량이 운행되는 도로를 말한다. 2차로도로에서는 고속차량이 저속차량에 의해 통행이 지연되는 경우, 대향 차로를 이용할 수 있는 시거와 대향차량과의 간격이 확보되어야만 추월을 할 수 있으므로, 다차로도로보다 교통량 처리 능력이 떨어진다.

2차로도로의 교통운행은 차로 변경과 추월이 대향교통의 정면에서 이루어지므로 특히 안전측면에서 고려해야 한다. 교통량이 증가하면 추월수요도 증가하지만, 대향교통량도 증가하므로 추월기회는 감소하게 된다. 따라서 다른 연속류와는 달리 2차로도로의 경우는 한 방향의 교통류가 다른 방향의 교통류에 영향을 주게 된다. 운전자들은 교통량의 증가와 추월기회의 감소에 따라 부득이 그들의 속도를 조정하지 않을 수 없다.

2차로도로에서는 적절한 시기에 고속차량이 저속 차량을 추월하여 긴 차량군이 형성되지 않도록 다음과 같은 시설배치가 필요하다. 즉 2차로도로의 효율적인 운영을 위해서는 턴아웃(turnout), 양보차로, 오르막차로, 2+1차로도로 구간 등의 부가차로와 회전 차량을 위한 회전차로를 적절하게 배치하여 도로의 기능을 충분히 발휘할 수 있도록 하는 것이 중요하다.

3.1 일반 사항

(1) 도로의 구분

2차로도로는 설계속도를 기준으로 세 가지 유형으로 분류한다. 우리나라 2차로도로 중에서 유형 I은 주로 고속도로와 같은 고규격도로, 유형 II는 주로 신호교차로 간격이 2km 이상인 일반도로, 유형 III은 신호교차로 간격이 2km 미만인 일반도로가 해당된다.
- 유형 I : 연속 교통류 특징을 가지고 있는 2차로도로

- 유형 Ⅱ : 기본적으로 연속류 구간에 단속류 특징이 가미된 2차로도로
- 유형 Ⅲ : 도로주변이 개발된 지역으로서 접근성을 강조하는 단속 교통류 특징을 가지고 있는 2차로도로

(2) 이상적인 조건 및 지형구분

2차로도로의 이상적인 조건은 고속도로 기본구간의 이상적인 조건과 같다. 다만 '앞지르기 가능구간이 100%인 도로' 항목이 추가되어 있다. 여기서 2차로도로의 앞지르기 가능구간 비율은 도로설계 조건과 예상되는 교통 조건에 따라 결정된다. 앞지르기 가능구간은 앞지르기 가능 표시가 되어있는 구간이나 앞지르기 시거가 450m 이상인 도로 구간을 말한다. 2차로도로 앞지르기 가능구간의 일반적인 범위는 평지에서 시거가 좋은 구간이 100%에 가깝고 평면곡선이 불량한 산지부 도로는 거의 0%에 가깝다.

2차로도로의 지형구분은 일반지형과 특정 경사구간으로 구분되는데 그 내역은 고속도로 기본구간의 조건과 같다.

(3) 서비스수준 효과척도

2차로도로의 서비스수준을 나타내는 지표로 총지체율을 사용한다. 2차로도로에서의 총지체율이란 일정구간을 주행하는 차량군 내에서 차량이 평균적으로 지체하는 비율을 말한다. 다시 말해서 총지체율이란 운전자가 희망하는 속도에 대한 지체정도를 표현하는 척도이다. 교통량이 적을 때에는 차량들은 거의 지체되지 않으며, 평균 차두간격도 커지므로 앞지르기 가능성이 높아진다. 교통량이 적은 조건에서 총지체율은 낮지만, 용량에 가까워질수록 앞지르기 기회가 줄어들어 거의 모든 차량들이 차량군을 형성하게 되고 총지체율은 높아진다.

$$TDR = 100 \times \frac{\sum_{i=1}^{n}(\frac{TT_{ai} - TT_d}{TT_{ai}})}{n}$$

여기서,

TDR = 총지체율(%)
TT_{ai} = 실제통행시간
TT_d = 희망통행시
n = 교통량(대)

$$TDR = 100 \times (1 - e^{(a \times V_d^b)})$$

여기서,

TDR = 총지체율(%)

V_d = 진행방향 교통량(승용차/시)

a, b = 매개변수

[표 5-15] 총지체율 산정 모델의 매개변수 값(a, b)

대향 교통량(승용차/시)	변수	매개변수 값
≤ 200	a	-0.008
	b	0.8650
≤ 400	a	-0.0010
	b	0.8397
≤ 600	a	-0.0016
	b	0.7934
≤ 1,000	a	-0.0020
	b	0.7754
> 1,000	a	-0.0040
	b	0.6856

(4) 용량 및 서비스 수준

① 용량

용량은 주어진 도로 조건에서 최대로 관측할 수 있는 15분 동안의 승용차 교통량을 1시간 단위로 환산한 값이며, 기존 시설을 평가하거나 장래 시설의 계획 및 설계에 이용된다.

2차로도로의 이상적인 조건에서 도로 용량은 3,200승용차/시/양방향(pcph)이며 방향별 최대 1,700pcphpl이다. 2차로도로에서는 대향차로의 차량이 진행 차량의 교통류에 영향을 미치므로 2차로도로의 용량은 다차로도로 2개 차로의 용량보다 적다.

② 서비스 수준

도로를 운행하는 차량의 운행상태를 나타내는 서비스수준은 A~F까지 모두 여섯 단계로 구분된다. 2차로도로의 서비스수준을 나타내는 효과척도는 총지체율이다.

[표 5-16] 2차로도로 서비스수준

구분	총지체율(%)		교통량(pcph)
LOS	도로유형 I	도로유형 II	
A	≤ 11	≤ 15	≤ 650
B	≤ 21	≤ 25	≤ 1,300
C	≤ 30	≤ 40	≤ 1,900
D	≤ 39	≤ 50	≤ 2,600
E	≤ 48	≤ 60	≤ 3,200
F	> 48	> 60	-

3.2 2차로도로의 용량 분석

2차로도로의 지형구분은 일반지형과 특정 경사구간으로 구분되는데 본 절에서는 일반지형의 용량분석만 다룬다.

(1) 서비스수준 평가 방법

① 도로의 유형 구분(I, II, III) 및 자유속도 결정

유형 I 과 II는 2차로도로 분석방법을 적용하고, 유형III은 도시 및 교외간선도로 방법을 적용하여 분석한다.

② 첨두시간 환산 교통량 산정

$$V_P = \frac{V}{PHF \times f_{HV}}$$

여기서,

V_P = 첨두시간 환산 교통량($pcph$)

V = 첨두시 최대 교통량(vph)

PHF = 첨두시간 계수

f_{HV} = 중차량 보정계수

③ 용량 확인

일방향 교통량이 1,700pcphpl, 양방향 교통량 3,200pcph를 초과하지 않는 경우 분석

절차를 진행한다.

④ 총지체율 산정

$$TDR = 100 \times (1 - e^{(a \times V_d^b)}) + f_{np,D} + f_{w,D}$$

여기서,

TDR : 총지체율(%)

V_d : 진행방향 교통량(승용차/시)

$f_{np,D}$: 방향별 분포 비율과 앞지르기 가능구간 비율에 따른 총지체율 보정계수(%)

$f_{w,D}$: 차로폭 및 측방여유폭 총지체율 보정계수(%)

⑤ 서비스수준 판정

④에서 산출된 총지체율로 서비스수준을 판정한다.

(2) 운영상태 분석 과정

2차로도로의 운영상태 분석 과정은 서비스수준 평가 방법과 그 단계가 같다.

① 2차로도로 유형구분 및 자유속도 결정

② 첨두시간 환산 교통량 산정

③ 용량 확인

④ 총지체율 산정

⑤ 서비스수준 판정

[표 5-17] 2차로도로의 일반적인 첨두시간 계수(PHF)

교통량(승용차/시/양방향)	첨두시간계수	교통량(승용차/시/양방향)	첨두시간계수
≤ 200	0.80	≤ 1,600	0.93
≤ 400	0.83	≤ 1,800	0.94
≤ 600	0.86	≤ 2,000	0.95
≤ 800	0.88	≤ 2,200	0.95
≤ 1,000	0.90	≤ 2,400	0.96
≤ 1,200	0.91	> 2,400	0.96
≤ 1,400	0.92		

서비스 수준	A	B	C	D	E
첨두시간 계수	0.86	0.92	0.95	0.96	1.00

주) 첨두시간 계수는 현장에서 측정하는 것이 바람직하고, 본 표는 일반적인 값이므로 제한적으로 사용하여야 함

[표 5-18] 진행방향 교통량 수준에 따른 평지구간 중차량 보정계수

진행방향	교통량(대/시)
100	2.6
200	2.3
300	2.1
400	1.9
500	1.6
600	1.4
700	1.2
800	1.0
900	1.0
1,000	1.0

[표 5-19] 차로폭 및 측방여유폭에 따른 보정계수

측방여유폭(m) \ 차로폭(m)	≥ 3.50	≥ 3.25	≥ 3.00	≥ 2.75
≥ 1.5	0	3%	6%	9%
≥ 1.0	3%	6%	9%	12%
≥ 0.5	6%	9%	12%	15%

[표 5-20] 2차로도로 방향별 분포 및 앞지르기 금지구간 비율에 따른 보정계수

일방향 교통량 (승용차/시)	대향 교통량 (승용차/시)	앞지르기 금지구간 비율				
		0.2	0.4	0.6	0.8	1.0
200	200	4.8%	5.2%	5.6%	6.0%	6.5%
	400	4.0%	4.4%	4.8%	5.3%	5.7%
	600	3.2%	3.6%	4.1%	4.5%	4.9%
	800	2.4%	2.9%	3.3%	3.7%	4.1%
	1,000	1.7%	2.1%	2.5%	2.9%	3.4%
	1,200	0.9%	1.3%	1.7%	2.2%	2.6%
	1,400	0.1%	0.5%	1.0%	1.4%	1.8%
	1,600	0.1%	0.1%	0.2%	0.6%	1.0%

[표 5-20] 2차로도로 방향별 분포 및 추월금지구간 비율에 따른 보정계수(계속)

일방향 교통량 (승용차/시)	대향 교통량 (승용차/시)	앞지르기 금지구간 비율				
		0.2	0.4	0.6	0.8	1.0
400	200	5.2%	5.6%	6.0%	6.4%	6.8%
	400	4.4%	4.8%	5.2%	5.6%	6.1%
	600	3.6%	4.0%	4.4%	4.9%	5.3%
	800	2.8%	3.2%	3.7%	4.1%	4.5%
	1,000	2.0%	2.5%	2.9%	3.3%	3.7%
	1,200	1.3%	1.7%	2.1%	2.5%	2.9%
	1,400	0.5%	0.9%	1.3%	1.7%	2.2%
	1,600	0.1%	0.1%	0.5%	1.0%	1.4%
600	200	5.5%	5.9%	6.4%	6.8%	7.2%
	400	4.7%	5.2%	5.6%	6.0%	6.4%
	600	4.0%	4.4%	4.8%	5.2%	5.6%
	800	3.2%	3.6%	4.0%	4.4%	4.9%
	1,000	2.4%	2.8%	3.3%	3.7%	4.1%
	1,200	1.6%	2.1%	2.5%	2.9%	3.3%
	1,400	0.9%	1.3%	1.7%	2.1%	2.5%
	1,600	0.1%	0.5%	0.9%	1.3%	1.8%
800	200	5.9%	6.3%	6.7%	7.2%	7.6%
	400	5.1%	5.5%	6.0%	6.4%	6.8%
	600	4.3%	4.8%	5.2%	5.6%	6.0%
	800	3.6%	4.0%	4.4%	4.8%	5.2%
	1,000	2.8%	3.2%	3.6%	4.0%	4.5%
	1,200	2.0%	2.4%	2.8%	3.3%	3.7%
	1,400	1.2%	1.6%	2.1%	2.5%	2.9%
	1,600	0.4%	0.9%	1.3%	1.7%	2.1%
1,000	200	6.3%	6.7%	7.1%	7.5%	7.9%
	400	5.5%	5.9%	6.3%	6.7%	7.2%
	600	4.7%	5.1%	5.5%	6.0%	6.4%
	800	3.9%	4.3%	4.8%	5.2%	5.6%
	1,000	3.1%	3.6%	4.0%	4.4%	4.8%
	1,200	2.4%	2.8%	3.2%	3.6%	4.1%
	1,400	1.6%	2.0%	2.4%	2.9%	3.3%
	1,600	0.8%	1.2%	1.7%	2.1%	2.5%

[표 5-20] 2차로도로 방향별 분포 및 추월금지구간 비율에 따른 보정계수(계속)

일방향 교통량 (승용차/시)	대향 교통량 (승용차/시)	앞지르기 금지구간 비율				
		0.2	0.4	0.6	0.8	1.0
1,200	200	6.6%	7.1%	7.5%	7.9%	8.3%
	400	5.9%	6.3%	6.7%	7.1%	7.5%
	600	5.1%	5.5%	5.9%	6.3%	6.8%
	800	4.3%	4.7%	5.1%	5.6%	6.0%
	1,000	3.5%	3.9%	4.4%	4.8%	5.2%
	1,200	2.7%	3.2%	3.6%	4.0%	4.4%
	1,400	2.0%	2.4%	2.8%	3.2%	3.6%
	1,600	1.2%	1.6%	2.0%	2.4%	2.9%
1,400	200	7.0%	7.4%	7.8%	8.3%	8.7%
	400	6.2%	6.6%	7.1%	7.5%	7.9%
	600	5.4%	5.9%	6.3%	6.7%	7.1%
	800	4.7%	5.1%	5.5%	5.9%	6.3%
	1,000	3.9%	4.3%	4.7%	5.1%	5.6%
	1,200	3.1%	3.5%	4.0%	4.4%	4.8%
	1,400	2.3%	2.8%	3.2%	3.6%	4.0%
	1,600	1.6%	2.0%	2.4%	2.8%	3.2%
1,600 이상	200	7.4%	7.8%	8.2%	8.6%	9.1%
	400	6.6%	7.0%	7.4%	7.9%	8.3%
	600	5.8%	6.2%	6.7%	7.1%	7.5%
	800	5.0%	5.5%	5.9%	6.3%	6.7%
	1,000	4.3%	4.7%	5.1%	5.5%	5.9%
	1,200	3.5%	3.9%	4.3%	4.7%	5.2%
	1,400	2.7%	3.1%	3.5%	4.0%	4.4%
	1,600	1.9%	2.3%	2.8%	3.2%	3.6%

❗ 지방부 양방향 2차로도로의 첨두시간 1시간 교통량이 1,000vph였다. 도로조건 및 교통조건이 다음과 같을 때 첨두시간 동안 운영되는 교통류의 서비스수준은 얼마인가?
- 도로조건 : 설계속도 70kph, 차로폭 3.5m, 측방여유폭 1.0m, 평지, 앞지르기 금지구간 50%
- 교통조건 : 트럭 5%, 방향별 교통량 분포 60/40

해설

총지체율을 구하기 이전에 분석 대상도로의 유형을 결정해야 한다. 설계속도 70kph이며, 연속교통류 특성을 가지고 있으므로 유형 Ⅰ에 해당한다.

① 첨두시간 환산 교통량 산정
- 여기에서 첨두시간계수는 [표 5-17]에 의해 0.90이며, 중차량의 혼입율이 트럭 5%이므로 승용차환산계수는 [표 5-18]에서 1.4이고 중차량 보정계수는 다음과 같다.

$$f_{HV} = \frac{1}{1+0.05(1.4-1)} = 0.98$$

$$V_P = \frac{600}{0.90 \times 0.98} = 673 \text{pcph}$$

② 용량 확인

일방향 교통량이 용량값 1,700pcphpl을 초과하지 않고 양방향 3,200pcph를 초과하지 않으므로 분석 절차를 진행한다.

③ 총지체율 잔성

$$\begin{aligned} TDR &= 100 \times (1 - e^{(a \times V_d^b)}) + f_{np,D} + f_{w,D} \\ &= 100 \times (1 - e^{(-0.0016 \times 673^{0.7694})}) + 5.4 + 3 \\ &= 32.9\% \end{aligned}$$

④ 서비스수준 판정
- 도로유형 Ⅰ의 총지체율 32.9%에 해당하는 서비스수준은 D이다.

4. 다차로도로

4.1 다차로도로 개요

(1) 일반 사항

다차로도로는 고속도로와 함께 지역간 간선도로 기능을 담당하는 양방향 4차로 이상의 도로로서, 고속도로와 도시 및 교외 간선도로의 도로 및 교통 특성을 함께 갖고 있으며, 확장 또는 신설된 일반국도가 주로 이에 해당된다. 다차로도로는 완전 출입 제한된 도로가 아니라는 점에서 자동차 전용도로와는 구별되며, 평균 신호교차로 간의 거리는 2km 이상(평균 신호등 밀도가 0.5개/km 이하)로 본다. 도로시설 주변의 개발 정도에 관계없이 신호등 밀도 기준치를 초과하면 도시 및 교외 간선도로에 해당된다.

(2) 다차로도로의 유형 구분

다차로도로는 연속 교통류 특성과 단속 교통류 특성을 함께 갖고 있어 그 교통 특성의 변동 범위가 폭 넓게 관측된다. 이러한 폭 넓은 변동폭을 고려하여 다차로도로의 서비스수준을 합리적이고 일관성 있게 분석하기 위하여 시설을 2가지 유형으로 구분한다. 유형 구분의 주요 기준으로는 설계속도, 신호등 밀도, 기본적인 조건의 최대 통행속도 등이 있으며, 그 외에 입체화 수준, 도로변 개발 정도와 연결관리 수준 등을 고려할 수 있다. 각 구분 기준이 상충할 때에는 설계속도, 신호등 밀도, 기본조건의 최대 통행속도 순으로 그 유형을 정한다.

[표 5-21] 다차로도로 유형 구분

구 분	설계속도(kph)	신호등 밀도(개/km)	이상적 조건의 최대 통행속도(BSP, kph)
유형 I	100, 90, 80	0	97, 87
유형 II	80, 70	≤ 0.5	87, 70

(3) 분석 대상 구간 분할

다차로도로의 서비스수준을 분석하기 위하여 각 유형별로 분석 대상 구간 분할방법을 달리한다. 유형 I은 고속도로 구성요소(기본구간, 연결로 접속부, 엇갈림 구간)를 토대로 구간 분할하며, 유형 II의 분석 기본구간은 신호교차로에서 다음 신호교차로까지 길이로 분할한다.

4.2 분석 과정

(1) 효과 척도

단위 시간당 통행할 수 있는 거리의 평균값을 의미하는 교통량대용량비(V/C)는 연속 교통류 특성을 가지는 도로의 서비스 상태를 나타내는 가장 좋은 지표이며, 단위 시간당 통행할 수 있는 거리의 평균값을 의미하는 평균 통행속도는 연속 교통류와 단속 교통류가 혼재하는 도로유형 II의 서비스 상태를 나타내는 가장 좋은 지표이다.

(2) 최대 평균 통행속도와 속도 영향 인자

최대 통행속도란 서비스수준 A상태(구간 평균 교통량 500vphpl 이하)의 교통류 조건에서 승용차가 내는 평균 통행속도를 말한다. 이 속도는 이상적인 조건의 평균 통행속도와 주어진 조건의 평균 통행속도로 대별된다.

평균 통행속도에 영향을 미치는 인자에는 도로 조건으로 차로폭 및 측방여유폭, 평면선형과 종단선형, 유출입 지점수 등이 있고, 교통 및 신호 운영 조건으로 교통량과 신호등 밀도 등이 있다.

① 이상적인 조건
- 직선 및 평지 구간
- 차로폭 3.5m 이상, 측방여유폭 1.5m 이상
- 유출입 지점수 : 0개/km
- 신호등 개수 : 0개/km

② 최대 평균통행속도

다차로도로의 경우, 이상적인 조건에서 최대 통행속도는 신호등이 설치되지 않은 직선 구간에서 관측된 평균 통행속도를 말하는데, 유형Ⅰ의 경우 97kph와 87kph, 유형Ⅱ의 경우 87kph와 70kph로 한다.

③ 차로폭 및 측방여유폭

[표 5-22]는 차로폭과 측방여유폭에 따른 속도 감소 정도를 나타낸 것이다.

[표 5-22] 차로폭 및 측방여유폭 속도 보정계수(F_{WC})

측방여유폭 (m)	최대 통행속도 감소(kph)		
	차로폭 3.5m	차로폭 3.25m	차로폭 3.0m
1.5	0	1	3
1.0	1	2	4
0.5	2	3	5
0.0	3	4	6

④ 도로 선형 조건

도로의 평면선형과 종단선형은 차량의 통행속도에 영향을 준다. 구간 평균 통행속도를 주 효과척도로 하는 다차로도로의 경우, 특정 지점의 선형 조건보다 일정 구간의 전반적인 선형 조건을 나타내는 평면선형 굴곡도(bendiness, B)와 종단선형 경사도(hilliness, H)를 통행속도 영향 인자로 간주한다.

$$평면선형 굴곡도\ B\ =\ \sum \theta_i / L$$
$$종단선형 경사도\ H\ =\ \sum h_i / L$$

여기서,

θ_i = i곡선부의 교각(°)

h_i = i종단 경사의 고저차(m)

L = 노선의 구간길이(km, 평균 $3km$)

[표 5-23] 평면선형 속도 보정계수(F_B)

평면선형 굴곡도 (B, °/km)	최대 통행속도 감소	
	97kph	87kph, 70kph
≤ 10	0	0
≤ 20	1	1
≤ 40	2	
≤ 60	3	2
≤ 80	4	3

[표 5-24] 종단선형 속도 보정계수(F_H)

종단 선형 경사도 (m/km)	최대 통행속도 감소(kph)		
	승용차		중차량
	97kph	87kph, 70kph	
≤ 2	0	0	0
≤ 5	1	1	3
≤ 10	2	2	5
≤ 20	4	4	10
≤ 30	6	6	15
≤ 40	9	8	19
≤ 50	11	10	22
≤ 60	13	12	25
≤ 70	15	14	27
≤ 80	17	16	28
≤ 90	19	18	30

⑤ 유출입 지점수

유출입 지점수는 우회전으로만 본선에 출입할 수 있는 수준의 유출입로와 신호등이 설치되지 않은 교통량이 적은(50대/일) 좌회전 접근로를 포함한다.

[표 5-25]는 유출입 지점수에 따른 속도 감소 정도를 나타낸 것이다.

[표 5-25] 유출입 지점수 속도 보정계수(F_A)

유출입 지점수(개/km)	최대 통행속도 감소(kph)
0	0
≤ 4	1
≤ 8	2
≤ 12	3
≤ 16	4
≤ 20	6
> 20	8

⑥ 교통량과 신호등 밀도

다차로도로에서 신호등과 교통량에 따른 속도 감소는 구간 평균 교통량이 500vphpl 이하일 때에는 교통량별 감속 영향이 거의 없어 [표 5-26]에 의해 신호등 설치 밀도에 따른 기본적인 감소폭만 보정해 주면 된다. 반면, 구간 평균 교통량이 이를 초과할 때에는 [표 5-26]에 의한 속도 보정에 [표 5-27]에 따라 교통량에 의한 추가 속도 보정을 해 주어야 한다.

[표 5-26] 신호등의 속도 보정계수(교통량이 500vphpl 이하일 때, F_S)

주방향 직진 신호의 평균 g/C	최대 통행속도 감소(kph)			
	신호등 밀도(개/km) ≤ 0.3		신호등 밀도(개/km) ≤ 0.5	
	소형차	중차량	소형차	중차량
0.80	1	1	2	2
0.75	1	1	4	3
0.70	2	2	5	5
0.65	3	2	7	6
0.60	4	3	9	8

주) 소형차 : 승용차, 소형중차량 / 중차량 : 중형, 대형 중차량

[표 5-27] 교통량에 따른 속도 보정계수(구간 평균 교통량 500vphpl 초과시, F_V)

a. 승용차의 경우 (단위 : kph)

교통량(vphpl)	신호등 밀도(개/km)		
	≤ 0.1	≤ 0.3	≤ 0.5
500	1	1	1
600	1	1	2
700	1	2	3
800	2	2	4
900	2	3	5
1,000	3	4	6
1,100	4	5	7
1,200	4	6	8
1,300	6	8	10
1,400	8	10	12
1,500	9	11	16
1,600	12	14	19
1,700	16	19	22
1,800	20	23	24

b. 중차량의 경우 (단위 : kph)

교통량(vphpl)	신호등 밀도(개/km)		
	≤ 0.1	≤ 0.3	≤ 0.5
500	1	1	3
600	1	2	4
700	2	2	4
800	2	3	5
900	2	3	6
1,000	3	4	7
1,100	3	4	8
1,200	4	5	9
1,300	4	6	10
1,400	5	7	12
1,500	6	8	14
1,600	7	9	17
1,700	9	12	20
1,800	10	15	24

주) 교통량의 범위가 중간에 있는 경우, 보간법을 사용한다.

(3) 용량

다차로도로는 연속 교통류와 단속 교통류가 혼재하는 도로 교통 특성을 갖고 있다. 연속 교통류가 확보되는 도로 구간에 대해서는 차로당 최대 교통량을 바탕으로 용량을 제시할 수 있다. 반면, 단속 교통류의 영향이 큰 도로 구간에 대해서는 연속류 도로의 용량 개념을 제시하는 것은 불합리하다.

다차로도로의 최대 통행속도가 92kph과 87kph(설계속도 80~100kph, 제한속도 80kph 이상)인 유형 Ⅰ에서 용량은 2,000pcphpl, 설계속도 100kph는 2,200pcphpl을 적용한다. 신호교차로가 설치된 유형 Ⅱ는 다음과 같이 신호교차로 용량 개념을 적용한다.

$$c = N \times S \times g/C$$

여기서,
c = 직진방향 차로의 용량($pcph$)
N = 교차로에서의 직진 차로 수
S = 포화 교통량($pcphpl$)
g/C = 평균 녹색시간비

(4) 서비스 수준

(가) 단일 구간 서비스 수준 기준

다차로도로 서비스수준 평가는 유형별 특성을 감안하여 차등화된 기준을 적용한다.

[표 5-28] 다차로도로 유형 Ⅰ의 서비스수준(기본구간)

서비스수준	설계속도 100kph			설계속도 80kph		
	V/C	서비스 교통량 (승용차/시/차로)	속도 (kph)	V/C	서비스 교통량 (승용차/시/차로)	속도 (kph)
A	≤ 0.27	≤ 600	≥ 97	≤ 0.25	≤ 500	≥ 86
B	≤ 0.45	≤ 1,00	≥ 95	≤ 0.40	≤ 800	≥ 85
C	≤ 0.61	≤ 1,350	≥ 93	≤ 0.58	≤ 1,150	≥ 84
D	≤ 0.80	≤ 1,750	≥ 88	≤ 0.75	≤ 1,500	≥ 79
E	≤ 1.00	≤ 2,200	≥ 77	≤ 1.00	≤ 2,000	≥ 67

[표 5-29] 다차로도로 유형 II 의 서비스수준

서비스수준	V/C	자유속도(kph)		서비스 교통량(승용차/시/차로)		
		87	70	g/C=0.8	g/C=0.6	g/C=0.5
A	≤ 0.20	≥ 86	≥ 70	350	250	200
B	≤ 0.45	≥ 84	≥ 68	800	600	500
C	≤ 0.70	≥ 76	≥ 61	1,250	900	800
D	≤ 0.85	≥ 68	≥ 54	1,500	1,100	950
E	≤ 1.00	≥ 58	≥ 46	1,750	1,500	1,100

(가) 유형별 전체 서비스수준 기준 판정 및 분석 방법

① 전체 분석 대상 구간에 적용할 수 있는 서비스수준별 기준값을 산정한다. 즉, 각 분석 구간별 서비스수준의 기준값을 토대로 다음 식을 이용하여 분석 대상 전체 구간의 서비스수준 기준을 산정한다.

$$S_i = \frac{L}{\sum_{1}^{n} \frac{L_n}{S_{n,i}}}$$

여기서,

S_i = 전체 구간에 대한 서비스 수준 i의 경계값(평균 통행속도, kph)

L = 전체 구간 길이(km)

n = 분할된 구간 개수

L_n = 구간 n의 길이(km)

$S_{n,i}$ = 구간 n의 서비스수준 i의 경계값(평균 통행속도, kph)

② 각 구간별로 계산된 평균 통행속도를 전체 구간 평균 통행속도로 환산한다.

$$S = \frac{L}{\sum_{1}^{n} \frac{L_n}{S_n}}$$

여기서,

S = 전체 구간의 평균 통행속도(kph)

S_n = 구간 n의 평균 통행속도(kph)

③ 전체 구간의 평균 통행속도와 ①단계에서 산정된 서비스수준 기준 값을 비교하여 전체 구간에 대한 서비스수준을 평가한다.

4.3 분석 방법

(1) 서비스 수준(운영 상태) 분석 과정

① 다차로도로 유형 결정

분석 대상의 다차로도로는 앞에서 제시한 동질성 구간의 구분 기준에 의해 몇 개의 구간으로 분할하고 이렇게 분할된 구간별로 도로 유형(Ⅰ, Ⅱ)을 결정한다. 유형 Ⅰ은 고속도로의 서비스수준 분석 절차를 따르며, 유형 Ⅱ는 도로 및 교통 조건 설정, 최대 통행속도 산정, 구간별 평균 통행속도 산정, 서비스수준 평가 순으로 서비스수준을 분석한다.

② 도로 및 교통 조건 설정

도로 조건의 경우는 대부분 설계 도면을 토대로 자료를 수집하고, 도면에서 수집할 수 없는 자료는 직접 현장 조사를 한다. 교통 조건은 각 조사 지점에서 분석 시간대 동안 관측한 구간 교통량 자료 또는 계획시에는 구간별 수요를 이용하는데, 첨두시간 환산 교통량(V_p)을 쓴다.

③ 최대 평균 통행속도 산정

각 구간별로 승용차의 최대 통행속도를 산정한다. 최대 통행속도 산정 방법은 다음과 같이 두 가지 방법에 의해 결정한다.

- 현장 관측에 의한 방법

현장 관측에 의한 방법은 현장에서 직접 각 차량들의 공간 속도를 측정하는 것이다. 시간과 예산을 고려하여 적절한 조사 방법을 선택한 다음, 조사 대상 구간의 평균 교통량이 500vphpl 이하에서 승용차에 대하여 30개 이상의 표본을 관측한다. 이렇게 관측된 자료를 토대로 각 차량별로 평균치에 해당되는 공간 속도를 최대 통행속도로 선정한다.

- 이론식에 의한 방법

각 유형별 이상 조건의 자유속도를 도로 조건에 따른 보정계수를 적용하여 분석 대상 구간의 최대 통행속도를 산정한다.

$$S_{P1} = BS_P - F_{WC} - F_B - F_H - F_A$$

여기서,

S_{P1} = 주어진 도로 조건에 대한 승용차의 최대 평균통행속도(kph)

BS_P = 이상적인 조건에서 승용차의 최대 평균통행속도(kph)

유형 Ⅰ : 92kph, 유형 Ⅱ, Ⅲ : 87kph

F_{WC} = 차로폭 및 측방 여유폭 속도 보정계수

F_B = 평면선형 속도 보정계수

F_H = 종단선형 속도 보정계수

F_A = 유출입 지점수 속도 보정계수

④ 구간별 평균통행속도 산정

최대 평균통행속도, 신호등 밀도, 교통량 범위에 따라서 차종별로 평균 통행속도를 산정한다. 차종별로 산정된 평균 통행속도는 차종별 구성 비율에 따라 가중치를 주어 전체 차량에 대한 평균 통행속도를 산출한다.

• 분할된 소구간의 평균 교통량이 500vphpl이하 일 때

차종별 최대 평균통행속도를 신호등 밀도 보정계수를 적용하여 보정한다.

$$S_{P2} = S_{P1} - F_S$$
$$S_{T2} = 80 - F_{WC} - F_H - F_A - F_S$$

여기서,

S_{P2} = 승용차의 평균통행속도(kph)

S_{T2} = 중차량의 평균통행속도(kph)

S_{P1} = 승용차의 최대 평균통행속도(kph)

F_S = 차종별 신호 밀도에 따른 신호등 보정계수(kph)

차종별로 산출된 평균통행속도는 다음과 같이, 전체 차량에 대한 평균통행속도를 산출한다.

$$S = (1-p) \times S_{P2} + p \times S_{T2}$$

여기서,

S = 평균통행속도(kph)

P = 중차량비

- 분할된 소구간의 평균 교통량이 500vphpl을 초과할 때

  교통량 수준이 500vphpl보다 큰 경우는 차종별로 최대 평균 통행속도를 신호등 보정계수 이외에 교통량과 신호등 추가 지체를 포함한 보정계수로 다음과 같이 보정한다. 전체 차량에 대한 평균 통행속도는 앞의 방법과 동일하게 산정한다.

$$S_{P2} = S_{P1} - F_S - F_V$$
$$S_{T2} = 80 - F_{WC} - F_H - F_A - F_S - F_V$$
$$S = (1-p) \times S_{P2} + p \times S_{T2}$$

여기서,

F_V = 차종별 신호등 밀도에 따른 교통량 보정계수(kph)

⑤ 각 구간별 서비스수준 평가

세 번째 단계에서 산출된 평균 통행속도를 토대로 각 구간별 서비스수준을 평가한다.

⑥ 전체 구간의 서비스수준 평가

각 구간별로 분석된 서비스수준을 토대로 전체 분석 대상 구간에 대한 서비스수준을 분석하는 단계이다. 먼저, 해당 분석 대상 구간의 운영 상태를 판단하는 기준(서비스수준)을 설정하고, 각 구간별로 산정된 평균 통행속도를 바탕으로 전체 구간에 대한 평균 통행속도를 산정한다. 전체 구간의 평균 통행속도와 설정된 서비스수준 기준을 비교하여 전체 구간에 대한 서비스수준을 판정한다.

(2) 계획 및 설계 분석

다차로도로를 계획 또는 설계할 때 주요 분석 과정은 대상 구간의 개략적인 서비스수준을 분석하는 경우와, 적정 차로수를 산정하는 경우로 대별된다.

(가) 개략적인 서비스수준 분석

- 계획 및 설계 단계에서 해당 대상 구간의 서비스수준 분석은 운행 단계에서만큼 상세하게 할 수는 없으나 해당 계획 또는 설계도로의 개략적인 서비스수준을 분석할 수 있다.

- 서비스수준은 운영 상태 분석 과정에서처럼 개략적으로 설정된 도로 및 교통 조건에 따른 보정계수를 적용하여 산정한 최대 통행속도에 따라 판정한다.

(나) 적정 차로수 산정

- 서비스수준을 평가 시 V/c비와 통행속도를 비교하여 개략적으로 평가한다.
- 목표 서비스수준 및 교통수로에 따른 차로 수를 평가 시 교차부 용량이외에 단로부 용량도 평가한다. 만약 계획 교통수요에 비해 교차부 용량은 부족하지만, 단로부 용량이 만족할 경우는 단로부 용량을 토대로 차로 수를 결정과 함께 교차부 운영개선을 위한 대책을 수립한다.
- 차로수 산정은 고속도로 기본구간의 산정 방법을 적용한다.

---

❶ 다음과 같은 도로 및 교통 조건을 갖는 일반국도 5km구간이 있다. 두 구간으로 구분되며 구간별 자료를 바탕으로 속도를 추정하고 구간 및 전체 구간의 서비스수준을 판정하라.
- 도로조건 : 설계속도 80kph, 양방향 4차로, 차로폭 3.5m, 측방여유폭 1.5m
- 교통조건 : 첨두시간계수 0.95, 중차량 구성비 5%
- 구간자료

구분 \ 구간	구간1	구간2
구간 길이(km)	3.0	2.0
차로 수(양방향)	4	4
구간 교통량(대/시)	1,900	2,500
유출입지점 수(개)	2	3
평면굴곡도(°/km)	6	6
종단경사도(m/km)	2	2

- 신호교차로 자료

구분 \ 구간	구간1	구간2
신호주기	140	120
g/C	0.75	0.80

해설

1) 도로 유형 결정
- 분석 대상 구간은 2개의 구간으로 분할되며, 2개 구간 모두 신호등 밀도가 0.5개/km 이하인 유형 II에 해당된다.

2) 구간별 최대 통행속도(S_{Pi}) 산출

$$S_{P1} = BS_P - F_{WC} - F_B - F_H - F_A$$
$$= 87 - 1 - 1 - 1 - 1 = 83 kph (구간1)$$
$$= 87 - 1 - 1 - 1 - 1 = 83 kph (구간2)$$

3) 구간별 평균 통행속도(S_{P2}, S_{T2}, S) 산출

- 교통량이 500vphpl 이상이므로 교통량 조정을 한다.

$$S_{P2} = S_{P1} - F_S - F_V$$
$$= 83 - 4 - 5.5 = 73.5 kph (구간1)$$
$$= 83 - 2 - 9.0 = 72.0 kph (구간2)$$
$$S_{T2} = 80 - F_{WC} - F_H - F_A - F_S - F_V$$
$$= 80 - 1 - 3 - 1 - 4 - 6.5 = 64.5 kph (구간1)$$
$$= 80 - 1 - 3 - 1 - 2 - 9.5 = 63.5 kph (구간2)$$
$$S = (1-p) \times S_{P2} + p \times S_{T2}$$
$$= (1 - 0.05) \times 73.5 + 0.05 \times 64.5 = 73.1 kph (구간1)$$
$$= (1 - 0.05) \times 72.0 + 0.05 \times 63.5 = 72.1 kph (구간2)$$

4) 서비스수준을 판정한다.

- 전체 구간 서비스수준 기준 판정 : 서비스수준별 평균 통행속도 기준 계산

$$S = \frac{7}{\left(\frac{3.0}{73.1} + \frac{2.0}{72.1}\right)} = 72 kph$$

- 전체 구간 서비스수준 기준 판정 : 앞의 전체 구간 서비스수준 기준과 비교하면 분석 대상 전체 구간의 서비스수준은 D이다.

5. 신호교차로

5.1 일반 사항

신호교차로는 교통시스템 중에서 가장 복잡한 지점이다. 연속교통류의 용량 및 서비스수준은 교통조건과 도로의 기하특성에 좌우되지만 신호교차로는 이것뿐만 아니라 신호시간 및 신호 운영 방식 등을 추가로 고려하여야 한다.

(1) 신호교차로의 용량 및 서비스수준 분석

신호교차로의 분석은 각 차로군별로 이루어지며, 이를 이용하여 접근로별 및 교차로 전체에 대해 종합을 하지만, 교차로 전체의 용량이나 전체의 평균 v/c비는 아무런 의미를 가지지 않는다. 예를 들어 어느 한 차로군 또는 접근로의 v/c비가 1.0을 초과하는 반면 다른 차로군들이나 접근로들의 v/c비가 매우 적을 경우, 이를 종합한 교차로 전체의 v/c비는 낮아져 이 교차로의 교통운영 상태가 양호하다는 잘못된 결론을 내릴 수도 있다.
교차로의 용량은 주어진 조건 하에서 교차로 정지선을 통과할 수 있는 차로군별 최대교통량으로서 용량 그 자체가 사용되기보다 v/c비에서 많이 사용된다.
서비스 수준은 차량당 평균제어지체를 기준으로 하고, 평균제어지체는 교차로에서 신호운영으로 인한 총지체로서, 감속지체, 정지지체, 가속지체를 합한 접근지체에다 초기 대기행렬로 인한 초기지체를 합한 것이다. 초기 대기행렬은 분석기간 이전에 교차로를 다 통과하지 못한 차량에 의한 대기행렬로서 이로 인해 분석기간 동안에 도착한 차량이 받는 지체를 초기지체라 한다.

(2) 신호교차로의 용량 및 서비스수준 분석의 목적

① 각 현시의 임계차로군의 v/c비를 이용하여 교차로 전체의 v/c비 즉 임계 v/c비를 구한

다.
② 모든 차로군의 v/c비를 이용하여 교차로 전체의 차량당 평균지체시간을 구하여 서비스수준을 결정한다.
③ 모든 차로군의 v/c비를 이용하여 적절한 현시방법과 적정 신호시간을 계산한다.

(3) 기본 조건

① 차로폭 : 3m 이상
② 경사가 없는 접근부
③ 교통류는 직진이며, 모두 승용차로 구성
④ 접근부 정지선의 상류부 75m 이내에 버스 정류장이 없음
⑤ 접근부 정지선의 상류부 75m 이내에 노상 주·정차 시설 없음
⑥ 접근부 정지선의 상류부 60m 이내에 진출입 차량이 없을 것

(4) 주요용어

① 주기과포화 현상(cycle failure) : 어느 주기 동안 도착한 교통량이 가장 가까운 녹색시간동안에 정지선을 다 벗어나지 못 할 경우를 말한다.
② 균일지체(uniform delay) : 주어진 교통량이 정확하게 일정한 차두간격으로 도착한다고 가정 할 때의 차량당 평균 접근지체.
③ 포화교통유율(saturation flow rate) : 실제 조건 하의 신호교차로에서 정지해 있던 차량이 정지선을 통과 할 수 있는 최대 교통량으로서, 녹색신호가 계속 될 때 손실시간이 없는 한 시간 동안의 교통류율로 나타낸다. 단위는 한 차로당 녹색신호 한 시간당 승용차 대수(passenger cars per hour of green per lane: pcphgpl)이다.
④ 기본 포화교통류율(base saturation flow rate) : 기본 조건하에서의 포화교통류율로서 우리나라에서는 2,200pcphgpl을 사용한다.
⑤ 양방 보호좌회전 신호(dual left turn protected) : 서로 마주 보는 접근로의 좌회전이 동일 현시에 진행하는 신호.
⑥ 연동계수(progression factor) : 신호연동이 교통류에 미치는 효과를 나타내는 계수로서, 균일지체에만 적용한다.

⑦ 옵셋 편의율(offset bias ratio) : 상류 교차로에서 하류 교차로까지의 도달시간과 옵셋의 차이를 주기로 나눈 값으로서, 이 값이 0~1.0사이 값을 갖도록 임의의 정수를 더하거나 뺀다.

⑧ 이동류(movement) : 직진, 좌회전, 우회전 등 방향별 교통류

⑨ 임계차로군(critical lane group) : 주어진 신호현시 동안 가장 큰 교통량비(v/s) 값을 갖는 차로군

⑩ 교통량비(flow ratio) : 신호교차로의 접근로 또는 차로군의 교통류율 대 포화교통류율 v/s비를 말하며, y로 나타내기도 한다.

⑪ 제어지체(control delay) : 신호제어로 인해 차로군이 속도를 줄이거나 정지함에 따른 지체로서, 감속이나 정지함이 없을 때의 통행시간과 비교한 통행시간 증가분이다. 이것은 균일지체(uniform delay), 증분지체 및 추가지체(initial queue delay)로 구성된다.

⑫ 증분지체(incremental delay) : 비균일 도착에 의한 임의지체(random delay)와, 분석기간 내에서 몇 몇 과포화주기(cycle failure)에 의한 과포화지체(overflow delay)를 포함한 지체.

5.2 분석 방법

(1) 분석의 종류

① 운영분석 : 교통량, 신호운영 및 기하구조를 알고 서비스 수준을 구함
  교통량, 신호시간 및 교차로의 기하구조가 주어지고 지체 및 서비스 수준을 구하는 분석으로서 신호교차로 분석에서 가장 기본이 되는 분석

② 설계분석 : 교차로 구조, 요구 서비스수준, 교통량을 알고 신호시간을 계산
  교차로 조건, 요구 서비스수준, 신호조건을 알고 교통량을 계산
  교통량, 신호시간 및 요구 서비스수준을 알고 접근차로수 등을 계산

③ 계획분석 : 교차로의 전반적 크기 결정, 또는 교차로용량의 과부족 여부 파악

(2) 서비스 수준

신호교차로에서 서비스수준의 평가기준으로 사용되는 지체는 운전자의 욕구불만, 불쾌감 및 통행시간의 손실을 나타내는 대표적인 파라미터다. 특히 이 서비스수준의 기준은 분석기간(보통 첨두 15분) 동안의 차량당 평균제어지체로 나타낸다. 이 지체의 크기에 따라 서비스수준을 A, B, C, D, E, F, FF, FFF 등 8개의 등급으로 나타낸다.

평균제어지체는 각 차로군별로 계산되며, 이를 각 접근로별로 종합하고, 또 각 접근로별의 지체를 종합하여 교차로 전체에 대한 평균 지체값을 계산한다.

[표 5-30] 신호교차로의 서비스 수준 기준

서비스 수준	차량당 제어지체
A	≤ 15초
B	≤ 30초
C	≤ 50초
D	≤ 70초
E	≤ 100초
F	≤ 220초
FF	≤ 340초
FFF	> 340초

(3) 입력자료 및 교통량 보정

- 도로, 교통, 신호조건에 관한 자료 정리
- 첨두 시간교통류율 환산
- 차로이용율 보정
- 우회전 교통량 보정

(가) 입력자료

교차로조건, 교통량 및 신호조건에 관한 자료를 준비한다. 분석대상이 현재의 교차로이면 현장관측으로부터 자료를 얻을 수 있다. 장래조건에 대한 분석을 할 때는, 현장관측을 할 수가 없기 때문에 합리적인 예측 모형식을 이용해서 많은 변수들의 값을 결정한다. [표 5-31]은 신호교차로의 운영분석에 필요한 입력자료를 도로조건, 교통조건 및 교통신호조건별로 구분한 것이다.

① 도로조건

분석하는 접근부의 모든 기하구조를 파악해야 한다. 특히 접근로 전체의 차로수와 좌회전 전용 및 공용 차로수, 차로폭, 경사 등은 물론이고, 우회전 교통섬의 유무, 횡단보도의 유무, 노상주차시설 유무 등에 관한 자료가 준비되어야 한다.

② 교통조건

교통량 특히 과포화가 일어나는 경우는 각 접근로별, 각 이동류별 교통수요를 조사해야 한다. 조사시간은 분석의 대상이 되는 시간대의 첨두시간 교통유율이다.

중차량에 대한 보정은 차로군별로 하며, 횡단보행자는 횡단신호와 함께 우회전을 방해하는 요소로 사용된다.

③ 신호조건

분석에 필요한 신호조건은 현시계획, 주기, 녹색시간, 및 황색시간이다. 운영분석에서는 이들의 값이 주어지며, 최적 신호현시 및 신호시간을 찾기 위한 설계분석에서는 교통수요와 포화교통유율에 관한 보정이 끝난 후에 이들을 계산해야 한다. 그리고 비보호 좌회전을 고려해야 하는 경우에는 포화교통량이 신호시간에 의해 영향을 받으므로 포화교통량과 신호시간을 반복적으로 계산할 필요가 있다.

신호교차로는 신호운영방법과 좌회전 전용차로 유무에 따라 용량분석 방법이 달라진다. [표 5-32]는 신호운영과 좌회전 차로의 개수 및 차로 운영형태에 따라 편의상 CASE별로 구분한 것이며, [그림 5-11]은 교차로 구조 특히 좌회전 차로의 형태와 좌회전 CASE의 관계를 그림으로 나타낸 것이다. 우회전은 모든 경우에 다 해당되므로 표에서는 나타내지 않았으나 도류화 된 공용우회전과 도류화되지 않은 공용우회전 및 전용우회전의 경우로 나누어 분석한다.

[표 5-31] 차로군 분석에 필요한 입력자료

조건형태	변 수
도로조건	차로수, N 평균차로폭, w(m) 경사, g(%) 상류부 링크 길이(m) 좌우회전 전용차로 유무 및 차로수, 좌회전 곡선반경, R_L 우회전 도류화 유무 주변의 토지이용 특성 버스베이 유무 버스 정거장 위치, 노상주차시설 유무 진·출입로의 위치(m)
교통조건	분석기간(시간) 이동류별 교통수요, V(vph) 기본포화교통유율, S_0(pcphgpl) 첨두시간계수, PHF 중차량 비율, P_T(%) 버스정차대수, V_b(vph) 주차활동, V_{park}(vph) 순행속도(kph) 진·출입 차량대수, V_{ex}, V_{en}(vph) U턴 교통량(vph) 횡단보행자 수(인/시) 초기 대기차량 대수(대) 승하차 인원(인/대)
신호조건	주기, C(초) 차량녹색시간, G(초) 보행자 녹색시간, G_p(초) 황색시간, Y(초) 상류부 교차로와의 옵셋(초) 좌회전 형태

[표 5-32] 신호운영과 좌회전 차로별 구분

좌회전차로 신호운영	전용좌회전 차로수		공용좌회전 차로수	
	1	2	1	2
양방보호좌회전	CASE 1	CASE 2	CASE 4	CASE 5*
직좌 동시신호				
비보호좌회전신호	CASE 3		CASE 6	

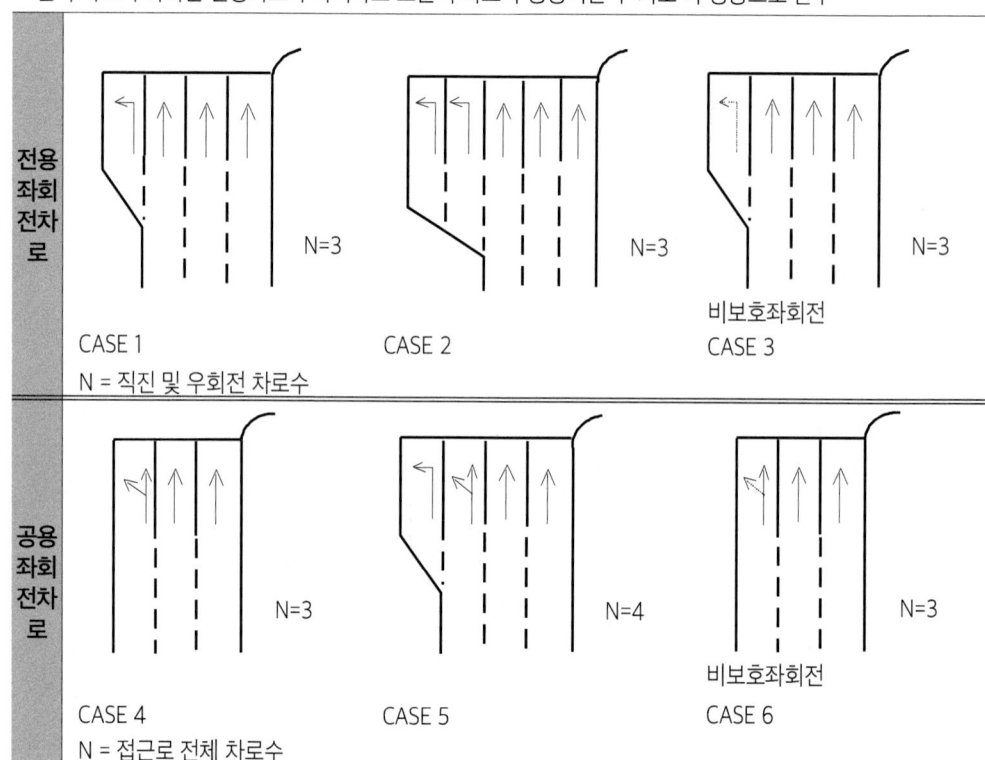

[그림 5-11] 교차로 구조와 좌회전 CASE 구분

여기서,

- CASE 1 : 전용 좌회전차로가 1개이며, 양방 보호좌회전신호 또는 직좌 동시신호
- CASE 2 : 전용 좌회전 차로가 2개이며, 신호운영은 CASE 1과 같음
- CASE 3 : 전용 좌회전 차로가 1개이며, 비보호 좌회전 신호
- CASE 4 : 직진과 좌회전 공용차로가 1개이며, 직좌 동시신호
- CASE 5 : 맨 왼쪽 차로는 전용 좌회전, 그 다음 차로는 직진과 좌회전의 공용차로이며, 신호는 CASE 4와 같음
- CASE 6 : 직진과 좌회전 공용차로가 1개이며, 비보호 좌회전 신호

(나) 교통량 보정

① 첨두시간 교통류율 환산

첨두시간 교통류율은 분석시간대(보통 첨두 한 시간)내의 첨두 15분 교통량을 4배해서 한시간 교통량으로 나타낸 것으로서, 다음과 같이 시간당 교통량을 첨두시간계수로 나누어 얻는다.

$$V_P = \frac{V_H}{PHF}$$

여기서,

V_P : 첨두 시간교통류율(vph)

V_H : 시간 교통량(vph)

② 차로이용률 보정

차로이용률의 보정은 첨두교통량에 차로이용률계수(F_U)를 곱하여 보정한다. 차로군 분류를 하지 않고는 차로군의 차로수를 알 수 없을 뿐만 아니라, 직진의 공용회전차로 이용률이 상대적으로 낮기 때문에 직진교통은 공용회전차로를 제외한 차로를 이용한다고 가정한다. 따라서 직진교통의 직진차로별 평균교통량을 계산하고 [표 5-33]으로부터 차로이용률 계수를 찾는다.

$$V = V_P \times F_U$$

여기서,

V : 보정된 교통량(vph)

V_P : 첨두시간 교통류율(vph)

F_U : 차로 이용율계수

[표 5-33] 차로이용률 계수(F_U)

직진의 전용차로수	차로별 평균교통량(vphpl)		설계수준	
	800 이하	800 초과	서비스수준 C, D	서비스수준 E
1차로	1.00	1.00	1.00	1.00
2차로	1.02	1.00	1.02	1.00
3차로	1.10	1.05	1.10	1.05
4차로 이상	1.15	1.08	1.15	1.08

③ 우회전 교통량 보정

신호교차로 분석은 녹색신호를 소모하는 차량만 취급을 하므로, 도류화 되지 않은 공용 우회전 차로에서 적색신호에 우회전하는 차량(RTOR)은 분석에서 제외된다. 또한 도류화된 공용 우회전 차로에서도 RTOR 및 직진신호 때 이 차로를 벗어난 우회전 차량은 분석에서 제외된다.

$$V_R = V_{RO} \times F_R$$

여기서,

V_R : RTOR에 대해서 보정된 우회전 교통량(vph)

V_{RO} : 총 우회전 교통량(vph)

F_R : 우회전 교통량 보정계수

[표 5-34] 우회전 교통량 보정계수(F_R)

우회전 차로 구분		$F_R(V_R/V_{R0})$
4갈래 교차로	도류화 되지 않은 공용 우회전 차로	0.5
	도류화된 공용 우회전 차로	0.4
3갈래 교차로	전용 우회전 차로	0.5
	기타 우회전 차로	

(4) 회전 및 노변차로의 직진 환산계수

(가) 좌회전 차로의 직진환산계수(E_L)

① 좌회전 자체의 직진환산계수(E_l)

좌회전의 곡선반경이 20m 이상이고 U턴이 없을 때, 좌회전의 평균 직진환산계수는 좌회전이 가능한 차로수와 신호운영의 방법에 따라 달라진다. 비보호 좌회전으로 운영되는 경우 이 평균 직진환산계수는 대향직진 교통량, 좌회전 교통량, 차로수 및 녹색시간비에 따라 달라진다.

[표 5-35] 좌회전 자체의 직진환산계수(E_l)

신호운영 \ 좌회전 차로	전용좌회전 차로수 1	전용좌회전 차로수 2	공용좌회전 차로수 1	공용좌회전 차로수 2
양방보호좌회전	1.00	1.05		
직좌 동시신호			1.00	1.02*
비보호좌회전신호	E_{13} 공식**		E_{16} 공식***	

주) * 왼쪽 차로가 좌회전 전용차로라 하더라도 오른쪽 차로가 공용이면 두 차로 모두 공용으로 간주

$$** \ E_{13} = \frac{2200}{V_o P} + \frac{2200(1 - g/C)V_o}{(2200N - V_o)V_L}$$

$$*** \ E_{16} = \frac{2200}{V_o P} + \frac{1}{V_L}\left[\frac{2200(1 - g/C)V_o}{2200N - V_o} - \frac{3600 V_{Th}}{CNV_L}\right]$$

여기서,

P : 대향직진 한 gap당 비보호 좌회전할 수 있는 평균 차량대수 [표5-36]

Vo : 대향직진 교통량(vph)

N : 접근로 차로수(전용 좌회전 차로 제외)

V_L : 좌회전 교통량(vph)

V_{Th} : 직진 교통량(vph)

C : 주기(초)

g/C : 유효 녹색시간비

[표 5-36] 대향직진 교통량별 한 gap당 비보호좌회전 가능 대수

V_o	100	200	400	600	800	1,000	1,200	1,400	1,600	1,800
P	14.1	6.35	2.57	1.39	0.84	0.54	0.37	0.25	0.18	0.13

주) 보간법을 사용할 것

② 좌회전 곡선반경에 따른 좌회전의 직진환산계수(E_P)

좌회전은 곡선반경에 따라 포화교통류율이 변한다. [표 5-37]은 좌회전 궤적의 곡선반경에 따른 포화류율의 변화를 직진환산계수로 나타낸 것이다.

[표 5-37] 좌회전 곡선반경별 직진환산계수(E_p)

좌회전 곡선반경(m)	≤9	≤12	≤15	≤18	≤20	>20
직진환산계수(E_p)	1.14	1.11	1.09	1.06	1.05	1.00

③ U턴%에 따른 좌회전의 직진환산계수(E_U)

좌회전 차로에서 U턴의 비율이 좌회전의 포화유율에 영향을 준다. U턴 자체의 교통량은 다른 이동류와는 다른 신호에서 진행하고 또 그것이 신호시간에 영향을 주지 않기 때문에 분석에서 제외된다. [표 5-38]은 좌회전 차로가 하나일 때, [표 5-39]는 좌회전 차로가 2개일 때 맨 좌측차로에서의 U턴이 좌회전 포화유율에 미치는 영향을 직진환산계수로 나타내었다.

이 표들은 공용 좌회전차로가 하나 혹은 두개일 때(왼쪽은 전용 좌회전, 오른쪽은 공용 좌회전(CASE 5)의 경우에도 사용할 수 있다. 또 U턴 전용차로가 있는 접근로에서는 U턴의 영향이 없으므로 E_U은 1.0이다.

[표 5-38] U턴 %별 좌회전의 직진환산계수 – 좌회전 차로 1개(E_{U1})

U턴 %*	0	10	20	30	40	50	60
E_{u1}	1.00	1.21	1.39	1.64	1.97	2.55	3.25

주) * 보정되지 않은 전체 좌회전과 U턴 교통량을 합한 교통량에 대한 U턴 교통량 비율
  ** 보간법을 이용할 것

[표 5-39] U턴 %별 좌회전의 직진환산계수 – 좌회전 차로 2개(E_{U2})

U턴 %*	0	10	20	30
E_{u2}	1.00	1.17	1.30	1.48

주) * 보정되지 않은 전체 좌회전과 U턴 교통량을 합한 교통량에 대한 U턴 교통량 비율
  ** 보간법을 이용할 것

④ 좌회전 차로의 종합 직진환산계수(E_L)

좌회전 차로의 종합 직진환산계수는 앞에서 설명한 좌회전 차로수에 따른 좌회전 자체의 영향, 좌회전 궤적의 곡선반경의 영향, U턴의 영향을 종합적으로 고려한 것으로서 다음과 같이 나타낼 수 있다.

$$E_L = E_1 \times E_P \times E_U$$

(나) 노변마찰로 인한 포화차두시간 손실(L_H)

우회전 차로를 이용하는 차량들의 도로이용률은 우회전 차량 자체에 의한 영향이나 교차

도로를 횡단하는 보행자에 의한 방해 이외에도 버스에 의한 방해, 주차에 의한 방해, 진출입차량에 의한 방해들로 인해 영향을 받는다.

① 진출입 차량에 의한 방해시간(L_{dw})

신호교차로 정지선 부근에 이면도로 진출입로가 있는 경우가 많다. 이들 도로를 통한 진출입 차량들로 인해 본선교통류의 흐름은 방해를 받게 된다. 따라서 진출입 교통량이 증가할수록 본선의 포화교통류율이 감소하게 된다. 또 진출입로의 거리가 정지선에서 멀수록 정지선 방출 포화차두시간에 미치는 영향은 적어지나, 진출입 교통량이 각 진출입로를 균등하게 이용한다고 가정하면 이 영향으로 인한 시간당 전체 방해시간 L_{dw}는 다음과 같이 나타낼 수 있다. 이 방해시간은 우회전의 포화차두시간에 비해서 증분된 시간이며, 정지선에서 60m이상의 진출입로는 영향이 없는 것으로 본다.

$$L_{dw} = 0.9 \times V_{en} + 1.4 \times V_{ex}$$

여기서,

L_{dw} : 이면도로 진출입으로 인한 시간당 손실시간(초)

V_{en} : 간선도로로 진입하는 교통량(vph)

V_{ex} : 간선도로에서 진출하는 교통량(vph)

② 버스 정차로 인한 방해시간 (L_{bb})

버스정류장에서 버스정차에 따른 이동류의 방해는 정차 버스대수, 정차시간, 승하차 활동, 버스 정류장의 위치에 따른 영향을 받게 된다.

버스정류장으로 인한 시간당 손실시간(L_{bb})은 다음의 식으로 구할 수 있으며, 버스 1대의 정차에 따른 포화 차두시간의 평균 손실시간은 [표 5-40]에 나타나 있다. 이 손실시간도 마찬가지로 우회전 포화차두시간과 비교한 증분시간이다.

$$L_{bb} = T_b \times l_b \times V_b$$

여기서,

L_{bb} : 버스정류장으로 인한 시간당 손실시간(초)

T_b : 버스 1대의 정차에 따른 포화차두시간 증분(초)

l_b : 버스정류장 위치계수 = (75 - l)/75(단, l은 정지선에서 버스정류장까지의 거리(m) 이며, 이 값이 75m 이상이면 lb = 0)

V_b : 시간당 버스 정차대수

[표 5-40] 버스 1대의 정차에 따른 포화차두시간 손실시간(T_b)

구 분	주행차로에 버스 정차*			별도의 버스승차대 정차
	소	중	대	
승차인원(인/대) 하차인원(인/대)	4인 이하 7인 이하	5~8인 8~14인	9인 이상 15인 이상	해당 없음
T_b(초)	10.8	15.3	22.8	1.4

주) * 대: 버스이용객 많음. 시장, 백화점, 버스터미널, 주요 전철역에 의한 환승지점 등
   중: 버스이용객 중간. 일반적인 업무지구, 상업지구, 전철역 주변 등
   소: 버스이용객 적음. 일반적인 주택지역, 기타

③ 주차활동으로 인한 방해시간(L_P)

신호교차로 주변에 주차를 할 수 있는 경우 주차활동에 의해 차량의 정상적인 통행은 방해를 받게 되고 포화교통류율은 감소하게 된다. 이 영향은 정지선에서 75m 이내에서만 일어난다. 신호교차로 접근로의 노상주차활동으로 인한 포화차두시간의 손실 L_p는 다음 식으로 구한다.

$$L_P = 360 + 18 V_{park} \quad \text{(노상주차를 허용할 경우)}$$
$$= 0 \quad \text{(노상주차를 금지할 경우)}$$

여기서,

L_P : 주차활동으로 인한 우회전 포화차두시간의 충분값(초)

V_{park} : 시간당 주차활동(vph)

④ 노변마찰의 종합(L_H)

노변마찰에 의한 영향을 종합하여 다음과 같이 나타낸다. 일방통행의 경우에는 좌측 노변마찰도 같은 방법으로 구한다.

$$L_H = (L_{dw} + L_{bb} + L_P) \times 0.3$$

여기서,

L_H : 우측 차로의 노변마찰에 의한 차두시간 손실(초)

(다) 우회전 차로의 직진환산계수(E_R)

신호교차로의 맨 우측 차로는 거의 대부분 직진과 우회전이 함께 이용하는 공용 우회전 차로로 운영된다. 그러나 교통섬으로 도류화되어 우회전하는 경우는 정지선에서는 직진이 이용을 하나 우회전도 그 차로에 할당된 녹색신호를 이용하여 정지선 이전에서 우회전

을 하므로 이 차로도 공용 우회전차로로 분류된다.

도류화되어 있지 않은 공용 우회전 차로에서는 녹색신호 때 우회전 차량이 회전한 후 교차도로의 보행자에 의해 진행이 차단되어 직진 및 우회전의 진행이 방해를 받는다. 이 때 첫 우회전 차량 앞에 도착한 직진은 녹색신호를 이용하므로, 횡단 보행자로 인해 이 차로가 이용할 수 없는 시간은 실제 차단시간보다 짧다.

① 도류화되지 않은 공용우회전 차로의 직진환산계수(E_{R1})

도류화가 되어 있지 않은 공용 우회전 차로에서와 같이 정지선을 직진과 우회전이 같이 사용을 하며, 우회전후 교차도로의 횡단보도의 보행자 횡단신호가 우회전을 일시적으로 차단하며, 그 동안 첫 우회전 차량 앞에 도착한 직진이 방출될 경우의 직진환산계수는 다음과 같다.

$$E_{R1} = \frac{S_0}{S_{R0}} + \frac{1}{V_R}\left[\frac{f_c G_P S_0}{C} + \frac{S_0 L_H}{3600} - \frac{3600 V_{Th}}{CN_T V_R}\right]$$
$$= 1.16 + \frac{2200}{V_R}\left[\frac{f_c G_P}{C} + \frac{L_H}{3600} - \frac{1.63 V_{Th}}{CN_T V_R}\right]$$

여기서,

S_0 : 이상적인 조건하에서의 기본 포화 교통량(2,000 pcphgp)

S_{R0} : 우회전의 기본 포화교통량(1,900 pcphgp)

V_R : 보정된 우회전 교통량(vph)

f_c : 횡단보행신호 중에서 우회전을 방해하는 시간의 비율

G_P : 교차도로의 횡단보행신호(초)

C : 주기(초)

L_H : 이면도로 진출입, 버스정차, 노상주차에 의한 노변마찰(초)

V_{Th} : 직진 교통량(vph)

N_T : 직진이 가능한 차로수

$$N_T = N(CASE\ 1,\ 2,\ 3,\ 4,\ 6)$$
$$= N-1(CASE\ 5)$$

f_c의 값은 다음 [표 5-41]과 같다. 이 값은 교통안전시설실무편람(경찰청)에서 제시한 우회전 차량이 횡단보행자에게 통행 우선권을 양보하면서 우회전할 수 있는 경우에 대한 것이다.

[표 5-41] 우회전이 이용할 수 없는 횡단보도 신호시간 비율(f_c)

구 분	횡단 보행자 수(양방향)				
인/시간	≤500	≤1000	≤2000	≤3000	>3000
f_c	0.3	0.6	0.8	0.9	1.0

② 도류화된 공용우회전 차로의 직진환산계수(E_{R2})

도류화되어 있는 공용차로에서 교차도로의 횡단보도가 없거나, 있더라도 교통섬과 연결되어 있어 우회전 차량이 우회전 한 후 보행자에 의한 방해를 거의 받지 않는 경우의 직진환산계수는 다음과 같다.

$$E_{R2} = 1.16 + \frac{L_H}{1.63 V_R}$$

(5) 차로군 분류

한 접근로에서 동일한 현시에 진행하는 이동류들의 차로이용률이 다를 수 있으며, 따라서 차로별 서비스수준도 다르다. 이 이용률이 같은 이동류끼리 묶어서 몇 개의 차로군으로 분류하고 분석도 이 차로군 별로 한다. 실질적 전용 좌·우회전 유무는 V_{STL}과 V_{LF}, V_{STR}과 V_{RF}를 비교해서 판별한다. N은 전용 좌회전 차로를 제외한 접근로 전체의 차로수이다. N=1이면 아래 계산이 불필요하다.

(가) V_{LF} 및 V_{RF}

$$V_{LF} = \frac{3600 V_{Th}}{CNV_L} \leq \frac{V_{Th}}{N} \quad \text{(CASE 4, 6)}$$

$$= \frac{7200 V_{Th}}{C(N-1) V_L} \leq \frac{V_{Th}}{N-1} \quad \text{(CASE 5)}$$

$$V_{RF} = \frac{3600 V_{Th}}{CNV_R} \leq \frac{V_{Th}}{N} \quad \text{(CASE 1, 2, 3, 4, 6)}$$

$$= \frac{3600 V_{Th}}{C(N-1) V_R} \leq \frac{V_{Th}}{N-1} \quad \text{(CASE 5)}$$

여기서,

V_{LF} : 공용 좌회전 차로에서 첫 좌회전 앞에 도착하는 직진차량 대수 ≤ V_{Th}/N

V_{RF} : 공용 우회전 차로에서 첫 우회전 앞에 도착하는 직진차량 대수 $\leq V_{Th}/N$

(나) V_{STL} 및 V_{STR}

$$V_{STL} = \frac{1}{N}[V_{Th} + E_R V_R - E_L V_L (N-1)] \quad \text{(CASE 4, 6)}$$

$$= \frac{1}{N}[2(V_{Th} + E_R V_R) - E_L V_L (N-2)] \quad \text{(CASE 5)}$$

$$V_{STR} = \frac{1}{N}[V_{Th} - E_R V_R (N-1)] \quad \text{(CASE 1, 2, 3)}$$

$$= \frac{1}{N}[V_{Th} + E_L V_L - E_R V_R (N-1)] \quad \text{(CASE 4, 5, 6)}$$

여기서,

V_{STL} : 공용 좌회전 차로를 이용하는 직진차량의 교통량(vph)

V_{STR} : 공용 우회전 차로를 이용하는 직진차량의 교통량(vph)

차로수	차별 이동류	가능 차로군 조합
2	case 1,3	
	case 4,6	
3	case 1,3	
	case 4,6	

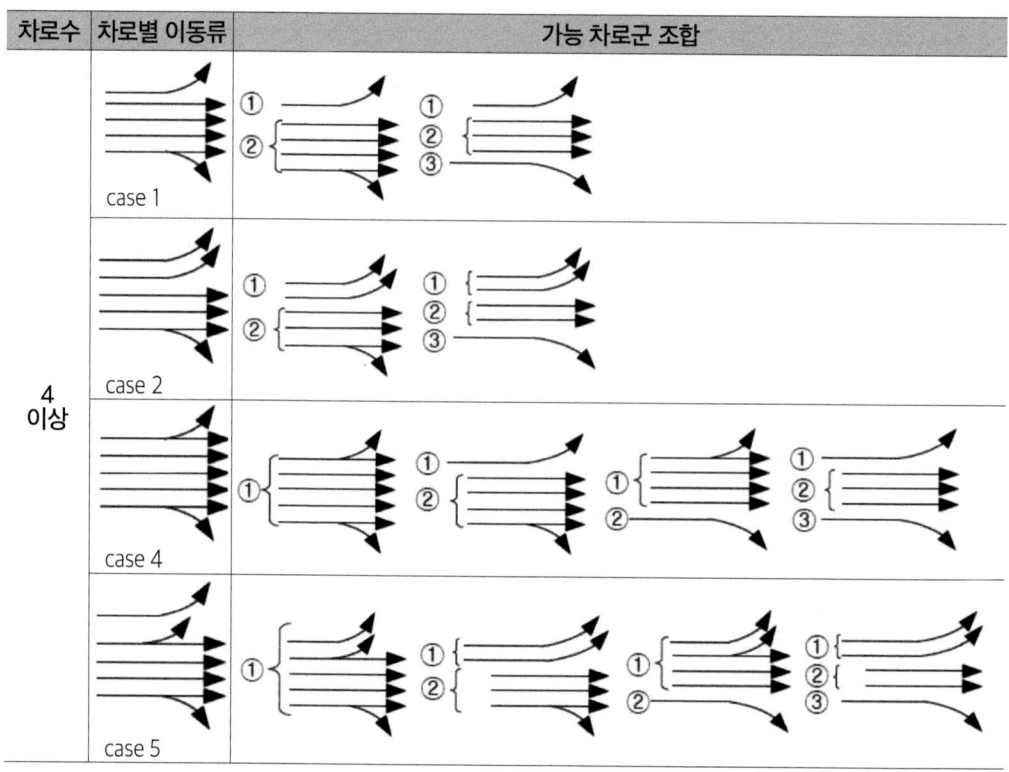

[그림 5-12] 차로별 이동류와 가능 차로군

[표 5-42] 차로군 분류 기준

1) CASE 1, 2, 3에서 전용 좌회전 차로는 별도 차로군
2) 차로수(전용 좌회전 차로 제외)가 1개이면 하나의 통합 차로군
3) $V_{STL} > V_{LF}$ 이고 $V_{STR} > V_{RF}$ 이면 : 직진, 좌, 우회전 모두 하나의 통합차로군
4) $V_{STL} < V_{LF}$ 이면 : 실질적 전용 좌회전 차로군
   $V_{STR} < AZ$ 이면 : 실질적 전용 우회전 차로군
5) $V_{STL} > V_{LF}$ 이면 : 직진과 좌회전 통합차로군
   $V_{STR} > V_{RF}$ 이면 : 직진과 우회전 통합차로군

(6) 포화교통량 산정

아래 공식을 이용하여 차로군의 회전 교통량비 P를 계산한 후, 공식 $f = \dfrac{1}{1+P(E-1)}$ 에 대입하여 좌회전 또는 우회전 보정계수를 구한다.

(가) 실질적 전용 좌회전 차로군 : $P_L = \dfrac{V_L}{V_{LF} + V_L}$

(나) 실질적 전용 우회전 차로군 : $P_R = \dfrac{V_R}{V_{RF} + V_R}$

(다) 공용 좌회전 차로군 : $P_{LT} = \dfrac{V_L}{V_{Th} - V_{RF} + V_L}$

(라) 공용 우회전 차로군 : $P_{RT} = \dfrac{V_R}{V_{Th} - V_{LF} + V_R}$

(마) 직진+좌+우회전 통합차로군 : $P_{LT} = \dfrac{V_L}{V_T}$, $P_{RT} = \dfrac{V_R}{V_T}$

$$(V_T = V_{Th} + V_L + V_R)$$

$$f_{LT} \times f_{RT} = \dfrac{1}{1 + P_{LT}(E_L - 1) + P_{RT}(E_R - 1)}$$

여기서,

P_L : 실질적 전용좌회전 차로군에서 좌회전의 비율

P_{LT} : 직진·좌회전 공용차로군에서 좌회전의 비율

P_R : 실질적 전용우회전 차로군에서 우회전의 비율

P_{RT} : 직진·우회전 공용차로군에서 우회전의 비율

V_T : 직진·좌회전·우회전 통합 차로군에서 접근로의 총교통량(vph)

f_{LT} : 좌회전 보정계수

f_{RT} : 우회전 보정계수

E_L : 좌회전의 직진환산계수

E_R : 우회전의 직진환산계수

(바) 전용 좌회전 차로군 : $f_{LT} = \dfrac{1}{E_L}$

(사) i 차로군의 포화교통량 계산

$$S_i = 2,200 \times N_i \times f_{LT}(또는\ f_{RT}) \times f_w \times f_g \times f_{HV}$$

여기서,

S_i : 차로군 i의 포화교통류율(vphg)

S_0 : 기본 포화교통류율(2,200 pcphgpl)

N_i : i 차로군의 차로수

f_{LT}, f_{RT} : 좌우 회전 차로 보정계수(직진의 경우는 1.0)

f_w : 차로폭 보정계수

f_g : 접근로 경사 보정계수

f_{HV} : 중차량 보정계수

차로폭 보정계수는 다음 [표 5-43]과 같다.

[표 5-43] 차로폭 보정계수(f_W)

차로폭(m)	≤2.6	≤2.9	≥3.0
f_W	0.88	0.94	1.00

접근로 경사 보정계수는 다음 [표 5-44]와 같다.

[표 5-44] 경사 보정계수(f_g)

경사(%)	≤0	+3	≥+6
f_g	1.00	0.96	0.93

주) 보간법을 사용할 것

중차량 보정계수는 각 이동류별로 이 값이 다를 수 있으나 차로군별로 분석을 하기 때문에 접근로 전체에 대하여 단일 보정계수를 사용한다. 이 보정계수는 승용차 이외의 모든 중차량의 혼입률을 고려한 평균 승용차환산계수 1.8을 사용하여 다음의 관계식에 의해 계산된다.

$$f_{HV} = \frac{1}{1 + P(E_{HV} - 1)} = \frac{1}{1 + 0.8P}$$

여기서,

f_{HV} : 중차량 보정계수

P : 중차량의 실교통량에 대한 혼입비율

E_{HV} : 중차량 승용차 환산계수(=1.8)

(7) 서비스수준 판정

(가) 용량 및 V/c

신호교차로에서 각 접근로의 용량은 전반적인 도로조건, 교통조건, 신호조건에서 각 현시에 따라 교차로를 통과할 수 있는 차로군별 용량이며, 각 차로군의 V/c비와 지체 및 서비스수준을 구하는 데 이용된다. (V/S)$_i$는 i 차로군의 교통량과 포화교통류율의 비를 의미하는 것으로 이를 교통량비(flow ratio)라 하고 y$_i$로 나타내기도 한다. i 차로군의 용량은 다음 식을 이용해서 얻는다.

$$c_i = S_i \times \frac{g_i}{C}$$

여기서,
c_i = i차로군의 용량(vph)
S_i = i차로군의 포화교통류율(vph)
g_i = i차로군의 유효녹색 시간(초)
C = 주기(초)

(V/c)$_i$는 i차로군의 교통량과 용량의 비를 의미하는 것으로서 이를 포화도(degree of saturation)라 하고 X$_i$로 나타내기도 한다. 따라서 교통량비와 포화도와의 관계는 다음과 같이 나타낼 수 있다.

$$X_i = \left(\frac{V}{c}\right)_i = \frac{V_i}{S_i\left(\frac{g_i}{C}\right)} = \frac{V_i C}{S_i g_i}$$

여기서,
$X_i = (v/c)i$ = i차로군의 포화도
V_i = i차로군의 교통량
g_i/C = i차로군의 유효녹색 시간비

X$_i$ 값은 일반적으로 0~1.0의 값을 가지나, 도착교통량이 용량을 초과하는 경우에는 1.0보다 큰 값을 나타낼 때도 있다. 앞에서 언급한 몇 개의 차로군을 가진 접근로의 경우와 마찬가지로 교차로 전체의 용량도 별 의미가 없다.

(나) 임계차로군 및 임계 V/c 비

각 신호현시에 움직이는 차로군들 중에서 교통량비 y 값이 가장 큰 차로군이 임계차로군이 되며, 신호의 파라미터는 이들이 좌우한다. 임계 V/c 비를 구하는 공식은 다음과 같다.

$$X_c = \frac{C}{C-L}\sum y_i$$

여기서,

X_c = 교차로 전체의 임계 v/c비

C = 주기(초)

L = 주기당 총 손실시간(초)

y_i = 각 현시의 임계차로군의 교통량비

(다) 지체 계산 및 연동계수 적용

여기서의 지체는 분석기간 동안에 도착한 차량에 대한 평균제어지체를 말하며, 제어지체에는 접근부의 감속지체 및 정지지체, 출발시의 가속지체를 모두 합한 접근지체와 분석기간 시작 전에 남아 있는 대기행렬에 의한 영향도 포함된다. 어느 차로군의 차량당 평균제어지체를 구하는 공식은 다음과 같다.

$$d = d_1(PF) + d_2 + d_3$$

여기서,

d = 차량당 평균제어지체(초/대)

d_1 = 균일 데어지체(초/대)

PF = 신호연동에 의한 연동 보정계수

d_2 = 임의도착과 과포화를 나타내는 충분지체로서, 분석기간 바로 앞 주기 끝에 잔여 차량이 없을 경우(초/대)

d_3 = 추가 지체로서 분석기간 이전에 잔류한 과포화 대기행렬로 인한 지체(초/대)

분석기간 시작 전에 대기차량이 있으면 분석기간 초기에 도착한 차량은 대기행렬을 이루고, 이 대기차량들이 방출되는 동안 분석기간에 도착한 차량은 추가적인 지체를 해야 한다. 이러한 초기 대기행렬이 있으면 이들이 처리될 때까지는 균일지체 때보다 큰 지체를 받기 때문이다.

추가지체(d_3)가 존재하는 3가지 유형은 다음과 같다.

- 유형 I : 초기 대기차량이 존재하고 분석기간 이내에 도착하는 모든 교통량을 처리하고 분석기간 이후에는 대기차량이 남지 않는 경우
- 유형 II : 초기 대기차량이 존재하고 분석기간 이후에 여전히 대기차량이 남아 있으나 그 길이가 초기 대기행렬보다는 줄어든 경우

- 유형 III : 초기 대기차량이 존재하고 분석기간이 지난 후에도 여전히 대기차량이 남아 있으나 그 길이가 초기 대기행렬보다 늘어난 경우

균일지체는 주어진 교통량이 정확하게 일정한 차두간격으로 도착한다고 가정할 때의 차량당 평균지체로서 다음과 같은 확정모형으로 구할 수 있다.

$$d_1 = \frac{0.5C\left(1-\frac{g}{C}\right)^2}{1-\left[\min(1,X)\frac{g}{C}\right]} \quad (Q_b = 0 \text{ 때})$$

$$= \frac{R^2}{2C(1-y)} + \frac{Q_b R}{2TS(1-y)} \quad (\text{유형 } I \text{ 때 사용})$$

$$= \frac{R}{2} \quad (\text{유형 } II, III \text{ 때 사용})$$

여기서,

Q_b = 초기 대기차량 대수(대)

d_1 = 균일지체(초/대)

C = 주기(초)

g = 해당 차로군에 할당된 유효 녹색시간(초)

X = 해당 차로군의 포화도

R = 적색신호 시간(초)

y = 교통량비$((flow ratio)(=v/s)$

T = 분석기간 길이(시간)

S = 해당 차로군의 포화교통량$((vphg)$

증분지체는 비균일 도착에 의한 임의지체(random delay)와 분석기간 내에서 몇몇 과포화 주기(overflow failure)에 의한 과포화 지체(overflow delay)를 포함하며, 그 차로군의 포화도(X), 분석기간의 길이(T) 및 그 차로군의 용량(c)에 크게 좌우된다.

$$d_2 = 900T\left[(X-1) + \sqrt{(X-1)^2 + \frac{4X}{cT}}\right]$$

여기서,

d_2 = 임의도착 및 분석기간 안에서의 과포화 영향을 나타내는 증분지체

T = 분석기간 길이(시간)

X = 해당 차로군의 포화도

c = 해당 차로군의 용량(vph)

추가지체를 유발하는 초기 대기차량은 분석기간 시작 순간에 관측했을 때 교차로를 통과하지 못하고 남아있는 잔여차량으로 차로군별로 조사되어야 하며, 앞서 설명한 세 가지 유형별 추가지체의 모형식은 다음과 같다.

$$d_3 = \frac{1800 Q_b^2}{cT(c-V)} \quad \text{(유형 I 때)}$$

$$= \frac{3600 Q_b}{c} - 1800T(1-X) \quad \text{(유형 II 때)}$$

$$= \frac{3600 Q_b}{c} \quad \text{(유형 III 때)}$$

여기서,

d_3 = 추가지체(분석기간 이전에 잔류한 과포화 대기행렬로 인한 지체)

Q_b = 분석기간(T)이 시작될 때 존재하는 초기 대기차량 대수(대)

c = 분석기간 중의 해당 차로군의 용량 (vph)

V = 분석기간 중의 해당 차로군의 도착교통량 (vph)

고정시간신호에서 연동계수는 옵셋 편의율(偏倚率) TVO과 유효녹색시간비(g/C)로부터 [표 5-45]을 이용해서 보간법으로 구한다. 이 표에서 옵셋 편의율 TVO는 다음과 같이 계산하며, 만약 TVO가 1.0보다 크거나 0보다 적으면, 적절한 값의 정수를 빼거나 더하여 TVO의 값이 0~1.0 사이의 값을 갖도록 한다.

$$TVO = \frac{T_c - offset}{C}$$

여기서,

TVO : 옵셋 편의율

C : 간선도로의 연동에 필요한 공통주기(초)

g : 연동방향 접근로의 유효녹색시간(초)

T_c : 상류부 교차로의 정지선에서부터 분석 교차로의 정지선까지의 구간에서 신호에 의한 가속, 감속, 정지 등의 영향을 받지 않는 구간의 속도와 링크 길이로부터 구한 시간(초)

$offset$: 상류부 교차로와 분석 교차로간의 연속 진행방향 녹색신호 시작시간의 차이(초). 주기보다 적은 값 사용

[표 5-45] 고정시간신호 연동계수(PF)

TVO	g/C								
	0.1	0.2	0.3	0.4	0.5	0.6	0.7	0.8	0.9
0.0	1.04	0.86	0.76	0.71	0.71	0.73	0.78	0.86	1.06
0.1	0.62	0.56	0.54	0.55	0.58	0.64	0.72	0.81	0.92
0.2	1.04	0.81	0.59	0.55	0.58	0.64	0.72	0.81	0.92
0.3	1.04	1.11	0.98	0.77	0.58	0.64	0.72	0.81	0.92
0.4	1.04	1.11	1.20	1.14	0.94	0.73	0.72	0.81	0.92
0.5	1.04	1.11	1.20	1.31	1.30	1.09	0.83	0.81	0.92
0.6	1.04	1.11	1.20	1.31	1.43	1.47	1.22	0.81	0.92
0.7	1.04	1.11	1.20	1.31	1.43	1.56	1.63	1.27	0.92
0.8	1.04	1.11	1.20	1.31	1.43	1.47	1.58	1.76	1.00
0.9	1.04	1.11	1.15	1.08	1.06	1.09	1.17	1.32	1.59
1.0	1.03	1.01	0.89	0.80	0.74	0.71	0.71	0.81	1.08

주) * 연동시스템에 속하지 않는 교차로 또는 연동되는 이동류(주로 직진)의 현시와는 다른 현시에 진행하는 이동류(주로 양방분리 좌회전)에 대해서는 1.0 적용하고, 사이 값은 보간법 사용

(라) 지체 종합 및 서비스수준 판정

신호교차로의 각 차로군의 차량당 제어지체가 결정되면, [표 5-30]을 이용하여 각 차로군 별 서비스 수준을 결정하고, 각 접근로의 제어지체는 차로군별 제어지체를 교통량에 관하여 가중 평균하여 구하고 서비스 수준을 구한다. 또 각 접근로의 제어지체를 교통량에 관하여 가중 평균하여 교차로의 평균제어지체를 구하고 서비스 수준을 결정한다. 이를 수식으로 표현하면 다음과 같다.

$$d_A = \frac{\sum d_i V_i}{\sum V_i} \quad d_I = \frac{\sum d_A V_A}{\sum V_A}$$

여기서,

d_A = A접근로의 차량당 평균제어지체(초/대)

d_i = A접근로의 i차로군의 차량단 평균제어지체(초/대)

V_i = i차로군의 보정교통량(vph)

d_I = 교차로의 차량당 평균제어지체(초/대)

V_A = A접근로의 보정교통량(vph)

6. 도시 및 간선도로

간선도로는 도시 내·외의 주요지점간을 연결하고, 대량 통과교통을 주로 처리하는 등 도로망의 주 골격을 형성하고 있는 도로를 의미한다. 교차로에 교통신호등이 설치되어 있으며 신호교차로간의 거리는 3km 이내로서, 신호교차로간 평균거리는 300~500m, 동일 기능 도로간의 간격은 500~1,000m, 차로수는 편도 2차로 이상인 도로이다.

도시 및 교외 간선도로는 교통 신호등이 교차로에 설치된 도로로서 그 주된 기능은 직진 교통류를 원활하게 처리하는 것이며, 부차적 기능은 인접위계의 도로와 유·출입을 원활하게 처리하는 것이다. 따라서 단속 교통류의 원활한 처리를 위해서는 간선도로망 체계의 확립이 매우 중요하다.

6.1 일반사항

(1) 고려사항

간선도로의 용량은 주로 신호교차로 용량에 의해 결정되므로 본 절에서는 용량분석에 대한 사항은 제외하며(신호 교차로 부분 참조), 간선도로의 기존 운영상태나 특정 계획안에 대하여 서비스수준을 평가하는 방법론을 소개한다.

기존의 운영 상태나 특정 계획안에 대하여 서비스수준을 분석하는데 있어서 고려하여야 할 사항은 간선도로 서비스수준은 신호교차로 용량분석과정에서 언급된 교통류 중 직진 교통에만 해당된다는 점이다. 그러므로 분석자는 신호교차로의 차로가 직진용인가 좌회전용인가 여부를 판단하여야 할 것이고, 또한 직진차로의 수 등을 잘 파악하여 간선도로 서비스수준을 분석해야 한다.

(2) 간선도로 상의 차량운행

간선도로의 차량운행은 간선도로 주변 환경, 차량간의 상호작용, 교통신호 등과 같은 주요소에 의하여 영향을 받는다.

① 간선도로 주변 환경
- 간선도로의 환경요인에는 지리적인 위치, 토지이용형태, 개발정도 등 간선도로의 주변 환경요인이 있고, 구간거리, 차로수, 차로폭, 도로폭, 횡단보도 등 간선도로의 기하구조에 관한 요인이 있다. 그리고 버스정류장, 택시정류장, 진·출입로, 도로변 주정차 유무 등에 관한 도로변 환경요인이 있고, 버스교통량, 회전교통량, 구간교통량, 중차량 교통량 등에 관한 교통류 내부의 환경요인이 있다.
- 환경요인은 간선도로를 이용하는 운전자의 자유속도에 영향을 주어 순행속도로 나타난다. 자유속도는 도로구간에 교통량이 매우 적고, 교통통제설비가 없거나 없다고 가정할 때 운전자가 속도 제한 범위 내에서 선택할 수 있는 최고속도로서, 이 속도는 도로의 기하구조 조건에 의해서만 영향을 받는다.

② 차량간의 상호작용
- 차량밀도, 중차량 구성비, 회전차량 비율 등으로 인해 전체 차량의 순행속도는 희망속도, 즉 자유속도보다 낮다.

③ 교통신호 등과 같은 주요소에 의해 영향을 받는다.
- 일정시간 동안 차량흐름을 정지, 대기시킴으로써 차량들은 차량군을 이루어 교차로를 통과된다. 따라서 차량들의 지체가 발생하고 속도가 낮아져 간선도로의 용량을 감소시킨다. 그러므로 간선도로의 용량과 서비스수준을 분석하기 위해서는 위와 같은 요소를 분석함으로서 결정되어질 수 있다.

(3) 간선도로 유형결정

간선도로의 기능과 설계수준, 그리고 기하구조 여건에 근거하여 유형을 규정한다. 간선도로의 기능과 설계수준은 고규격, 중간규격, 저규격으로 분류되며, 도로여건은 양호와 보통으로 구분된다.

이때 유형별 자유속도는 교통량이 매우 적어 다른 차량의 영향을 거의 받지 않으며, 교통신호등에 의한 통제설비의 영향을 받지 않는 상태에서, 간선도로의 기하구조에 따라 운전자들이 안전하게 속도를 유지할 수 있는 최대의 속도로서 정의된다.

[표 5-46] 간선도로 유형별 자유속도

도로구분 \ 도로여건	양 호(kph)	보 통(kph)
고 규 격	80	80
중 간 규 격	80	70
저 규 격	70	60

[표 5-47] 간선도로 유형 설정

구 분	기능적분류		
	고규격	중간규격	저규격
이 동 성	매우중요	중요	보통
접근관리수준	고	중	저
연 결 도 로	고속도로 도시고속도로 도시부 연결국도	주요간선도로	집산도로
주요통행목적	장거리통과교통	도시부접근교통	도시부내부교통
구 분	설계수준분류		
	고규격	중간규격	저규격
진출입로 설치밀도	저	중	고
km당 신호교차로수	2개 이하	1~3개	2개 이상
자 유 속 도(kph)	≤ 85	≤ 75	≤ 65
보 행 자 밀 도	저	중	고
주 변 개 발 정 도	저	중	고
구 분		도로여건범주	
		양 호	보 통
차로수	고 규 격	링크 편도 4차로 이상	링크 편도 3차로 이하
	저규격/중간규격	링크 편도 3차로 이상	링크 편도 2차로

[표 5-48] 도로구분과 도로여건에 따른 간선도로 유형

도로구분 \ 도로여건	양 호	보 통
고 규 격	I	I
중 간 규 격	I	II
저 규 격	II	III

(3) 간선도로의 서비스 수준

간선도로에서 도로의 서비스수준을 나타내는 효과척도로는 운전자들이 경험하게 되는 평균통행속도를 사용한다. 간선도로 구간의 평균통행속도는 순행시간과 교차로 접근지체를 이용하여 구할 수 있다. 그리고 간선도로 서비스수준은 간선도로상의 모든 직진 차량의 평균통행속도에 의하여 결정된다.

[표 5-49] 간선도로의 평균 통행속도별 서비스수준

(단위 : kph)

간선도로유형	I	II	III
자유속도 범위 (kph)	≤ 85	≤ 75	≤ 65
자유속도 기준 (kph)	80	70	60
서비스수준	평 균 통 행 속 도 (kph)		
A	≥ 67	≥ 60	≥ 49
B	≥ 51	≥ 46	≥ 39
C	≥ 37	≥ 33	≥ 29
D	≥ 28	≥ 25	≥ 20
E	≥ 21	≥ 18	≥ 12
F	≥ 10	≥ 10	≥ 8
FF	≥ 6	≥ 6	≥ 5
FFF	< 6	< 6	< 5

6.2 방법론 및 분석 절차

(1) 서비스 수준 분석 과정

① 1단계(분석대상 간선도로의 설정)

분석대상 간선도로의 위치와 총 연장을 정확하게 규정하고, 간선도로에 영향을 주는 기하구조 등의 물리적 조건과 교통운영, 주변환경 등 교통에 관한 모든 자료 조사, 분석대상 간선도로의 연장이 충분한가를 검토

② 2단계(간선도로 유형 결정)

③ 3단계(분석구간 분류)

    간선도로 분석구간 분류로, 간선도로 분석의 기본단위는 구간인데, 신호교차로에서 다음 신호 교차로까지 한 방향의 길이를 말한다. 만약 동일한 등급의 간선도로에서 두 개 이상의 연속된 구간이 구간길이, 자유속도, 속도제한, 그리고 주변의 토지이용도가 비슷하다면 하나의 구간으로 분석한다.

④ 4단계(순행시간 산정)

    차량들은 무리를 이루어서 이동하거나 측면 마찰을 받게 되면 속도가 떨어지게 된다. 즉, 어떤 구간을 달릴 때 교통류의 차량상호간 내부마찰과 도로변 주·정차, 버스정류장, 접근 세가로에서의 유입교통 등으로 인한 측면마찰의 영향을 받아 속도는 떨어지게 된다. 이때 신호등으로 인한 가감속지체와 정지지체의 영향을 받지 않으며 순행하는 속도를 순행속도로 볼 수 있으며 자유속도보다 낮은 값을 갖는다.

    간선도로의 평균통행시간은 다음 식을 이용하여 산출하며, 간선도로 구간의 순행시간과 교차로 접근지체를 알아야 한다.

$$평균통행속도 = \frac{3{,}600 \times 구간길이}{1km당\ 순행시간 \times 구간길이 + 교차로총접근지체}$$

여기서,

    평균통행속도 : 간선도로의 전체 또는 일부 구간의 평균통행속도(kph)

    구간길이 : 간선도로의 전체 또는 일부 구간의 연장(km)

    km당 순행시간 : 간선도로 전체 또는 일부구간의 km 당 총순행시간(초/km)

    교차로접근지체 : 간선도로 전체 또는 일부구간으로 분석대상 범위내의 교차로에서의 총접근지체(초)

    3,600 : m/초의 속도 단위를 km/시로 환산하기 위한 환산계수

분석구간의 순행시간은 [표 5-50]을 이용하며, 노변마찰의 영향정도는 [표 5-51]을 이용하여 결정한다. 만약 분석구간이 몇 개의 소구간으로 나누어졌을 때는 간선도로 분석구간의 평균구간 길이를 구한 후 [표 5-50]에서 km당 순행시간을 찾아서 사용한다. 이때 찾은 순행시간에 전체구간 수를 곱하면 분석구간의 총 순행시간을 구할 수 있다. 또는 소구간 별로 순행시간을 구한다.

[표 5-50] km당 구간 순행시간

(단위 : sec/km)

도로유형 구간거리(km) / 노변마찰	I 대	I 소	II 대	II 소	III 대	III 소
≤ 0.1	108	86	143	102	178	119
≤ 0.2	80	66	100	75	119	85
≤ 0.3	71	59	85	67	99	74
≤ 0.4	66	56	77	63	88	69
≤ 0.5	63	54	73	60	83	65
≤ 0.6	61	53	70	58	79	63
≤ 0.7	60	52	68	57	75	62
≤ 0.8	59	51	66	56	74	61
≤ 0.9	58	50	65	55	72	60
> 0.9	58	50	65	54	72	58

[표 5-51] 노변마찰 정도 설정 기준

도로유형 노변마찰요인 / 노변마찰	I 대	I 소	II 대	II 소	III 대	III 소
버스정류장 수(개/km)	> 2	≤ 2	> 2	≤ 2	> 2	≤ 2
진출입로 수(개/km)	> 2	≤ 2	> 3	≤ 3	> 4	≤ 4

⑤ 5단계(교차로 접근지체 산정)

전체 간선도로 또는 구간속도를 계산하기 위해서는 각 교차로의 지체가 필요하다. 간선도로 기능은 직진 교통류의 원활한 처리에 있으므로, 직진 교통류가 사용하는 주요 차로 그룹에 의하여 간선도로의 특징이 규정지어진다.

간선도로 평가에 사용하기 위한 지체는 차량당 평균제어지체이다. 차량당 평균제어지체는 연동보정된 균일제어지체와 임의 도착과 과포화를 나타내는 증분지체와 추가지체로 나누어지며, 계산식은 다음과 같다.

$$d = d_1 \times PF \times f_{cw} + d_2 + d_3$$

여기서,

d = 차량당 평균제어지체($\sec/veh$)

d_1 = 연동보정된 균일제어지체($\sec/veh$)

d_2 = 임의 도착과 과포화를 나타내는 충분지체

PF = 연동계수

f_{cw} = 신호교차로간 보행자 횡단신호 보정계수

d_3 = 추가지체(spv)

일반적으로 사용자들은 전체 분석구간 중 각 개별 교차로를 분석하기 위하여 필요한 모든 자료들을 정리하여 이용해야 한다.

차량당 평균제어지체를 구하는 각 지체별 산정식은 다음과 같다.

$$d_1 = \frac{0.5C(1-g/C)^2}{1 - \left[\min(1,X)\frac{g}{C}\right]}$$

$$d_2 = 900T\left[(x-1) + \sqrt{(x-1)^2 + \frac{4X}{cT}}\right]$$

$$d_3 = \frac{1800Q_b^2}{cT(c-V)} \quad \text{(유형 I)}$$

$$d_3 = \frac{3600Q_b}{c} - 1800T(1-X) \quad \text{(유형 II)}$$

$$d_3 = \frac{3600Q_b}{c} \quad \text{(유형 III)}$$

여기서,

T = 분석기간의 길이(h)

C = 신호주기(s)

g = 유효 녹색시간(s)

X = 해당 차로군의 포화도

c = 분석기간 중 해당차로군의 용량

x = 교통량/용량 비(v/c)

Q_b = 분석 시점에 존재하는 초기차량대수(vph)

V = 분석 기간 중 해당 차로군의 도착교통량(vph)

만일 링크 중간에 보행자 횡단신호가 존재하는 경우에는 연동보정 된 균일지체 값에 신호교차로간 보행자 횡단신호 보정계수(f_{cw})를 곱해 주어야 한다. 신호교차로간 보행자 횡단신호 보정계수의 값은 신호교차로 간 단일로 상의 횡단신호의 수와 연동여부에 따라 값을 달리하며, 그 값은 [표 5-52]에 있는 값을 적용한다.

이 때, 횡단신호와 교차로의 신호가 서로 비연동으로 작동할 경우, 신호교차로 간의 연동은 실제적으로 효과를 갖지 못하므로 연동계수는 비연동인 경우와 마찬가지로 1.0을 적용해야 한다.

[표 5-52] 신호교차로간 보행자 횡단신호 보정계수(f_{cw})

횡단보도의 수(개)		0	1	2 이상
보정계수 (fcw)	비연동인 경우	1.0	1.0	1.1
	연동인 경우	1.0	1.1	1.2

주) 횡단보도의 수는 분석구간 내의 횡단신호가 설치된 횡단보도의 개수를 의미함.

균일지체는 조사대상 차로 그룹의 차량도착이 전 시간에 걸쳐 일정하게 분산되어 도착할 때 생기게 되는 값이다. 무작위 도착지체는 도시부 지역의 경우 교통량/용량 비(v/c)가 1.1 이상인 경우는 합리적인 결과를 기대하기 어렵다. 뿐만 아니라 이 식으로는 장시간(15분 이상)동안 과포화상태가 생기는 곳에서는 정확한 지체를 추정한다는 것이 어렵다. 포화도 1.0 이상의 과포화상태는 개선되어야 할 바람직하지 못한 상태이다.

만약 용량을 쉽게 구할 수 없거나 또는 보정교통량(v로 표시: vph)이 필요한 경우에는 다음과 같이 첨두시간계수를 이용하여 교통량을 구한다.

$$V_p = (V_H / PHF)$$

여기서,

V_p = 첨두시간 교통류율(vph)

V_H = 시간교통량(vph)

PFH = 첨두시간계수

개략적인 값이 필요하거나 요구되는 일(계획을 위한 적용방법 등)에서 용량은 다음 식을 이용하여 도출할 수 있다.

$$c = 1,800 \times N \times (g/C)$$

여기서,

c = 용량(vph)

N = 차로수

g/C = 녹색시간대 신호주기 비

위 식을 사용하여 용량을 계산하면 매우 개략적이 되므로, 이 방법은 기존 간선도로 분석이 아닌 간선도로 계획 시에 한정하여 사용하는 것이 바람직하다.

통행시간과 옵셋 차이에 대한 값을 가지고 구하는 고정신호 연동계수는 신호교차로 용량분석에서의 표를 사용한다. 이 표에서 세로축은 통행시간과 옵셋 차이를 사용하는데, 이 관계는 신호교차로 용량에서 분석한 다음 식으로 계산한다.

$$TVO = \frac{(T_c - Offset)}{C}$$

연동이 되지 않는 고정신호 교차로 또는 부도로 방향 접근로와 전용 좌회전 차로군, 전용 우회전 차로군 등은 도착형태와 무관하게 보정계수를 1.0으로 한다. 감응식 신호의 경우에는 [표 5-53]을 참조하여 미국 HCM의 방법을 준용하여 기술한다.

만약 TVO가 1.0보다 크거나 0보다 적으면, 정수를 빼거나 더하여 TVO의 값이 0~1.0 사이의 값을 갖도록 한다.

[표 5-53] 감응신호의 연동계수(PF)

신호종류	진행방향	v/c비	도착형태				
			1	2	3	4	5
감응 신호	직 진 우 회 전 동시신호좌회전	≤0.6 0.8 1.0	1.54 1.25 1.16	1.08 0.98 0.94	0.85 0.85 0.85	0.62 0.71 0.78	0.40 0.50 0.61
반감응 신호	주방향도로 직진, 우회전 동시신호좌회전	≤0.6 0.8 1.0	1.85 1.50 1.40	1.35 1.22 1.18	1.00 1.00 1.00	0.72 0.82 0.90	0.42 0.53 0.65
	부방향도로 직진, 우회전 동시신호좌회전	≤0.6 0.8 1.0	1.48 1.20 1.12	1.18 1.07 1.04	1.00 1.00 1.00	0.86 0.98 1.00	0.70 0.89 1.00
전용좌회전			1.00	1.00	1.00	1.00	1.00

주) 미국 도로용량편람2000(Highway Capacity Manual 2000) 인용(보간법 이용)

⑥ 6단계(평균 통행속도 산정)

제4단계에서 구한 순행시간과 제5단계에서 구한 접근지체를 가지고 간선도로의 구간별 또는 간선도로 전체구간의 평균 통행속도를 다음 식을 적용하여 구한다.

$$평균통행속도 = \frac{3,600 \times 구간길이}{1km당순행시간 \times 구간길이 + 교차로총접근지체}$$

⑦ 7단계(서비스 수준 평가)

간선도로의 서비스 수준은 간선도로 전체구간을 따라 원활하고 효율적으로 움직이는 직진교통류를 기준으로 하며, 서비스수준을 결정하기 위해서는 유형별 자유속도와 교차로의 서비스수준을 모두 고려하여야 한다.

❗ 편도 3차로, 좌회전 전용차로 유, 우회전 전용차로 무, km당 버스정류장 수는 1.5개이며 신호등간 평균거리는 650m이다. 주변개발정도는 보통 수준이며, 상업·업무지역을 통과하는 이 도로의 유형을 구하여라.

> **해설**
>
> 간선도로 유형 결정을 위해서는 분석대상 간선도로의 지역구분과 도로여건을 알아야 한다.
> 우선 km당 버스정류장수가 1.5개, 신호등간 평균거리는 650m, 즉 km당 1.5개이므로 지역구분 범주에서 보면 중간부 또는 교외부이다. 그러나 주변개발정도가 보통 수준으로 상업·업무지역이므로 중간부 또는 도심부에 해당될 수도 있다. 본 예제와 같이 기준이 혼재되어 있을 때는 사용자의 공학적 판단에 의해 결정하여야 하며, 이 경우 중간부로 보는 것이 적절할 것이다.
> 중간부에서 편도 3차로, 좌회전 전용차로 유, 우회전 전용차로 무인 지역이므로 도로여건 범주에서 보통인 지역이다. 결론적으로 지역구분 범주상 보통인 지역에 속하므로 이러한 간선도로는 유형 II로 결론지을 수 있다.

제6장
교통통계

통계학은 자료를 요약하고 그 특성을 기술하는 기술통계학(descriptive statistics)과 표본을 통해 모집단의 특성을 추론하는 추측통계학(inferential statistics)로 구분할 수 있다. 기술통계학은 전수조사를 전제로 하며, 방대한 자료를 그래프나 표로 정리하거나 평균과 표준편차, 비율 등과 같은 통계치를 이용하여 자료의 특성을 파악할 수 있다. 반면 추측통계학은 전체 집단(모집단)에서 일부 표본을 추출하여 집단 전체의 특성을 추측하는 것으로 확률의 개념이 도입된다.

특히 각종 교통현황 조사를 통해 공학적 특성을 파악하거나 교통정책의 방향성을 정립하는데 있어 전수조사는 어려운 경우가 많다. 예를 들어 버스전용차로의 설치 전과 후의 버스통행속도를 비교하여 그 효과를 파악하고자 할 때, 모든 버스를 대상으로 전수조사하기에는 한계가 있을 것이며, 이러한 경우 버스전용차로 이외의 버스통행속도에 영향을 주는 환경들을 최대한 배제한 상태에서 표본조사를 실시하게 된다. 또한 표본자료이기 때문에 확률의 개념을 도입하여 버스전용차로 설치 효과를 나타내게 된다.

이처럼 교통공학에서 통계학의 중요성은 크다고 할 수 있으며, 본장에서는 교통공학에 필요한 통계학의 기초를 제공하지만, 교통공학을 공부하는 학생들은 통계학 강좌를 별도로 수강하기를 권장한다.

1. 확률변수의 분포

통계적 추론과 관련된 일반화는 불확실하기 때문에 우리는 단지 관심을 갖는 자료의 부분집합으로부터 얻어지는 부분적인 정보만을 다룬다. 이러한 불확실성을 극복하기 위해서 통계적 실험과 관련된 모집단의 행태를 이론적으로 설명하는 수학적 모형을 제공하는 데, 이러한 수학적 모형을 확률분포(probability distribution)라 부른다.

1.1 확률변수의 개념

실험 또는 관측 결과들을 X라고 할 때, X는 여러 가지 값을 가질 수 있다는 의미에서 변수(variable)라고 하며, 그 어떤 값이 어느 정도의 가능성으로 취하는가는 확률에 의해 나타나며, 이러한 변수를 확률을 가진 변수라는 의미에서 확률변수(random variable)라고 한다. 확률변수는 그 값들이 정수와 같이 유한적인 이산확률변수와 실수와 같이 무한적인 연속확률변수로 나뉘며, 확률변수의 표시는 대문자 X를 사용하고 변수 값들은 소문자 x를 사용한다.

확률변수 X에 대하여 그 변수가 발생할 확률 P(X=x)을 나타낸 것을 확률분포라 하며, 확률변수에 따라 이산확률분포와 연속확률분포로 나뉜다.

1.2 확률분포

(1) 이산확률분포

이산확률변수들이 취할 수 있는 모든 가능한 값들과 그 값들에 확률을 대응시켜 나타낸 것을 이산확률분포라 하며, 변수 값들과 확률 간의 관계를 수식으로 나타낸 확률 분포식을 확률질량함수라고 한다.

> ❶ 하나의 동전을 4번 던질 때, 앞면이 나타나는 개수에 대한 확률 분포식을 구하라.

해설

표본공간 내의 $2^4 = 16$의 점들은 동등하게 발생하는 결과들을 나타내고 확률분포의 식에서 확률들에 대한 분모는 16이 될 것이다. 4번의 시행중 3번의 앞면을 얻는 방법의 수를 구하기 위하여 4개의 결과를 2개의 셀(cell)로 분할하는 방법의 수를 고려해야 하며, 3개의 앞면을 하나의 셀에 할당하고 1개의 뒷면은 다른 나머지 셀에 할당한다. 이것은 $\binom{4}{3}=4$가지 방법으로 행해진다. x번 앞면과 4-x번 뒷면이 발생하는 방법의 수는 $\binom{4}{x}$이며 여기서 x=0,1,2,3,4이다. 따라서 확률분포 P(X=x)는 $f(x) = \binom{4}{x}/16$, x=0,1,2,3,4이다.

(2) 연속확률분포

연속확률변수들이 취할 수 있는 모든 가능한 값들과 그 값들에 확률을 대응시켜 나타낸 것을 연속확률분포라 하며, 변수 값들과 확률 간의 관계를 수식으로 나타낸 확률 분포식을 확률밀도함수라고 한다.

연속확률변수가 정확히 어떤 하나의 값을 취할 때에는 확률이 0이다. 가령 사람의 신장이 정확히 164cm를 나타낼 확률은 지극히 미비하고, 대부분 164cm에 근사적인 신장의 무한개의 집합중의 하나를 단지 164cm로 나타낸다. 따라서 정확히 164cm 이상은 나타날 확률이 0이다. 따라서 이러한 경우는 연속확률변수의 하나의 값보다는 하나의 구간을 다룬다.

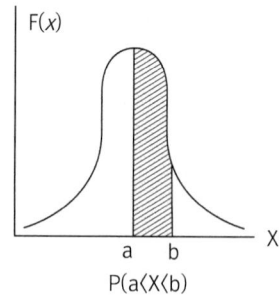

x축 위와 곡선 아래로의 총 면적이 1이고 두 좌표 x=a와 x=b 사이의 곡선 아래의 면적이

a와 b사이에 놓인 X의 확률이라면 값 f(x)를 갖는 함수를 연속확률변수 X에 대한 확률밀도함수라고 부른다.

> ❗ x=2와 x=4 사이의 값을 취하는 연속확률변수 X의 밀도함수가 f(x)=$\frac{x+1}{8}$로 주어졌다.
>
> a) P(2<X<4)=1임을 보여라.
> b) P(X<3.5)를 구하여라.
> c) P(2.4<X<3.5)를 구하여라.

해설

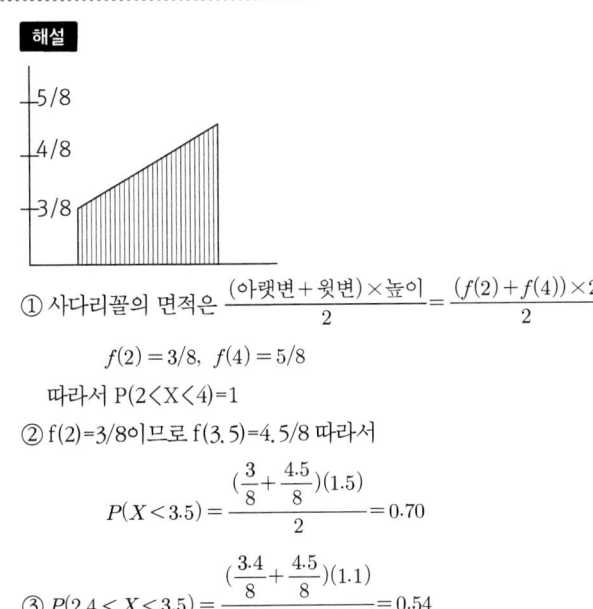

① 사다리꼴의 면적은 $\frac{(아랫변+윗변) \times 높이}{2} = \frac{(f(2)+f(4)) \times 2}{2}$

$f(2) = 3/8, \ f(4) = 5/8$

따라서 P(2<X<4)=1

② f(2)=3/8이므로 f(3.5)=4.5/8 따라서

$$P(X<3.5) = \frac{(\frac{3}{8}+\frac{4.5}{8})(1.5)}{2} = 0.70$$

③ $P(2.4<X<3.5) = \frac{(\frac{3.4}{8}+\frac{4.5}{8})(1.1)}{2} = 0.54$

1.3 확률변수의 평균

확률변수의 평균은 어떤 확률 과정을 무한히 반복했을 때 얻을 수 있는 값들의 평균적으로 기대하는 값이라는 의미에서 기대값(expected value)라고 한다. 예를 들어 복권추첨에서 나타날 수 있는 결과들은 변수이며, 그 결과들은 복권추첨을 무한히 반복했을 때 어떠한 확률을 가지게 되므로 확률변수가 된다. 이때 복권 한 장을 구입해서 얻을 수 있는 상금은 일반적인 평균의 개념이 아니라 확률을 통해 얻어지므로 심리적인 측면에서 기대값이라고 볼 수 있다.

확률변수 X의 평균은 변수 값인 x에 그 값이 일어날 확률 P(X=x)를 곱한 것을 모두 합한 값이다.

예를 들어 X가 다음과 같은 확률분포를 갖는 이산확률변수라 할 때,

x	x_1	x_2	…	x_n
$P(X=x)$	$f(x_1)$	$f(x_2)$	…	$f(x_n)$

X의 평균 또는 기댓값은 $\mu = E(X) = \sum_{i=1}^{n} x_i f(x_i)$ 이다.

> ❶ X가 한 개의 주사위를 던졌을 때 나오는 결과를 나타낸다면, X의 기대값을 구하여라.

해설

1,2,3,4,5,6 각각의 수는 확률 1/6을 갖고 일어난다. 따라서
$\mu = E(X) = (1)(1/6) + (2)(1/6) + ... + (6)(1/6) = 3.5$이며, 이것은 평균적으로 사람이 주사위를 한번 던질 때, 3.5가 나타난다는 것을 의미한다.

1.4 확률변수의 분산

X를 다음과 같은 확률분포를 갖는 이산확률변수라 하자.

x	x_1	x_2	…	x_n
f(x)	$f(x_1)$	$f(x_2)$	…	$f(x_n)$

X의 분산(Variance)은

$$\sigma^2 = E[(X-\mu)^2] = \sum_{i=1}^{n}(x_i-\mu)^2 f(x_i)$$

$$= \sum_{i=1}^{n} x_i^2 f(x_i) - 2\mu \sum_{i=1}^{n} x_i f(x_i) + \mu^2 \sum_{i=1}^{n} f(x_i)$$

이산확률분포에서

$$\mu = \sum_{i=1}^{n} x_i f(x_i) \quad \text{이고}, \sum_{i=1}^{n} f(x_i) = 1 \text{이므로}$$

$$\sigma^2 = \sum_{i=1}^{n} x^2_{f(x_i) - \mu^2 i}$$

$$= E(X^2) - \mu^2$$

2. 여러 가지의 이산확률분포

2.1 이항분포

(1) 이항실험(binomial experiments)

한 가지 실험을 반복적으로 시행하여 성공과 실패, 또는 합격과 불합격 등 두 개의 가능성으로 결과가 나타나는 실험을 이항실험이라 한다. 이항실험은 독립적이고 반복되는데 여기서 '독립적'이란 매 실험이 서로 독립적으로 행하여졌다는 의미이며 '반복되는'이란 매 시행에서의 성공률이 동일함을 뜻한다. 이항실험은 다음과 같은 성질을 갖는다.
① 실험은 n번 반복시행을 한다.
② 각 시행의 결과는 성공이나 실패로 나타나게 된다.
③ 성공일 확률은 각 시행마다 상수 p를 갖는다.
④ 반복 시행들은 서로 독립이다.

(2) 이항분포(binomial distribution)

만일 이항분포가 성공일 확률이 p이고, 실패일 확률이 $q=1-p$이면, n번 독립시행에서 성공할 횟수인 이항확률변수 X의 분포는

$$X \sim B(n,p) = \binom{n}{x} p^x q^{n-x}, \ x=0,1,2,\cdots,n$$

이다. 이항실험을 n번 실행할 때, x번 성공할 확률을 얻기 위해서는 실패할 확률은 $n-x$번이다. 성공인 경우는 각각 확률 p를 갖고 일어나고, 실패인 경우는 확률 $q=1-p$를 갖고 일어난다. 그러므로 일일이 나열된 순서에서 얻은 확률은 $p^x q^{n-x}$이다. 이제 x번 성공하고 $n-x$번 실패하는 실험에서 표본수의 총수를 결정해야 하는데, 이는 n번 실행 중 x그룹과 $n-x$그룹에서 뽑히는 경우의 수와 같으며 $\binom{n}{x}$로 주어진다. 따라서 위와 같은 일반적인 식

이 도출되었다.

> ❶ 복잡한 도심지 교차로에서 임의도착 교통량이 시간당 1,200대이다. 4초 동안에 3대가 도착할 확률을 구하라. 단 1초에 2대 이상 도착하지는 않는다.

해설

$$p = \frac{1200}{3600} = \frac{1}{3}$$

$$q = 1 - \frac{1}{3} = \frac{2}{3}$$

$$P(X=3) = \frac{4!}{3!\,1!}\left(\frac{1}{3}\right)^3\left(\frac{2}{3}\right) = 0.0988$$

(3) 이항분포의 평균과 분산

n번의 시행과 성공할 확률 p를 가진 이항분포의 평균과 분산은 다음과 같다.

- 평균 : $\mu = E(X) = np$
- 분산 : $\sigma^2 = npq$

2.3 초기하분포

N개의 공 중에 하얀 공이 m개, 검은 공이 (N-m)개 있다고 하자. k개의 공을 복원추출로 뽑는다면 하얀 공의 수는 (k, m/N)인 이항분포를 따르게 된다. 그렇지만 k개의 공을 비복원추출로 뽑을 때는 (N, m, k)인 초기하분포를 따르게 된다. 이항분포와의 차이점은 먼저 이항분포에서의 시행회수 n은 제한이 없지만, 초기하분포에서의 n은 N 이하로 제한된다는 것이며, 또한 초기하분포에서의 각 시행은 이항분포와 달리 서로 독립적이지 않다는 것이다.

(1) 초기하분포(hypergeometric distribution)

일반적으로 크기가 N인 유한모집단으로부터 크기가 n인 확률표본을 뽑을 때, "성공"이라고 불리는 k개의 항목으로부터 x개를 뽑고, "실패"라 이름 붙인 N-k개의 항목으로부터

n-x를 뽑는 확률을 초기하 실험이라 하고, 여기서 성공의 개수 X를 초기하 확률변수라 부른다. 그리고 초기하분포의 확률분포를 초기하분포라 하고 X~H(N,n,k)로 표기한다. 초기하 확률변수 X의 확률분포는

$$X \sim H(N,n,k) = \frac{\binom{k}{x}\binom{N-k}{n-x}}{\binom{N}{n}}, \ x=0,1,2,\cdots,n$$

❗ 52장 카드 한 벌에서 5장의 카드를 받는다면, 3장이 하트가 될 확률은 얼마인가?

해설

n=5, N=52, k=13, x=3인 초기하 분포를 사용하면, 하트 3장을 받을 확률은

$$P(X=3) = \frac{\binom{13}{3}\binom{39}{2}}{\binom{52}{5}} = 0.0815$$

(2) 초기화 분포의 평균과 분산

$$\mu = \frac{nk}{N}$$

$$\sigma^2 = \frac{N-n}{N-1} n \frac{k}{N}(1-\frac{k}{N})$$

❗ 52장 카드 한 벌에서 5장의 카드를 받는다면, 3장이 하트가 될 확률의 평균과 분산을 구하라.

해설

$$\mu = \frac{nk}{N} = \frac{(5)(13)}{52} = 1.25$$

$$\sigma^2 = \frac{N-n}{N-1} n \frac{k}{N}(1-\frac{k}{N}) = (\frac{52-5}{51})(5)(\frac{13}{52})(1-\frac{13}{52}) = 0.8640$$

2.4 음이항분포와 기하분포

고정된 성공횟수가 일어날 때까지 반복 시행하는 경우를 제외하고 이항실험에 대해서 나열했던 성질들을 같이 갖고 있는 실험, 즉 n이 고정되어 있을 때, n번 시행중 x번의 성공이 나타날 확률을 구하는 대신, x번째 시행에서 k번째 성공이 나타날 확률, 이런 종류의 실험을 음의 이항실험이라고 한다. 음의 이항실험에서 X번 시행중 k번 성공이 나타날 때, X를 음의 이항확률변수라 하고, 그것의 확률분포를 음의 이항분포라 한다.

(1) 음이항분포(negative binomial distribution)

만일 독립적인 반복시행에서 성공일 확률로 p와 실패일 확률로 q=1-p를 얻을 수 있다면, k번째에 성공이 나타나도록 X번 시행을 할 때, 확률변수 X의 확률분포는

$$X \sim NB(k,p) = \binom{x-1}{k-1} p^k q^{x-k}, \ x = k, \ k+1, \ k+2, \cdots$$

> ❶ 어떤 사람이 동전 3개를 던지는데 5번 던지는 중 2번째에 모두 앞면이거나 뒷면이 나올 확률을 구하라.

해설
$$b^*(x,k,p) = b^*(5;2,1/4) = \binom{4}{1}\left(\frac{1}{4}\right)^2\left(\frac{3}{4}\right)^3 = \frac{4!}{1!3!}\frac{3^3}{4^5} = \frac{27}{256}$$

(2) 기하분포(geometric distribution)

반복이 있는 독립시행에서 성공일 확률이 p이고 실패일 확률이 q=1-p라면, 첫 번째 성공이 나타날 때까지의 시행 횟수인 확률변수 X의 확률분포는

$$X \sim G(p) = pq^{x-1}, \ x = 1, 2, 3, \cdots$$

> ❶ 어떤 사람이 앞면이 나오도록 동전을 4번 던질 확률을 구하라.

해설
$$P(X=4) = \frac{1}{2}\left(\frac{1}{2}\right)^3 = \frac{1}{16}$$

2.5 포아송분포

주어진 시간간격 동안에 일어난 결과들의 수 또는 나열된 영역 안에서 일어난 결과들의 수로서 확률변수 X의 수치를 가져오는 실험들을 포아송 실험(poisson experiments)이라 한다. 포아송 실험에서 일어나는 결과들의 횟수인 X를 포아송 확률변수(poisson random variable)라 하고 X의 확률분포를 포아송분포라고 한다. 특히 포아송분포는 그 특성상 교통공학에서 차량의 도착형태를 잘 설명해주는 확률분포이다.

(1) 포아송분포(Poisson distribution)

- 완전히 무작위로 드물게 발생하는 이산형 사상을 나타내는 데 사용
- 계수기준은 주어진 시간 혹은 주어진 도로구간
- 계수기준을 한 시행(trial)으로 보고, 이때 일어난 평균사상수가 m일 때 한 시행에서 x개의 사상이 일어날 확률은 다음과 같다.

$$P(x) = \frac{m^x e^{-m}}{x!}$$

여기서, x : 계수기준 내에 도착하는 차량대수를 나타내는 확률변수
$P(x)$: 계수기준 내에 x대가 도착할 확률
m : 계수기준 내에 도착할 평균차량대수(λt)
λ : 평균도착률(대/초)

교통공학분야에서 포아송분포를 이용한 대표적인 사례로는 다음과 같이 주도로의 차량간격을 이용한 부도로로부터의 차량진출 가능성 여부를 검토하는 것이다.

- 일정시간 동안에 주도로를 통과하는 차량대수의 분포가 포아송분포를 따른다고 가정할 때, t초 사이에 차량이 한 대도 통과하지 않을 확률은 다음과 같이 나타낸다.

$$P(0) = \frac{m^0}{0!}e^{-m} = e^{-m} = e^{-\lambda t} \qquad \therefore m = \lambda t$$

- 여기서, t초 동안에 차량이 1대도 통과하지 않는다는 것은 차두시간이 t초보다 크다는 것을 의미하므로 결국 $P(0)$는 t초보다 큰 차두시간이 나타날 확률과 같은 의미이다.
- 따라서 주도로의 교통량이 V(대/시), 평균 진출소요시간이 t초일 경우, 1시간 동안 부도

로에서 주도로로 진출가능한 차량대수 N은 1시간 동안 진출가능한 회수($n=3,600/t$)에 차두시간이 t초보다 큰 확률을 곱하여 구할 수 있다.

$$N = n \cdot P(0) = \frac{3,600}{t} \times e^{-\left(\frac{Vt}{3,600}\right)}$$

❶ 임의도착 교통량이 시간당 600대이다. 30초 동안에 3대가 도착할 확률을 구하라.

해설

$\lambda = 600/3600 = 1/6$대/초
$t = 30$초
$\mu = \lambda t = 1/6 \times 30 = 5$대/30초
$P(3) = \dfrac{5^3 \, e^{-5}}{3!} = 0.1404$

❶ 교통량이 그다지 많지 않은 도로에서 임의도착분포를 갖는 교통류가 있다. 시간당 도착교통량이 600대일 때 차두시간이 4초보다 적을 확률을 구하라.

해설

$\lambda = \dfrac{600}{3,600} = \dfrac{1}{6}$ 대/초

$P(h<4) = \displaystyle\int_0^4 \dfrac{1}{6} e^{-\frac{t}{6}} \cdot dt = 1 - e^{-\frac{2}{3}} = 0.4866$

❶ 일정시간 동안에 간선도로 외측차로를 통과하는 차량대수의 분포가 포아송분포를 따르며, 평균 진출소요시간은 4초, 간선도로 외측차로의 교통량은 520대로 조사되었다면, 이 간선도로와 접한 사업지로부터 1시간 동안 진출가능한 차량대수를 산정하시오.

해설

사업지로부터 간선도로로 진출가능한 경우는 간선도로 외측차로 통과차량의 차두시간이 4초 이상일 때로 차두시간이 4초보다 큰 확률은

$$P(0) = e^{-\lambda t} = e^{-\left(\frac{520}{3,600} \times 4\right)}$$

이 되며, 1시간 동안 진출가능회수 3,600/4에 곱하여 사업지로부터 간선도로로 진출가능한 차량대수를 구할 수 있다. 즉, 진출가능대수 N은 502대가 된다.

$$N = \frac{3,600}{4} \times e^{-\left(\frac{520 \times 4}{3,600}\right)} = 502$$

❶ 어떤 신호교차로에서 좌회전 교통량이 175대/이고, 주기는 55초이다. 한 주기에 2대까지 진입할 수 있는 좌회전전용 대기공간이 있으며, 좌회전용량을 초과하면 직진교통에 지체가 발생하게 된다고 할 때, 그 확률을 계산하시오. 다만, 좌회전 차량의 도착특성은 포아송 분포를 따른다.

해설

한 주기동안 도착하는 좌회전 차량대수를 확률변수 X라고 할 때, 한 주기동안 도착하는 평균 차량대수 m은

$$m = \lambda t = \frac{175}{3,600} \times 55 = 2.67$$

가 되며, 한 주기동안 도착하는 좌회전 차량대수가 3대 이상이 되면 직진교통에 지체를 발생하게 되므로 직진교통에 영향을 미칠 확률은

$$\begin{aligned} P(x \geq 3) &= 1 - P(x \leq 2) \\ &= 1 - \sum_{x=0}^{2} \frac{e^{-2.67} \times 2.67^x}{x!} \\ &= 1 - (0.067 + 0.185 + 0.247) = 0.499 \end{aligned}$$

따라서 약 절반의 주기에서 직진교통에 지체가 발생하는 것으로 나타났다.

3. 정규분포

3.1 정규곡선

통계학의 전 분야에서 가장 중요한 연속확률분포로 인정받고 있는 것은 정규분포(normal distribution)이며, 정규곡선이라 불리는 그래프는 종 모양의 곡선으로 자연현상, 산업현장, 그리고 연구 분야에서 얻어지는 자료의 여러 가지 형태를 묘사한다.

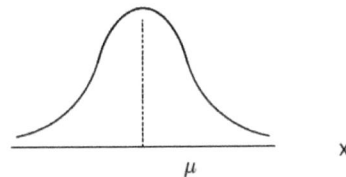

종 모양의 분포를 갖는 연속형 확률변수 X는 정규확률변수(normal random variable)라 하며, 정규확률변수의 확률분포에 대한 수학적 방정식은 두 개의 모수, 즉 평균 μ와 표준편차 σ에 의존한다. 그래서 X의 분포함수 값을 $n(x\,;\mu,\sigma)$로 표시한다.

(1) 정규곡선(normal curve)

만일 X가 평균이 μ이고 분산이 σ^2인 정규확률변수라면, 정규곡선의 방정식은

$$X \sim N(\mu, \sigma) = \frac{1}{\sqrt{2\pi}\,\sigma} e^{-\frac{1}{2}(\frac{x-\mu}{\sigma})^2}, \quad -\infty < x < \infty$$

(2) 정규곡선의 성질

① 최빈수는 수평축 위의 한 점으로 곡선이 최대값을 취하며, $x=\mu$일 때이다.
② 평균 μ를 수직축으로 하여 곡선은 좌우 대칭이다.

③ 정규곡선은 평균으로부터 멀어질수록 수평축에 점점 가까워진다.
④ 수평축 위에 있는 곡선 아래의 전 면적은 1과 같다.

3.2 정규곡선의 면적과 표준화

어떤 확률변수 X가 정규분포를 따른다면, X가 x_1과 x_2 사이에 있을 확률 $P(x_1 < X < x_2)$는 x_1과 x_2로 싸여진 곡선 아래의 면적이 되며, 정규확률변수 X의 모든 관측값들을 아래 식과 같이 확률변수 Z로 변환시키면, 평균이 0이고 분산이 1인 정규분포를 따르게 된다.

$$Z = \frac{X-\mu}{\sigma}$$

이것을 표준정규분포라 하며 $Z \sim N(0,1)$로 나타낸다.

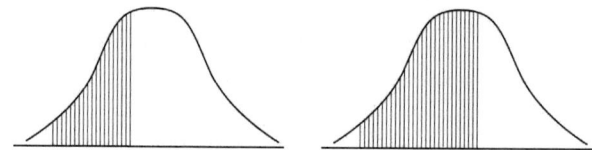

이때, 위 그림에서와 같이 정규확률변수 X가 x_1과 x_2 사이에 있을 확률과 표준화된 확률변수 Z가 z_1과 z_2 사이에 있을 확률은 같다.
이처럼 정규분포를 표준정규분포로 변환하는 이유는 어떠한 확률변수가 정규분포를 따른다고 할 때, 일일이 적분하지 않아도 대부분의 통계학 서적의 부록에 첨부된 표준정규분포표를 통해서 간단히 구할 수 있기 때문이다.
또한 정규분포를 따르지만 평균과 표준편차가 각각 다른 경우가 있을 때, 서로 비교하려면 표준화가 필요하다. 예를 들어 A도로의 차량 주행속도는 평균 80km/h, 표준편차 20km/h, B도로는 평균 60km/h, 표준편차 10km/h일 때, 어떤 차량이 A도로에서 90km/h, B도로에서 80km/h로 주행했다면, 각 도로의 차량 속도분포를 고려할 때, 어느 도로에서 더 과속한 것일까? 두 도로에서 평균 이상의 속도로 주행했지만, 공정한 상대 평가를 위해 정규분포를 표준화해서 계산해 보면,

A도로의 경우 $P(X \geq 90) = P\left(Z \geq \dfrac{90-80}{20}\right) = P(Z \geq 0.5) = 0.31$

B도로의 경우 $P(X \geq 80) = P\left(Z \geq \dfrac{80-60}{10}\right) = P(Z \geq 2) = 0.02$

즉, A도로에서는 상위 약 30%의 속도로 주행했으며, B도로에서는 상위 약 2%의 속도로 주행한 것으로 각 도로의 차량 흐름을 감안하면, B도로에서 더 과속한 것으로 나타난다.

---

❶ μ=50이고 σ=10인 정규분포에서 X가 45와 62 사이에 있을 확률을 구하라.

해설

$x_1 = 45$와 $x_2 = 62$에 대한 z값은

$z_1 = \dfrac{45-50}{10} = -0.5$

$z_2 = \dfrac{62-50}{10} = 1.2$

따라서 P(45<X<62) = P(-0.5<Z<1.2)

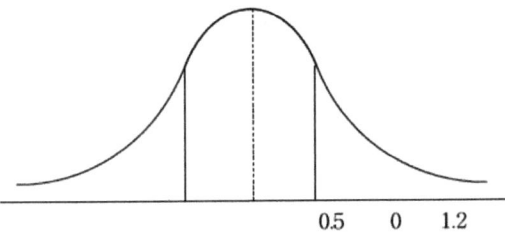

따라서 면적은 P(Z<1.2)-P(Z<-0.5)
=0.8849-0.3085
=0.5764

---

❶ 한 전기회사에서 평균 수명이 800시간이고 표준편차가 40시간인 정규분포에 따르는 전구를 생산한다. 전구의 수명이 778시간과 834시간 사이가 될 확률을 구하라.

해설

$z_1 = \dfrac{778-800}{40} = -0.55$

$z_2 = \dfrac{834-800}{40} = 0.85$

$P(778 < X < 834) = P(-0.55 < Z < 0.85) = P(Z < 0.85) - P(Z < -0.55)$

$= 0.8023 - 0.2912$

$= 0.5111$

3.3 이항분포의 정규근사

샘플 수가 충분히 클 때, 이항확률을 정규곡선 아래의 면적으로 근사시키는 방법을 정리하면 다음과 같다.

만일 X가 평균 μ=np이고, 분산σ^2=npq인 이항확률변수라면, n→∞가 될 때, $Z=\dfrac{X-np}{\sqrt{npq}}$ 의 분포의 근사형태는 표준화된 정규분포가 된다.

정규근사는 n의 값이 큰 경우 이항의 합을 계산할 때나 이항의 합의 값이 표에 없어서 수행하기 어려울 때 유용하게 쓰인다.

4. 표본분포

4.1 표본분포란

통계적 추론이란 모집단에서 추출한 표본의 특성으로 모집단의 특성을 추정하는 것이다. 이때 모수의 추정에 사용되는 표본의 특성값을 통계량이라고 하며, 예를 들어 표본평균이나 표본표준편차, 표본비율 등이 있다. 이러한 통계량의 값은 추출되는 표본에 따라 달라진다. 즉, 통계량은 그 자체가 확률변수이고 확률분포를 가지며, 통계량의 확률분포를 표본분포(sampling distribution)라고 한다. 표본분포의 평균은 기대값이며, 표준편차는 표준오차(standard error)라도 부른다.

4.2 표본평균의 분포

(1) 표준정규분포

표본에서 구한 표본평균이 가지는 분포로서 중심극한정리에 의해, 모집단이 어떤 분포이던지 평균이 μ이고 분산이 σ^2인 모집단으로부터 n개의 독립된 표본으로부터 구해진 표본의 평균 $\overline{X}$는 표본의 크기 n이 충분히 크면(일반적으로 n≥30), 평균은 모집단의 평균 μ와 같고, 분산은 모집단의 분산 σ^2을 표본의 크기 n으로 나눈 σ^2/n인 정규분포를 따른다. 또한 표준화한 $Z=\dfrac{\overline{x}-\mu}{\sigma/\sqrt{n}}$는 근사적으로 평균 0, 분산 1인 표준정규분포를 따른다.

> ❶ 모집단이 1,1,1,3,4,5,6,6,6,7로 주어졌다고 하자. 이때, 복원추출에 따라 뽑힌 크기가 36인 확률표본에서 평균이 3.8보다 크고 4.5보다는 작게 될 확률을 구하라(단, 평균은 소수점 아래 첫째자리까지 측정된다. 모집단의 확률분포는 다음과 같다).
>
> | x | 1 | 3 | 4 | 5 | 6 | 7 |
> |---|---|---|---|---|---|---|
> | P(X=x) | 0.3 | 0.1 | 0.1 | 0.1 | 0.3 | 0.1 |
>
> **해설**
>
> 정해진 규칙에 따라 평균과 분산을 구하면 $\mu=4$ 이고, $\sigma^2=5$ 이다. $\overline{X}$의 표본분포는 평균 $E(\overline{X})=\mu=4$이고, $Var(\overline{X})=\dfrac{\sigma^2}{n}=\dfrac{5}{36}$를 갖는 정규분포로 근사화된다. 제곱근을 취하여 표준편차 $SD(\overline{X})=\sqrt{5/36}=0.373$을 구한다. $\overline{X}$가 3.8보다 크고 4.5보다 작을 확률은
>
> $$z_1=\frac{3.85-4}{0.373}=-0.40$$
> $$z_2=\frac{4.45-4}{0.373}=1.21$$
> $$P(-0.40<Z<1.21)=P(Z<1.21)-P(Z<-0.40)$$
> $$=0.8869-0.3446=0.5423$$

(2) t분포

중심극한 정리에 의하여 표본의 크기 n이 충분히 크면, 표본평균을 표준화한 값 $Z=\dfrac{\overline{x}-\mu}{\sigma/\sqrt{n}}$은 표준정규분포 N(0,1)을 따른다. 그러나 표본의 크기도 작고(n<30), 모집단의 표준편차를 모를 경우에는 표본평균의 표준화를 계산하기 위해서는 σ^2대신에 표본의 표준편차 S를 사용하여야 한다. 이 때 표준화한 값은 표준정규분포를 따르지 않고 자유도 n-1인 t분포를 따른다.

$$Z=\frac{\overline{x}-\mu}{\sigma/\sqrt{n}} \sim N(0,1)$$

$$t=\frac{\overline{x}-\mu}{S/\sqrt{n}} \sim t(n-1)$$

❶ 전구 제조업자는 공장에서 생산하는 전구는 평균적으로 500시간 동안 켜질 것이라고 주장한다. 이러한 평균을 주장하기 위하여 매월 25개의 전구를 시험한다. 만약 계산되어진 t값이 $-t_{0.05}$와 $t_{0.05}$사이에 있다면, 그는 그의 주장에 만족할 것이다. 평균 $\overline{X}$=518과 표준편차 s=40을 갖는 표본으로부터 그가 이끌어낼 수 있는 결론은 무엇인가?

해설

전구수명시간의 분포는 근사적으로 정규분포를 따른다고 가정한다.

자유도 24에 대한 $t_{0.05} = 1.711$이라는 값을 표로부터 찾을 수 있다. 따라서, 제조업자는 25개 전구의 표본의 t값이 -1.711과 1.711사이에 있다면 그의 주장에 만족한다. $\mu = 500$이라면,

$t = \dfrac{518-500}{40/\sqrt{25}} = 2.25$, 이것은 1.711보다 더 위쪽에 있는 값이다. 자유도 24를 갖고 2.25보다 크거나 같은 t값을 얻을 확률은 근사적으로 0.02이다. 만약, $\mu > 500$이면 제조업자는 그 공장에서 생산해내는 전구는 그가 생각했던 것 보다 더 좋은 생산품이라는 결론을 내릴 것이다.

4.3 표본분산의 분포

모집단의 분산을 추정하는 데는 표본의 분산을 사용한다. 표본의 분산도 하나의 추정값이므로 이 값을 이용해 모집단의 분산을 추론하기 위해서는 이 추정값의 분포를 알아야 한다. 표본의 분산에 대한 평균과 분산을 구하는 것을 복잡하며, 표본분산의 표준화한 값은 정규분포를 따르지 않고 아래와 같이 카이자승분포(chi-square distribution, χ^2)를 따른다. 카이자승분포는 자유도를 가지며, 그 값은 0과 무한대 사이의 값을 가진다.

$$\chi^2 = \frac{(n-1)S^2}{\sigma^2} \sim \chi^2(n-1)$$

❶ 복숭아를 생산하는 농가에서 복숭아의 무게를 조사하여 알아본 결과 분산이 225g이었다고 한다. 11개의 복숭아를 임의로 뽑아 조사한 표본의 분산 S^2이 360g보다 클 확률을 구하라.

해설

$$\begin{aligned}
P(S^2 \geq 360) &= P\left(\frac{(n-1)S^2}{\sigma^2} \geq \frac{(11-1)360}{225}\right) \\
&= P\left(\chi^2 \geq \frac{3600}{225}\right) \\
&= P(\chi^2 \geq 16) = 0.1
\end{aligned}$$

4.4 표본분산 비의 분포

모집단 분산이 각각 σ_1^2, σ_2^2인 분포로부터 각각 n_1, n_2의 표본을 임의로 추출하여 구한 표본의 분산을 각각 S_1^2, S_2^2이라 할 때, 이들 표본의 분산 비의 분포는 자유도 (n_1-1, n_2-1)을 가지는 F분포를 따른다. 확률변수 F는 0과 무한대 사이의 값을 갖는 연속확률분포이다.

$$F = \frac{S_1^2/\sigma_1^2}{S_2^2/\sigma_2^2} \sim F(n_1-1,\ n_2-2)$$

> ❶ 성인 남녀의 체중에 대한 분산은 각각 σ_1^2=64kg, σ_2^2=100kg이라고 알려져 있다. 이 때 9명의 남자를 임의로 뽑아 분산을 구한 결과 60kg이었고, 여자 11명을 임의로 뽑아 분산을 구한 결과 70kg이었다. 이를 이용하여 표본분산의 비가 2보다 작을 확률을 구하라.

해설

$$P(S_1^2/S_2^2 \leq 2) = P\left(\frac{S_1^2/\sigma_1^2}{S_2^2/\sigma_2^2} \leq \frac{2\sigma_2^2}{\sigma_1^2}\right)$$
$$= P\left(F \leq \frac{2 \times 100}{64}\right)$$
$$= P(F \leq 3.125) = 0.95$$

$x_1 = 24.5$와 $x_2 = 30.5$ 사이의 면적이 필요하다. 대응되는 z값은

$$z_1 = \frac{24.5-20}{3.87} = 1.16$$

$$z_2 = \frac{30.5-20}{3.87} = 2.71$$

따라서,
$$P(25 < X < 30) = P(1.16 < Z < 2.71)$$
$$= P(Z < 2.71) - P(Z < 1.16)$$
$$= 0.1196$$

정해진 규칙에 따라 평균과 분산을 구하면 μ=4이고, σ^2=5이다. $\overline{X}$의 표본분포는 평균 $\mu_{\bar{x}} = \mu = 4$이고, $\sigma_{\bar{x}}^2 = \frac{\sigma^2}{n} = \frac{5}{36}$를 갖는 정규분포로 근사화된다.

5. 모수의 추정

5.1 통계적 추론

모평균, 모분산, 모비율과 같은 모수에 대한 어떤 판단을 내리기 위하여, 모집단에서 표본을 추출하여 데이터를 얻고 이 데이터를 기초로 하여 통계이론에 의한 결론을 내리게 되는데 이러한 추론의 과정을 통계적 추론(statistical inference)라고 한다.

(1) 추정

관심의 대상이 되는 모집단의 모수를 표본을 통해서 예측하는 통계적 과정으로 즉, 통계적 추정이란 모집단 전체를 대상으로 특성치를 조사하는 것은 사실상 시간적으로나 경제적으로 어려움이 있어 소집단을 표본으로 뽑아서 그 소집단의 특성치를 모집단의 특성치 대신 사용하자는 데 그 목적이 있다.

(2) 모수와 통계량

모집단의 특성치로서, 모평균, 모분산, 모비율 등이 있으며, 통계량은 표본의 특성치로서, 표본평균, 표본분산, 표본비율 등이 있다.

(3) 추정량과 추정치

추정량은 모수의 추정에 사용되는 통계량으로 확률변수이며, 예를 들어 모평균(μ)의 추정에 사용되는 표본평균($\overline{X}$)은 모평균 추정에 사용되는 추정량이다. 추정치는 추정량에 관측값(표본)을 대입하여 얻은 추정량의 값이다.

5.2 구간추정의 개념

구간추정이란 모수의 추정치를 어느 구간의 값으로 추정하는 것으로 예를 들어, 1992년도 가구당 월 평균소득이 150만원에서 250만원이라 하면 월평균 소득은 구간의 값으로 추정된 구간추정이 된다. 이렇게 추정된 구간추정치는 모집단의 모수에 대하여 정확도를 확률로 계산할 수 있다.

구간추정의 기본적인 생각은 추정하고자 하는 모수의 값이 추정량을 중심으로 상하 오차 e만큼의 범위 내에 있을 것을 가상하고 이 구간의 확률로서 추정치의 정확도로 삼고자 하는 방법이다.

예를 들어 추정하고자 하는 모수 θ, 그 추정치를 $\hat{\theta}$라 하고, 오차를 e라 하면, 모수 θ의 구간추정치는 $(\hat{\theta}-e, \hat{\theta}+e)$ 혹은 $(\hat{\theta}-e < \theta < \hat{\theta}+e)$와 같이 표현하고 있다.

여기서, $\hat{\theta}-e$를 구간추정치의 하한치(lower bound)라 하고, $\hat{\theta}+e$를 구간추정치의 상한치(upper bound)라 한다.

특히, 유의수준(significance level)을 α라 하고, 다음 식을 만족하는 구간 추정치를 신뢰구간, $(1-\alpha)$를 신뢰계수라 한다.

$$P(\hat{\theta}-e < \theta < \hat{\theta}+e) = 1-\alpha$$

5.3 모평균의 구간추정

(1) 대표본에서 모평균의 구간추정

표준정규분포에서 오른쪽 꼬리의 면적이 α인 점을 z_α라고 하자. 이때 표준정규확률변수 Z에 대하여 z_α는 $P(Z > Z_\alpha) = \alpha$가 된다.

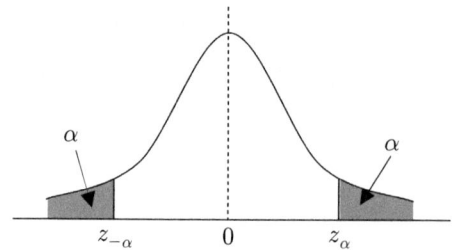

모집단이 정규분포를 따를 때, 표본평균 $\overline{X}$도 정규분포를 따르며, 표본평균 $\overline{X}$를 표준화시킨 Z-통계량은 표준정규분포를 따른다.

$$\overline{X} \sim N(\mu, \sigma^2/n), \quad Z = \frac{\overline{X}-\mu}{\sigma/\sqrt{n}} \sim N(0,1)$$

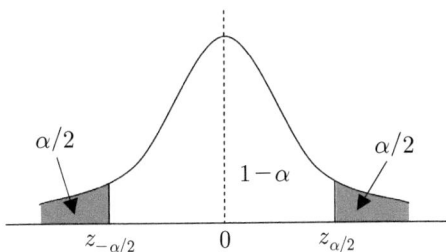

z_α의 정의와 표준정규분포의 성질로부터

$$P(-z_{-\alpha/2} < Z < z_{\alpha/2}) = 1-\alpha$$

여기에 Z-통계량을 대입하면 다음이 성립한다.

$$P\left(-z_{-\alpha/2} < \frac{\overline{X}-\mu}{\sigma/\sqrt{n}} < z_{\alpha/2}\right) = 1-\alpha$$

$$\frac{\overline{X}-\mu}{\sigma/\sqrt{n}} < z_{\alpha/2} \Rightarrow \overline{X} - z_{\alpha/2} \cdot \frac{\sigma}{\sqrt{n}} < \mu$$

$$-z_{-\alpha/2} < \frac{\overline{X}-\mu}{\sigma/\sqrt{n}} \Rightarrow \mu < \overline{X} + z_{\alpha/2} \cdot \frac{\sigma}{\sqrt{n}}$$

따라서,

$$P\left(-z_{-\alpha/2} < \frac{\overline{X}-\mu}{\sigma/\sqrt{n}} < z_{\alpha/2}\right)$$

$$= P\left(\overline{X} - z_{\alpha/2} \cdot \frac{\sigma}{\sqrt{n}} < \mu < \overline{X} + z_{\alpha/2} \cdot \frac{\sigma}{\sqrt{n}}\right) = 1-\alpha$$

그러므로 정규분포에서 α를 알 때, 모평균 μ의 $100(1-\alpha)\%$ 신뢰구간은 다음과 같이 주어진다.

$$\left(\overline{X} - z_{\alpha/2} \cdot \frac{\sigma}{\sqrt{n}}, \overline{X} + z_{\alpha/2} \cdot \frac{\sigma}{\sqrt{n}}\right)$$

그러나 실제 모집단의 표준편차 σ를 아는 경우는 거의 없다. 그러므로 모표준편차 σ 대신에 표본표준편차 S로 추정한다. 즉,

$$\left(\overline{X} - z_{\alpha/2} \cdot \frac{s}{\sqrt{n}},\ \overline{X} + z_{\alpha/2} \cdot \frac{s}{\sqrt{n}}\right)$$

일반적으로 대표본에서 μ의 $100(1-\alpha)\%$ 신뢰구간의 상한과 하한은 다음과 같이 정리된다.

$$(\mu \text{의 추정량}) \pm z_{\alpha/2}(\text{추정량의 표준오차(S.E)})$$

> ❶ 우리나라 대학생들이 하루에 독서하는 시간은 분산 25인 정규분포를 따른다고 할 때, 학생들이 하루 평균 독서시간의 구간추정을 위하여 100명의 학생을 대상으로 조사한 결과 평균 5시간 이었다. 이를 이용하여 모집단 평균의 95% 신뢰구간을 추정해 보자.

해설

$\overline{X}$=5시간, σ^2=25시간, n=100명, $Z_{\alpha/2} = Z_{0.025} = 1.96$
위의 신뢰구간 수식에 대입하면, 모평균의 95% 신뢰구간은 $4.02 < \mu < 5.98$이 된다.
따라서 모집단 평균의 95% 신뢰구간 추정치는 하한치가 4.02시간이고, 상한치는 5.98시간이다.

(2) 소표본에서 모평균의 구간추정

대표본에서 모집단의 분포가 정규분포이거나, 정규분포가 아니더라도 중심극한정리에 의해 $\overline{X}$는 정규분포에 가까운 분포를 따른다. 또한 σ를 모를 경우 표본표준편차 S를 대입해도 위의 사실은 근사적으로 성립한다.

그러나 소표본이고 σ대신 S를 대입하면 정규분포와는 다른 자유도 $n-1$인 t분포를 따른다. 그러므로 소표본에서 모평균 μ의 $100(1-\alpha)\%$ 신뢰구간은 다음과 같다.

$$\left(\overline{X} - t_{\alpha/2}(n-1) \cdot \frac{s}{\sqrt{n}},\ \overline{X} + t_{\alpha/2}(n-1) \cdot \frac{s}{\sqrt{n}}\right)$$

5.4 모비율의 구간추정

모집단의 특성의 하나인 모집단 비율을 추정함에 있어 표본의 비율을 이용하여 어떤 구간의 값으로 추정치를 구하는 것이다. 이때 표본비율 $\hat{p}$의 기대값은 P이며, 표준편차는 $\sqrt{PQ/n}$이다. 표본의 크기가 상당히 크면, 표본비율의 표준화 값은 정규분포를 따른다.

$$Z = \frac{\hat{p} - P}{\sqrt{PQ/n}} \sim N(0, 1)$$

모비율을 알고 있을 경우, 모비율 p의 $100(1-\alpha)\%$ 신뢰구간은

$$\hat{p} - Z_{\alpha/2}\sqrt{\frac{PQ}{n}} \leq P \leq \hat{p} + Z_{\alpha/2}\sqrt{\frac{PQ}{n}}$$

모비율을 모를 경우, 표본비율을 사용해서 구한다.

$$\hat{p} - Z_{\alpha/2}\sqrt{\frac{\hat{p}\hat{q}}{n}} \leq P \leq \hat{p} + Z_{\alpha/2}\sqrt{\frac{\hat{p}\hat{q}}{n}}$$

5.5 모분산의 구간추정

모집단으로부터 임의로 뽑은 n개의 표본분산을 다음식과 같이 변형하면, 자유도 $n-1$을 가지는 카이자승분포를 따르는 것으로 알려져 있다.

$$\frac{(n-1)S^2}{\sigma^2} \sim \chi^2(n-1)$$

이때, 모집단 분산의 구간추정치는 다음과 같다.

$$P\left(\chi^2_{1-\alpha/2} \leq \frac{(n-1)S^2}{\sigma^2} \leq \chi^2_{\alpha/2}\right) = 1-\alpha$$

$$\frac{(n-1)S^2}{\chi^2_{\alpha/2}} \leq \sigma^2 \leq \frac{(n-1)S^2}{\chi^2_{1-\alpha/2}}$$

5.6 두 개의 평균의 차이에 대한 구간추정

독립적인 두 모집단의 평균이 μ_1, μ_2이며, 분산이 각각 σ_1^2, σ_2^2이라 하자.

	표본크기	표본평균	표본분산
모집단 1	n_1	$\overline{X_1}$	S_1^2
모집단 2	n_2	$\overline{X_2}$	S_2^2

두 모집단의 비교를 위해 각 모집단의 평균의 차이를 이용하고자 한다. 이때 두 모집단의 모평균의 차인 $\mu_1 - \mu_2$가 관심의 대상이 되며, 이를 표본을 통해 추정하고자 한다. $\mu_1 - \mu_2$

의 추정량과 표준오차는 다음과 같다.

$$\mu_1 - \mu_2 \text{의 추정량} : \overline{X_1} - \overline{X_2}$$

$$\text{표준오차} : \widehat{SE}(\overline{X_1} - \overline{X_2}) = \sqrt{\frac{S_1^2}{n_1} + \frac{S_2^2}{n_2}}$$

두 모평균이 대표본인 경우, $\overline{X_1} - \overline{X_2}$를 표준화시킨 Z-통계량은 근사적으로 표준정규분포 $N(0, 1)$을 따른다.

$$Z = \frac{(\overline{X_1} - \overline{X_2}) - (\mu_1 - \mu_2)}{\sqrt{\frac{\sigma_1^2}{n_1} + \frac{\sigma_2^2}{n_2}}} \sim N(0, 1)$$

그러므로 대표본에서 $\mu_1 - \mu_2$의 $100(1-\alpha)\%$ 신뢰구간은 다음과 같다.

$$(\overline{X_1} - \overline{X_2}) \pm z_{\alpha/2} \sqrt{\frac{s_1^2}{n_1} + \frac{s_2^2}{n_2}}$$

만약 소표본에서 두 모평균을 비교하는 경우에는 $\overline{X_1} - \overline{X_2}$를 표준화시킨 Z-통계량을 사용할 수 없으며, 자유도 $n_1 + n_2 - 2$를 가지는 t분포를 이용한다. 이때 두 모집단의 분산이 같다고 가정한 공통분산 S_p^2을 이용하여 다음과 같이 t-통계량을 구할 수 있다.

$$t = \frac{(\overline{X_1} - \overline{X_2}) - (\mu_1 - \mu_2)}{S_p \sqrt{\frac{1}{n_1} + \frac{1}{n_2}}} \sim t(n_1 + n_2 - 2), \quad S_p^2 = \frac{(n_1 - 1)S_1^2 + (n_2 - 1)S_2^2}{n_1 + n_2 - 2}$$

그러므로 소표본에서 $\mu_1 - \mu_2$의 $100(1-\alpha)\%$ 신뢰구간은 다음과 같다.

$$(\overline{X_1} - \overline{X_2}) \pm t_{\alpha/2} S_p \sqrt{\frac{1}{n_1} + \frac{1}{n_2}}$$

5.7 두 모비율 차이의 구간추정

두 모집단으로부터 각각 n_1과 n_2의 표본을 임의로 추출하여 표본비율을 구하고, 두 표본비율의 차인 $(\hat{p_1} - \hat{p_2})$의 표준화한 분포를 알아야 한다. 표본비율의 차인 $(\hat{p_1} - \hat{p_2})$의 표준화한 분포는 대표본일 경우 표준정규분포를 따른다.

$$\hat{Z} = \frac{(\hat{p_1} - \hat{p_2}) - (P_1 - P_2)}{\sqrt{P_1 Q_1 / n_1 + P_2 Q_2 / n_2}} \sim N(0, 1)$$

그러므로 대표본에서 $(\hat{p_1}-\hat{p_2})$의 $100(1-\alpha)$% 신뢰구간은 다음과 같다.

$$(\hat{p_1}-\hat{p_2}) \pm Z_{\alpha/2}\sqrt{\hat{p_1}\hat{q_1}/n_1 + \hat{p_2}\hat{q_2}/n_2}$$

5.8 모분산 비의 구간추정

두 모집단으로부터 뽑은 표본의 분산의 비를 이용하여 모집단 분산의 비의 구간추정을 한다. 두 모집단 $N(\mu_1, \sigma_1^2)$과 $N(\mu_2, \sigma_2^2)$으로부터 각각 n_1, n_2를 임의로 추출하여 각 표본으로부터 구한 표본의 평균을 $\overline{X_1}$와 $\overline{X_2}$, 분산을 각각 S_1^2과 S_2^2이라 하면, 아래의 식은 자유도 (n_1-1, n_2-1)을 가지는 F분포를 따른다.

$$\frac{S_1^2/\sigma_1^2}{S_2^2/\sigma_2^2} \sim F(n_1-1, n_2-1)$$

그러므로 모분산 비 α_1^2/α_2^2의 $100(1-\alpha)$% 신뢰구간은 다음과 같다.

$$\frac{S_1^2/S_2^2}{F_{\alpha/2}} \leq \alpha_1^2/\alpha_2^2 \leq \frac{S_1^2/S_2^2}{F_{1-\alpha/2}}$$

6. 가설의 검정

6.1 가설검정의 기초개념

(1) 가설의 설정

가설검정이란 모집단에 대한 어떤 가설을 설정한 뒤, 표본을 통하여 가설의 채택여부를 결정하는 분석방법이다. 가설은 귀무가설(null hypothesis ; H_0)과 대립가설(alternative hypothesis ; H_1)로 구분되며, 일반적으로 귀무가설은 과거의 경험, 지식 등 현재까지 인정되어 온 것을 나타내고 대립가설은 귀무가설의 주장이 틀렸다고 제안하는 가설로서 연구자는 귀무가설을 부정하고 대립가설을 지지할 만한 증거를 확인하고자 하는 것이다.

(2) 검정통계량

가설검정은 모수에 대한 가설을 설정한 후에 표본을 통하여 검정에 필요한 통계량을 구하는데, 이와 같이 검정에 이용되는 통계량을 검정통계량(test statistic)이라고 한다. 검정통계량의 분포는 항상 가설에서 주어지는 모수를 갖는 분포를 따른다.

예를 들어 어느 도로를 주행하는 차량들의 평균속도는 60km/h로 알려져 있는데, 표본 500대를 대상으로 속도조사를 하여 다음과 같은 가설에 대해 검정한다고 하자.

$$H_0 : \mu = 60, \ H_1 : \mu > 60$$

이때 검정통계량은 표본평균 $\overline{X}$이며, $\overline{X}$의 분포는 모집단의 분포가 $N(\mu, \sigma^2)$이라고 할 때,

$$\overline{X} \sim N(\mu, \sigma^2/n)$$

이며, 표준화를 하면

$$\frac{\overline{X} - \mu}{\sigma/\sqrt{n}} \sim N(0, 1)$$

이다. 가설검정이란 귀무가설이 옳다는 전제하에서 표본으로부터 검정통계량의 값을 구한 후에 이 값이 나타날 가능성의 크기에 의하여 귀무가설의 채택여부를 결정하는 것이다. 즉, 모평균 μ가 귀무가설에서 주어진 특정값 μ_0이라고 할 대, 검정통계량의 값이 표준정규분포에서 나타날 가능성의 크기에 의하여 귀무가설의 채택여부를 결정한다.

위의 예에서 표본평균과 표본분산이 각각

$$\overline{X} = 65, \ S^2 = 4$$

이라고 할 때, 모분산 σ^2을 알지 못하므로 σ^2을 표본분산 S^2으로 대치하면, 검정통계량은

$$t = \frac{\overline{X} - \mu}{S/\sqrt{n}} \sim t(n-1), \quad n = 500$$

으로 자유도 $n-1 = 499$인 t분포를 따르며, 표본이 충분히 크므로(n≥30), t값은 표준정규분포 N(0, 1)을 따른다고 할 수 있다. 귀무가설에서 μ=60으로 주어져 있으므로, 귀무가설 하에서 검정통계량 값은

$$t = \frac{\overline{X} - \mu}{S/\sqrt{n}} = \frac{65 - 60}{2/\sqrt{500}} = 55.9$$

가 된다. 표준정규분포표로부터 위의 t값이 나타날 확률은 거의 0과 같음을 알 수 있는데, 이는 실제로 모평균 60이 옳다면 표본에 의한 표본평균 65는 나타날 수 없는 값이란 의미이다. 따라서 표본조사를 통해 이와 같은 값이 나왔다는 것은 귀무가설이 잘못되었다는 것으로 귀무가설을 기각할 수 있다.

이처럼 가설검정에서는 귀무가설이 옳다는 전제하에서 표본을 통해 구한 검정통계량의 값이 나타날 가능성이 크면 귀무가설을 채택하고 그렇지 않으면 기각하게 되는데, 가능성이 크다 또는 작다를 판단하는 기준이 유의수준이다.

(2) 유의수준과 기각역

유의수준(significance level ; α)은 귀무가설의 채택여부를 결정하는 판단기준으로 일반적으로 1%, 5%, 10% 등을 이용한다. 예를 들어 유의수준을 5%로 정한다면, 검정통계량이 나타날 가능성이 5% 이하이면 귀무가설을 기각하고 5% 이상이면 귀무가설을 채택하게 된다. 따라서 유의수준이란 귀무가설을 기각하게 되는 확률의 크기로 귀무가설이 옳은데도 불구하고 이를 기각하는 확률의 크기로 정의한다.

이때 귀무가설이 옳은데도 불구하고 기각하는 확률의 크기를 제1종 오류라고 한다. 즉, 유의수준이란 제1종 오류의 최대허용한계라고도 정의한다.

기각역(critical region)이란 검정통계량의 분포에서 확률이 유의수준 α인 부분을 말한다. 검정통계량이 나타날 가능성이 유의수준보다 작은 경우에 귀무가설을 기각하는 것은 곧 검정통계량의 값이 기각역에 속하면 귀무가설을 기각한다는 것과 같은 의미이다.

(3) 가설검정에 있어 오류

가설검증 과정에서는 다음과 같은 두 가지의 오류가 발생될 수 있다. 첫째는 실제로는 귀무가설이 참인데도 불구하고 귀무가설을 기각하는 오류로서 제1종 오류(Type I error ; α)이고, 두 번째는 귀무가설이 옳지 않은데도 귀무가설을 채택하는 제2종 오류(Type II error, β)이다. 가설검정에서는 두 가지의 오류 중에서 제1종 오류를 귀무가설의 채택여부 기준으로 하고 있다.

[표 6-1] 가설검정 결과와 오류

가설선택 \ 진실	H_0 참	H_1 참
H_0 선택	옳은 결정	제 2종 오류 (β)
H_1 선택	제 1종 오류 (α)	옳은 결정

(4) 유의확률

유의수준이 귀무가설의 채택여부를 결정하는 판단기준이라면, 유의확률(signification probability ; P)은 표본으로부터 구한 검정통계량의 값이 나타날 확률로서 귀무가설을 기각하게 되는 최소의 α값이다. 바꿔 말하면, 표본으로부터 발생하는 제1종 오류의 크기라고 할 수 있다. 그러므로 P값이 α보다 크면 귀무가설을 채택할 수 있으며, 반대로 P값이 α보다 작으면 제1종 오류의 최대허용한계 이내이므로 귀무가설을 기각할 수 있게 된다.

(5) 단측검정과 양측검정

단측검정이란 대립가설이 나타내는 모수의 영역이 한쪽으로만 주어지는 검정을 말하며,

$$H_0 : \theta = \theta_0$$
$$H_1 : \theta > \theta_0 \text{ 또는 } H_1 : \theta < \theta_0$$

양측검정은 대립가설이 나타내는 모수의 영역이 양쪽으로 주어지는 검정을 말한다.

$$H_0 : \theta = \theta_0$$
$$H_1 : \theta \neq \theta_0$$

(6) 가설검정의 단계

① 검정하고자 하는 목적에 따라 귀무가설과 대립가설을 설정한다.
② 검정통계량을 구하고 그 통계량의 분포를 구한다.
③ 유의수준을 결정하고 가설의 형태(단측 또는 양측)에 따라 기각역을 설정한다.
④ 표본으로부터 검정통계량의 값과 유의확률을 구한다.
⑤ 유의수준과 유의확률을 비교하여 귀무가설의 채택여부를 판정한다.

6.2 모평균의 검정

(1) 단일집단의 모평균 검정

가설검정의 응용에서 한 모집단의 평균이 어떤 특정값인가에 대한 검정을 실시하는 경우가 있다. 예를 들면 어느 도시의 직장인들의 평균 통근거리가 4km로 알려져 있는데 최근 몇 년간 도시 외곽지역의 택지개발로 인해 평균 통근거리가 증가했을 것으로 예상되어 이에 대한 검정을 한다고 하자. 이 경우 기존에 알려져 있는 평균 통근거리를 모평균 μ라고 두면, H_0와 H_1은 각각

$$H_0 : \mu = 4$$
$$H_1 : \mu > 4$$

이다. 이와 같은 단일집단의 모평균에 대한 검정은 모집단의 분포가 평균 μ와 분산 S^2을 갖는 정규분포를 따른다는 것을 전제한다고 할 수 있다. 모평균에 대한 검정과정은 다음과 같다.

(가) 가설의 설정

귀무가설과 대립가설은 다음과 같이 설정한다.

$$H_0 : \mu = \mu_0$$
$$H_1 : \mu \neq \mu_0 \text{ 또는 } \mu < \mu_0 \text{ 또는 } \mu > \mu_0$$

(나) 검정통계량과 분포

모평균의 검정통계량은 표본평균 $\overline{X}$이며, 표준화한 $\overline{X}$의 분포는 다음과 같다.

① 모분산 σ^2이 알려져 있는 경우

$$Z = \frac{\overline{X} - \mu}{\sigma/\sqrt{n}} \sim N(0, 1)$$

② 모분산 σ^2이 알려져 있지 않는 경우

- n > 30이면

$$Z = \frac{\overline{X} - \mu}{S/\sqrt{n}} \sim N(0, 1)$$

- n ≤ 30이면

$$t = \frac{\overline{X} - \mu}{S/\sqrt{n}} \sim t(n-1)$$

(다) 가설검정

유의수준 α를 정하고 검정의 종류(단측검정, 양측검정)에 따라 기각역을 설정한다. 표본으로부터 검정통계량의 값을 구하고 이 값이 기각역에 속하면 귀무가설을 기각하고 기각역에 속하지 않으면 채택한다. 또한 유의확률을 구하여 유의수준과 비교를 통해 귀무가설의 채택여부를 판단할 수 있다.

$$P\text{값} \geq \alpha : \text{귀무가설 채택}$$
$$P\text{값} < \alpha : \text{귀무가설 기각}$$

> ❶ 어느 대학에서 학생들이 가을 수업에 등록하는 데에 걸리는 시간의 평균 길이가 50분이었고 표준편차는 10분이었다. 현대적인 계산기를 사용하는 새로운 등록 절차가 시도되고 있다. 새로운 시스템하에 12명의 학생들로 이루어진 확률표본의 평균 등록 시간이 42분이고 표준편차가 11.9분이었다면, 모평균이 이제 50보다 작다는 가설을 유의수준 a)0.05, b)0.01을 사용하여 검정하라(시간들의 모집단은 정규모집단이라고 가정하여라).

해설

H_0 : $\mu = 50$분
H_1 : $\mu < 50$분
$a) \alpha = 0.05 \quad b) \alpha = 0.01$

- 기각역 : a) t<-1.796, b) t<-2.718, 단 $t = \dfrac{\bar{x} - \mu_0}{s/\sqrt{n}}$, 자유도 $v=11$

  $t=-2.33$

- 판정 : H_0를 유의수준 0.05에서는 기각하나, 유의수준 0.01에서는 기각할 수 없다. 이것은 본질적으로, 참 평균이 50분보다는 짧은 것 같으나, 컴퓨터를 작동하는 데에 필요한 높은 비용을 감당할 만큼 충분히 다르지는 않다는 것을 의미한다.

(2) 두 집단 모평균의 동일성에 대한 검정

"버스전용차로 개통 전과 후의 버스통행속도 차이 비교" 또는 "두 도로를 주행하는 차량들의 주행속도 비교" 등 두 집단의 모평균의 동질성에 대한 검정을 실시하는 경우가 있다. 이러한 검정에 있어 전제조건은 "두 집단이 서로 독립이며 두 집단 모두 정규분포를 따른다"는 것이다.

(가) 가설의 설정

$H_0 : \mu_1 = \mu_2 \, (\mu_1 - \mu_2 = 0)$
$H_1 : \mu_1 \neq \mu_2$ 또는 $\mu_1 > \mu_2$ 또는 $\mu_1 < \mu_2$

(나) 검정통계량과 분포

두 집단이 서로 독립이며 각각 정규분포를 따르므로 표본평균 $\overline{X_1}$과 $\overline{X_2}$의 분포는

$$\overline{X_1} \sim N(\mu_1, \sigma_1^2/n_1), \ \overline{X_2} \sim N(\mu_2, \sigma_2^2/n_2)$$

이다. 두 모평균의 동일성에 대한 검정은 귀무가설에서 나타낸 것과 같이 두 모평균의 차이가 0인지를 검정하는 것과 같다. 그러므로 검정통계량은 두 표본평균의 차이, 즉

$\overline{X_1} - \overline{X_2}$이며, 다음과 같이 정규분포를 따르며, 표준화를 하면 표준정규분포를 따른다.

$$\overline{X_1} - \overline{X_2} \sim N(\mu_1 - \mu_2, \frac{\sigma_1^2}{n_1} + \frac{\sigma_2^2}{n_2})$$

$$Z = \frac{(\overline{X_1} - \overline{X_2}) - (\mu_1 - \mu_2)}{\sqrt{\frac{\sigma_1^2}{n_1} + \frac{\sigma_2^2}{n_2}}} \sim N(0, 1)$$

일반적으로 모분산은 알려져 있지 않으며, σ_1^2과 σ_2^2의 조건에 따라서 다음과 같이 검정통계량을 구한다.

① $\sigma_1^2 = \sigma_2^2$인 경우(두 모분산이 동일하다고 전제할 수 있는 경우)

$\sigma_1^2 = \sigma_2^2 = \sigma^2$이라고 할 때, 두 표본의 분산은 모두 σ^2의 추정량이므로 σ^2의 추정량 S_P^2은 S_1^2와 S_2^2의 가중평균을 이용하여 구한다.

$$S_P^2 = \frac{(n_1-1)S_1^2 + (n_2-1)S_2^2}{(n_1-1)+(n_2-1)} = \frac{(n_1-1)S_1^2 + (n_2-1)S_2^2}{n_1+n_2-2}$$

- 표본이 대표본인 경우($n_1 + n_2 > 30$)

$$Z = \frac{(\overline{X_1} - \overline{X_2}) - (\mu_1 - \mu_2)}{S_p\sqrt{\frac{1}{n_1} + \frac{1}{n_2}}} \sim N(0, 1)$$

- 표본이 소표본인 경우($n_1 + n_2 \leq 30$)

$$t = \frac{(\overline{X_1} - \overline{X_2}) - (\mu_1 - \mu_2)}{S_p\sqrt{\frac{1}{n_1} + \frac{1}{n_2}}} \sim t(n_1 + n_2 - 2)$$

> ❶ 어느 수학강좌가 기존의 수업방법에 의하여 12명의 학생들에게 가르쳐진다. 10명의 학생들로 이루어진 두 번째 집단이 프로그램된 자료에 의하여 같은 강좌를 받았다. 학기말에 각 집단에 동일한 시험이 주어졌다. 기존의 수업방법에 의하여 가르쳐진 12명의 학생들의 평균점수는 85점, 표준편차는 4점이었고, 프로그램된 자료를 사용하는 10명의 학생들의 평균점수는 81점, 표준편차는 5점이었다. 두 학습방법은 동등하다는 가설을 유의수준 0.10을 사용하여 검정하라(모집단들은 동일한 분산을 가진 근사적인 정규모집단이라고 가정하여라).

해설

$H_0 : \mu_1 = \mu_2$ 즉, $\mu_1 - \mu_2 = 0$
$H_1 : \mu_1 \neq \mu_2$ 즉, $\mu_1 - \mu_2 \neq 0$

- 기각역 : t<-1.725와 t>1.725, 단 $t = \dfrac{(\overline{X_1} - \overline{X_2}) - (\mu_1 - \mu_2)}{S_p\sqrt{\dfrac{1}{n_1} + \dfrac{1}{n_2}}}$ 이고,

  자유도는 $n_1 + n_2 - 2 = 20$

  $S_p = \sqrt{\dfrac{(n_1-1)S_1^2 + (n_2-1)S_2^2}{n_1 + n_2 - 2}}$

  $S_p = \sqrt{\dfrac{(11)(16) + (9)(25)}{12 + 10 - 2}} = 4.478$

  $t = \dfrac{(85-81) - 0}{4.478\sqrt{\dfrac{1}{12} + \dfrac{1}{10}}} = 2.07$

- 판정 : H_0를 기각하고, 두 학습방법은 동등하지 않다고 결론을 내릴 수 있다. 계산된 t값이 기각역의 부분에 들어가므로, 기존의 수업방법이 프로그램된 자료를 사용하는 방법보다 우수하다고 결론을 내릴 수 있다.

6.3 모분산의 검정

(1) 단일 모집단의 모분산 검정

모분산 σ^2이 어떤 특정값 σ_0^2과 같은가에 대한 검정으로 검정통계량은 표본분산 S^2을 이용한다. 앞서 표본분산의 표준화한 값은 자유도 $n-1$인 χ^2분포를 따른다고 하였다.

$$\chi^2 = \dfrac{(n-1)S^2}{\sigma^2} \sim \chi^2(n-1)$$

모분산 σ^2에 대한 검정은 검정통계량이 S^2이며, 표본분포가 χ^2분포를 따른다는 것을 제외하고는 모평균에 대한 검정과 동일하다.

> ❶ 자동차 전지의 제조업자가 그의 전지들의 수명은 0.9년의 표준편차를 갖는다고 주장한다. 이 전지들 10개로 이루어진 확률표본의 표준편차가 1.2년이라면 $\sigma > 0.9$년이라고 생각하는 가?(유의수준 0.05를 사용하여라.)

해설

$H_0 : \sigma^2 = 0.81$
$H_1 : \sigma^2 > 0.81$
$\alpha = 0.05$

- 기각역 : $x^2 > 16.919$일 때 귀무가설이 기각된다는 것을 알 수 있다.

$S^2 = 1.44,\ n = 10$

그러므로 검정통계량 값은 $x^2 = \frac{(9)(1.44)}{0.81} = 16.0$

- 판정 : H_0를 채택하고, 표준편차가 0.9년이라는 것을 의심할 이유가 없다고 결론을 내릴 수 있다.

(2) 두 모분산의 동일성에 대한 검정

두 모집단의 분산의 동일성($\sigma_1^2 = \sigma_2^2$)에 대한 검정은 $\sigma_1^2/\sigma_2^2 = 1$과 같이 두 모분산 비가 1인지 아닌지에 대한 검정과 같다. 이러한 두 모분산의 동일성 검정의 예로 두 도로의 차량들 간의 주행속도의 분산은 같은가에 대한 검정이 있을 수 있다. 차량들 간에 분산이 크다는 것은 차량들 간의 속도 차이가 많이 난다는 것으로 교통안전 측면에서는 바람직하지 않기 때문이다.

앞서 표본분포에서 확률변수인 분산비는 F분포를 따른다고 하였다. 그러므로 두 모분산의 동일성 검정에 이용되는 검정통계량은

$$F = \frac{S_1^2/\sigma_1^2}{S_2^2/\sigma_2^2} \sim F(n_1 - 1, n_2 - 1)$$

이므로 귀무가설($\sigma_1^2 = \sigma_2^2$) 하에서의 검정통계량 값은

$$F = \frac{S_1^2}{S_2^2}$$

이 된다. 이하 가설검정 과정은 동일하다.

7. 회귀분석과 상관분석

7.1 선형회귀

회귀방정식(Regression equation)이란 하나 또는 그 이상의 독립변수의 값이 주어졌을 때 종속변수의 값을 예측할 수 있도록 하는 수학적인 공식을 말한다.

아버지의 키를 알면 아들의 키를 예측할 수 있는 다음과 같은 대략적인 관계식이 있다. $y = 33.73 + 0.1516x$, 즉 아버지의 키 x를 알면 아들의 키 y를 예측할 수 있다. 이때 예측된 변수를 종속변수(dependent variable) 또는 반응변수(response variable)라 하고, 예측에 사용되는 변수를 독립변수(independent variable), 설명변수(explanatory variable) 또는 회귀변수(regressor variable)라고 한다. 주어진 실험결과를 x, y축을 중심으로 분포도인 산점도를 그리고 이를 통하여 특정 선형관계가 합리적인 것으로 판명되면 선형회귀선(linear regression line)이라 불리는 직선방정식을 다음과 같이 나타낸다.

$$y = a + bx$$

여기서, a는 y의 절편이고, b는 y의 기울기이다.

일단 선형방정식을 사용하기로 결정하였으면, 최소제곱법에 의하여 a와 b를 추정한다. 오차가 최소가 되는 a, b를 구하는 방법은 다음과 같다.

$$b = \frac{n\sum_{i=1}^{n} x_i y_i - (\sum_{i=1}^{n} x_i)(\sum_{i=1}^{n} y_i)}{n\sum_{i=1}^{n} x_i^2 - (\sum_{i=1}^{n} x_i)^2}$$

$$a = \bar{y} - b\bar{x}$$

7.2 상관분석

상관분석은 상관계수라 부르는 하나의 값으로 두 변수사이의 직선이 관계 정도를 측정하는 분석이다. 두 개의 확률변수 X, Y 사이의 선형관계의 측도를 선형상관계수(linear correlation coefficient)라 하고 이것을 r로 나타낸다. 즉 r은 점들이 직선주위에 얼마나 흩어져 있는가를 측정한다. 그러므로 n개의 확률표본의 측정값들의 쌍(x_i, y_i); I=1,2,…, n)에 대한 산점도를 그려봄으로써 r에 관한 어떤 결론을 내릴 수 있다. 만약, 점들이 양의 기울기를 갖는 직선에 가깝게 나타나면 두 변수 사이에 높은 양의 상관이 존재하고, 반면에 만약 점들이 음의 기울기를 갖는 직선에 가깝게 나타나면 두 변수 사이에 높은 음의 상관이 존재한다. 두 변수 사이의 상관은 점들이 직선으로부터 멀리 흩어질수록 수치적으로 감소한다. 특히 점들이 완전히 임의적인 형태로 나타나면 상관은 0이고 X와 Y사이에 선형관계가 존재하지 않는다라고 결론짓는다.

(1) 상관계수(correlation coefficient)

두 변수 X, Y의 선형관계의 측도는 표본 상관계수 r에 의해 추정되어진다.

$$\gamma = \frac{(n\sum_{i=1}^{n} x_i y_i) - (\sum_{i=1}^{n} x_i)(\sum_{i=1}^{n} y_i)}{\sqrt{[n\sum_{i=1}^{n} x_i^2 - (\sum_{i=1}^{n} x_i)^2][n\sum_{i=1}^{n} y_i^2 - (\sum_{i=1}^{n} y_i)^2]}} = b\frac{s_x}{s_y}$$

SSE(Sum of Squares of the Errors)

$$= (n-1)(s_y^2 - b^2 s_x^2)$$

$$r^2 = 1 - \frac{SSE}{(n-1)s_y^2}$$

❶ 다음 자료의 상관계수를 구하고 해석하여라.

x(키)	12	10	14	11	12	9
y(몸무게)	18	17	23	19	20	15

해설

$\sum_{i=1}^{6} x_i = 68$, $\sum_{i=1}^{6} y_i = 112$, $\sum_{i=1}^{6} x_i y_i = 1292$, $\sum_{i=1}^{6} x_i^2 = 786$, $\sum_{i=1}^{6} y_i^2 = 2128$

따라서, $r = \dfrac{(6)(1292)-(68)(112)}{\sqrt{[(16)(786)-68^2][(6)(2128)-(112)^2]}} = 0.947$

$Y = a + bX1 + cX2 + dX3$

여기서,
Y : 주어진 독립변수에 의한 교통발생수
X1 : 가구당 인원수
X2 : 가구당 수입
X3 : 거주밀집도 (가구수/면적)
a, b, c, d : 상수

(2) 산정방법

① 독립변수 조사
② 독립변수와 종속변수 선정
③ 독립변수에 관계가 있는 종속변수 선정
④ 상관관계가 가장 높은 독립변수부터 하나씩 추가한다.
⑤ 통계적 상관관계를 조사(상관계수)

❶ 독립변수 가구당 인원을 가지고 회귀분석을 통한 통행발생을 예측하고자 한다. 조사결과는 아래와 같다. 2000년의 통행발생량을 구하라.

존(Zone)	종속변수(Y)	독립변수(X), 현재	독립변수(X), 2000
1	12.0	2.7	2.4
2	8.1	1.9	1.6
3	12.9	3.2	2.9
4	16.2	3.8	3.4
5	9.7	2.1	2.0
6	7.0	1.7	2.0
7	17.5	4.2	4.0
8	12.1	3.0	2.7
9	19.3	4.8	4.0
10	14.9	3.6	3.2

해설

$Y = a + bX$

$b = \dfrac{\sum_i X_i Y_i - nxy}{\sum_i X^2_i - nx^2}$

여기서,
  n : 샘플수
  x : 독립변수의 평균값
  y : 종속변수의 평균값
  X : 독립변수의 값
  Y : 종속변수의 값

$$a = y - bx$$

여기서,

　y : 종속변수의 평균값

　x : 독립변수의 평균값

$$r = \frac{\sum_i X_i Y_i - nxy}{\sqrt{(\sum_i X_i^2 - nx^2)(\sum_i Y_i^2 - ny^2)}}$$

존	Y	X	Y×Y	X×X	X×Y
1	12.0	2.7	144.00	7.29	32.40
2	8.1	1.9	65.61	3.61	15.39
3	12.9	3.2	166.41	10.24	41.28
4	16.2	3.8	262.44	14.44	61.56
5	9.7	2.1	94.09	4.44	20.37
6	7.0	1.7	49.00	2.89	11.90
7	17.5	4.2	306.25	17.64	73.50
8	12.1	3.0	146.41	9.00	36.30
9	19.3	4.8	372.49	23.04	92.64
10	14.9	3.6	222.01	12.96	53.64
총합	129.7	31.0	1,828.71	105.55	438.98
평균	12.97	3.1			

$$b = <438.98 - 10(3.1)(12.97)> / <105.55 - 10(3.1)^2> \geqq 3.906$$

$$a = 12.97 - 3.906(3.1) = 0.86$$

$$r = 0.99$$

따라서,

$$Y = 0.86 + 3.906X$$

2000년도의 통행발생을 윗 공식을 이용해 산정해보면

　Y1=0.86+3.906(2.4)=10.2통행발생/가구당

　Y2=0.86+3.906(1.6)=7.1통행발생/가구당

　Y3=0.86+3.906(2.9)=12.2통행발생/가구당

　Y4=0.86+3.906(3.4)=14.1통행발생/가구당

　Y5=0.86+3.906(2.0)=8.7통행발생/가구당

　Y6=0.86+3.906(2.0)=8.7통행발생/가구당

　Y7=0.86+3.906(4.0)=16.5통행발생/가구당

　Y8=0.86+3.906(2.7)=11.4통행발생/가구당

　Y=0.86+3.906(4.0)=16.5통행발생/가구당

　Y10=0.86+3.906(3.2)=13.4통행발생/가구당

제7장
교통운영

1. 회귀분석과 상관분석

1.1 교통통제시설 일반

(1) 개요

교통을 규제하고 지시, 안내하며 교통에 주의를 환기시키기 위하여 공공기관에서 도로상이나 그 주위에 설치한 표지, 신호등, 노면표시 및 기타 교통시설을 말한다.

(2) 목적

교통통제시설의 설치목적은 차량과 보행자를 포함한 모든 개체가 안내, 경고, 지시 등의 사전정보를 제공받아 질서 있고 안정되게 흐르도록 함으로써 도로상의 안전을 도모하고자 한다.

(3) 종류

교통통제시설에 포함되는 시설로는 교통표지, 노면표지, 그리고 신호기 등이 있다. 교통표지(traffic sign) 중 안전표지와 노면표지, 신호기는 교통류를 직접 통제하는 기능을 가지며, 경찰청이 설치, 운영 및 관리의 책임을 가지며 '도로교통법'에 근거한다. 교통신호는 종류, 운영방법 등에 대해 다음절에서 상세히 설명한다.

1.2 교통표지

교통표지의 종류는 주의·규제·지시·보조표지를 포함하는 안전표지와 안내표지가 있다.

(1) 6가지 요구사항

① 필요성에 부응해야 한다.
② 주의를 끌 수 있어야 한다.
③ 간단명료한 의미를 전달할 수 있어야 한다.
④ 도로 이용자에게 존중될 수 있어야 한다.
⑤ 반응을 위한 시간적인 여유를 가질 수 있는 곳에 설치되어야 한다.
⑥ 교통을 통제 또는 규제, 지시할 경우는 법적인 근거가 있어야 한다.

(2) 기능

① 교통을 규제, 지시
② 위험 사항을 경고, 예고
③ 안내

(3) 기본요구조건을 충족시키기 위한 5가지 기본요소

① 설계 : 도로사용자의 주의를 쉽게 끌고 의미를 강하게 전달할 수 있는 색상 및 규격들의 조합으로 설계
② 설치 위치 : 도로사용자의 시계 내에 위치하고 충분히 반응시간을 가질 수 있도록 설치
③ 운영 : 통일되고 일관성 있게 통제설비로서의 기능을 수행하고, 필요성에 부응하며, 존중되어야 하며, 반응할 시간을 부여할 수 있도록 운영
④ 유지관리 : 판독성과 시인성을 유지하도록 규칙적으로 관리
⑤ 통일성 : 동일한 상황 하에서는 동일한 통제설비를 통일되게 사용함으로써, 사용자의 반응시간을 단축시킨다.
⑥ 사전예고 : 표지는 운전자로 하여금 쉽게 반응할 수 있는 적절한 경우라면 운전자는 신호교차로에서 정지할 경우도 있기 때문에, '천천히'표지에서 사용되는 것보다 더 긴 예고 거리가 필요할 것이다. 너무 잦은 사전예고는 표지의 효과를 줄이게 되므로 좋지 않다.

(4) 교통표지분류

① 도로상의 결함이나 위험사항을 예고하는 주의표지(Warning sign)
② 교통상의 금지 또는 제한사항을 나타내는 규제표지(Prohibitory sign)
③ 필요한 사항이나 행동을 지시하는 지시표지(Indicator sign)
④ 도로의 노선이나 저명한 지점 혹은 장소를 안내하는 안내표지(Guide sign)
⑤ 제한적이거나 구체적인 의미를 나타내는 보조표지(Supplementary sign)
  주정차금지, 허용, 추월금지, 학교 앞, 아동보호 등

(5) 교통표지의 설계

① 주의표지 : 정삼각형 형태, 황색바탕, 적색테두리, 흑색문자
② 규제표지 : 원형(역삼각형, 팔각, 오각) 형태, 백색바탕, 적색테두리, 흑색문자
③ 지시표지 : 원형(사각, 오각) 형태, 청색바탕, 백색문자
④ 안내표지 : 사각 형태, 녹색(청색, 갈색)바탕, 백색문자
⑤ 보조표지 : 사각 형태, 백색바탕, 흑색문자

(6) 운전자와 의사소통 방법

① 도로표시의 색상 : 백색, 황색, 기타
② 도로표시의 형태 : 실선, 점선
③ 도로표지판의 형태 : 4각형, 8각형, 삼각형, 기타
④ 교통신호의 색상 : 적색, 황색, 녹색
⑤ 도로표지판의 색상 : 적색, 흰 바탕에 흑색, 황색, 기타
⑥ 교통신호 배열순서 : 위에서 아래로, 좌에서 우로(적, 황, 녹색화살표, 녹색)

1.3 교차로의 운영과 관리

(1) 개요

교차로는 교통의 상충으로 인한 사고 위험성이 높은 곳이다. 또한, 지체의 증가로 다른 도로부 보다 서비스 수준이 낮다. 상충지점과 지체가 많은 교차로를 효율적으로 운영하기 위해서는 적절한 제약과 함께 그 교차로에 맞는 교통신호의 설계가 필요하다. 교통통제 설비와 도류화, 회전차로 설치, 주정차금지, 좌회전금지 등과 같은 통제기법과 함께 도로폭의 확장, 교차로 접근로의 확장 등과 같은 대규모 지점개선이 요구되기도 한다.

(2) 교차로의 통제목적

① 교차용량 증대 및 서비스수준 향상
② 사고감소 및 예방
③ 주도로에 통행우선권 부여

(3) 교차로 통제

교차로 통제를 하기 위해서는 다음과 같은 세 가지 원칙이 있다.
- 교차로 용량을 증대시키고 서비스수준을 향상시키기 위한 통제
- 사고감소와 예방을 위한 통제
- 주도로에 우선권을 부여하고 이를 보호하기 위한 통제

(4) 교차로의 회전통제방법

보호회전신호를 설치하는 방법, 회전을 금지시키는 방법, 비보호회전 방법이 있다. 이와 같은 회전통제방법은 주로 좌회전교통에 대한 것으로서 그 통제목적은 교차로에서 차량-차량, 차량-사람간의 상충을 줄이고 사고 위험성을 감소시키며, 차량의 지체를 줄이고 교차로 용량을 증대시키는데 있다.

2. 교통신호기

교통신호는 운전자에 대해 규제와 경고를 하기 위해서 물리적인 힘에 의해서 신호를 표시하는 것을 교통신호라고 한다. 도로교통법에서 '신호기라 함은 도로교통에 관하여 문자, 기호 또는 등화로써 진행, 정지, 방향전환, 주의 등의 신호를 표시하기 위하여 사람이나 전기의 힘에 의하여 조작되는 장치를 말한다.'라고 정의되어 있다.

2.1 교통신호체계의 개요

(1) 목적

신호등에 의해 각 방향별 교통류에 순차적으로 통행권을 부여함으로써 차량의 안전한 교차로 통행을 도모

(2) 역할

통행권의 배분측면에서 강조되어야 하며, 배분시간은 가능한 한 교통량에 따라 할당되어 교차로의 이용효율을 높이는 방향으로 접근되어야 함

(3) 기능

사고방지, 보행자의 안전확보, 차량의 원활한 소통, 지연의 최소화, 에너지의 절약, 교통공해 감소

(4) 신호기의 종류

(가) 교통 통제 신호기

① 정주기식 신호기(Pre-Timed Signal) : 사전에 준비된 신호시간을 내장하여 하루에 한 개 또는 여러 개를 준비된 스케줄에 따라 현시하여 매일 반복하여 작동하게 한다.
② 감응식 신호기(Traffic-Actuated Signal) : 한 개 또는 그 이상의 접근로에 매설되어 있는 차량검지기에 의하여 파악된 교통량에 따라 신축성 있게 신호시간을 조정한다. 감응식 신호기에는 전감응식과 반감응식의 두 가지 방식이 있다.
③ 교통대응 신호기(Traffic Responsive Signal) : 흔히 전자신호기라고도 불리는 이 신호기들은 중앙관제소에 위치한 컴퓨터에 의하여 일괄적으로 통제되는데 신호시간은 현장에 매설된 차량검지기에서 측정한 교통량이나 점유율의 자료를 바탕으로 계산되거나 선택된다. 주로 대도시 교통신호체계에 이용된다.

[표 7-1] 정주기식과 감응식 신호제어의 비교

	정주기식 제어	감응식 제어
장점	• 신호시간이 일정하므로 인접한 교차로간의 연동이 감응식 제어에 비하여 용이. 교차로 간격이 조밀한 지역에서는 정주기식 제어가 감응식에 비하여 일반적으로 우수 • 정주기식 신호제어는 검지기의 상태에 영향을 받지 않으므로 고장차량의 점유나 도로공사 등으로 인한 비정상적인 교통상황에도 안정적인 작동 • 정주기식 신호기는 설치비용이 저렴하며, 유지보수가 용이	• 교통량의 변동이 심한 독립 교차로에서 효과적 • 주도로와 종도로가 교차하는 도로에서 주도로에 녹색신호를 부여하다가 필요시에만 종도로방향에 최소한의 녹색신호를 제공하여 주방향에 우선권을 부여하고자 할 때 효율적 • 매일의 교통상황이 예측 불허한 교차로에서 정주기식보다 효과적

(나) 특수 신호기

특수 신호기로는 보행자안전을 위하여 설치한 보행자 신호기, 운전자에게 위험지역을 경고해 주는 황색점멸등, 가변차로로 운영되는 도로에서 이용되는 차로지정신호기, 그리고 철도건널목 신호기 등이 있다.

2.2 신호기의 설치기준 및 운용

(1) 신호기 설치 기준

신호등 설치의 기준은 다음과 같은 조건을 만족할 때 설치된다.

① 최소교통량 기준

평일의 교통량이 다음 표 기준을 초과하는 시간이 8시간 이상이면 신호기를 설치한다.

[표 7-2] 신호등 설치 최소 교통량 기준

도로분류		주도로(양방향)(대/시)	부도로 중 교통량이 많은 방향(대/시)
주도로	부도로		
1	1	500	150
2이상	1	600	150
2이상	2이상	600	200
1	2이상	500	200

② 횡단 보행자 수 기준

하루 8시간 이상 주도로의 양방향 교통량이 600대/시 이상이고 같은 8시간 동안 횡단보도의 보행자 수가(자전거 포함) 150명/시간 이상인 경우

③ 통학로 기준

어린이보호구역내 초등학교 또는 유치원의 주출입문에서 300m 이내에 신호등이 없고 자동차 통행시간 간격이 1분 이내인 경우

④ 교통사고기록 기준

신호기 설치예정 장소로부터 50m 이내의 구간에서 교통사고가 연간 5회 이상 발생하여 신호등의 설치로 사고를 방지할 수 있다고 인정되는 경우

(2) 신호등 설치의 장단점

① 장점
- 질서 있게 교통량을 진행시킨다.
- 직각 충돌이나 보행자 충돌과 같은 유형의 사고가 감소한다.
- 교차로의 용량이 증대한다.

- 교통량이 많은 도로를 횡단해야 하는 차량이나 보행자를 안전하게 횡단시킬 수 있다.
- 인접 교차로와 연동시켜 일정한 속도로 긴 구간을 연속 진행시킬 수 있다.
- 수동식 교차로 통제보다 경제적이다.
- 통행 우선권을 부여받으므로 안심하고 교차로를 통과할 수 있다.

② 단점
- 첨두시간이 아닌 경우에는 교차로 지체와 연료 소모가 커질 수 있다.
- 추돌 사고와 같은 유형의 사고가 증가한다.
- 부적절한 곳에 설치되었을 경우 불필요한 지체가 생기며 이로 인해 운전자나 보행자가 신호등을 무시하게 된다.
- 부적절한 시간으로 운영될 때 운영 효율성이 떨어진다.

2.3 신호제어체계 개선 선결조건

교통량의 증가는 과포화되는 도로 및 가로의 수를 증가시켜 신호시간 조정에 의한 교통운영개선 효과를 감소시키고 있어 보다 적극적인 교통체계의 개선이 요구되고 있다. 이러한 주요 교차로의 과포화현상을 해소하기 위하여 다음과 같은 적극적인 교통체계의 개선이 재검토되어야 한다.

① 주요간선도로 교차지점 및 교량연결 인접교차로 좌회전 금지
② 회전차량 우회도로 설정 불가능지점에 혼잡교차로 입체화
③ 기능개선 교통제어 시스템의 적극적인 도입

주간선도로 위주의 도로망체계는 우회도로가 부족하고, 또한 이용을 위한 도로정비가 미비하여 도로이용의 효율을 약화시키고 있다. 이러한 우회도로 운영체계 개선을 위하여 다음과 같은 개선사항이 선결 재검토되어야 한다.

① 이면도로 정비 및 일방통행제 확대 실시
② 우회전 전용차로 확보와 같이 우회도로 연결부 시설 보완
③ 좌회전 전용차로 확보와 같이 노면시설 정비

신호운영의 효율성은 교통소통과 직접적인 것으로 현재 신호운영개선은 중요한 요소로 평가된다. 이와 같은 신호운영은 시스템의 개선과 병행하여 운영의 합리성을 재고시키는 것으로 각 시도의 규모에 부합된 운영 및 관리예산의 확보가 시급한 것으로 검토되어진다. 이러한 신호운영체계 개선을 위하여 다음과 같은 사항이 선결 재검토되어야 한다.

① 인력증원 및 장비 증대를 위한 예산확보와 유지관리비용 증대
② 시스템 개선 적극 추진
③ 좌회전금지 등과 같은 적극적인 신호운영체계 도입

또한 신호운영체계의 개선을 하기 위해서는 버스노선체계에 대한 전반적인 검토가 필요하다. 현행 버스노선체계의 대부분은 굴곡노선으로서 좌회전금지 등과 같은 교통체계개선과 교차로 부근에서 좌회전으로 인한 교통흐름 저해와 버스운행시간 증대 등의 문제점을 야기하고 있다. 신호운영체계 개선과 병행하여 다음과 같은 버스노선체계의 개선이 전반적인 교통운영의 효율을 증대시킬 수 있는 방안으로 검토되어야 한다.

① 굴곡노선 버스체계 직선화
② 노선버스에 의한 신호체계 미비지점 신호체계개선
③ 버스정류장 위치 조정

3. 전자교통신호제어 체계

3.1 신호제어 전략

도시의 가로망 구조, 교통특성, 교통환경 여건 등을 분석하여 수립하게 되며 교통특성 및 교차로의 위치 등을 고려하여 교차로군을 구성

① 교차로군은 교통특성이 유사한 교차로들을 동일한 신호주기로 운영함으로서 연동 및 소통효과를 높일 수 있음
② 신호제어 단위로서 교차로 및 가로의 특성에 따라 가로망제어, 간선도로제어, 감응제어 및 혼잡교차로 독립제어 등
③ 교차로군 조정의 기본방향은 간선도로제어(Arterial Control)의 개념을 기준으로 하고 교통여건 및 가로망 구조에 따라 간선도로망제어(Open Network, Closed Network) 개념을 적용
④ 일반적으로 간선도로 제어형태는 도심지역과 외곽지역을 연결하는 도로와 같이 주요 교차로가 선형으로 배치된 가로에 적합하고 가로망 형태의 제어는 주요교차로가 격자형으로 배치되어 있는 지역에 적합한 제어방식

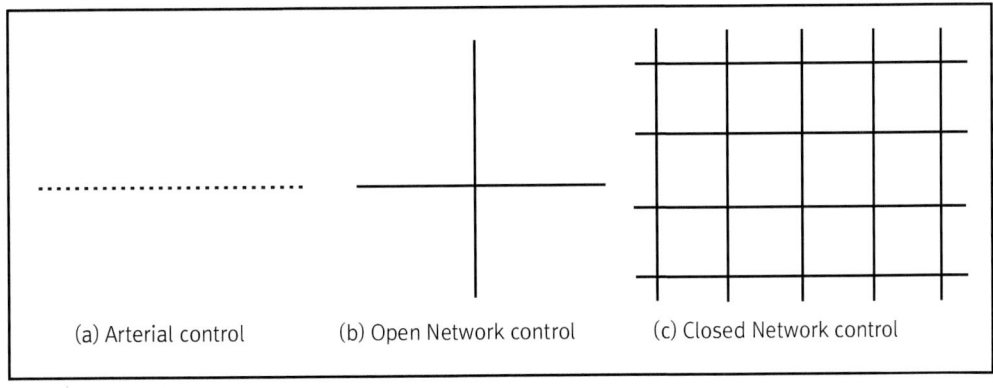

[그림 7-1] 신호제어 교차로군 구성의 개념

⑤ 단독제어방식은 혼잡교차로나 인접교차로와의 연계성이 적은 교차로에 적합한 방식으로 일반적으로 사용되는 신호주기범위 밖의 대형주기 교차로군을 별도로 구성하여 사용하고 있으며 횡단보도와 같이 보행자대기시간을 감소시키기 위해 이중주기를 사용하는 소형주기군도 구성하여 운영

한편 교차로군을 구성하기 위한 고려 사항은 다음과 같다.
① 인접교차로와의 거리
② 도로기능의 균질성
③ 인접교차로와의 연계성
④ 통행상태 및 교통여건
⑤ 교차로군내의 최대수용 교차로수

3.2 신호제어 방식의 종류

(1) 교통대응 방식

교통대응신호는 모든 교통감응신호 및 교통적응신호 제어기와 그 시스템을 포함한다. 또한 교통감응신호 제어기에는 완전감응제어기, 반감응제어기 및 교통량-밀도 제어기가 있다.

(가) 교통감응신호기

독립교차로에서 주로 운영되는 교통감응신호기는 현시길이와 주기의 길이가 끊임없이 조정되며, 경우에 따라서는 교통수요가 없는 현시는 생략되기도 한다. 이와 같은 조정은 교차로 접근로에 설치한 감지기로부터 교통수요를 측정하여 이를 근거로 한다.

① 감응식은 유입하는 교통량에 따라 녹색신호시간을 자율적으로 조절하는 방식으로서 보통 교차로에 설치된 검지기를 사용하여 산출한다.
② 감응식 제어에는 교차로의 모든 접근로를 제어하는 완전감응식과 일부만 제어하는 반감응식으로 구분된다.
③ 감응식 제어를 위해서는 고정신호제어와는 달리 제어변수의 설정이 많아지고 차량검

지기가 설치된다.
④ 적절한 차량검지기의 설치와 제어변수의 합리적인 설정은 감응신호기 운영의 효율성에 중요한 요소가 된다.

1) 완전감응식(Full-Actuated Signal)

- 교차로에 유입하는 모든 접근로에 검지기를 설치하여 검지기에서 수집된 교통량의 변화에 따라 각 접근로의 녹색시간이 변하도록 되어 있어서 모든 접근로에 신호운용이 가능하다.
- 신호시간 결정방법에서 최소녹색시간(Vehicle Extension Period)의 설정은 초기 녹색시간과 한 단위연장시간의 합이다.
- 만약 첫 단위연장시간 내에 후속 되는 차량의 검지가 없으면 녹색신호는 황색신호로 바뀐 후에 신호요청이 있는 다른 접근로에 녹색신호로 돌아간다.
- 초기 녹색시간은 적색신호 동안 검지기와 정지선 사이에서 기다리고 있던 차량들을 교차로에 진입시키는데 필요한 시간이다.
- 단위연장시간은 초기녹색시간 직후에 한대의 차량이 검지기로부터 교차로에 진입하는데 필요한 시간이다.
- 최대녹색시간 및 신호시간 결정방법은 첫 번째 단위연장시간 중에 차량이 검지기를 통과했다면 그 단위연장시간은 남은 부분은 취소되고 새로운 단위연장시간이 그 순간부터 시작된다.
- 차량들의 단위 연장 시간 안에 검지기를 통과하는 한, 즉 차량간격이 단위연장시간 보다 짧은 한, 교차도로에서 차량검지기가 있을 때까지는 계속해서 주도로에 녹색신호가 나타난다.
- 연장한계(Extension Limit)란 최소녹색시간 이후부터 녹색신호가 끝나는 시점까지이며, 이 시점은 교차도로에 차량이 검지된 후 그 도로에 녹색신호가 돌아올 때까지 기다려야 하는 최대녹색시간으로서 결정된다.
- 즉 주도로에서 단위연장시간이 계속될 정도로 교통수요가 많다 하더라도 교차도로에 감지된 차량도 한없이 기다릴 수는 없기 때문에 교차도로 차량감지 이후 정해진 시간이 지난 후에는 교차도로로 녹색신호가 돌아온다.
- 두 도로에 대한 연장한계는 고정시간신호에서 녹색시간을 분할하여 얻을 수 있으며, 연

장 한계는 교차도로의 검지시점에 따라 그 길이가 변한다.

2) 반감응식(Semi-Actuated Signal)

- 반감응식 제어개념은 기본적으로 완전감응식 제어방식과 동일하나 검지기는 부도로에 설치되어 부도로의 자동차가 검지기를 통과하여 일정한 한도에 이르면 주도로에 주었던 진행우선권을 부도로로 변환하게 하여 부도로의 요구를 충족시킨 후 다시 주도로에 진행우선권을 주는 것이다.
- 이 신호기는 주도로의 교통량이 거의 변동이 없고 부도로의 교통은 아주 적으면서 일시적인 변동이 심한 곳의 독립 교차로나 이와 비슷한 교차로의 전자신호기에 연결하여 사용한다.
- 특히 반감응식은 교차로의 신호주기를 유지시켜주므로 인접교차로간의 연동을 도모한다.

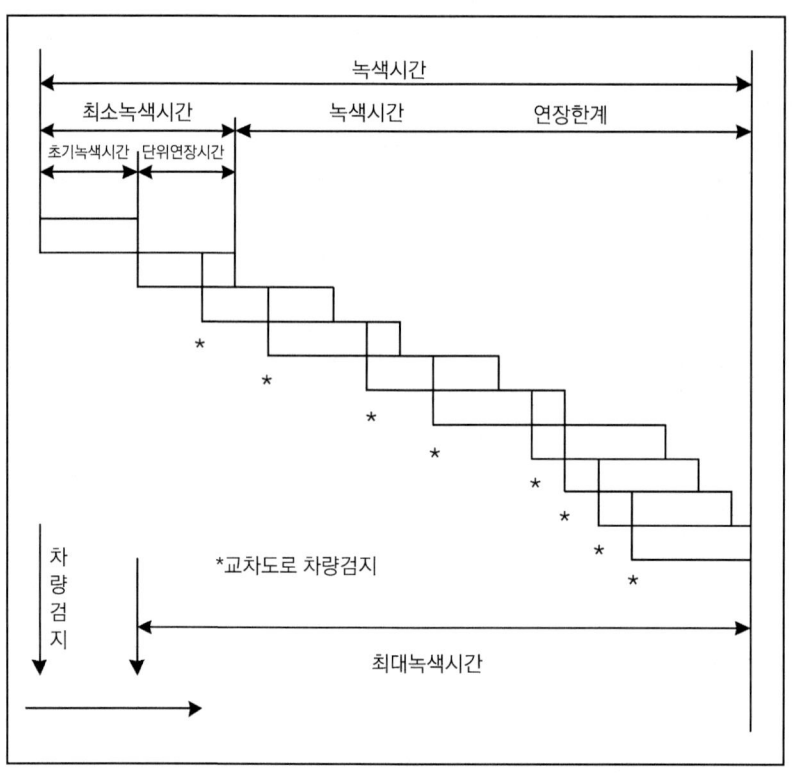

3) 교통량 - 밀도 신호기

독립교차로에 대한 교통대응신호기 중에서 가장 이상적이며 복잡한 제어기로서 녹색시간은 각 접근로의 교통량에 비례해서 할당된다. 교통감응식 제어기와는 달리 미리 정해진 방식에 따라 감응하지 않고 교통량, 대기행렬 길이 및 지체시간에 관한 정보를 수집 기억하였다가 이를 이용하여 현시와 주기를 수시로 수정한다.

(나) 교통적응 신호기

독립교차로에 사용하는 교통감응식 제어기를 간선도로나 도로망 신호통제에 이용하기 위하여 이 제어기를 고정시간 또는 반감응식 제어기를 통제하는 주제어기로 사용하면 이 두 제어기의 장점을 모두 취할 수 있다.

감지기가 교통량과 진행방향에 관한 정보를 주제어기의 컴퓨터에 보내면 주 제어기는 이 자료를 분석하여 그 때의 방향별 교통량에 가장 적합한 주기와 옵셋의 조합을 선택한다. 이때 각 방향별 교통량에 따른 주기와 옵셋은 미리 계산되어 컴퓨터에 내장되어 있는 것이다.

교통적응 신호기의 기본제어개념은 다음과 같다.

① 교통대응방식은 대상가로에 설치된 검지기로부터 수집된 교통량과 점유율로부터 준비된 다수의 교통신호 계획표에 부합되는 패턴을 자동적으로 선택하여 신호등을 제어하는 방법으로서 일반적으로 선형제어에 적합한 방식이다.

② 신호시간패턴은 교통량과 점유율 자료를 통하여 미리 작성된 기준에 의해 신호주기(cycle), 시간분할(split), 옵셋(offset) 패턴을 선택한다.

1단계 :	Off-Line에 의한 최적신호시간 계획의 수립
2단계 :	신호시간계획의 선택을 위한 교통대응테이블의 작성
3단계 :	2단계에서 설정된 교통대응 테이블의 임계값 비교를 통한 신호시간계획 수행

③ 신호시간패턴 결정 3단계
- 1단계에서는 신호시간계획 산출에 필요한 자료(교통량, 차로, 신호체계, 교차로간 거리 등)을 미리 조사하여 신호시간 최적화 모형으로 최적신호시간 계획을 수립

- 2단계에서는 미리 만들어진 신호시간계획의 선택을 위한 교통대응 테이블의 작성으로 대상구간 내 검지기에서 검지되는 교통량, 점유율, 속도 등을 분석하여 대상구간 교통상황을 가장 정확하게 나타내는 검지기의 자료로서 교통대응 테이블의 임계값을 설정
- 3단계에서는 검지기에서 검지된 상황을 분석하여 2단계에서 설정된 교통대응 테이블의 임계값과 비교하여 해당 선택영역을 결정한 후 1단계에서 입력된 신호시간계획을 수행

(2) 시간기준 연동시스템

(가) 시간제어방식(TOD, Time Of Day)

① 시간제어운영(TOD) 방식은 가로축 또는 지역별로 유사한 교통패턴을 갖는 교차로들을 가로축 또는 지역별로 교차로군(Group)을 편성하고 각 교차로군별로 시간대별로 발생 예상되는 교통패턴에 따라 신호주기, 시간분할, 옵셋을 작성하여 운영자가 해당 시간대에 계획된 신호시간 데이터를 지정하여 운영되도록 하는 방식으로 현재 시스템 운영의 주축

② 시간제어운영 방식은 월-일요일의 요일별(7일)과 특수일(3일)의 10일로 구분되어 일자별 선택을 할 수 있고 시간분할과 옵셋은 각 16개 그리고 신호주기 30-225초의 범위 내에서 선택 가능

③ 시간대별 교통변화에 따른 신호주기의 운영은 전이폭을 줄이기 위해 10초씩 단계적으로 설정하여 운영하고 있으며 보행자의 대기시간을 줄이기 위하여 Green Band폭에 큰 영향을 주지 않는 범위에서 반주기(Half Cycle)를 적용

④ 주기, 현시시간 및 Offset 등 신호시간의 제반 데이터베이스는 1차적으로 교통신호 분석 모델(TRANSYT-7F, TRASOS, SOAP, PASSER, SIGOP 등)을 사용하여 산출하고 실제 교통상황에 적용하여 발생되는 문제점을 보완하여 최적의 값이 설정될 수 있도록 함

⑤ TOD의 시간대 설정은 교통류의 패턴에 따라 결정되며 교통류 변화추이에 따라 교차로군별 TOD 운영시간대가 결정된다. 따라서 교통류패턴의 시간대별 변화추이를 조사해서 첨두시간대별 운영에 반영할 필요가 있음

(나) TBC(Time Based Coordination) 제어

① 전송선 또는 기타 교통제어 시스템의 이상으로 지역제어기가 중앙 컴퓨터 시스템과 Off-Line되었을 때 지역제어기 단독으로 신호운영을 수행
② TBC 기능의 목적을 달성하기 위하여 지역제어기는 중앙컴퓨터에 의해 1일 1회씩 Time Setting이 이루어져 지역제어기간의 시간을 일치시키고 Down Load 기능으로 중앙컴퓨터의 신호시간계획과 동일하게 입력되어 있어 Off-Line시에도 On-Line으로 제어되는 인접교차로와의 신호시간이 유지되고 해당 시간대별 교통상황에 맞는 신호주기, 옵셋 및 신호현시시간을 선택하여 제어할 수 있는 기능을 보유

(다) 시간대별 황색점멸 신호운영

① 신호기의 설치목적은 교통류가 상충되는 지점에 교통 혼잡해소와 사고방지에 있다. 이와 같은 목적에 의해 설치된 신호등이 지역별 또는 가로축의 특성에 따라 시간대별로 교통량이 발생되는 편차가 심한 경우 신호기의 원래 기능을 상실하게 된다. 특정교차로에 신호등이 설치될 경우 제어하려는 모든 방향의 횡단보도시간, 최소녹색시간 및 신호제어기의 제어기능 등의 제약에 의해 방향별로 발생되는 교통량에 적절한 신호시간을 부여할 수 없게 되는 경우가 있다. 여기서 야간 등 특정시간대에 발생되는 교통량이 적어 신호운영이 오히려 지연시간을 증대시켜 차량 소통에 지장을 초래하며, 운전자의 신호위반을 조장하는 지점에 대해 황색점멸신호로 제어하여 신호운영의 효율을 증대시키는 방안이 있다.

[표 7-3] 황색점멸신호의 장단점

장 점	단 점
• 차량 및 보행신호로 인한 지체시간 감소 • 불합리한 신호로 야기되는 운전자의 신호위반 행위 근절 • 신호위반으로 인한 사고의 감소	• 주의태만으로 인한 사고 위험 증가(차량대 차량, 차량대 보행자 충돌사고) • 양보정신 미흡으로 한쪽방향 교통류의 일방적인 통행 • 교통량 증가로 교차로 앞막힘현상 발생 • 시인성이 부족한 곳에서의 사고 증가

② Barry Benioff 등의 연구에 따르면 양방통행도로에서 주도로의 교통량이 200대/시간 이하일 경우 황색점멸신호를 사용하며 황색점멸신호 후 단기적으로 우직각 충돌사고

가 1년에 3회 이상 발생시에는 정상신호로 환원시켜야 한다고 제시
③ 황색점멸 신호운영에 대한 안전과 소통이라는 두 가지 측면을 충분히 고려하여 시행되어야 할 것

(라) 시간제 좌회전 신호운영

① 진입교통량이 교차로용량을 초과하여 교통혼잡이 되는 교차로에서 신호시간 조정작업만으로 교통혼잡을 충분히 해소할 수 없는 경우 신호현시체계의 변경작업이 수행
② 신호현시체계 수정작업 내용 중에는 현시조합의 합리화로 방향별 교통량에 신호시간 손실을 최소화하는 방향과 신호순서의 합리화에 의한 신호연동효과의 극대화 방안 및 신호현시수 단순화에 의한 용량증대 방안
③ 교통량이 집중되는 교차로에 교통혼잡 해소 방안으로 전 차량의 좌회전금지, 차종별 좌회전금지 또는 시간대별 좌회전금지 등의 신호현시운영 방안이 적용
④ 시간제 좌회전 신호운영은 도로이용자의 편의성을 높이고 교통혼잡을 해소시키는 두 가지 목적을 동시에 만족시키기 위해 시간대별 또는 요일별로 좌회전을 금지하여 운영

(3) 기타 제어방식

(가) 혼잡교차로 제어방식(CIC, Critical Intersection Control)

① 혼잡교차로 제어는 인접 교차로군 신호등과의 연계를 고려하지 않고 특정지점 교차로에 대한 단독신호제어를 수행하는 것으로 특정 교차로 접근로에 교통수요를 고려하여 신호주기와 현시시간을 갖도록 운영
② 혼잡교차로 제어는 여러 가지 방법에 의해 수행되고 있는데 적신호의 끝에 교통량과 차량대기행렬 길이의 합에 의해 교통수요를 판단하는 방법과 교통량과 점유율의 선형적인 증가비로 교통수요를 판단하는 방법이 있음
③ 혼잡교차로제어(CIC)와 감응식제어(Actuated Control)에 차이점은 혼잡교차로 제어는 신호시간계획(Timing Plan)에 의해 사용되는 현시시간이 유지된다는 점
④ 신호주기로부터 이탈이 제한되며 주녹색시간(Main Green)의 시작이 Offset을 유지하기 위하여 계산되어지므로 혼잡교차로 제어는 반감응식 제어(Semi-actuated Control)와 유사한 개념의 운영

(나) 비보호 좌회전 현시운영

① 비보호 좌회전 현시는 좌회전 차로와 좌회전 현시가 별도로 설치되어 있지 않으며 직진신호동안 대형 차량사이의 간격을 이용하여 좌회전하도록 규정된 현시방법
② 이 현시방법은 좌회전 차량이 대향차량간의 간격을 이용하여야 하므로 대향직진차량이 많은 경우 좌회전차량은 대향차량간의 간격을 이용할 수 있는 기회가 적어 좌회전차량의 지연이 증가
③ 교통량이 적을 경우에는 좌회전을 할 수 있는 기회가 많아져 지연을 하지 않고서도 좌회전할 수 있어 효율적으로 교차로를 운영할 수 있는 현시방법

(다) 가변차로 및 램프(Ramp)제어

① 가변차로제는 양방통행 도로에서 한쪽 방향의 통행량이 다른 방향의 통행량보다 월등히 많은 경우, 도로이용효율을 증대시키기 위해 중앙의 1개 또는 2개 차로를 통행량이 과다한 방향에 배정하는 방식
② 가변차로의 보다 효율적인 운영을 위하여 교통제어 중앙컴퓨터 시스템에 가변차로제어 기능을 추가하여 자동으로 제어

(라) 기타 신호운영방식

신호 및 도로의 운영효율성을 제고하기 위하여 일방통행제, 버스 전용차로제 등의 운영방식이 있다.

(마) 고속도로 제어 시스템

차량의 고속주행을 목적으로 건설된 고속도로가 과도한 교통량으로 인하여 발생한 혼잡으로 기능을 제대로 발휘하지 못하는 경우가 빈번히 발생한다. 이러한 문제점을 인식하여 고속도로의 교통관리 및 통제에 관한 연구개발을 시작하였으며, 오늘날까지 다양한 형태의 고속도로관제가 실시되고 있다. 고속도로관제 및 통제에는 진입부통제(폐쇄, 미터링), 도로정보제공(속도, 통행시간, 우회경로 등), 다인승차량 우선처리(진입우선, 전용차로제), 관제, 사고처리 등이 포함된다.

4. 신호시간 산정절차

신호교차로는 교통표지나 노면표시 등의 비교적 소극적 교통관제시설로는 교통류의 이동을 안전하고 효율적으로 처리하지 못하는 지점에서, 서로 다른 교통류에 대한 도로 통행우선권(Right of Way)을 보다 분명하게 제시하기 위해 교통관제시설(신호등)을 설치하여 교통관제를 하는 교차로를 말한다. 본 절에서는 이러한 신호교차로의 가장 기본적인 사항에 대하여 그 개념과 설치 및 운영방법 등에 대하여 간단히 기술하기로 한다.

4.1 신호등 운영 특성 및 용어

적절하게 설치 운영되는 교통신호등은 차량과 보행자의 통제에 매우 효과적인 시설물이 될 수 있지만, 신호등에 의해 교통류가 도로 통행권에 제약을 받게 되므로 신호등의 설치 및 운영 시에는 제반사항을 면밀히 검토하여 시행하여야 한다.

(1) 신호운영의 주요특성

① 질서 있게 교통류를 이동시킨다.
② 직각 충돌 및 보행자 충돌과 같은 종류의 사고가 감소한다.
③ 적절한 신호제어 등의 운영에 의해 교차로의 용량이 증대된다.
④ 교통량이 많은 도로에서 안전하게 차량이나 보행자를 횡단시킬 수 있다.
⑤ 인접교차로를 연동시켜 일정한 속도로 긴 구간을 연속 진행시킬 수 있다.
⑥ 통행우선권을 부여받으므로 안심하고 교차로를 통과할 수 있다.
⑦ 비첨두시간시 교차로 지체와 연료소마가 필요 이상으로 커질 수 있다.
⑧ 추돌사고와 같은 유형의 사고가 증가한다.
⑨ 지속적인 신호운영 등의 유지관리가 필요하다.

(2) 기본 용어

① 주기(Cycle) : 신호등의 등화가 완전히 한번 바뀌는데 소요되는 시간
② 현시(Phase) : 한 주기 중에서 동시에 진행하는 교통류에 할당된 신호
③ 옵셋(Offset) : 어떤 기준시간으로부터 녹색 등화가 켜질 때까지의 시간차를 초 또는 주기의 백분율로 나타낸 값
④ 연속진행(Progression) : 신호체계의 계획속도에 따라 차량군을 진행시킬 때 인접 신호등에서도 정지하지 않게 하는 시간 관계
⑤ 진행대(Through Band) : 연동신호체계에서 실제 연속 진행할 수 있는 첫 차량과 맨 끝 차량간의 시간대로 이때의 폭을 진행대폭(band width)이라 한다.

4.2 신호시간 산정절차

신호등 설치 여부가 판단되면 보다 효율적인 교차로 운영을 위해 방향별 교통량을 고려한 신호주기 및 현시를 결정하여야 하는데 다음과 같은 비교적 복잡한 과정을 거치므로 주요 단계별 수행방법을 간략히 서술키로 한다.

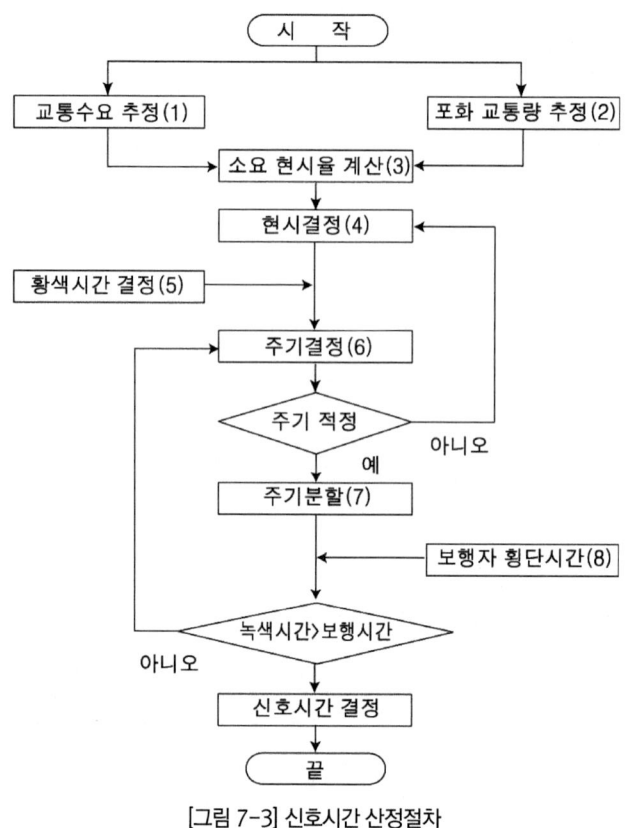

[그림 7-3] 신호시간 산정절차

(1) 교통수요 추정

신호기를 신설하거나 현재의 신호시간을 검토하고 개선하기 위해서는 그 교차로의 진행 방향별 교통량을 알아야 한다. 교통량의 측정은 주중 어느 날의 12시간을 관측하는 것이 바람직하며, 각 접근로의 방향별 자동차 교통량과 횡단 보행자 수를 15분 단위로 조사하여 4배를 한다. 가능하면 첨두시간의 차종별 조사도 병행하여 차종구성비를 정확히 파악하여 포화교통량을 구할 때 사용한다.

시간제로 운영되는 경우를 위하여 교통량이 어느 정도 일정한 시간대별 교통량을 각각의 설계교통량으로 한다. 보통 일주일을 주기로 하여 평일의 몇 개 시간대와 토요일, 일요일 또는 공휴일의 시간대를 합하여 7~10개의 설계교통량을 설정하는 것이 좋다.

신호시간 설계에 사용되는 설계교통량은 승용차환산대수에 첨두시간계수를 적용한 첨두시간교통량이며, 특히 우회전은 신호에 관계없이 우회전하는 교통량을 분석에서 제외해야 한다. 또한 주의해야 할 점은 설계교통량은 교통수요를 의미하므로 교차로를 통과하는 차량대수가 아니라 도착 차량의 교통량을 뜻한다. 이때 교통량은 진행 방향별, 차종별로 관측하여야 한다.

(2) 포화교통량 추정

(가) 차로군 분류

신호교차로의 모든 분석은 차로군 단위로 이루어지며, 차로군은 이동류의 교통량 분포에 따라 달라진다. 즉, 서로 다른 현시에 진행하는 이동류는 별개의 차로군을 형성한다. 또 같은 현시에 진행하는 서로 다른 이동류의 경우, 혼잡도가 다르면 별개의 차로군으로 분류한다. 반대로 좌회전 또는 우회전차로를 직진이 공용함으로써 혼잡도에 관해서 직진차로와 평형상태를 나타내면 이 좌회전 또는 우회전 이동류는 직진과 함께 같은 차로군을 형성하며 통합해서 분석한다.

즉, 신호교차로는 신호운영방법과 좌회전 전용차로 유무에 따라 분석 방법이 달라지므로 차로군 분류는 기본적으로 실질적 전용회전차로의 존재 유무를 판별하는 것이다. 다시 말하면, 직진과 좌회전의 공용차로, 또는 직진과 우회전의 공용차로의 혼잡도가 직진전용차로의 혼잡도보다 크면 이 차로는 실질적인 전용차로와 같은 역할을 한다. 차로군 분류 방법에 대해서는 본서 5.5절(신호교차로)에 기술되어 있다.

(나) 포화교통량

이상적인 조건에서의 포화교통량으로 2,200pcphgpl값을 사용한다. 그러나 도로 및 교통 조건이 이상적이 아닌 실제 현장의 조건에서는 포화교통량이 이 값보다 적으며, 현장에서 조사된 도로 및 교통조건의 영향을 보정하여야 한다(보정식은 본서 5.5절 참조).

(3) 소요현시율 계산

각 이동류에 대한 소요현시율을 구한다. 소요현시율은 설계시간 동안의 실제 도착교통량(v, 설계 교통량)을 포화교통량(s)으로 나눈 값이다. 이와 같은 값들을 각 차로군에 대한 교통량비(flow ratio)라고 하며 v/s로 나타낸다.

(4) 현시의 결정

① 현시수 결정

신호교차로를 효율적으로 운영하기 위한 현시의 수는 접근로의 수와 교차로 형태뿐만 아니라 교통류의 방향과 차종별 구성에 따라 결정된다.

일반적으로 혼잡하지 않은 보편적인 4지교차로에서는 모든 방향에 좌회전을 허용하는 4현시 체계를 사용하지만, 혼잡한 도심지역에서는 모든 방향의 좌회전을 금지하고 직진교통만 허용하는 2현시 체계를 사용할 수도 있다. 또한 신호운영의 효율성을 증대시키기 위해 중첩현시(overlap phase)를 사용하기도 한다. 현시수가 많아지면 주기가 길어져 지체가 커지고 손실시간이 많아지므로 바람직하지 않다. 그러므로 교차로의 효율적인 운영을 위해서는 현시수를 최소화하여 교차로의 용량을 극대화하여야 하며 특히 도심지역과 같이 혼잡한 지역에서는 현시수의 단순화가 무엇보다도 혼잡해소에 첩경이라 할 수 있다.

② 현시조합 및 현시순서

현재 보편적으로 사용되는 현시조합은 분리신호와 동시신호로서 분리신호는 대향방향 좌회전 교통이 동시에 이동하고 다음현시에 직진교통이 이동하는 현시방법이며, 동시신호는 같은 방향 접근로의 직진과 좌회전이 동시에 이동하는 현시방법이다. 또한 양방 좌회전교통량의 차이가 클 경우 중첩현시를 사용하여 분리신호와 동시신호를 겹쳐서 사용하기도 한다. 또한 현시순서에는 기본적으로 선좌회전방식과 선직진방식으로 대별된다.

상충되지 않는 교통류를 순서대로 진행시킬 때 한 현시 내에서 현시율이 가장 큰 이동류들의 현시율의 합이 가장 적은 것이 좋다. 즉 교통량비를 말하는 현시율의 합이 가장 적으면 모든 이동류를 한번씩 진행시키는데 소요되는 시간인 주기가 가장 짧아진다. 그러므로 최적현시를 구하기 위해서는 앞에서 구한 현시의 조합을 만들어 비교해야 한다. 예를 들어, 4지 교차로에서의 가능한 현시조합은 다음과 같다.

[표 7-4] 4지교차로에서의 현시방법

현시안	현시1	현시2	현시3	현시4	현시5
1					-
2					-
3					-
4					

한편 3지교차로에서 모든 방향 교통류의 이동을 허용할 경우 다음 [그림 7-4]에서 보는 바와 같이 3가지의 현시방법이 가능한데 일반적으로 첫 번째 현시방법이 주로 사용되며 동남좌회전교통이 많을 경우 두 번째 방법이 사용된다. 세 번째 현시방법은 교통량이 많지 않은 교차로에서 보행자신호로 인한 신호손실을 최소화하기 위해 사용된다.

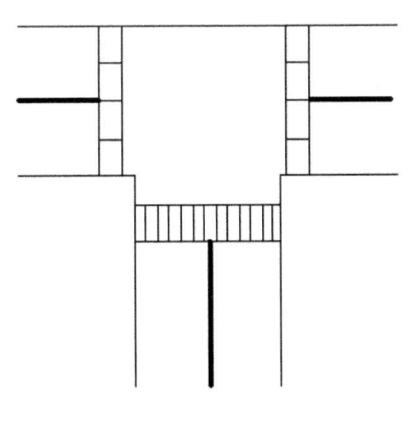
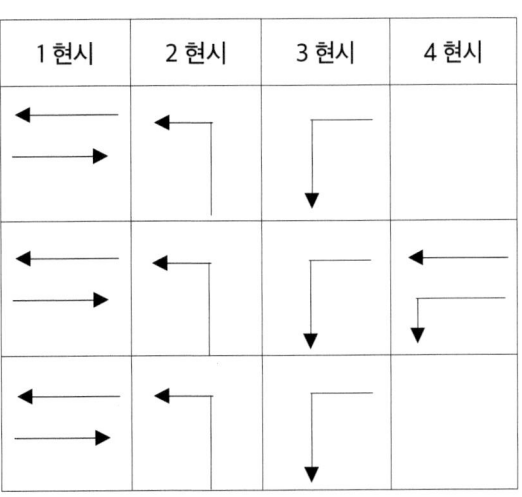

[그림 7-4] 3지교차로에서의 현시방법

③ 현시율

현시율은 신호주기에 대한 각 현시에 할당되는 비율로서 다음 식과 같이 나타낸다.

$$현시율 = g_i/C$$

여기서,
$g_i = i$ 현시의 현시시간
C = 신호주기

(5) 황색신호시간 결정

황색신호시간은 교차로를 접근하는 차량이 안전하게 정지하거나 정지할 수 없다고 판단될 때 교차로를 완전히 빠져나가는데 필요한 시간을 의미한다. 만약에 실제 황색시간이 적정 황색시간보다 긴 경우 운전자는 이 중의 일부분을 녹색신호시간처럼 사용하게 되는 옵션구간이 생기게 된다. 반대로 실제 황색시간이 적정 황색시간보다 짧은 경우에는 황색신호를 인지했지만 정지하기 불가능하여 계속 진행할 때 황색신호 이내에 교차로를 완전히 통과하지 못하는 딜레마구간이 교차로 정지선 이전에 생기게 된다.

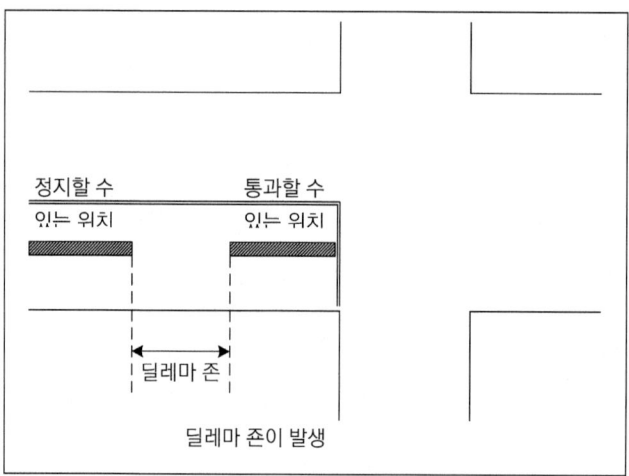

[그림 7-5] 딜레마존의 개념

일반적으로 적용되는 황색신호시간 산출식은 다음과 같다.

$$Y = t + \frac{v}{2a} + \frac{(w+\ell)}{v}$$

여기서,

Y : 황색신호 시간(초)

t : 지각 반응시간(보통 1.0초)

v : 교차로 진입차량의 접근속도($m/\sec$)

a : 진입차량의 임계감속도 (보통 $5.0m/\sec^2$)

w : 교차로 횡단길이(m)

ℓ : 차량의 길이(보통 $4 \sim 5m$)

여기서 a는 임계감속도로서 정상적인 속도로 교차로에 진입하려고 하는 차량이 앞에 다른 차량이 없는 상태에서 황색신호가 나타날 때 그대로 진행할 것인지 아니면 정지할 것인지를 결정하는 기준이 된다. 운전자가 황색신호를 본 후 정지하려고 할 때, 이 값보다 큰 감속도가 요구되면 진행을 하고, 이보다 작은 감속도로 정지할 수 있으면 정지하는 경계 값이다.

매우 넓고 복잡한 교차로에서는 6초 이상의 황색신호가 필요할 경우도 있으나 그렇게 되면 교차도로에서 신호변경을 기다리는 운전자가 녹색신호가 나오기 전에 출발하는 경향이 있다. 이와 같은 경우에는 4~5초 정도의 황색신호를 준 후에 1~2초 정도의 전적색신호(all-red interval)를 주어 교차도로의 차량이 출발하기 전에 교차로 내의 교통을 효과적으로 완전히 정리하는 것이 바람직하다.

예를 들어 통과도로의 폭이 20m이고 접근속도는 60㎞/h, 차량의 길이는 5m, 임계속도는 $5.0m/s^2$라고 할 때, 황색신호는 다음 식에 의해 4.2초가 된다.

$$Y = 1.0 + \frac{(60/3.6)}{2 \times 5.0} + \frac{(20+5)}{(60/3.6)} = 4.2초$$

(6) 주기의 결정

신호시간 조절계획의 주된 목적은 교차로와 도로구간 내에서 지체와 혼잡을 최소화하며 모든 도로이용자의 안전을 도모하기 위한 것이다.

일반적으로 짧은 주기는 정지해 있는 차량의 지체를 줄여줌으로 더 좋다고 할 수 있으나, 현시의 수가 많고 교통량이 많아질수록 주기는 길어져야 한다. 따라서 교통량에 따라 적정주기가 결정되지만, 어떤 주어진 교통량에서 적정주기보다 짧은 주기는 이보다 긴 주기보다 더 큰 지체를 유발한다.

교차하는 도로 갈래 수가 많거나 현시 수가 증가하면 적정주기는 길어진다. 또한 교통량이 많으면 이를 처리하기 위한 녹색시간이 길어지므로 주기가 길어진다. 긴 주기는 단위시간당 황색시간으로 인한 손실시간이 줄어들기 때문에 이용할 수 있는 녹색시간의 비율이 커지므로 용량이 커진다.

주기는 보통 30~120초 사이에 있으며, 교통량이 매우 많은 경우에는 140초 사용하기도 한다. 주기의 길이는 90초 이하에서 5초 단위로, 90초 이상의 주기에서는 10초 단위로 나타낸다.

신호주기를 결정하는 방법에는 임계차로군 방법, Webster 방법, 우리나라 도로용량편람(2013, 국토교통부) 방법이 있다.

(가) 임계차로군 방법

이 방법은 Greenshields의 방법으로 관측한 정지선 방출 차두시간을 이용하여 신호주기를 계산하는 방법으로 첨두 15분 교통량에서 한 주기당 도착하는 교통량(N)을 구하고 이들을 모두 통과시키기 위한 주기당 소요 녹색시간을 그린쉴드 공식으로 구하는 것이다. 네 갈래 교차로 2현시 신호(좌회전 금지)에서 교통량과 황색시간을 다음과 같이 N_1, N_2, Y_1, Y_2로 정의하면 다음과 같다.

$$G = \frac{N_1/PHF}{3600/C} \times 1.6 + 2.6 + \frac{N_2/PHF}{3600/C} \times 1.6 + 2.6$$
$$= \frac{1.6C}{3600PHF}(N_1 + N_2) + 2(2.6)$$

여기서,

N_1 : 주도로 접근로에서 주차로의 시간동 교통량(critical lane volume, *pcphpe*)

N_2 : 교차도로 접근로에서 주차로의 시간당 교통량(*pcphpe*)

Y_1 : 주도로 접근로의 황색시간(초)

Y_2 : 교차도로 접근도로 접근로의 황색시간(초)

C_{min} : 최소 신호주기(초)

① 이 값은 주기에서 총 황색시간의 길이를 뺀 값과 같다. 즉,

$$G = C - (Y-1+Y_2) = \frac{1.6C}{3600PHF}(N_1+N_2) + 2(2.6)$$
$$C\left(1 - \frac{1.6C(N_1+N_2)}{3600PHF}\right) = (Y_1+Y_2) + 2(2.6)$$

② 그러므로 최소 신호주기는 다음과 같다.

$$C_{min} = \frac{Y_1 + Y_2 + 2 \cdot (2.6)}{1 - \frac{1.6(N_1 + N_2)}{3600PHF}}$$

③ 만약 두 도로에 좌회전 현시가 추가되면, 이들의 주차로 교통량(critical lane movement)을 N_3, N_4라하고 황색시간을 Y_3, Y_4라 한다면 앞의 최소 신호주기를 구하는 식은 다음과 같이 된다.

$$C_{min} = \frac{Y_1 + Y_2 + Y_3 + Y_4 + 4(2.6)}{1 - \frac{1.6(N_1 + N_2) + 1.7(N_3 + N_4)}{3600PHF}}$$

④ 여기서, 1.7이라는 값은 좌회전 차량의 방출 차두시간이다.
⑤ 이와 같이 하여 구한 신호주기는 첨두 도착교통량을 처리할 수 있는 용량을 제공하므로 교차로를 포화상태 아래로 운영할 수 있다.

(나) Webster 방법

① Webster는 지체를 최소로 하는 신호주기를 구하기 위하여 다음과 같은 공식을 만들었다.

$$C_o = \frac{1.5L + 5}{1 - \sum_{i=1}^{n} y_i}$$

여기서,

C_o : 지체를 최소로 하는 최적 신호주기(초)

L : 주기당 총발생 손실시간으로 신호주기에서 총 유효녹색시간을 뺀 값($(=nl+R)$)

n : 현시 수

l : 한 현시당 평균 손실시간

R : 한 주기당 총전적신호시간(초)

y_i : i현시 때 주 이동류의 교통량비(v/s)

② 이 방법은 임계 v/c비(교차로 전체의 v/c비)가 0.90~0.95인 경우에 해당된다. 만약 임계 v/c비가 1.0이면 논리적으로 $C_o = L/(1-\sum Y_i)$이다.

(다) 도로용량편람 방법

임계차로군 분석방법에 의한 신호운영결정은 간편하며, 용량과 많은 관계를 갖는 신호 결정방식으로 다음과 같은 식으로 신호주기를 결정한다.

$$V_c = \sum_i (v/s)_{ci} \times [C/C-L]$$

여기서,
V_c : 교차로 전체의 임계 v/c비
(v/s) : 각 현시의 임계차로군(ci) 교통량비
C : 신호주기(초)
L : 신호주기당 총 손실시간(초)

따라서,

$$C = \frac{L \cdot X_c}{X_c - \sum_i (v/s)_{ci}}$$

(7) 주기의 분할

주기 내에서의 각 현시당 녹색시간은 임계차로군의 현시율에 비례해서 할당한다. 또한 녹색시간을 할당할 때 교통량뿐만 아니라 보행자 횡단이나 교차로의 구조적 제약사항 등을 함께 고려해야 할 필요가 있다.

(8) 최소 보행자 녹색시간(Gp) 계산

최소녹색시간은 어떤 현시가 등화될 때 최소한 부여되어야 할 녹색신호시간으로 보행자 신호가 없는 경우 5~10초 범위에서 교차로 전체주기와 시스템의 안정성에 역점을 두고 설정되지만 보행자신호가 있을 경우에는 보행신호시간이 최소녹색시간이 된다. 즉 차량 신호와 보행자 신호가 함께 켜질 때 차량 신호는 보행자 신호보다 길어야 한다. 보행자 신

호의 최소 녹색시간은 다음과 같다.

$$G_p = (4~7초) + \frac{횡단도로폭}{1.2}$$

이 식에서 4~7초는 첫 보행자와 마지막 보행자의 출발시간 차이(보행자 통행량에 따라 달라짐)등의 이유로 추가되는 시간이며, 1.2는 보행자의 평균 보행속도인 1.2m/sec를 의미한다.

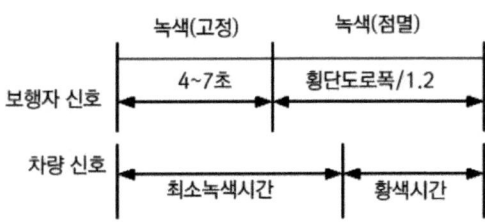

[그림 7-6] 보행자 신호의 최소 녹색시간

4.3 신호시간 산정 예

(1) 주어진 조건

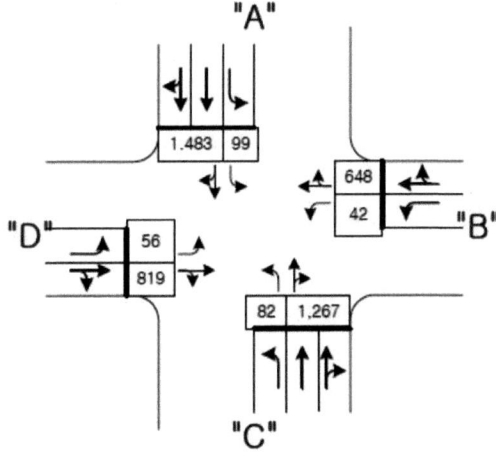

- 모든 우회전 차로에서 직진이 가능, 숫자는 설계교통량 (단위 : pcph)
- AC 도로폭 : 20m, BD 도로폭 : 14m
- 이상적인 상태에서의 포화교통량 : 2,200 pcphgpl

- 지각~반응 시간 : 1.0초
- 교차로 진입차량의 접근속도 : 60kph
- 임계감속도 : 5.0m/sec2, 차량길이 : 5.0m

(2) 신호시간 산정과정

① 포화교통량 추정
- 위에서 주어진 설계교통량에 대한 이동류별 포화교통량은 다음과 같이 가정한다.

② 소요현시율 계산

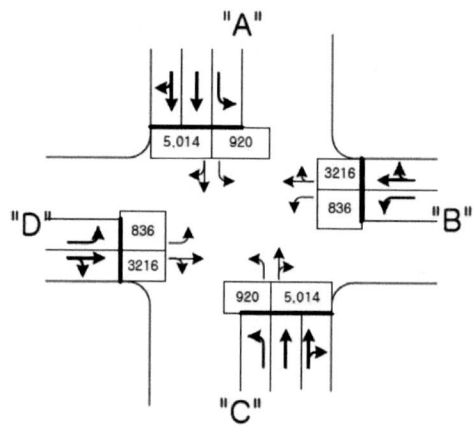

접근로	이동류	교통량(V)	포화교통량(S)	소요현시율(V/S)
A	직진+우회전 좌회전	1,483 99	5,014 920	0.296 0.108
B	직진+우회전 좌회전	648 42	3,216 836	0.201 0.050
C	직진+우회전 좌회전	1,267 82	5,014 920	0.253 0.089
D	직진+우회전 좌회전	819 56	3,216 836	0.255 0.067

③ 현시결정

네 갈래 교차로에서 다음과 같은 4개의 현시조합이 가능하며, 이들 현시조합에서 현시율의 합이 가장 적은 대안1이 최적현시가 된다.

현시안	Φ1	Φ2	Φ3	Φ4	Φ5	총현시율
1	0.108	0.296	0.067	0.255	-	0.726
2	0.253	0.201	0.296	0.255	-	1.005
3	0.108	0.296	0.255	0.201	-	0.860
4	0.108	0.253	0.296	0.067	0.255	0.979

④ 황색시간 결정

- AC도로의 황색시간

$$Y_{AC} = 1.0 + \frac{60/3.6}{2 \times 5} + \frac{14+5}{60/3.6} = 3.8초$$

- BD도로의 황색시간

$$Y_{BD} = 1.0 + \frac{60/3.6}{2 \times 5} + \frac{20+5}{60/3.6} = 4.2초$$

⑤ 주기의 결정(Webster방법)

- 출발손실시간 2.3초, 진행 연장시간 2.0초로 가정한다.
- 주기당 총 손실시간 (L) = 2(3.8+4.2) + 4(2.3-2.0) = 17.2초

$$C_o = \frac{1.5 \times 17.2 + 5}{1 - 0.726} + 112.41초 \Rightarrow 120초$$

⑥ 시간분할

- 총 유효녹색시간 : 120 - 2(3.8+4.2) - 4(2.3-2.0) = 102.8초
- 각 현시의 유효 녹색시간

$$\Phi_1 = 102.8 \times 0.108/0.726 = 15.29초$$
$$\Phi_2 = 102.8 \times 0.296/0.726 = 41.91초$$
$$\Phi_3 = 102.8 \times 0.067/0.726 = 9.49초$$
$$\Phi_4 = 102.8 \times 0.255/0.726 = 36.11초$$

⑦ 최소녹색시간 계산

- 보행자 횡단시간 (보행속도 1.2m/sec로 가정)

  -A, C 도로 (B, C 도로횡단) : 14/1.2 = 11.67초

  -B, D 도로 (A, C 도로횡단) : 20/1.2 = 16.67초

- 최소 녹색시간 (보행자 횡단시간 - 황색시간 + 보행자 최소 초기녹색시간)

  -A, C 도로 : 11.67 - 3.8 + 7 = 14.87초

  -B, D 도로 : 16.67 - 4.2 + 7 = 19.47초

- 최소 녹색시간과 분할된 신호시간의 비교

  -A, C 도로 직진신호 : 41.91초 > 14.87초 - 만족

  -B, D 도로 직진신호 : 36.11초 > 19.47초 - 만족

⑧ 신호시간 결정

Φ1	Φ2	Φ3	Φ4
15.29초	41.91초	9.49초	36.11초

5. 교통통제 기법

교통통제란 도로교통에 관한 금지·제한을 나타내는 교통규제 뿐만 아니라 지시·지정 및 안내를 나타내는 것까지 포함한다. 좁은 의미의 교통통제는 도로교통법에 근거하여 도로에서의 위험을 방지하고, 교통의 원활한 소통을 도모하기 위하여 도로에 있어서의 통행과 이에 수반되는 각종 행위를 금지, 제한, 지시, 지정, 안내하는 것을 말한다. 넓은 의미의 교통통제는 경찰이 담당하는 도로교통법과 도로관리자가 담당하는 도로법, 운수관리자가 담당하는 도로운송차량법에 근거를 두고 있다.

5.1 교통통제 개요

(1) 교통통제의 필요성

오늘날 대부분의 도시들의 도로교통 상태는 교통량의 급속한 증가와 도로시설의 부족으로 인해 교통정체와 통행속도 감소가 일상화되어 가고 있고 이로 인해 도시민의 일상생활과 경제 활동이 지장을 받고 있다.

그러나 도로시설은 그 방대한 투자규모 때문에 교통의 증가율에 미치지 못하고 있는 실정이어서 정체현상은 갈수록 심각해지고 있다. 따라서 도로교통의 안전과 원활한 소통을 도모하기 위해서는 도로시설의 확충뿐만 아니라 기존 도로의 효율적인 활용 방안도 신중히 고려하여야 한다.

교통통제의 대표적인 방법으로는 속도 통제, 차로이용통제, 회전통제, 주차통제 등이 있다.

(2) 교통통제시 고려사항

① 교통용량 증대대책의 일환으로서 적극적으로 추진할 것
② 종합적인 효과에 초점을 맞추고 국부적인 이해에 얽매이지 말 것
③ 올바른 여론을 참작하여 실시할 것
④ 도로를 효과적으로 활용하도록 노력할 것
⑤ 과학적인 기초 조사에 근거하여 합리적으로 실시할 것
⑥ 실시 이전에 널리 홍보할 것
⑦ 적절한 지도 단속을 할 것
⑧ 사전, 사후의 효과측정을 실시할 것

5.2 속도 통제

(1) 개요

자동차 교통류의 속도를 통제하는 목적은 사고의 경감과 용량의 증대에 있다. 과속과 관련된 교통사고는 사상률이 높으며 전체 교통사고에서 큰 비중을 차지한다. 사고자료의 분석결과에 따르면 사고의 치사율은 교통류의 평균속도 크기에 따라 증가하며, 사고의 빈도는 교통류 속도 분산의 크기에 따라 증가한다. 최고 속도와 최저속도의 지정은 안전증대측면 외에도 차량들의 속도를 가능한 일정하게 하여 소통의 증진을 꾀하는 효과를 얻는다.

(2) 제한 속도

기본 속도법칙은 어떤 운전자도 주어진 여건에 적절한 속도를 초과하여 도로를 주행해서는 안 되며, 실제적인 그리고 잠재적인 위험에 유의해야 한다는 것이다.

① 프리마 페이시 제한속도(prima facie limit)
  운전자가 지정된 제한속도를 초과했을 시 일단 기본속도법칙을 위반한 것으로 간주한다. 하지만, 위반 운전자가 주행한 속도가 당시 상황에서 부적절하지 않다고 제시한 증

명이 법정에서 인정되면 속도위반이 성립되지 않는다. 따라서 프리마 페이시 제한속도제는 특정속도가 해당도로에 항상 안전하거나 안전하지 않다는 사실을 인정하는 것이다. 이러한 제한속도는 현실에 따라 융통성이 발휘되는 반면에 규제의 의미가 불분명하며, 실지 단속에도 어려움이 있다는 단점이 있다.

② 절대제한속도(absolute speed limit)

운전자가 지정된 제한속도를 초과할 경우 상황에 관계없이 무조건 속도위반이 된다. 이러한 제한속도는 의미가 명백하므로 단속이 용이한 장점은 있으나 융통성이 결여되어 부당한 속도제한을 가하는 경우가 발생한다.

(3) 구역속도제한

도로의 종류에 따라 제한속도가 규정에 따라 적용되기는 하지만, 일부구역에서는 도로나 교통여건으로 인하여 이러한 일률적인 제한속도가 적절하지 못한 경우가 있는데, 이 경우는 해당지역에 별도의 조정된 제한속도를 지정할 필요가 있다. 여기에 해당하는 지역으로는 다음과 같다.
① 도로가 지방부에서 도시부로 전이하는 구역
② 도로의 기하구조가 불량하여 제한된 규정 속도를 적용하기 어려운 구역
③ 시계가 불량한 지역에 위치한 교차로
④ 도로공사장이나 학교주변

5.3 교차로 회전통제

각종교통규제 중에서 손쉽게 실시할 수 있으며 효과도 즉시 나타난다. 회전 통제가 적절히 실시되었을 경우 차량대 차량 또는 차량대 보행자의 상충점을 줄여 사고의 위험을 감소시킬 수 있으며, 교차로의 용량을 증대시켜 지체를 감소시킬 수 있다. 일반적인 교차로 회전통제로는 좌회전 금지, 우회전 금지, U-turn 금지가 있다.

교차로 회전통제는 하루 중 제한된 시간 동안만 실시할 수도 있으며, 노선버스와 같은 차종은 회전을 허용하기도 한다. 이와 같은 제한통제는 운영측면에서는 효율적이지만 일률

적인 통제에 비하여 높은 위반율을 보인다.

(1) 좌회전 금지

좌회전 금지는 대량의 교통량이 통과하는 간선도로에서 도로용량을 늘리기 위하여 실시한다. 두 개의 간선도로가 만날 때 형성되는 교차로는 통상 주변의 교차로보다 혼잡하게 되는데, 이 경우 좌회전 금지를 실시하면 신호현시수가 줄어서 해당 교차로의 용량을 증가시켜 혼잡을 완화시킬 수 있다.

(2) 우회전 금지

외국의 경우 우회전 금지는 주로 횡단보도 사고가 빈번한 지역에서 실시하는데, 우리나라의 경우 대부분의 교차로에 보행신호가 설치되어 있어 보행자가 보호되므로 우회전 금지는 거의 실시하지 않고 있다.

(3) U-turn 금지

외국의 경우에는 특별히 금지하지 않는 경우에는 허용하는 수동적인 방법을 취하고 우리의 경우는 회전규제가 없는 지역에서의 U-turn은 원칙적으로 금지하는 적극적인 방법을 취하고 있다.
U-turn은 가로소통에 도움이 되므로 안전상 특별히 문제시되지 않아 규제할 필요가 없는 교차로에서는 허용함이 바람직하다.

5.4 노상주차통제

노상주차통제는 두 가지 측면에서 영향을 미친다. 우선 도로상의 주차를 금지하면 주차로 인한 교통용량의 감소를 방지하여 소통의 원활화를 도모할 수 있다. 다른 측면은, 노상주차를 금지하거나 주차시간에 제한을 가하여 노상주차에 의존하는 차량의 수요를 조절하여 총교통량을 억제하는 측면이 있다.

5.5 차로 이용통제

(1) 일방 통행제

일방통행제는 기존도로시설의 효율을 높여 교통체증을 완화시키는데 효율적인 방안으로 인정되고 있으며, 교통사고 감소에도 효과적이다.

(가) 장점

① 기존도로의 효율적 활용(교통량의 적절한 분배)
② 용량의 증대(교차로의 현시 감소)
③ 안정의 향상(교차로내의 차량 상충점 감소)
④ 신호효율의 극대화(인접 신호 교차로간에 완전 연동 가능)

[표 7-5] 교차로 차로수별 상충점의 수

A 도로	B 도로	이동류	상충점의 수
이차로, 양방	이차로, 양방	12	24
이차로, 일방	이차로, 양방	7	11
이차로, 일방	이차로, 일방	4	6

(나) 문제점

① 우회경로의 확보
② 통행거리의 증대(가로 교통량 증대)
③ 버스운행상의 문제점(역류버스전용구간으로 보완)
④ 운전자 혼란(단속과 홍보 강화)

(2) 가변 일방차로제

첨두시간 동안 방향별 교통량이 극히 불균형하며 주변에 대응하는 일방통행도로로 활용할 수 있는 적당한 도로가 없는 경우 기존의 양방통행도로를 시간대에 따라 운행방향이 변경되는 가변 일방차로제로 운영할 수 있다.

① 첨두시간에는 일방통행으로, 비첨두시간에는 양방통행으로 운영되는 것이 일반적이다.
② 한 방향 교통량이 적어도 전체 교통량의 80%이상일 경우 실시를 고려한다.
③ 주변도로가 종방향 교통량을 수용할 수 있어야 한다.
④ 교통사고의 위험이 크므로 사고방지를 위하여 운영시 주의를 요한다.
⑤ 도로보수공사기간 중 도로가 첨두시간 동안 양방향 교통량을 수용하지 못할 경우 한시적으로 사용되기도 한다.

(3) 가변 차로제

첨두시간 동안 많은 도로들이 불균형한 방향별 교통패턴을 보이게 되는데, 주방향교통량이 양방향교통량의 65%이상을 차지하면 주방향에 더욱 많은 차로를 제공할 필요가 있다. 가변 일방차로제와 달리 중앙차로만을 가변차로로 지정하여 오전, 오후 첨두시간 동안 주방향교통을 위하여 제공하며 잔여차로는 고정적으로 운영된다.

[표 7-6] 가변차로제의 장단점

장 점	단 점
• 필요한 시간대에 필요한 방향으로 용량을 추가로 배정할 수 있다. 오전과 오후 첨두 교통량을 동일한 도로로 처리 가능하다. • 일방통행제와 대비할 때 우회도로를 필요로 하지 않는다. • 기존도로를 효율적으로 활용한다. • 가변일방차로제와 비교할 때 종방향교통이 우회할 필요가 없다.	• 설치 및 운영의 어려움이 있다. • 통제시설이 적절하지 못할 경우 사고의 위험이 높다. • 가변차로의 사용방향이 전이하는 동안 운전자에게 혼란을 줄 수 있으며, 사고의 위험이 크다. • 때때로, 종방향교통의 용량이 부족하여 혼잡할 수 있다.

(4) 대중교통 전용차로제

대중교통 전용차로제는 특정차로를 버스나 다인승차량(HOV, High Occupancy Vehicle)에 우선 제공하여 기존도로의 소통능력을 제고시키려는 의도로 실시하는 제도이다. 이러한 전용차로제는 환경 및 사회적 요구, 연료절감, 도로건설비의 상승 등의 동기에 의하여 세계적으로 널리 실시되고 있으며 효과를 보고 있다.

① 동일방향전용노선(with-priority lanes)
 이 방식은 가장 보편적인 방법으로 널리 실시되고 있는 방식으로 버스가 정상적인 교

통흐름과 동일한 방향으로 운행하도록 하여 버스를 위하여 확보된 차로를 말한다. 전용차로는 일반적으로 노변차로에 적용하는데, 중앙차로도 지정할 수도 있다.

② 역방향 전용차로(contra-flow priority lanes)

버스가 정상적인 교통흐름에 반대방향으로 운행하도록 확보된 차로를 일컫는다. 이 방식은 일방통행도로에서 버스승객들이 양쪽방향의 경로가 분리됨으로써 겪는 불편을 해소하기 위하여 실시한다. 일방통행도로에서의 버스의 서비스를 향상시킬 수 있다.

③ 버스전용도로(bus-only streets)

승용차로부터 버스를 보호하는 가장 적극적인 방안이다. 보행자의 활동이 활발한 상업지역주변의 도로에서는 승용차의 진입을 통제하고 버스만을 통행시켜 승객들이 목적지까지 편리하게 도착하며, 또한 보행자의 안전을 도모할 수 있다.

제8장
교통계획

1. 교통계획이란?

교통계획이란 사람이나 화물의 공간적인 이동을 효율적으로 하기 위하여 다양한 기법을 조직적으로 구성하는 계획 또는 교통시설의 배치와 기능에 대한 계획이다. 다시 말하면 국토계획 및 지역계획의 입장에서 그 지역에 적합한 교통시설과 교통수단을 어떻게 배치하고 또 이들의 기능을 어떻게 발휘하게 할 것인가를 계획하는 것이다.

교통계획의 과정은 현재와 과거의 성장에 관한 자료를 수집하고 분석하는 것, 대상지역 또는 도시의 목적과 목표를 설정하는 것, 지역 또는 도시의 장래발전 및 교통 수요를 예측하는 것을 포함한다. 또한 실행 가능한 대안을 검토하는 것으로서, 교통계획안의 작성 및 평가뿐 아니라 상황의 변화에 따라 정기적인 검토 및 계획 변경을 하는 것도 포함된다.

1.1 교통계획의 특성

교통계획은 그 분류도 다양하게 정의될 수 있으며, 각 항목별 특성도 계획 대상지역의 특성과 기능, 그리고 그 목적에 따라 세분될 수 있다. 본절에서는 이와 같은 교통계획의 제 특성에 대하여 간략하게 살펴본다.

(1) 미래의 교통수요를 예측하고 이에 대응하기 위한 수단

① 미래의 수요예측
② 교통서비스를 충족시키는 교통수단
③ 교통시스템이 변함에 따른 통행수요
④ 사람과 환경에 미치는 역효과 최소화
⑤ 예산과의 관계

(2) 교통계획의 필요성

① 통행패턴(Travel pattern)이 일정치 않다.
② 토지이용형태(Land use pattern)의 계속적인 변화
③ 인구의 변화
④ 경제적인 요인의 지속적 변화
⑤ 환경에 지대한 영향을 미침
⑥ 토지이용과 교통체계와의 밀접한 연관성

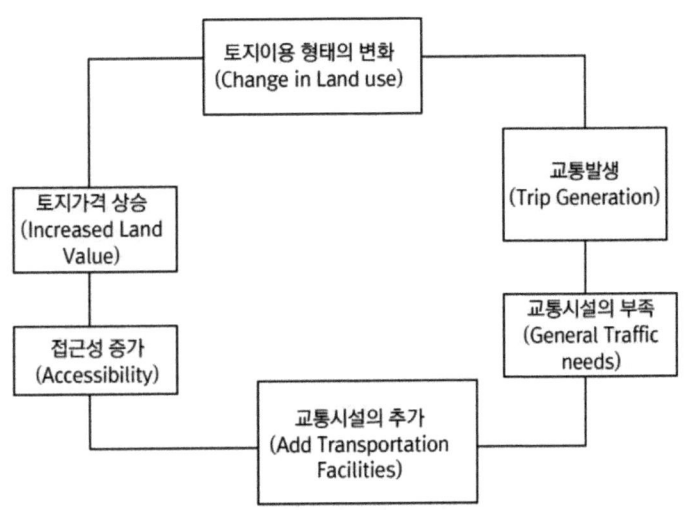

[그림 8-1] 토지이용형태의 변화에 따른 교통계획의 필요성

(3) 교통계획의 분류

① 지역에 따른 분류(지점계획 : Site planning, 지역계획 : Regional planning)
- 국가교통계획(전체적) - 국토이용의 효율성을 높이고, 균등 발전, 국가의 경제 발전을 목표로 하는 교통계획이다.
  예) 국가 전체 고속도로, 항공, 항만, 철도 등(화물이나 승객의 장거리 이동)
- 지역교통계획 - 도시나 그 밖의 군 등을 합친 광역권의 의미, 지역간 승객 및 화물의 이동 촉진, 지역의 균형 발전, 지역생활권 연결 등에 중점을 둔다.

예) 경주권 등의 권역계획, 전라북도 등의 도단위 교통계획을 다룬다.
- 도시교통계획 - 목표 : 도시내의 교통의 효율성 증진, 대량 대중교통 수요의 원활한 처리에 둔다.

  특징 : 도시고속도로도 다루어지며. 교통서비스에 중점을 둔다.

  예) 간선도로, 이면도로, 승용차, 택시 등의 교통수단을 다룬다.
- 지구교통계획 - 상업지역, 주거지역 등의 도심지 특정 지구 등을 범위로 한다. 지구 내의 통행을 위해. 보행자 공간 확보. 대중교통의 접근성을 다루며, 이면도로, 교차로, 주차장 및 보조간선도로까지 다룬다.

  특징 : 블록 단위로 편성. 도시계획측면에서 근린주구 등의 문제에서의 교통계획을 다룬다.

② 기간에 따른 분류
- 단기교통계획 : 교통문제를 진단하여 이에 적합한 단기적이고 서비스개선 위주의 교통관리 및 운영을 위한 계획.
- 장기교통계획 : 계획대상 지역전체의 목표 달성을 위하여 대상지역에서 일어나는 교통문제를 파악하고 이를 해결하는 데 필요한 종합적인 틀을 제공하는 장기적이고 거시적인 교통계획

[표 8-1] 장·단기 도시교통계획의 차이점

장기교통 계획	단기교통 계획
• 소수의 대안 • 유사한 대안 • 교통수요가 비교적 고정 • 단일 교통수단 위주 • 공공기관 정책 • 장기적 관점 • 시설지향적 • 자본집약적	• 다수의 대안 • 서로 다른 대안 • 교통수요가 변화 가능 • 여러 교통수단을 동시에 고려 • 공공기관 및 민간기관 정책 • 단기적 관점 • 서비스지향적 • 저자본 비용

(4) 교통계획의 기능

① 근시안적인 교통계획의 장기적인 테두리를 설정해 준다.

② 즉흥적인 계획과 집행을 막을 수 있다.

③ 교통행정에 대한 지침을 제공하는 역할을 한다.
④ 단기, 중기, 장기 교통정책의 조정과 상호 연관성을 높여준다.
⑤ 정책목표를 세울 수 있는 계기가 마련된다.
⑥ 한정된 재원의 투자 우선순위를 설정해 준다.
⑦ 부문별 계획 간의 상충과 마찰을 방지해 준다.
⑧ 교통문제를 진단하고 인식할 수 있는 여건을 조성해 준다.
⑨ 세부계획을 수립할 수 있는 준거를 마련해 준다.
⑩ 집행된 교통정책에 대한 점검의 틀을 제공한다.

1.2 교통계획의 접근방법

교통계획의 접근방법은 계획의 의사결정과정을 거치는데, 즉 계획의 형성과정과 사고과정을 거쳐 결과를 도출한다.

교통계획의 형성과정은 다음 4단계를 거친다.
① 구상   ② 대안개발
③ 최적안 선정   ④ 실행계획

교통계획의 사고과정은 다음 4단계를 거친다.
① 방향설정   ② 문제점의 파악
③ 문제점의 분석   ④ 결정

이상과 같은 교통계획의 형성과정과 사고과정을 각 요소별로 행렬화한 것이 [표 8-2]이다.

[표 8-2] 교통계획의 형성과정

	구상	대안개발	최적안 선정	실행계획수립
방향설정	거시적 현상분석	구상안 중에서 대안 채택을 위한 방향설정	최적안 선정을 위한 방향결정	실행계획 수립의 방향설정
문제점파악	명확한 목록 수립 목적달성 방안구상	미시적 현상분석 대안의 목표 대안의 골격	대안평가에 대한 문제점	계획과 실행간의 조정
문제점분석	창조적인 구상안 제시	대안의 문제점 조사분석	평가기준 적용	계획의 구체화 분석계획의 평가
결정	각 구상안을 평가하고 결정	실행 가능한 대안 확정	최적안 선정	최종계획안 마련

〈참고문헌 : 도철웅, 교통공학원론〉

1.3 교통계획 절차

교통계획의 절차는 처음에 문제점이 파악되고 목표가 설정된다. 그 다음에 장래예측을 위하여 현황 자료수집, 모형정립을 한다. 예측된 통행을 이용하여 대안들을 작성하고 대안간의 타당성분석 및 평가를 통하여 최적대안을 선택한 후 실행이 된다. 계획의 연속성을 유지하고, 실행을 원활히 하고, 또한 계획을 항상 최신의 상태로 유지하기 위하여, 전 기간에 걸쳐 이 과정을 반복하므로 이를 '계속적인 과정'이라 한다.

일반적인 도시교통계획 과정을 그림으로 표현하면 다음과 같다.

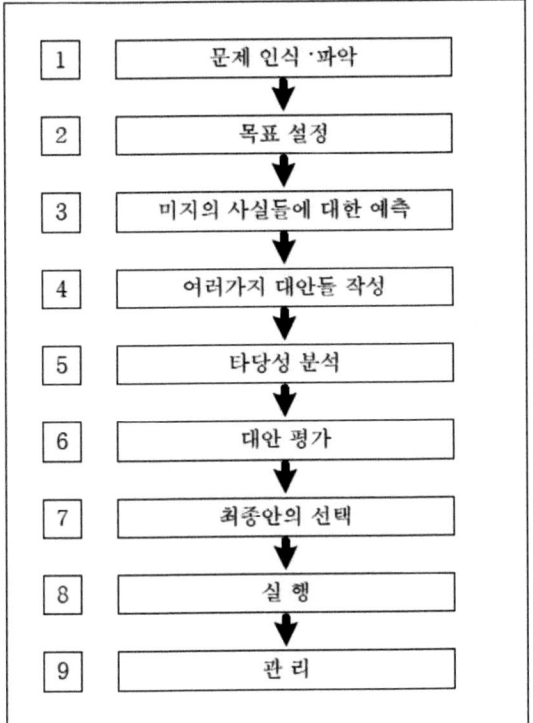

[그림 8-2] 교통계획의 진행과정

① 문제 인식·파악(Problem diagnosis)
  계획의 바탕이 되는 단계로 현황 분석을 통해 문제점을 알아 인식하고 공공계획에서 공공의 희망을 인식하는 단계.
② 목표 설정(Goal Articulation)
  매우 중요한 단계. 초기에는 추상적이고 불분명한 상태에서 설정(ex. 도시의 건강성, 쾌적성)을 해야 하기 때문에(Goal : 상위목표, Objective : 구체화된 목표) 점차 진행시키며 Goal을 구체화시켜 나가야 한다.
③ 미지의 사실들에 대한 예측(Forecasting)
  구축된 사회·경제지표자료들과 예측모형을 이용하여 장례에 대한 예측
④ 여러 가지 대안들을 작성(Making of Alternative plan)
  최적의 대안을 고르기 위해 여러 가지 측면을 검토하여 대안들을 수집.
⑤ 타당성의 분석(Feasibility Study)

작성된 대안들이 미래에 실현 가능성이 있는가를 분석하며, 여러 가지 운영 효과의 분석도 중요하다.

⑥ 대안들의 평가(Evaluation)

경제적인 분석 방법(NPU) 등의 분석방법을 통해 대안들을 평가.

⑦ 최종안의 선택(Selection of best alternative)

⑧ 실행(Implementation)

⑨ 관리(Monitoring)

2. 교통계획 자료수집

교통계획을 수립하기 위해서는 대상지역의 물리적, 사회·경제적 특성과 교통특성 및 토지이용 등에 대한 자료들이 필요하다. 이는 통행발생에서 통행배정까지의 모든 교통활동이 지구 또는 지구단위의 권역내외의 사회·경제활동에 따라 파생되는 종속적이며 목적행위를 위한 의존적 선택수단으로서 그 기능을 갖기 때문이다.

교통은 그 자체가 독립적인 것이 아니고 사회·경제활동에 따라 파생되는 종속적인 것이다. 따라서 교통수요의 발생에 영향을 미칠 수 있는 요인은 대상지역의 사회·경제적 활동과 밀접한 관계를 고려하지 않으면 안 된다.

(1) 교통존(traffic zone) 설정

교통계획은 승객이나 화물의 이동과 흐름을 분석하고 추정하는 것으로 단위공간을 설정하여 자료를 수집하고 분석 및 예측을 하게 된다. 이때 단위공간을 교통존이라고 한다. 교통존의 설정은 다음과 같은 기준으로 설정한다.

① 동질적인 토지이용이 포함되도록 한다.
② 행정구역과 가급적 일치시킨다.
③ 가급적 간선도로가 존 경계와 일치하도록 한다.
④ 존 내부통행은 최소화되어야 한다.
⑤ 존은 중첩되어서는 안 된다.

(2) 교통계획을 위한 통계자료

① 인구 : 밀도, 출생률, 사망률, 이주율, 공간적 분포
② 가구수
③ 수입

④ 출근 통행
⑤ 여행 수단
⑥ 연령 분포
⑦ 성별 분포
⑧ 가구규모
⑨ 근무처

(3) 인구 특성

① 출생률
② 사망률
③ 이주율

(4) 교통시설(Transportation facilities)

① 도로의 특성 및 용량, 시설물(신호, 표지판, 포장상태 등)
② 주차시설(용량, 비용, 운영시간, 이용현황 등)
③ 대중교통수단(기차, 버스)의 운행 빈도, 용량, 정류장, 요금 등
④ 기타(화물차, 터미널, 공항, 자전거도로 현황)

(5) 토지이용 및 개발

토지이용과 교통계획 관계의 중요성은 앞서 언급한 바 있다. 토지이용계획 자료는 개략적으로 다음과 같고, 보다 상세한 토지이용계획 조사 방법은 다음 절에서 언급한다.

① 토지이용용도 구분(용도지역, 용도지구 등)
② 개발가능성 및 미개발 지역
③ 교통유발이 많은 시설(학교, 병원 등)
④ 관련 법규 및 법령
⑤ 지형

(6) 통행패턴 및 통행자 특성

① 교통량
② 속도
③ 사고
④ 통행목적
⑤ 수단사용
⑥ 통행비용
⑦ 내부-내부교통 : 출발지와 목적지 모두 존 내부에 있는 교통
⑧ 내부-외부교통 : 출발지나 목적지 중의 하나가 존 외부에 있는 교통
⑨ 외부-외부교통 : 출발지, 목적지 모두 존 외부에 있는 교통

(7) 출발/목적지(O/D ; Origin/Destination) 조사방법

① 가정인터뷰
② 전화조사
③ 우편조사
④ 트럭/택시조사
⑤ 고용자조사
⑥ 노측조사
⑦ 폐쇄선(cordon line) 조사
- 폐쇄선 주변의 지역은 최소한 5% 이상의 통행자가 폐쇄선 내의 지역으로 출근 및 등교하는 지역으로 설정
- 폐쇄선 선정시 고려 사항
  - 가급적 행정구역 경계선과 일치
  - 도시주변의 인접도시나 장래 도시화지역은 포함
  - 횡단하는 도로나 철도의 최소화
⑧ 스크린라인(Screen line) 조사
- 보완용, 특정구간 예 = 교각, 주요간선도로
- 조사결과의 검증 및 보완

(8) 경제상황

① 생산성
② 고용
③ 구매행태

(9) 분석

① 용량분석
② 사고조사
③ 교통 및 환경영향평가

3. 토지이용계획 조사방법

토지이용계획 조사는 다음과 같은 용도구분으로 이루어진다.
① 주거지(과밀, 중간, 저밀)
② 상업지역(소매, 도매)
③ 산업지역(산업형태별)
④ 레저·여가(공원, 문화, 체육시설)
⑤ 도로 및 교통
⑥ 공공빌딩
⑦ 공터
⑧ 기타 토지이용

한편 장래 토지이용계획을 예측하는 방법으로는 접근도 모형(Accessibility model)을 많이 사용하며 이는 다음과 같은 절차로 이루어진다.

① 주거지 지역 성장 예측 모형으로 사용
② 예측 지역 내에서의 존과 무관하게 전체를 예측
③ 변수 : 목적지의 유인력(Attractive destination), 통행비용, 통행시간, 기타, 상수

(1) 방법(Method)

$$A_i = \sum_j E_j \times F_{ij}$$

$$F_{ij} = \frac{1}{(t_{ij})^b}$$

여기서,
E_j = 존 j의 유인력(Attractiveness)
F_{ij} = 통행 시간 및 비용 관계식

b = 상수
A_i = 존 i의 접근도

$$G_i = G_t \frac{V_i A_i}{\sum V_x A_x}$$

여기서,

G_i = 장래 토지이용을 위한 존 i의 증가분

G_t = 예측 지역의 전체 증가

V_i = 존 i의 빈 공간

A_i = 존 i의 접근도

(2) 접근도모형의 주요특성

① 비록 모든 토지이용에 사용되나, 주로 주거지역을 위한 토지이용 예측 모형
② 존의 성장은 계획지역의 전체성장, 즉 빈공간, 상대적 접근성이 기초
③ 한 주거지역의 접근성은 다른 지역의 접근용이성 및 근접성에 기초
④ 토지이용이 다른 곳의 유인력(Attractiveness)은 주거지역 사용자들에게 유인요인이 무엇인가를 알아야 한다(수용능력, 소매, 고용, 기타). 소매상지역에 토지이용 예측모델이 사용되었다면 주거지역의 인구가 유인력
⑤ 성장은 토지, 건물바닥면적, 가구수 등으로 표현되고 때때로 전체적인 성장은 외부적인 요인에 의해 영향을 받는다.

❶ [그림 7-3] 다음 세 존의 조사결과가 아래와 같다. 아래 각 존별 주거성장을 아래 공식을 이용하여 예측하라(이 지역에 향후 15년간 600,000m^2가 주거지역으로 개발 가능).

$$G_i = G_t \frac{V_i A_i}{\sum_j V_x A_x} \qquad A_i = \sum_j \frac{E_j}{t_{ij}^2}$$

<조사 데이터>

존	공터(m2)	고용자(인)	여행방법(i-j)	여행시간(분)
1	800,000	500,000	1	10
			2	15
			3	20
2	500,000	700,000	1	15
			2	10
			3	12
3	360,000	900,000	1	20
			2	12
			3	12

해설

① 접근도 지수 산정(아래첨자)

$A_1 = 500,000/(10 \times 10) + 700,000/(15 \times 15) + 900,000/(20 \times 20) = 10,361$

$A_2 = 500,000/(15 \times 15) + 700,000/(10 \times 10) + 900,000/(12 \times 12) = 15,472$

$A_3 = 500,000/(20 \times 20) + 700,000/(12 \times 12) + 900,000/(12 \times 12) = 12,361$

② 존별 성장 산정

$\sum_x V_x A_x = 800,000 \times 10,361 + 500,000 \times 15,472 + 360,000 \times 12,361 = 20,474,760,000$

$G_1 = 600,000(800,000 \times 10,361/20,474,760,000) = 242,898 m^2$

$G_2 = 600,000(500,000 \times 15,472/20,474,760,000) = 226,699 m^2$

$G_3 = 600,000(360,000 \times 12,361/20,474,760,000) = 130,403 m^2$

4. 4단계 교통수요예측

4단계 교통수요예측 방법은 교통수요예측 방법 중 가장 많이 사용되어 온 대표적인 수요예측 방법으로 통행발생, 통행분포, 수단선택, 통행배정의 4단계로 나누어 순차적으로 교통수요를 예측하는 방법이다.

즉, 4단계 교통수요예측은 기준년도의 통행실태자료와 외생변수(각종 사회·경제지표)를 이용하여 사람이나 화물의 통행결과와 영향요인들 간의 메커니즘(인과관계)을 각 단계별로 모형화하고 이러한 메커니즘이 장래에도 불변한다는 가정 하에 장래 목표연도의 예측된 외생변수를 대입하여 각 단계별로 교통수요를 예측하는 방법이다. 각 단계별 개략적인 내용은 다음과 같다.

(1) 통행발생(trip generation)

각 존에 대해 사람통행과 화물통행의 유출량과 유입량을 예측하는 단계로서 기준년도의 통행실태자료를 이용하여 각 존의 유출량과 유입량을 종속변수로 하고 이에 영향을 주는 사회·경제적 요인들을 설명변수로 두고 그 인과관계를 모형화한다.

그리고 목표연도의 통행발생량 예측에서는 예측된 설명변수를 모형에 대입함으로서 종속변수인 각 존별 통행발생량을 예측하게 된다. 설명변수로는 주로 인구, 학생수, 취업자수, 고용자수, 화물물동량 등이 이용된다.

(2) 통행분포(trip distribution)

각 존간(기점과 종점)의 통행량을 예측하는 단계로서 기준년도의 통행실태자료를 이용하여 각 존간의 통행량을 종속변수로 두고, 각 존간의 통행량에 영향을 주는 요인들을 설명변수로 하여 그 인관관계를 모형화한다.

그리고 목표연도의 통행분포량 예측에서는 변화된 설명변수를 모형에 대입하여 종속변수인 각 존간의 통행분포량을 예측한다. 설명변수로는 존간의 통행시간과 거리 등이 주로 이용된다.

(3) 교통수단선택(modal choice)

각 존간의 통행량이 어떤 교통수단을 선택하는 가를 예측하는 단계로서 기준년도의 통행실태자료를 이용하여 교통수단선택 결과를 종속변수로 하고 이에 영향을 주는 요인들을 설명변수로 하여 그 인과관계를 모형화한다.

그리고 목표연도의 변화된 설명변수를 모형에 대입하여 종속변수인 수단별 통행량을 예측한다. 설명변수로는 주로 교통수단별 소요시간, 비용 등이 이용된다.

(4) 통행배정(trip assignment)

기·종점간 교통수단별로 산정된 통행량을 링크(Link)와 노드(Node)로 구성된 교통네트워크(Network)에 배정하는 단계로 기준년도에서는 교통네트워크의 현황을 정리하고 각 링크와 노드의 교통량 현황을 파악해 둔다.

이전 단계까지는 통행실태자료를 이용하여 각 단계별 종속변수와 설명변수간의 인과관계를 모형화하여 장래 목표연도에 적용하였지만, 통행배정단계는 주어진 교통네트워크 내에서 경로선택에 관한 것으로 통행실태자료로부터 경로선택에 대한 자료를 수집할 수 없기 때문에 경로선택에 대한 이론적 가정을 통해 장래 예측을 하게 된다.

그러므로 기준연도에서는 교통네크워크를 바탕으로 존간의 수단별 통행량을 All-or-Nothing이나 용량제약법 등과 같은 통행배정 이론을 적용하여 배정한 후, 기준연도의 각 링크와 노드의 교통량 현황과 비교한다. 이론적인 배정과 실제 현황과는 차이가 있기 때문에 교통네트워크의 속성(용량, 통행속도, 비용 등)을 수정하면서 이론적인 배정과 실제 현황과의 차이가 최소화되도록 조정한다.

그리고 장래 목표연도의 통행배정에서는 변화된 교통네트워크를 반영하고 이론적인 배정방법으로 존간의 수단별 통행량을 배정하여 최종적으로 링크 및 노드의 교통량을 예측하게 된다.

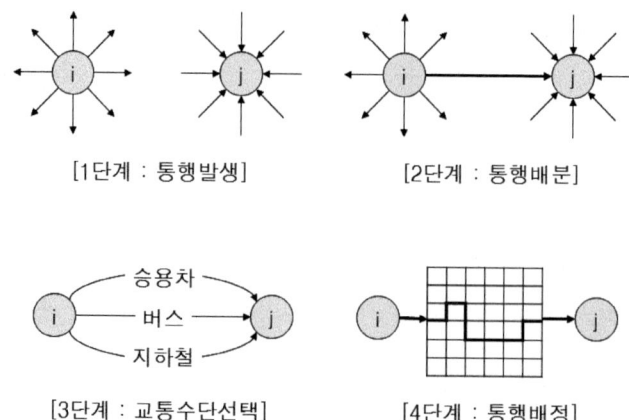

[그림 8-3] 4단계 교통수요예측 과정

4단계 모형의 전제조건은 다음과 같다.
① 현재 교통여건을 지배하는 교통시스템 내의 메커니즘이 장래에도 불변한다는 가정
② 만일 변화가 일어난다면 외생변수(사회·경제적 요인)에 의해 일어난다고 가정

4단계 모형의 장점은 다음과 같다.
① 각 단계별로 도출되는 결과에 대한 검증을 거침으로써 현실의 묘사가능
② 통행패턴의 변화가 일어나지 않는다는 가정을 전제로 함.
③ 단계별로 적절한 모형의 선택 가능

한편 4단계 모형의 단점은 다음과 같다.
① 과거의 일정한 시점을 기초로 하며 수집한 자료로써 모형화하기 때문에 장래 추정시 경직성을 나타냄.
② 각 단계를 별개로 거치게 되므로 4단계를 거치는 동안 계획가나 분석가의 주관이 강하게 작용할 수 있음.
③ 총체적 자료에 의존하기 때문에 통행자의 총체적, 평균적 특성만 산출될 뿐 행태적인 측면은 거의 무시

5. 통행발생(Trip generation)

통행발생은 교통존을 중심으로 유출되는 통행량(production)과 존으로 유입되는 통행량(attraction)을 산정하는데 이는 교통이 파생수요란 점에 근거하고 있다.

통행발생량은 어느 특정한 도로나 노선에 국한되지 않고 교통존 혹은 대상지역 전체에서 발생되는 통행량이다. 이는 통행자의 속성(직업, 연령, 성별, 차량보유여부 등)과 통행목적(등교, 출근, 업무, 여가, 친교 등)으로 분류한다.

5.1 통행의 분류

(1) 통행분류

① 사람통행
- 가정기반 출근통행
- 가정기반 통학통행
- 가정기반 기타통행
- 비가정기반 통행(Non-home-based trip)

② 화물통행
- 물류수요
- 화물취급단위
- 트럭통행

③ 지역외통행(External trip)

④ 통과통행(Pass-by trip)

⑤ 우회통행(Diverted trip)

⑥ 택시통행

(2) 통행목적

① 근로
② 개인용무
③ 학교
④ 물건사기
⑤ 위락
⑥ 사교
⑦ 기타

(3) 통행수단

보행, 자동차, 버스, 지하철, 자전거, 기타

5.2 통행발생 요인

(1) 주거지역

① 접근도(Accessibility): CBD로부터의 거리
② 토지이용 방법(Type of land use), 거주기간
③ 밀도/개발규모
④ 자동차 보유대수
⑤ 수입
⑥ 가구규모(Size of household)
⑦ 가구원 중 경제활동 인구수
⑧ 운전면허 소지자수
⑨ 세대주의 연령, 세대주의 직업
⑩ 가옥구조

(2) 비주거지역

① 분석단위 : 건물연면적 1,000㎡ 당 통행수, 고용자 1인당 통행수, 토지바닥면적 1,000㎡ 당 통행수
② 토지이용분류 : 사무실, 공업지역, 공지, 상업지역, 교육 및 보건시설, 공공건물, 교통 및 공공시설

5.3 통행발생 모형

(1) 원단위법

해당지역의 특성을 나타내는 여러 가지 지표(사회경제적, 토지이용 지표)간의 상관관계를 구하여 이것으로부터 목표연도의 장래교통량을 예측하는 방법이다. 원단위는 일정한 단위시간(일반적으로 24시간)과 단위지표(단위인구, 단위면적, 단위통행자)를 토대로 통행량을 추정한다.

$$T_i = X_i \cdot a_i$$

T_i : 장래 목표연도 통행량
X_i : 존에서 가장 중요한 지표
a_i : 원단위

❶ 직업별 통행발생 원단위 및 장래 통행지수가 다음과 같다. 1일 총통행 유입량을 구하라.

구분	통행발생 원단위	장래 통행지수
대학생	0.9	50명
중고생	1.2	800명
초등학교	0.9	1,800명
사무직고용자	0.9	200명
도매업고용자	1.3	100명
소매업고용자	1.1	50명

해설

① 주거지(출근통행유입량)
  0.9 ×사무직고용자수+1.3 ×도매업고용자수+1.1 ×소매업고용자수
  0.9 × 200+1.3 ×100+1.1 × 50=365

② 주거지(등교통행유입량)
0.9×대학생 수 + 1.2×중고학생 수 0.9×초등학생 수
0.9×50+1.2×800+0.9×1,800=2,625
③ 1일 총통행 유입량
① + ② = 2,990trips/day

(2) 교차분류분석 모형(Cross classification analysis)

이 모형의 특징은 총인구, 가구당 통행발생량 등과 같은 종속변수를 소득, 자동차보유대수 등의 설명변수 등의 몇 가지 카테고리(예 : 소득에 따라-대, 중, 소, 가구원수 - 3인 이하, 5인 이하 등)에 의해 교차 분류시켜 도출해내는 모형이다.

(가) 변수들의 특성

① 인/가구 : 가구당 가족 수가 증가하면 통행발생률 증가, 일정비율은 아님.
② 가구수입 : 가구수입의 증가는 통행발생률 증가
③ 가구 밀집도 : 보통 밀집도에서 가장 많은 통행발생, 낮거나 아주 높은 밀집지역은 오히려 통행발생률이 낮다.

(나) 산정방법

통행발생률을 예측하기 위하여 아래와 같이 20가구를 조사하였다. 20가구의 소득과 자동차 보유대수 및 이에 따른 통행발생량을 조사한 분석표는 다음과 같다.

가구	통행발생	가구소득	자동차 보유대수
1	2	4,000	0
2	4	6,000	0
3	10	17,000	2
4	5	11,000	0
5	5	4,500	1
6	15	17,000	3
7	7	9,500	1
8	4	9,000	0
9	6	7,000	1
10	13	19,000	3
11	8	18,000	1
12	9	21,000	1
13	9	7,000	2
14	11	11,000	2
15	10	11,000	2
16	11	13,000	2
17	12	15,000	2
18	8	11,000	1
19	8	13,000	1
20	9	15,000	1

위의 조사자료를 다음과 같은 표로 구성할 수 있다.

가구소득 \ 자동차 보유대수	0	1	2 이상
≤ 6,000	1, 2	5	
6,000-9,000	8	9	13
9,000-12,000	4	7, 18	14, 15
12,000-15,000		19, 20	16, 17
>15,000		11, 12	3, 6, 10

가구소득 \ 자동차 보유대수	0	1	2 이상
≤ 6,000	3.0(6/2)	5.0	
6,000-9,000	4.0	6.0	9.0
9,000-12,000	5.0	7.5	10.5
12,000-15,000		8.5	11.5
>15,000		8.5	12.7

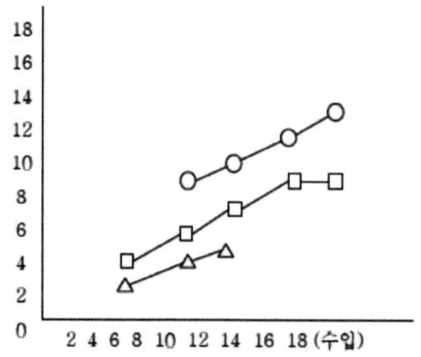

❶ 어느 지역에 1,000가구가 거주하는 존이 있다. 통행발생량을 구하라.

차량보유대수 \ 구성원수	1	2,3	4	5 이상
0	50	50	25	10
1	40	150	250	100
2 이상	10	100	125	90

<가구당 통행발생률>

차량보유대수 \ 구성원수	1	2,3	4	5 이상
0	0.97	2.54	5.04	7.42
1	1.92	3.49	5.99	8.37
2 이상	2.29	3.86	6.36	8.74

해설

<총통행발생량>

구성원수-차량보유대수	가구수	통행발생률/가구당	통행발생량
1 - 0	50	0.97	48.5
1 - 1	40	1.92	76.8
1 - 2 이상	10	2.29	22.9
2, 3 - 0	50	2.54	127.0
2, 3 - 1	150	3.49	523.5
2, 3 - 2 이상	100	3.86	386.0
4 - 0	25	5.04	126.0
4 - 1	250	5.99	1,497.5
4 - 2 이상	125	6.36	795
5 이상 - 0	10	7.42	74.2
5 이상 - 1	100	8.37	837
5 이상 - 2 이상	90	8.74	786.6
총합			5301

(3) 회귀분석(Linear regression analysis)

이는 종속변수가 하나 혹은 여러 개의 설명변수(독립변수)와 어떻게 연관되어 있는가를 밝혀내는 통계적인 방법으로, 통행발생에 영향을 주는 요소들에 대한 관계를 검토하여 모형을 정립한다.

회귀분석의 방법론은 6장 교통통계에서 자세히 다룬 바 있다.

- 산정방법

① 통계적 분석방법으로 종속변수와 설명변수로 구성

$$Y = a + bX$$

여기서,
Y : 종속변수
X : 설명변수
a, b : 상수

② 설명변수
- 수입
- 자동차보유대수
- 기타
- 가구규모
- 밀도

③ 종속변수
- 통행발생량

④ 모형 추정과정
- 설명변수와 종속변수 선정
- 설명변수 조사
- 설명변수에 관계가 있는 종속변수 선정
- 상관관계가 가장 높은 설명변수부터 하나씩 추가한다.
- 통계적 상관관계를 조사(상관계수)

❶ 설명변수인 가구당 인원수을 이용하여 회귀분석을 통한 통행발생량을 예측하고자 한다. 조사결과는 아래와 같다. 2030년의 통행발생량을 구하라.

존(Zone)	종속변수(Y)	설명변수(X), 현재	설명변수(X), 2030년
1	12.0	2.7	2.4
2	8.1	1.9	1.6
3	12.9	3.2	2.9
4	16.2	3.8	3.4
5	9.7	2.1	2.0
6	7.0	1.7	2.0
7	17.5	4.2	4.0
8	12.1	3.0	2.7
9	19.3	4.8	4.0
10	14.9	3.6	3.2

해설

$$b = \frac{\sum_i X_i Y_i - nxy}{\sum_i X_i^2 - nx^2}$$

여기서,

n : 샘플 수

x : 설명변수의 평균값

y : 종속변수의 평균값

X : 설명변수의 값

Y : 종속변수의 값

$a = y - bx$

여기서,

y : 종속변수의 값

x : 설명변수의 평균값

$$r = \frac{\sum_i X_i Y_i - nxy}{\sqrt{(\sum_i X_I^2 - nx^2)(\sum_i Y_i^2 - ny^2)}}$$

존	Y	X	Y×Y	X×X	X×Y
1	12.0	2.7	144.00	7.29	32.40
2	8.1	1.9	65.61	3.61	15.39
3	12.9	3.2	166.41	10.24	41.28
4	16.2	3.8	262.44	14.44	61.56
5	9.7	2.1	94.09	4.44	20.37
6	7.0	1.7	49.00	2.89	11.90
7	17.5	4.2	306.25	17.64	73.50
8	12.1	3.0	146.41	9.00	36.30
9	19.3	4.8	372.49	23.04	92.64
10	14.9	3.6	222.01	12.96	53.64
총합	129.7	31.0	1,828.71	105.55	438.98
평균	12.97	3.1			

$b = \langle 438.98 - 10(3.1)(12.97) \rangle / \langle 105.55 - 10(3.1)^2 \rangle = 3.906$

$a = 12.97 - 3.906(3.1) = 0.86$

$r = 0.99$

따라서 $Y = 0.86 + 3.906X$

장래 통행발생률을 위의 공식을 이용해 산정해 보면

$Y_1 = 0.86 + 3.906(2.4) = 10.2$통행발생/가구당

$Y_2 = 0.86 + 3.906(1.6) = 7.1$통행발생/가구당

$Y_3 = 0.86 + 3.906(2.9) = 12.2$통행발생/가구당

$Y_4 = 0.86 + 3.906(3.4) = 14.1$통행발생/가구당

$Y_5 = 0.86 + 3.906(2.0) = 8.7$통행발생/가구당

$Y_6 = 0.86 + 3.906(2.0) = 8.7$통행발생/가구당

$Y_7 = 0.86 + 3.906(4.0) = 16.5$통행발생/가구당

$Y_8 = 0.86 + 3.906(2.7) = 11.4$통행발생/가구당

$Y_9 = 0.86 + 3.906(4.0) = 16.5$통행발생/가구당

$Y_{10} = 0.86 + 3.906(3.2) = 13.4$통행발생/가구당

6. 통행분포(Trip distribution)

통행배분의 목적은 각 존별로 예측된 통행유출량과 통행유입량을 각 존간의 통행교차량(Trip interchange)으로 분포를 예측하는 것이며 그 종류는 크게 다음과 같이 나누어진다.

① 성장인자모형
② 중력모형
③ 간섭기회모형

6.1 성장인자 모형(Growth Factor Model)

가장 단순한 형태로서 교통계획의 방법론이 정립되기 이전부터 사용된 가장 오래된 모형이다.

① 기본개념
- 장래의 존간 통행량을 현재의 존간 통행량을 기초로 통행단(trip-end)에서의 성장 인자의 크기에 의해 결정
- 현재의 통행자의 통행형태가 장래에도 똑같다는 가정에서 출발하기 때문에 사회경제적 활동이 급격히 변하는 지역이나 도시에서는 적합성이 떨어진다.

② 사용
- 존간 통행시간 및 통행비용에 관한 자료가 없는 경우(통행시간, 통행비용을 고려 안함, 따라서 교통시스템의 변화에 부적응)
- 통행량 분포와 교통체계와의 상호의존성이 없음(실제 적용하기가 간편)
- 고급모델의 사용이 불필요할 경우
- 존간 통행분포량 예측을 위해서는 두 존간의 성장인자를 필요로 하기 때문에, 기준

년도에 통행분포량이 없었던 결과는 장래의 통행분포량 예측도 불가능
- 토지이용이 단일하여야 한다.
- 인구 집중률이 차이가 클 경우 오차가 발생한다.

③ 종류
- 균일성장인자 모형(Uniform-growth factor model, constant factor model)
- 평균성장인자 모형(Average-growth factor model)
- Fratar 모형
- Detroit 모형(Fratar 모형의 변형)

(1) 균일성장인자 모형(Uniform growth factor model)

균일성장인자모형은 가장 단순화된 성장률법으로 예측된 장래의 통행발생량을 현재의 통행발생량으로 나눈 값, 즉 균일 성장률을 현재의 존간 통행분포량에 곱하여 장래의 통행분포량을 추정하는 방법이다.

① 균일 성장인자는 장래의 전체 통행발생량(총유출량+총유입량)을 현재의 통행발생량으로 나눈 값이다.

$$F = T/t$$

여기서,
F : 균일성장인자
T : 장래 총통행 발생량
t : 현재 총통행 발생량

② 장래 존간 통행분포량은 기존의 통행분포량에 균일성장인자를 균일하게 곱하여 예측한 것이다.

$$T_{ij} = F t_{ij}$$

여기서,
T_{ij} : 장래 존 ij 간의 통행분포량
t_{ij} : 현재 존 ij 간의 통행분포량

❶ 네 개의 존간의 현재 통행분포량과 장래의 존별 통행발생량이 아래와 같다. 균일성장 인자 모형을 사용하여 장래의 존간 통행분포량을 구하라.

〈현재의 통행분포량〉

	1	2	3	4	총유출량
1	100	200	210	300	810
2	75	100	90	220	485
3	80	85	125	175	465
4	20	25	25	25	95
총유입량	275	410	450	720	1,855

〈장래의 통행발생량〉

	총유출량	총유입량	총발생량
1	2,000	500	2,500
2	1,000	800	1,800
3	1,000	1,000	2,000
4	300	2,000	2,300
총합	4,300	4,300	8,600

해설

현재의 총통행량 : 1,855+1,855=3,710

장래의 총통행량 : 4,300+4,300=8,600

$$\therefore F = 8,600/3,710 = 2.318$$

$$\therefore T_{ij} = 2.318 \times t_{ij}$$

	1	2	3	4	총유출량(예측)	실제 유출량	실제/예측
1	232	464	487	695	1,878	2,000	1.06
2	174	232	209	510	1,125	1,000	0.89
3	185	197	290	406	1,078	1,000	0.93
4	46	58	58	58	220	300	1.36
총유입량(예측)	637	953	1,044	1,669			
실제 유입량	500	800	1,000	2,000			
실제/예측	0.78	0.84	0.96	1.20			

〈 반복계수 ① (1.06+0.78)/2=0.92 〉

	1	2	3	4
1	0.92	0.95	1.01	1.13
2	0.84	0.87	0.93	1.05
3	0.86	0.89	0.94	1.07
4	1.07	1.10	1.16	1.28

	1	2	3	4	총유출량(예측)	실제 유출량	실제/예측
1	213	443	492	785	1,933	2,000	1.03
2	146	202	194	536	1,078	1,000	0.93
3	159	175	273	434	1,041	1,000	0.96
4	49	64	67	74	254	300	1.18
총유입량(예측)	567	884	1,026	1,829	4,302		
실제 유입량	500	800	1,000	2,000			
실제/예측	0.88	0.90	0.97	1.09			

⟨ 반복계수 ② (1.03+0.88)/2=0.95 ⟩

	1	2	3	4
1	0.95	0.97	1.00	1.06
2	0.90	0.92	0.95	1.01
3	0.92	0.93	0.97	1.03
4	1.03	1.04	1.08	1.14

⟨균일성장인자모형에 의한 장래의 통행배분⟩

	1	2	3	4	총유출량(예측)	실제 유출량
1	202	430	492	832	1,956	2,000
2	131	186	184	541	1,042	1,000
3	146	163	265	447	1,021	1,000
4	50	67	72	84	273	300
총유입량(예측)	529	846	1,013	1,904		
실제 유입량	500	800	1,000	2,000		

(2) 평균성장인자 모형(Average growth factor model)

평균성장인자모형은 각 존마다 통행유출량, 통행유입량에 대한 성장률을 따로 적용하여 현재의 각 존별 유출량, 유입량에 성장률을 곱하여 장래의 분포교통량을 구하는 방법으로 균일성장인자 모형 보다는 훨씬 정밀한 접근방법이다.

① 성장인자모델(Growth factor model) 중에 가장 많이 사용되는 모델
② 평균성장인자모형은 통행 유출량과 유입량 각각의 평균값으로 성장 인자 추출

$$F_i = P_i/p_i$$
$$F_j = A_j/a_j$$
$$T_{ij} = t_{ij}\frac{F_i+F_j}{2}$$

여기서,

F_i : 유출 성장계수

F_j : 유입 성장계수

P_i : 장래의 통행유출량

p_i : 현재의 통행유출량

A_j : 장래의 통행유입량

a_j : 현재의 통행유입량

먼저 F_i와 F_j의 값을 각 존별로 구하고 현재의 존간 통행량(t_{ij})에 F_i와 F_j의 평균치를 곱하여 각 존의 장래 교통량을 산출한다. 그리고 산출된 O-D 표의 통행 유출량과 유입량을 초기에 추정된 유출량 및 유입량과 비교한다. 대부분의 경우 이들의 값들은 일치하지 않기 때문에 여러 번 반복 작업을 통해 가급적 실제와 예측비의 값이 1에 가까울 때까지 계속한다.

③ 현장조사에 의해서 장래의 통행 유출량과 유입량이 조사되어지지 못하는 경우

유출량 = 장래 인구 / 현재 인구, 유입량 = 장래 고용인원 / 현재 고용인원, 장래 소매상면적 / 현재 소매상면적

❶ 네 개의 존간의 현재 통행분포량과 장래의 통행발생량이 아래와 같다. 평균성장인자모형을 사용하여 장래의 존간 통행분포량을 구하라.

〈현재의 통행분포량〉

	1	2	3	4	총유출량
1	100	200	210	300	810
2	75	100	90	220	485
3	80	85	125	175	465
4	20	25	25	25	95
총유입량	275	410	450	720	1,855

〈장래의 통행발생량〉

	총유출량	총유입량	총발생량
1	2,000	500	2,500
2	1,000	800	1,800
3	1,000	1,000	2,000
4	300	2,000	2,300
총합	4,300	4,300	8,600

해설

①

존	Fi	Fj
1	2,000/810=2.47	500/275=1.83
2	1,000/485=2.06	800/410=1.95
3	1,000/465=2.15	1,000/450=2.22
4	300/95=3.16	2,000/720=2.78

② $T_{ij}=100 \times \langle (2.47+1.83)/2 \rangle = 215$

	1	2	3	4	총유출량(예측)	실제유출량	실제/예측
1	215	442	492	788	1,937	2,000	1.03
2	146	201	193	532	1,072	1,000	0.93
3	159	174	273	431	1,037	1,000	0.96
4	50	64	67	74	255	300	1.18
총유입량(예측)	570	881	1,025	1,825			
실제유입량	500	800	1000	2000			
실제/예측	0.88	0.91	0.98	1.10			

〈 반복계수 ① (1.03+0.88)/2=0.95〉

	1	2	3	4
1	0.95	0.97	1.01	1.07
2	0.90	0.92	0.96	1.02
3	0.92	0.93	0.98	1.04
4	1.03	1.04	1.09	1.15

〈평균성장인자모형에 의한 장래의 통행분포량〉

	1	2	3	4	총유출량(예측)	실제 유출량
1	204	429	497	843	1,973	2,000
2	131	185	185	543	1,044	1,000
3	146	162	268	448	1,024	1,000
4	52	67	73	87	279	300
총유입량(예측)	533	843	1,023	1,921	4,302	
실제 유입량	500	800	1,000	2,000		

(3) Fratar model모형

(가) 성장인자에 의한 Fratar모형

① 앞의 성장모형보다는 정교한 모델

② 주로 외부교통의 유출입에 사용

③ 전체 존에서의 총통행 유입량과 유출량의 합은 같다.

$$\sum_i T_{ij} = \sum_j T_{ji}$$

④ 장래의 통행발생량 / 현재의 통행발생량으로 인자 산정

$$GF_j = T/t$$

⑤ 예측 방법

$$T_{ij} = T_i \left(\frac{t_{ij} GF_j}{\sum t_{ij} GF_j} \right)$$

여기서,

T_{ij}=존j와 i 사이의 장래 통해 분포량

T_i=존i에서 발생된 장래 통행발생량

t_{ij}=존i와 j에서의 현재 통행 분포량

GF_j=존 j를 위한 성장인자

❶ 현재 세 존의 통행발생량과 통행분포량, 그리고 장래의 통행발생량이 아래와 같다면, Fratar모형을 이용하여 장래의 분포교통량을 구하라.

〈현재의 통행발생량 및 통행분포량〉

존	통행발생량	통행분포량
1	30,000	1-2, 10,000
		1-3, 20,000
2	25,000	2-1, 10,000
		2-3, 15,000
3	35,000	3-1, 20,000
		3-2, 15,000

〈장래의 발생교통량〉

존	발생교통량
1	60,000
2	75,000
3	35,000

해설

① GF_1=2.0, GF_2=3.0, GF_3=1.0

	1	2	3	현재	장래	GFj
1	0	10,000	20,000	30,000	60,000	2.0
2	10,000	0	15,000	25,000	75,000	3.0
3	20,000	15,000	0	35,000	35,000	1.0
총계	30,000	25,000	35,000			

② 존1에서의 통행분포량

$\sum t_{ij} GF_j$ =10,000×3.0 + 20,000×1.0=50,000

그러므로 존1에서 2로는 60,000×(30,000/50,000)=36,000

존1에서 3으로는 60,000×(20,000/50,000)=24,000

• 존2에서의 통행분포량

$\sum t_{ij} GF_j$ =10,000×2.0 + 15,000×1.0 = 35,000

그러므로 존2에서 1로는 75,000×(20,000/35,000)=42,857

존2에서 3으로는 75,000×(15,000/35,000)=32,143

• 존3에서의 통행분포량

$\sum t_{ij} GF_j$ =20,000×2.0 + 15,000×3.0 = 85,000

그러므로 존3에서 1으로는 35,000×(40,000/85,000)=16,471

존3에서 2로는 35,000×(45,000/85,000)=18,529

③ T_{12}= T_{21}=(36,000+42,857)/2=39,429

T_{13}= T_{31} =(24,000+16,471)/2=20,236

T_{23}= T_{32} =(32,143+18,529)/2=25,336

④

	1	2	3	총계	장래 유출량	GFj
1	0	39,429	20,236	59,665	60,000	1.01
2	39,429	0	25,336	64,765	75,000	1.16
3	20,236	25,336	0	45,572	35,000	0.77
총계	59,665	64,765	45,572			
장래 유입량	60,000	75,000	35,000			
GFj	1.01	1.16	0.77			

⑤ 존1에서의 통행분포량

$\sum t_{ij} GF_j$ = 39,429×1.16 + 20,236×0.77 = 61,320

그러므로 존1에서 2로는 60,000×(45,738/61,320)=44,753

존1에서 3으로는 60,000×(15,582/61,320)=15,247

• 존2에서의 통행분포량

$\sum t_{ij} GF_j$ = 39,429×1.01 + 25,336×0.77 = 59,332

그러므로 존2에서 1로는 75,000×(39,823/59,332)=50,339

존2에서 3으로는 75,000×(19,509/59,332)=24,661

• 존3에서의 배분

$\sum t_{ij} GF_j$ = 20,236×1.01 + 25,336×1.16 = 49,828

그러므로 존3에서 1로는 35,000×(20,438/49,828)=14,356

존3에서 2로는 35,000×(29,390/49,828)=20,644

⑥ $T_{12}=T_{21}=(44,753+50,339)/2=47,546$

$T_{13}=T_{31}=(24,661+20,644)/2=22,653$

$T_{23}=T_{32}=(15,247+14,356)/2=14,802$

⑦

	1	2	3	총계	장래 유출량	GFj
1	0	47,546	14,802	62,348	60,000	0.96
2	47,546	0	22,653	70,199	75,000	1.07
3	14,802	22,653	0	37,455	35,000	0.93
총계	62,348	70,199	37,455			
장래 유입량	60,000	75,000	35,000			
GFj	0.96	1.07	0.93			

존1(2)에서 존2(1)로 47,546

존1(3)에서 존3(1)로 14,802

존2(3)에서 존3(2)로 22,653

(나) 유출 유입성장율의 곱에 의한 Fratar 모형

존i와 존j 사이의 통행량은 E_i(존i의 유출량의 성장률)와 F_j(존j의 유입량의 성장률)에 비례하여 증가한다는 것이다. 현재 통행량을 이와 같은 두개의 성장률로 곱하면 존i에서 유출되는 통행량이 장래 추정량보다 많아지므로 아래와 같은 절차에 의해 보정하여 통행분포량을 예측하는 방법

① 존간의 통행량 E_i, F_j 산정
② 반복과정을 통하여 통행발생 단계에서 산출된 통행 유출, 유입량과 일치 되도록 조정
③ 일반적으로 평균 성장률보다 계산횟수가 적음

여기서 과다추정을 보정하기 위한 수단으로서 L_i와 L_j의 합을 2로 나눈 값을 성장률과 현재 통행분포량에 적용하여 장래 통행분포량을 구한다.

$$T_{ij} = t_{ij} E_i F_j \frac{L_i + L_j}{2}$$

$$L_i = \frac{\sum_{j=1}^{n} t_{ij}}{\sum_{j=1}^{n} t_{ij} F_j}$$

$$L_j = \frac{\sum_{i=1}^{n} t_{ij}}{\sum_{i=1}^{n} t_{ij} E_i}$$

❶ 다음과 같은 경우 Fratar모형을 이용하여 존간의 통행분포량을 계산하라.

〈현재〉

D\O	1	2	계
1	8	3	11
2	5	4	9
계	13	7	20

〈장래〉

D\O	1	2	계
1			19
2			14
계	18	15	33

해설

① 각 존별 유출 및 유입량의 성장률 계산

	1	2
E_i	19/11=1.73	14/9=1.56
F_j	18/13=1.38	15/7=2.14

② 보정식 계산

	1	2
L_i(유출)	8+3/(8×1.38+3×2.14) = 0.63	5+4/(5×1.38+4×2.14) = 0.58
L_j(유입)	8+5/(8×1.73+5×1.56) = 0.60	3+4/(3×1.73+4×1.56) = 0.61

③ 각 존간 통행량 계산

$T_{11} = 8 \times 1.73 \times 1.38 \times (0.63+0.6)/2 = 11.75 = 12$
$T_{12} = 3 \times 1.73 \times 2.14 \times (0.63+0.61)/2 = 6.89 = 7$
$T_{21} = 5 \times 1.56 \times 1.38 \times (0.58+0.6)/2 = 6.35 = 6$
$T_{22} = 4 \times 1.56 \times 2.14 \times (0.58+0.61)/2 = 7.9 = 8$

④ 최종 통행분포량 결과

O\D	1	2	실제	통행분포량
1	12	7	19	19
2	6	8	14	14
실제	18	15	33	
통행분포량	18	15		33

(다) 성장인자모델의 문제점

① 성장인자모델은 통행시간이나 통행비용을 존간의 통행량 분포에 영향을 미치는 인자로 사용하지 않기 때문에, 교통시스템의 개선에 기인한 통행분포량의 변화에 대응할 수 없다.
② 큰 존에 있어서의 성장은 종종 실제 성장률을 과대 예측하여 통행량 분포에 크게 영향을 미치게 된다.
③ 새로운 개발지에는 현재의 통행량 분포가 없기 때문에 미래를 예측 할 수가 없다.
④ 현재는 Fratar모형만이 광범위하게 사용된다.

(4) Detroit모형

(가) Fratar모형의 계산 과정을 단순화

Detroit모형은 Fratar모형의 계산 과정을 보다 단순화시킨 것으로 계산이 아주 복잡한 L_i, L_j항을 단순한 성장인자로 대치하여 Fratar와 비슷한 계산과정을 적용한다.

$$T_{ij} = t_{ij} \frac{E_i \times F_j}{F}$$

F : 총통해 발생량의 증감율

E_i : 존i의 유출량의 성장률

F_j : 존j의 유입량의 성장률

(나) 장점

모형이 간단하고 적용이 용이하다.

(다) 단점

교통량의 증감에 따라서 결과가 상이하게 발생한다(총통행발생량의 증감을 사용하기 때문에 개별 존의 성장률이 큰 경우 존 전체의 성장률에 의해 증감률이 상쇄한다).

❗ 다음과 같은 경우 Detroit법을 이용하여 존별 통행분포량을 계산하라.

〈현재〉

D\O	1	2	계
1	8	3	11
2	5	4	9
계	13	7	20

〈장래〉

D\O	1	2	계
1			19
2			14
계	18	15	33

6.2 중력모형

중력모형의 통행분포에서의 적용은 뉴턴의 만유인력법칙을 사회현상에까지 적용해 보려는 사회과학자들의 대담한 노력에서 그 근원을 찾을 수 있다. 두 장소간의 교통량 교류는 두 장소의 토지이용에 의한 활동량의 곱에 비례하고 한 장소에서 다른 장소로 통행하는 데에 따른 교통 불편성(통행비용)에 반비례하는 것이라는 가정에서 출발한다.

(1) 만류인력의 법칙

$$F_{1,2} = \frac{GM_1M_2}{D_{1,2}^2}$$

여기서,

$F_{1,2}$ = 1과 2 사이에 발생하는 인력

M_1, M_2 = 질량

$D_{1,2}$ = 거리

G = 만유인력 상수

사회과학에 최초로 사용한 모델

$$M_{1,2} = \frac{f(p_1)}{R_{1,2}}$$

여기서,

$M_{1,2}$ = 1지역에서 2지역으로의 인구이동

$f(p_1)$ = 1지역 인구(p_1)의 함수

$R_{1,2}$ = 1지역과 2지역 간의 거리

교통수요예측 최초모델

$$T_{ij} = \frac{\alpha P_i P_j}{d_{ij}^n}$$

여기서,

T_{ij} = i와 j사이의 통행량

α, n = 상수

P_1, P_2 = i와 j지역의 인구

d_{ij} = i와 j지역의 거리

상수 n을 처음에는 2를 사용하였다. 그러나 이 값은 반드시 정수일 필요는 없고, 0.6~3.5 사이의 다양한 값의 범위를 가진다.

결국 중력모형은 존 i, j의 인구 P_i, P_j 대신에 통행유출 및 유입량인 O_i, D_j를 사용하고 통행거리 대신에 통행비용함수 값을 도입함으로써 다음과 같은 일반화된 중력모형을 만든다.

$$T_{ij} = \alpha O_i D_j f(c_{ij})$$

여기서, $f(c_{ij})$는 거리나 비용이 증가함에 따라 통행행위를 억제시키는 요인으로 작용하기에 통행저항함수라 하고

$$f(c_{ij}) = \exp(-\beta c_{ij})$$

$$f(c_{ij}) = c_{ij}^{-n}$$

$$f(c_{ij}) = c_{ij}^n \exp(-\beta c_{ij})$$

등의 여러 가지 형태를 가진다.

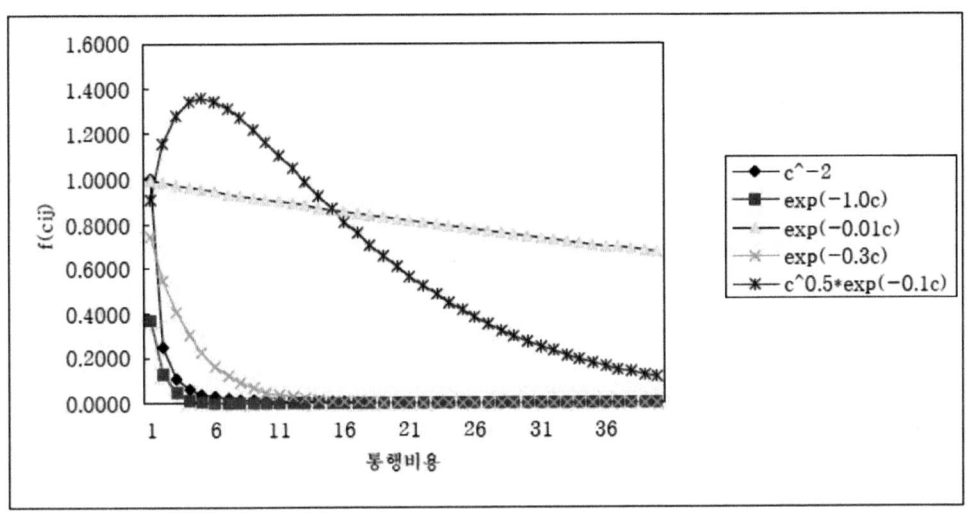

[그림 8-4] 통행저항함수의 유형별 형태

결국 중력모형은 저항함수 $f(c_{ij})$와 상수 α에 의해 그 형태가 결정된다. 그러나 여기서 α는 교차통행의 패턴을 결정하는 인자로 볼 수 없고 단지 통행유출 및 유입량 제약조건을 만족시키는 균형인자의 기능을 할 뿐이다.

(2) 통행분포량 추정과정

통행분포량 추정과정은 크게 두 단계로 나누어진다.
① 모형정립과정 : 기준년도의 자료를 이용하여 저항함수의 계수를 추정하고 필요한 자료는 기준 O/D, 존간 통행비용 등이며, 저항함수의 형태는 분석가의 주관에 따른다.
② 교통량 추정과정 : 정립된 중력모형에 목표연도의 자료를 입력하여 통행분포량을 산출한다. 구체적으로는 제약조건을 만족시키는 존별 평형인자를 결정하고 필요한 자료는 존별 통행유출량 및 유입량, 존간 통행비용이다.

실제 업무에서 중력모형의 활용은 상기 단계별로 진행된다. 모형정립은 다음 절에서 다루고 정립된 모형으로 통행분포량을 추정한다.

(가) 단일제약 중력모형

단일제약은 통행 유출량(O_i) 또는 유입량(D_j) 중 어느 하나만을 제약조건으로 한다. 일반화된 중력모형식

$$T_{ij} = \alpha O_i D_j f(c_{ij})$$

에서 통행유출량 제약 즉, $O_i = \sum_j T_{ij}$를 대상으로 통행량을 추정하면, 유출량 제약 중력모형은 $T_{ij} = \alpha O_i D_j f(c_{ij})$에서 통행유입량 D_j를 제거한 형태로 다음과 같이 나타낼 수 있다

$$T_{ij} = \alpha O_i f(c_{ij})$$

이 식을 통행유출량 제약조건에 대입하면,

$$O_i = \sum_j T_{ij} = \alpha \ O_i \sum_j f(c_{ij})$$

이고, 균형인자

$$\alpha = [\sum_j f(c_{ij})]^{-1}$$

α는 통행유출 존별로 각각 다른 값을 갖는 α_i 형태를 보인다. 따라서 유출량 제약중력 모형

$$T_{ij} = O_i \frac{f(c_{ij})}{\sum_j f(c_{ij})}$$

이다. 결국 존간 통행분포량은 존별 유출량과 존별 통행저항함수에 의해 구할 수 있다.

❶ 조사결과 다음과 같이 존 간의 통행량 분포를 얻었다. 통행유출량 제약 중력모형으로 장래 O/D 표를 구하라

통행비용에 따른 통행량 빈도

통행비용	통행량	상대빈도
0-5	214	0.165
5-10	257	0.198
10-15	227	0.175
15-20	182	0.140
20-25	139	0.107
25-30	104	0.080
30-35	69	0.053
35-40	48	0.037
40-45	29	0.022
45-50	16	0.012
50-55	9	0.007
55-60	6	0.005
계	1300	1.000

목표연도 존별 통행 유출량 및 유입량

존	통행발생량	통행유입량
1	10,500	2,600
2	5,700	6,600
3	4,500	11,500
계	20,700	20,700

존간 통행비용

	1	2	3
1	8	31	51
2	26	12	19
3	47	21	9

해설

통행비용에 따른 상대빈도를 통행저항함수라($f(c_{ij})$)하고, 통행유출량 제약 중력모형을 이용하여 존간 통행량을 추정한다.

먼저 $f(c_{11}) = f(8) = 0.198$, $f(c_{12}) = f(31) = 0.053$, $f(c_{13}) = f(51) = 0.007$이므로

$\alpha_1 = [f(8) + f(31) + f(51)]^{-1} = [0.198 + 0.053 + 0.007]^{-1} = 1/0.258$

$\alpha_2 = [0.080 + 0.175 + 0.140]^{-1} = 1/0.395$

$\alpha_3 = [0.012 + 0.107 + 0.198]^{-1} = 1/0.317$

이 균형인자를 이용하여 존간의 통행량을 산출하면,

$T_{11} = \alpha_1 \ O_1 \ f(c_{11}) = 1/0.258 \times 10,500 \times 0.198 = 8,058$

$T_{12} = \alpha_1 \ O_1 \ f(c_{12}) = 1/0.258 \times 10,500 \times 0.053 = 2,157$

$T_{13} = 1/0.258 \times 10,500 \times 0.007 = 285$

같은 방법으로 T_{21}, T_{22}, T_{23}, T_{31}, T_{32}, T_{33}을 구하면 존간의 통행량을 구할 수 있다.

존간 통행분포량

	1	2	3	계
1	8,058	2,157	285	10,500
2	1,154	2,525	2,021	5,700
3	170	1,519	2,811	4,500
계	9,382	6,201	5,117	20,700

이 결과는 존간 통행유출량만을 제약한 추정치이므로 목표연도 존별 통행 유출량 및 유입량과는 일치하지 않는다.

(나) 이중제약 중력모형

이중제약 중력모형은 통행유출량 제약과 통행유입량 제약을 동시에 만족시키는 존간 통행량 T_{ij}를 추정한다.

따라서 이중제약 중력모형의 균형인자는 각 존쌍별로 각기 다른 값을 가진다. 이를 α_{ij}로 표현할 수 있다.

그러나 제약조건식을 모두 만족시키는 균형인자 α_{ij}를 도출하기는 쉽지 않고 이해하기 어려우므로 이를 유출존 균형인자 A_i와 유입존 균형인자 B_j로 분리하면 이중제약 중력모형의 일반식은

$$T_{ij} = A_i \ B_j \ O_i \ D_j \ f(c_{ij})$$

로 나타낼 수 있고 이 식을 통행유출량, 유입량 제약조건에 대입하면,

$$O_i = \sum_j T_{ij} = A_i O_i \sum_j B_j D_j f(c_{ij})$$

$$D_j = \sum_i T_{ij} = B_j D_j \sum_i A_i O_i f(c_{ij})$$

이므로 유출존 균형인자 A_i와 유입존 균형인자 B_j는

$$A_i = [\sum_j B_j D_j f(c_{ij})]^{-1}$$

$$B_j = [\sum_i A_i O_i f(c_{ij})]^{-1}$$

따라서 A_i, B_j를 이중제약 중력모형의 일반식 $T_{ij} = A_i \ B_j \ O_i \ D_j \ f(c_{ij})$에 대입하면,

$$T_{ij} = O_i \frac{B_j D_j f(c_{ij})}{\sum_j B_j D_j f(c_{ij})}$$

또는

$$T_{ij} = D_j \frac{A_i O_i f(c_{ij})}{\sum_i A_i O_i f(c_{ij})}$$

로 나타낼 수 있다.

이 식은 이중제약 중력모형으로 단일제약 중력모형과 구별된다. 단일중력모형은 통행의 기점이나 종점에 관한 제약조건만을 갖는 식으로 통행균형인자인 A_i나 B_j가 1인 경우의 집합이다. 즉 모든 도착존 j에 대해 $B_j = 1$인 경우

$$A_i = [\sum_j D_j f(c_{ij})]^{-1}$$

가 되고

$$T_{ij} = O_i \frac{D_j f(c_{ij})}{\sum_j D_j f(c_{ij})}$$

로 계산할 수 있다.

이중제약 중력모형의 일반식

$$T_{ij} = A_i \ B_j \ O_i \ D_j \ f(c_{ij})$$

에서 O_i와 D_j는 결정되어 있으므로 A_i, B_j, 그리고 존간 통행저항 함수값($f(c_{ij})$)을 대입하면 이중제약 통행분포량을 추정할 수 있다.

만약 통행비용함수가 모형정립과정에 의해 추정되었다고 하면, A_i, B_j를 구하여야 한다. A_i, B_j를 구하는 방법은 Wilson의 반복평행법을 이용한다.

step 0 : 초기단계 $k = 0$

    모든 존 j에 대해 $B_j(k) = 1.0$으로 한다.

step 1 : 균형인자 $A_i(k)$ 추정, $k = k+1$

    주어진 $B_j(k-1)$ 값을 이용하여 $A_i(k)$ 추정

step 2 : 균형인자 $B_j(k)$ 추정

    step 1과 마찬가지로 $A_i(k)$를 이용하여 $B_j(k)$ 추정

step 3 : 점검

    균형인자 $A_i(k)$, $B_j(k)$가 안정된 값을 갖는가를 점검한다.

    모든 존에 대하여 $A_i(k) \approx A_i(k-1)$, $B_j(k) \approx B_j(k-1)$을 점검한다.

    만약 안정된 값을 가지지 않으면 step 1로 가서 다음 반복과정을 계속한다.

step 4 : 추정완료

    안정된 존별 균형인자를 이용하여 T_{ij}를 추정한다.

    $T_{ij} = A_i \ B_j \ O_i \ D_j \ f(c_{ij})$

❶ 앞 예제를 이중제약 중력모형으로 통행분포량을 추정하라.

해설

1. 먼저 k = 0으로 정의하고 모든 존 j에 대해 균형인자 $B_j(0) = 1.0$로 한다.
2. 첫 번째 반복에서($k=1$) 모든 존 j에 대하여 $A_i(1)$을 산출한다.

$$A_1(1) = [B_1(0) \times D_1 \times f(c_{11}) + B_2(0) \times D_2 \times f(c_{12}) + B_3(0) \times D_3 \times f(c_{13})]^{-1}$$
$$= [B_1(0) \times D_1 \times f(8) + B_2(0) \times D_2 \times f(31) + B_3(0) \times D_3 \times f(51)]^{-1}$$
$$= [1 \times 2,600 \times 0.198 + 1 \times 6,600 \times 0.053 + 1 \times 11,500 \times 0.007]^{-1}$$
$$= 1/945$$

$$A_2(1) = [1 \times 2,600 \times 0.080 + 1 \times 6,600 \times 0.175 + 1 \times 11,500 \times 0.140]^{-1}$$
$$= 1/2,973$$

$$A_3(1) = [1 \times 2,600 \times 0.012 + 1 \times 6,600 \times 0.107 + 1 \times 11,500 \times 0.198]^{-1}$$
$$= 1/3,014$$

3. 동일한 반복과정 $k=1$에서 계산된 $A_i(1)$을 이용하여 $B_j(1)$을 계산한다.

$$B_1(1) = [A_1(1) \times O_1 \times f(c_{11}) + A_2(1) \times O_2 \times f(c_{21}) + A_3(1) \times O_3 \times f(c_{31})]^{-1}$$
$$= [A_1(1) \times O_1 \times f(8) + A_2(1) \times O_2 \times f(26) + A_3(1) \times O_3 \times f(47)]^{-1}$$
$$= [(1/945) \times 10,500 \times 0.198 + (1/2,973) \times 5,700 \times 0.080 + (1/3,014) \times 4,500 \times 0.012]^{-1}$$
$$= 0.422$$

$$B_2(1) = [(1/945) \times 10,500 \times 0.053 + (1/2,973) \times 5,700 \times 0.175 + (1/3,014) \times 4,500 \times 0.107]^{-1}$$
$$= 0.921$$

$$B_3(1) = [(1/945) \times 10,500 \times 0.007 + (1/2,973) \times 5,700 \times 0.140 + (1/3,014) \times 4,500 \times 0.198]^{-1}$$
$$= 1.560$$

이러한 방식으로 k=2, 3, …의 반복과정에서 $A_i(k)$와 $B_j(k)$가 $A_i(k-1)$ 및 $B_j(k-1)$과 근사할 때까지 반복계산을 한다.

8번째에서 $A_i(k) \approx A_i(k-1)$, $B_j(k) \approx B_j(k-1)$

	1	2	3	Oi
1	2,519	4,942	3,038	10,500
2	74	1,191	4,435	5,700
3	7	467	4,026	4,500
Dj	2,600	6,600	11,500	

6.3 간섭기회 모형(The Intervening Opportunities Model)

(1) 확률 접근 모델

산정방법은 목적지에서의 기회를 나타낼 수 있는 일정한 변수를 설정하는데, 주로 출근통행이나 쇼핑통행과 같은 통행목적별 사회경제적 변수를 채택한다.
이는 다음의 2가지 가정을 기초로 한다.
① 어느 지점에서 출발한 통행자가 다른 어느 지점을 목적지로 선택할 확률은 모든 대상 기회에 대하여 동일하다.
② 통행자는 이상의 제약 하에서 통행시간을 극소화시킨다. 즉 통행자는 가까운 대상기회부터 시작하여 차츰 멀어지면서 목적지로서의 선택여부를 결정한다.

(2) 개념정립

① 10개의 가게가 있고, 각 가게를 선택할 확률은 일정하다(어느 가게든지 동일한 가격, 서비스를 제공한다). 만약 가게가 10개가 있으면 선택확률(L)은 가게수의 역수, 즉 1/10이다.
② 출발지로부터 거리 순으로 서열을 정한다. 가장 가까운 거리의 가게가 S_1이고 가장 먼 가게가 S_{10}(가게간의 상대적 거리는 무시됨, 단지 절대적 순서임)이 된다.
③ 통행시간을 최소화하면서 k번째 가게가 선택될 확률은 다음과 같다.

$$P_k = (1-L)^{k-1} L$$

$$P_1 = 1 \times 0.1$$

$P_2 = (1-0.1)^{2-1} \times 0.1$ (1번째 가게를 선택하지 않고 2번째 가게를 선택)

$$P_3 = (1-0.1)^{3-1} \times 0.1$$

$= (1-0.1)(1-0.1) \times 0.1$ (1, 2번째 가게를 선택하지 않고 3번째 가게를 선택)

(3) 추정과정

① 각 출발존별 목적지까지의 기회(거리, 통행시간, 통행비용)를 서열화한다.
② 기회를 모든 목적지에 누적시키는 함수를 도출한다(각 유출존에 대해 반복).

③ 가구 통행조사에 의한 목적지 선택 비율을 분석하여 선정할 확률을 구한다.
④ 모든 목적지를 향하는 통행의 누적비로서의 확률 및 존간 통행량을 결정한다.

(4) 교통존으로 개념 확장

i 존과 j 존 사이에 V 개의 기회가 있었고, $i \leftrightarrow j$ 간 통행비용이 동일한 곳에 dV 개의 기회가 있다.

dV 개의 도착기회 중에서 어느 하나에 도착할 확률 = 먼저 있는 V 개의 도착기회 중에서 원하는 목적지가 없을 확률 × dV 개의 도착기회 중에서 원하는 목적지가 있을 확률은

$$P(dV) = [1 - P(V)] \; L \cdot dV$$

여기서,

$P(dV)$: dV 개의 도착기회 중에서 어느 하나에 도착할 확률(dV 보다 가까운 곳에 있는 V 개의 도착기회 중에서는 원하는 목적지를 발견할 수 없으면서)

$P(V)$: V 개의 도착기회 중에서 원하는 목적지가 있을 확률

L : 통행자가 각 기회를 선택할 확률, 주어진 각 기회에서 자신의 목적을 달성할 확률즉 총 기회의 역수

$L \cdot dV$: dV 개의 도착기회 중에서 원하는 목적지가 있을 확률

V : 순서가 붙여진 V 영역내의 도착기회의 총합, 예를 들어 V_j 는 i 존에서 가까운 순서로 따져 j 존까지의 모든 도착기회

$$\frac{P(dV)}{1 - P(V)} = L \cdot dV$$

$$\frac{dP(V)}{1 - P(V)} = L \cdot dV$$

$$\therefore \; P(V) = 1 - K \cdot \exp(-LV)$$

$$\Rightarrow \; P(V_j) = 1 - K \cdot \exp(-LV_j)$$

따라서 j 번째 존에 도착할 확률은 j 번째 존 이내에 목적지가 있을 확률 $P(V_j)$ 에다 $j-1$ 번째 존 이내에 목적지가 있을 확률 $P(V_{j-1})$ 을 뺀 값과 같다.

$$P(V_j) - P(V_{j-1}) = K[\exp(-LV_{j-1}) - \exp(-LV_j)]$$

그러므로 통행량 T_{ij} 는

$$T_{ij} = O_i \ K_i [\exp(-LV_{j-1}) - \exp(-LV_j)]$$

이며, 여기서,

$$O_i = \sum_{j=1}^{n} T_{ij} = O_i \ K_i \sum_{j=1}^{n} [\exp(-LV_{j-1}) - \exp(-LV_j)]$$
$$= O_i \ K_i \ [\exp(-LV_0) - \exp(-LV_n)]$$

$V_0 = 0$이므로

$$K_i = [1 - \exp(-LV_n)]^{-1}$$
$$\therefore T_{ij} = O_i \frac{[\exp(-LV_{j-1}) - \exp(-LV_j)]}{[1 - \exp(-LV_n)]}$$

이다.

(5) 간섭기회모형의 단점

- 모형의 이론 이해가 어렵다.
- 출발지로부터의 접근성 순서대로 나열 작업이 어렵다.
- 도착존 간의 상대적 거리는 무시되고 단지 절대적 순서로만 계산된다.
- 중력모형보다 이론적이나 실용성 면에서 떨어진다.

❶ 존 A에서 통행발생량 400이 예측되었다. 아래 주어진 조건에 의해서 각 존별로 통행분포량을 구하고자 한다(단, L=0.004 사용).

유입 존	통행유입량	존A로부터의 통행시간
1	800	5분
2	400	10분
3	1,200	15분
4	200	20분

해설

존j	V_{j-1}	V_j	$e^{-0.004 V_{j-1}}$ (A)	$e^{-0.004 V_j}$ (B)	A−B(C)	C×400
1	0	800	1.0000	0.0408	0.9592	384
2	800	1,200	0.0408	0.0082	0.0326	13
3	1,200	2,400	0.0082	0.0000	0.0082	3
4	2,400	2,600	0.0000	0.0000	0.0000	0

7. 교통수단 선택(Modal choice)

교통수단 선택은 통행분포에서 존간의 통행량이 예측된 후, 존간의 통행량 가운데 교통수단별(승용차, 택시, 버스, 도보 등) 분담비율을 예측하는 단계로 교통수단 분담(modal split)이라고 불리기도 한다.

7.1 교통수단 선택요인

(1) 통행의 특성

① 목적(통근, 통학, 쇼핑, 업무, 여가 및 친교 등)
② 통행길이(장거리, 단거리)
③ 통행시간대

(2) 통행자의 특성

성별, 연령, 직업, 소득수준, 주거밀도, 자동차보유 대수 등

(3) 교통수단의 특성

교통수단의 특성은 교통수단의 서비스수준과 관련된 것으로 통행시간, 통행비용, 편리성, 안전성 등이 있으며, 통행시간은 차내시간과 차외시간(접근 및 대기시간)으로 구분되며, 통행비용에는 연료비, 주차비, 대중교통 이용요금 등이 포함된다.

(4) 수단선택 예측시 고려사항

① 고정승객(Captive rider) : 대안수단 부재로 대중교통만 이용

② 선택승객(Choice rider) : 자가용 승용차와 대중교통수단을 상황별로 이용

7.2 교통수단선택 모형의 종류

(1) 여러 교통수단에 의한 통행을 직접 예측하는 모형

이 모형은 전통적으로 소도시 교통연구에 많이 사용하며, 방법으로는 대중교통에 의한 통행을 통행목적별로 총통행발생과 함께 예측하거나 또는 개인교통에 의한 통행과 함께 독립적으로 예측한다. 만일 총통행과 함께 예측하는 경우에는 그 값을 감하여 개인교통의 사람통행을 추정한 후에 일반적 계획과정을 적용한다.

이 경우는 통행발생단계에서 사용하는 모형이라고도 하며 다음과 같은 방법이 있다.

① 회귀분석법

독립변수 : 유출존에서의 자동차 보유유무, 통행거리, 주거밀도, 대중교통수단으로의 접근성 추정방식은

$Tp_i(m) = a_0 + a_1 X1_i + a_2 X2_i + \cdots\cdots a_n Xn_i$

$Tp_i(m)$: 교통수단 m을 이용한 존 i에서의 유출통행량

Xn_i : 존 i의 독립 변수

② 카테고리 분석법

가구소득, 자동차 보유대수, 가구규모로 분류하여 교통수단별 평균 통행발생량을 추정하는 방법으로 여러 변수에 따라 분류된 가구수에 평균 통행횟수를 구하여 예측한다.

- 장점 : 개인교통 : 신도로건설, 도로의 확폭 등 교통시설투자사업에 필요한 교통량자료로 이용할 수 있음

  대중교통 : 교통노선변경, 서비스조정, 요금 변화 등에 이용이 용이하다.

- 단점 : 이 모형으로 대중교통수단이 수단분담에 미치는 효과를 평가하는 데에는 부적합, 특히 개인교통에 의한 사람통행을 독립적으로 예측하는 방법은 대중교통수단의 영향을 반영할 수 없음.

(2) 통행단 수단선택모형(trip-end mode choice model)

통행발생과정에서 예측된 유출통행(trip production)과 유입통행(trip attraction)에 대해 통행분포를 적용하기 전에 수단별 분담률로 분할한다. 여기서 수단별 분담률은 수단선택모형에서 결정되며, 개인교통의 유출통행과 유입통행에 대해서는 승용차 재차인원을 적용하여 차량통행으로 환산한 뒤, 최종적으로 대중교통의 사람통행과 승용차통행에 대해 통행분포를 적용한다. 이 모형의 특징은 사회·경제적인 변수에 따라 교통수단선택 패턴이 결정된다고 가정을 하며 주로 도로 이용자의 수단분담률 산출에 주목적을 둔다.

① 분석과정

② 장·단점
- 장점 : 모형 적용이 편리하고 통행자 행태에 대한 가설 설정이 가능
- 단점 : 개인의 개별적 행태를 무시하고, 교통 체계 변화에 대처가 곤란

대표적인 통행단 수단선택모형은 접근도 모델(Accessibility Ratio Model)을 들 수 있는데, 대중교통접근지수/승용차접근지수를 이용하여 분담률을 예측한다.

$$Q_i = \sum_j A_j \ F_{ij}$$

$$F_{ij} = \frac{1}{t_{ij}^b}$$

여기서,
Q_i = 존i를 위한 접근 지수
A_j = 존j의 유인율
F_{ij} = 존i와 j를 위한 마찰계수
t_{ij} = 존i와 j사이의 여행시간
b = 상수

❶ 존 A에서 발생된 23,000명의 근로자 통행이 아래와 같이 분포되었다. 접근도 모델을 이용해서 수단분담을 실시하라.

해설

유입존	통행분포	대중교통 여행시간(분)	자동차 여행시간(분)	대중교통 비용	자동차 비용	대중교통 편리도	승용차 편리도	고용자
1	5,000	30	20	1.5	3	2	1	100,000
2	8,000	15	15	1.5	4	2	1	150,000
3	10,000	10	15	2.0	5	1.5	1	200,000

① 대중교통 마찰계수
  $F_{a1}=1/30$, $F_{a2}=1/15$, $F_{a3}=1/10$
② 승용차 마찰계수
  $F_{a1}=1/20$, $F_{a2}=1/15$, $F_{a3}=1/15$
③ 대중교통 접근도 지수
  100,000/30+150,000/15+200,000/10 = 33,333
④ 승용차 접근도 지수
  100,000/20+150,000/15+200,000/15 = 28,333
⑤ 접근도 33,333/28,333 = 1.176 (위 그래프에서 접근도 지수 1.176은 43%)
⑥ A-1 대중교통 5,000×0.43 =2,150
    승용차 5,000×0.57 =2,850
  A-2 대중교통 8,000×0.43 =3,440
    승용차 8,000×0.57 =4,560
  A-3 대중교통 10,000×0.43 =4,300
    승용차 10,000×0.57 =5,700

(3) 통행교차 수단선택 모형(trip-interchange mode choice model)

통행발생에 이어 통행분포 과정을 적용하여 예측된 통행교차를 수단별 분담률에 의해 분할하는 방법이다. 대표적인 통행교차 수단분담모형은 전환곡선 방법(diversion curve)이다. 전환곡선은 원래 도로공학분야에 있어서 기존도로를 이용하는 통행량 중 얼마만큼이 새로운 도로 쪽으로 전환될 것인가를 예측하는데 사용되었으나 현재는 수단선택이나 통행배정 단계에서 이용된다.

수단선택에서는 각 교통수단별 분담률(특히 대중교통과 자가용)이 인구밀도, 접근도, 통행시간, 통행비용, 통행거리, 통행속도, 재차시간, 접근시간, 대기시간, 환승시간 등의 서비스 비용에 따라 교통수단 이용자의 선택이 다르게 나타나는 곡선을 나타낸다.

통행배정에서는 도로, 즉 경로별로 도로 이용자가 각 도로의 특성과 도로의 서비스 변수에 따라 다른 경로로 전환하는 비율을 가리킨다. 전환율의 서비스 변수로는 각 도로에 있어서 통행시간, 거리, 운행비용의 차이에 의한 전환 등이 있다.

보편적으로 전환곡선에 사용되는 변수(수단선택, 통행교차모형)
① 대중교통수단요금 대 자동차 운행비용(연료 사용 비용)의 비율
② 상대적 통행시간으로서 각 수단간 door to door까지의 통행시간 비율
③ 서비스 비율로서 대중교통수단의 접근시간, 환승시간과 자동차의 주차 소요시간, 자동차 탈 때와 내려서 최종목적지까지 가는 소요시간의 비율

전환곡선을 사용하지 않고 수리적 모형을 사용하여 수단분담을 예측하는 방법에는 QRS방법(Quick Response Urban Travel Estimation Techniques)이 있다.

$$MS_a = \frac{I_{ija}^b}{I_{ija}^b + I_{ijt}^b \times 100}$$

$$MS_t = 100 - MS_a$$

여기서,

MS_a : i존에서 j존으로 향하는 통행량 중에서 승용차를 이용하는 비율

MS_t : I존에서 j존으로 향하는 통행량 중에서 대중교통을 이용하는 비율

I_{ija} 또는 I_{ijt} : 존 i, j간에 수단통행의 교통저항

= [탑승시간(분)+2.5×추가시간(분)(3×통행비용/1분당 소득)]

= 총통행시간을 등가시간(분)으로 나타낸 값

b : 통행목적에 따른 계수

❶ 아래는 존1,2 사이의 통행자료이다. QRS모형을 이용하여 수단분담을 실시하라.

	승용차	버스
거리	10km	8km
km당 운행비용	100원	30원
추가시간	5분	8분
주차비용	한 통행당 500원	---
운행속도	50km/h	40km/h

(목적통행의 b계수 : 2.0, 존 1에 거주하는 사람의 연평균 소득 : 800만원)

해설

$I_{1,2a}$ = (10/50×60)+(2.5×5)+[3×(500+100×10)/800만/(40시간×60분×50주)] = 92.0분

$\Pi,2t = (8/40 \times 60) + (2.5 \times 8) + [3 \times 30 \times 8/800만/(40시간 \times 60분 \times 50주)] = 42.8분$

$MSa = [(42.8)2/(92)2 + (42.8)2] \times 100 = 17.8\%$ (승용차)

$MSt = 82.2\%$ (대중교통)

(4) 개별행태 수단선택 모형(individual behavioral mode choice model)

종래의 집단자료 수준의 접근에서 탈피하여 개별 행태적 접근의 필요성이 점차 인식됨에 따라서 일반화되었으며, 통행비용(generalized travel cost) 또는 통행의 비효용(불만족)의 개념이 정립되었다. 이러한 개별적 행태의 효용을 바탕으로 교통수단 선택을 분석함으로써 개별적, 선택적, 확률적 개념을 적용하여 분석하는 모형이다.

- 장점 : 수단선택과정에서 필요한 변수를 충분히 반영 할 수 있기 때문에 이론적으로 가장 합당한 방법이다.
- 단점 : 최근의 수단선택모형에 관한 이론이 크게 발전되고 있으나 아직 집단수준의 투입자료의 사용으로 인해 예측력의 한계가 가장 큰 과제

개별행태 수단선택모형 중 가장 보편적으로 이용되는 것은 로짓모형(Logit Model)이다.

$$P(k) = \frac{e_x^U}{\sum e_x^U}$$

여기서,

$P(k)$ = 수단 k를 선택할 확률

Uk = 수단 k를 선택할 경우의 불편도 지수 = $A_0 + A_1X_1 + \cdots + A_nX_n$

X_n = 여행비용, 여행시간, 접근시간, 대기시간

A_n = 상수

❶ 존 A에서 발생된 23,000근로자가 아래와 같이 분포되었다. 로짓모형을 이용해서 수단분담을 실시하라.

유입존	통행배분	대중교통 여행시간(분)	자동차 여행시간(분)	대중교통 비용	자동차 비용	대중교통 편리도	승용차 편리도	고용자
1	5,000	30	20	1.5	3	2	1	100,000
2	8,000	15	15	1.5	4	2	1	150,000
3	10,000	10	15	2.0	5	1.5	1	200,000

(단 $U_k = 0.50 + 0.25t + 1.00c + 0.50i$, t=여행시간, c=여행비용, I=편리도)

해설

① A-1 대중교통 =0.5+0.25(30)+1.00(1.5)+0.5(2) = 10.5
   승용차 =0.5+0.25(20)+1.00(3.0)+0.5(1) = 9.00
② A-2 대중교통 =0.5+0.25(15)+1.00(1.5)+0.5(2) = 6.75
   승용차 =0.5+0.25(15)+1.00(4.0)+0.5(1) = 8.75
③ A-3 대중교통 =0.5+0.25(10)+1.00(2.0)+0.5(1.5) = 4.75
   승용차 =0.5+0.25(15)+1.00(5.0)+0.5(1) = 9.75

$A-1$ 대중교통 $P = \dfrac{e^{-10.5}}{e^{-10.5} + e^{-9}} = 0.18$

$A-2$ 대중교통 $P = \dfrac{e^{-6.75}}{e^{-6.75} + e^{-8.75}} = 0.88$

$A-3$ 대중교통 $P = \dfrac{e^{-4.75}}{e^{-4.75} + e^{-9.75}} = 0.98$

A-1 대중교통 = 5,000×0.18=900
승용차 = 5,000×0.82=4,100
A-2 대중교통 = 8,000×0.88=7040
승용차 = 8,000×0.12=960
A-3 대중교통 = 10,000×0.98=9,800
승용차 = 10,000×0.02=200

8. 통행배정(Trip assignment)

교통수요예측 과정의 마지막 단계로서 목적별로 구해진 존간의 통행분포량을 전체 목적에 대하여 합하고 그 지역 내의 도로망에 배정하는 과정이다.

8.1 통행배정 개요

(1) 용도

① 현재의 교통망에 통행배정하고 현재의 교통네트워크 상의 교통량과 비교하여 통행배정 방법의 정확성을 검토하고 교정(calibration)
② 현재 및 장래 교통망에 통행배정하고 교통소통상태 파악 및 개선방안 마련을 기초자료로 활용하고 또한 장래 교통계획에 대한 평가에 활용

(2) 필요자료

① 교통망의 기하특성 : 존과 교통망의 연결성, 연결구간의 위치와 거리, 도로폭
② 교통망 운행특성 : 교통망의 교차점과 연결구간에 있어서의 통행규제, 용량, 통행시간(비용), 그리고 대중교통운행시간, 정류장 여부 등
③ 교통대상물 : 차량, 사람 또는 화물단위의 통행배정량, 미시적 통행배정을 위해서는 출발(또는 도착) 시간별 통행량의 분포

(3) 통행배정의 일반적 구조

① 교통망 분석 : 분석대상이 되는 교통망을 전산화하고 이를 체계적으로 분석하여 존간 가능경로와 이들 경로에 대한 통행비용을 산출
② 배정교통량의 경로별 할당 : 각 존간 하나 또는 여러 개의 경로에 존간 배정교통량을 할

당하는 단계로서 산출된 경로별 통행비용에 반비례하여 할당
③ 구간 및 결절점의 방향별 통행수요 산출 : 각 경로에 할당된 교통량을 이용하여 해당 경로를 구성하고 있는 각각의 구간 및 결절점의 방향별 교통량을 산출

(4) 교통망

① 망(network)이란 점과 이들을 연결하는 선의 집합으로 점을 결절점(node), 선을 구간(link)이라 함.
② 교통망(traffci network)은 교차로, I.C., 분기점, 정류장 등의 결절점과 도로구간, 철도구간 등의 구간으로 이루어짐.
③ 구간이 모이면 경로(path)가 됨.
④ 교통존(traffic zone)은 대상지역의 동질성과 균질성 등 통행유출 및 유입요인 특성에 맞도록 적절한 크기로 분할한 지역
⑤ 센트로이드(centroid)는 통행의 발생과 도착이 이루어진다고 가정한 교통존의 중심

(5) 경로선택

통행배정의 기본가정은 통행자가 합리적 행태를 취한다는 것이다. 즉 통행자는 개인의 통행비용을 최소화할 수 있는 경로를 선택한다. 여기서 비용이란 소요시간과 경비를 합산한 것으로 시간은 시간가치로 전환하여 경비와 합산하게 되는데, 이를 일반화 비용(generalized cost)라 한다.
그러나 일반화비용만으로는 실제 경로선택 행태의 60~80%만 설명할 수밖에 없는데, 이는 통행자가 각 경로에 대하여 갖고 있는 정보의 불확실성, 개인의 인식 또는 행태의 차이 때문이다. 일반화비용으로 설명하지 못하는 요소를 확률적 요소라 하고 이는 확률적 통행배정법에서 다룬다.

8.2 통행배정방법

(1) 전환곡선법(Diversion curve)

두 개의 노선에 어떤 기준에 따라 정해진 비율로 배정하는 방법으로 기준으로는 통행시간이나 통행거리, 비용 등이 사용된다. 일반적으로 2개의 노선이란 하나는 가장 빠른 일반 간선도로이며, 또 다른 하나는 일반도로를 포함한 고속도로 결합노선을 말한다. 이처럼 전환곡선은

이 두 도로의 통행시간비를 사용하여 통행배정률을 구하며, 전환곡선의 X축과 Y축은 다음과 같다.
- X축 : 고속도로 통행시간/가장 빠른 간선도로 통행시간의 비율
- Y축 : 존간 고속도로 이용률(%)

이 방법은 전량배정법보다 더 현실적이나 데이터베이스 구축이 필요하고 간혹 비합리적인 결과가 도출되어 교통축의 연구와 같이 제한적으로 사용되고 있다.

(2) 전량배정법(All or Nothing assignment)

출발지에서 목적지까지 언제나 최소통행시간을 갖는 노선을 선택한다는 가정 하에서 두 존간의 최단경로를 선정하고 그 경로에 존간의 통행분포량 전부를 배정하는 방법이다. 즉, 최단경로에 전체 교통량을 배분하고 다른 경로에는 배분하지 않는다.

① 장점
- 도로의 여건이 최대한 주어진다면 개인의 희망노선을 알려준다.
- 대중교통 같은 노선을 결정하는 경우에 개념이 같다.
- 이론이 단순하며 모형을 적용하기가 용이하다.
- 전체 교통체계의 관점에서 최적 통행 배분상태를 검토할 수 있다.

② 단점
- 도로의 용량을 고려하지 않기 때문에 도로용량을 초과하는 경우가 다수 발생한다.
- 통행자의 경로에 대한 선호도 등과 같은 개별행태 측면의 반영이 고려되지 않는다.
- 교통량이 많아지면 통행시간이 길어지지만, 변화하는 통행시간을 고려한 통행자의 경로변경 등의 현실성 반영이 안 된다.

(3) 용량제약법(Capacity Restraint assignment)

전량배정법은 최단경로에 통행량 전량이 배정되어 최단경로에 비현실적으로 과다한 부하가 발생되는 문제점이 있다. 반면 용량제약법은 링크의 교통량에 따라 링크의 통행시간이 변한다는 사실에 기초를 두고 있다. 즉, 어느 링크에 교통량이 배정되면 교통량이 증가하여 그 링크의 통행시간은 증가하게 되며, 이러한 변화를 고려한 최단경로에 교통량이

배정된다는 것이다. 그러므로 용량제약법에서는 통행배정시 각 링크의 용량이 고려된다는 것이다.

링크의 교통량에 따른 링크 통행시간의 관계를 나타내는 함수 중 대표적인 것은 미국의 BPR(Bureau of Public Road)에서 개발한 BPR 모형이다.

$$T = T_0[1 + 0.15(V/C)^4]$$

여기서,

T : 균형통행시간

T_0 : 자유류 통행시간

C : 용량

V : 배정교통량

(4) 사용자균형 통행배정법(user equilibrium assignment)

사용자균형 통행배정법은 모든 통행자는 자신의 통행시간을 최소화하는 경로를 선택하며, 새로운 최소경로가 있을 경우 언제든지 경로를 바꾼다고 가정하고 있다. 따라서 더 이상 빠른 경로가 존재하지 않는 상태를 균형(Equilibrium)상태라 한다.

사용자균형 통행배정법을 이용한 통행배정을 위해서는 다음과 같은 최적화모형의 해를 구함으로서 가능하다.

$$\min. \sum_a \int_0^{v_a} S_z(x)dx$$

$$s.t \quad \sum_r P_{ijr} = p_{ij} \quad \forall i,j$$

$$P_{ijr} \geq 0 \quad \forall i,j,r$$

$$V_a = \sum_i \sum_j \sum_r P_{ijr} \delta^a_{ijr} \quad \forall a \in A$$

여기서,

$S_a(v_a)$ = 링크 a의 통행시간

V_a = 링크 a의 교통량

P_{ijr} = 기점 i와 종점 j간의 통행분포량

δ^a_{ijr} = 1 : 링크 a가 기점 i와 종점 j를 연결하는 경로 r에 포함될 경우
         0 : 그 외의 경우

(5) 확률적 통행배정법(stochastic assignment)

이는 통행거리, 즉 경로가 길어지면 통행자가 그 경로를 택할 확률이 그만큼 적어진다는 논리에 입각하여, 여러 대안 노선 중에서 노선 k를 선택할 확률P(k)를 이용하여 어떤 한 노선의 통행량을 부하하는 방법으로 산정방법은 다음과 같다.

$$P(k) = \frac{\exp(-\theta Tk)}{\Sigma \exp(-\theta Tk)}$$

$P(k)$: 노선 k를 선택할 확률
θ : 통행량 전환 파라메타
Tk : 노선의 통행시간

통행 거리가 길어지면 통행자가 그 경로를 택할 확률이 적어진다는 논리에 입각하여 노선을 선정한다.

- 기점과 종점을 잇는 모든 합리적 경로는 양의 이용 확률을 갖고, 비합리적 경로는 이용되지 않는다.
- 거리가 동일한 모든 합리적 경로는 동일한 이용확률을 갖는다.
- 합리적 경로의 수가 복수이고 이들의 거리가 서로 다른 경우는 거리가 짧을수록 높은 이용확률을 갖는다.
- 배정을 할 경로의 수에 관계없이 기·종점을 잇는 모든 합리적 경로에 대해 동시적으로 통행을 배정한다.
- 모형에서 전환곡선의 기울기에 관련되는 θ를 조정함으로써 경로 분산확률을 통제할 수 있다.
- 문제점은 용량제약 반영하지 못한다.

9. 평가

교통계획은 크게 통행수요 추정과 이에 따른 시설 및 서비스 공급상의 문제점 도출, 이 문제점을 해결하기 위한 실현 가능한 대안작성 그리고 이들 대안들을 평가하여 최적안을 선정하는 평가 과정으로 나눌 수 있다.

9.1 평가의 개념

① 교통사업에 대한 타당성 분석으로부터 사업의 시행 여부를 결정하는 행위
② 여러 대안들 중 정책 수립의 합리성 제고를 위해 요구
③ 의사 결정자에게 교통사업의 효과에 대한 체계적인 자료를 제공해 주는 과정
④ 의사 결정을 돕기 위한 자료를 수집, 분석, 조직화하는 과정
⑤ 당초 설정된 목표를 어느 정도 달성하였는가를 파악하는 과정

9.2 평가의 구분

(1) 사전평가

여러 대안들 중에서 어느 한 대안의 상대적인 우월성을 평가하는 것으로 교통사업 시행 전에 어떠한 대안이 더 우수한지를 사전에 분석하거나 또는 가장 경제성 있는 대안을 선택하는 것이다. 예를 들면 지하철 노선 중 가장 많은 편익과 적은 비용을 나타내는 노선망을 선택하기 위한 평가를 들 수 있다.

(2) 사후평가

교통사업 시행 후, 시행 전과 비교하여 당초의 목표를 어느 정도 달성했는가를 분석하는 것으로, 예를 들어 교통체계관리사업(TSM) 시행 후 얼마나 소통이 원활해졌는지에 대해 주행속도 등을 측정하여 사업의 효과를 평가하는 것이다.

9.3 평가 방법

설정된 평가기준에 따라 상이할 수는 있겠지만 일반적으로 통용되고 있는 평가방법으로는 평가기준에 따른 정량적·정성적인 비용과 편익을 분석하여 대안의 기본대안에 대한 상대적인 기대치 정도를 분석하는 것이다.

모든 평가 기준에 대해서 편익과 비용을 계량화하여 하나의 척도로 표시할 수 있다면 대안간의 비교는 용이해질 것이다. 그러나 현실적으로 모든 평가기준에 대해서 계량화하는 방법은 절차상의 어려움을 내포하고 있다.

실제적인 대안에 대한 평가방법으로는 가장 광범위하게 사용되는 비용·편익분석 그리고 비용효과분석, 목표성취분석, 대차대조표법 등 다양한 방법들이 있다.

9.4 평가 관점별 평가 항목의 내용

① 이용자 : 통행시간 및 속도, 편리성(신뢰성), 쾌적성, 안전성, 경제성
② 운영자 : 건설비, 운영비, 수익성, 시스템 융통성
③ 지역사회 : 환경변화, 교통서비스 대상지역, 토지 이용과의 조화, 경제적 효과

9.5 경제성 분석

(1) 경제성 분석의 기본사항

(가) 평가기간

대안의 수명, 예를 들어 교량구조물의 수명과 장래의 여건변화에 대한 예측 능력 등이 고려되어야 한다. 시설물의 수명과 장래의 예측능력을 고려할 때 일반적으로 20~30년 정도를 평가 기간으로 잡는다. 구조물의 경우는 평가기간 마지막에 잔존가치로 처리한다.

(나) 평가항목

대안 사업에 따라 가능한 평가항목을 선정하여 중복 계산하거나 누락되는 일이 없도록 해야 한다.

[표 8-3] 경제성 분석의 평가항목

구분	비 용	편 익
공급자	• 용지비 및 건설비용 • 차량구입비용 • 시설 유지, 보수비용 • 관리, 운영, 행정비용	• 부대사업수입
이용자	• 통행경비 • 교통사고비용	• 통행시간 절감 • 차량운행비 절감 • 편리성, 신속성, 안전성, 쾌적성 등 서비스수준 향상
지역사회	• 주거 및 업무활동 재배치비용 등 사회비용 • 혼잡비용 및 환경비용 등 외부비용	• 지역개발 파급효과 • 지가상승 등 긍정적 외부효과 • 대기오염, 소음감소

(다) 할인율

① 비용과 편익이 발생하는 시점이 대안별로도 다르고 대안 내에서도 상이함.
② 동일년도에 발생하는 것으로 환산하여(현재가치화) 비교.
③ 할인율의 선택은 매우 중요함. 할인율 크기에 따라 각 시기에 발생하는 비용과 편익이 다른 의미를 가지게 됨.
④ 일반적으로 할인율은 자원이 다른 사업에 사용되었을 경우 기대할 수 있는 수익, 즉 기

회비용을 말함.

(2) 비용항목

① 건설비

건설비는 크게 공사비, 보상비로 구분되는데, 공사비는 토공 및 포장 공사비, 교량 설치비, 터널 설치비, I/C 및 Junction 설치비, 영업소 설치비용, 기타 휴게소등 부대시설 설치비용, 도로 유지관리비로 구분된다.

② 용지보상비

용지보상비는 기본적으로 공시지가와 시장가격 사이에서 결정해야 한다. 그러나 교통사업의 타당성조사나 기본설계에서 실제 건설이 이루어지는 때까지의 5년여의 시점 차이가 발생하고 있어 용지보상비를 정확히 산정하는 것은 무리이다.

용지보상비 산출에 관한 기본원칙은 첫째, 용지비의 보상은 성토부와 절토부로 나누어 수행한다는 점이다. 둘째, 보상비는 지가공시법에 의해 제시된 감정평가를 거쳐 토지 보상비를 산출한 후, 실거래가(표본조사를 통해 검증)를 반영하여 보정한다는 것이다. 셋째, 노선이 지나는 지장물이나 영농지에 대한 보상비는 토지 보상비의 상대적 비율을 감안하여 산출하며, 그 항목은 보상비에 추가하도록 한다는 것이다. 넷째, 실제 용지보상비는 물가상승 등을 고려하여 보정할 수 있으나 그 상한값은 통과 노선대의 특성을 고려하여 결정하여 사용한다는 것이다.

③ 공사비

공사비는 최근 몇 년간 시행한 유사시설물의 실시설계 시 적용했던 평균공사비(제잡비 포함)를 기준으로 km당으로 산출한다. 이 때 물가수준, 시중노임단가, 재경부 회계예규 원가계산에 의한 예정가격 작성기준 등을 감안해야 한다. 시공 중에 발생할 공법의 수정 등에 따른 공사비 변화 가능성을 감안하여 가중치를 고려할 수 있다.

④ 차량구입비

차량구입비는 당해 운영되는 차량시스템의 구입비용을 포함한다. 이때 수송수요에 따른 연차별 운영계획을 수립한 후, 소요차량대수를 산정하고 차량 당 구입가격을 적용하여 결정한다.

(3) 편익 항목

편익이라 함은 대안을 실행함으로써 기대되는 계획목표의 성취에 기여하는 효과를 말하며 국가 경제적 비용의 절약이나 만족감의 증대와 같은 이익으로 표현될 수 있다.

① 차량운행비용 감소편익

차량운행비(VOC : Vehicle Operation Cost)는 도로사용자가 차량을 운행할 때 소요되는 비용으로 도로투자사업의 경우 경제성 분석을 수행하는데 기초자료로 활용되며, 도로시설의 개선에 따라 절감의 효과가 민감하게 나타나는 요소이다. 또한 자동차가 도로를 운행하는 데 소요되는 총 비용을 말하며 도로투자사업의 평가가 기존 교통시설에 대한 서비스의 질을 평가하는데 기초자료가 된다.

차량운행비는 고정비와 변동비로 구분되며, 고정비는 차량의 감가상각비, 운전원 및 보조원의 임금, 보험료 및 차량검사료로 세분되며, 변동비는 연료비, 엔진오일비, 타이어마모비, 차량유지수선비 등으로 구분된다.

② 통행시간 감소편익

교통투자사업의 시행으로 도로 및 철도의 통행수요 및 통행속도가 변할 경우 그에 따른 통행시간도 변하게 되는데, 이런 통행시간의 변화에 시간가치를 적용하여 계량화한 것이다. 통행시간비용은 통행량, 통행시간, 시간가치의 곱으로 구하며, 사업 시행 전후 감소된 통행시간의 비용을 편익으로 계상한다.

③ 교통사고 감소편익

교토사고 감소편익은 교통투자사업 시행으로 인해 감소시킬 수 있는 교통사고비용을 계량화한 것이다. 교통사고비용은 교통사고로 인해 발생되는 사회·경제적 손실을 화폐가치화한 것으로 사고발생비율과 사고비용 원단위의 곱으로 구한다.

도로교통사고 발생비율 원단위는 기존 교통사고 자료로부터 도로유형별(고속국도, 일반국도, 지방도) 인적피해사고와 물적피해사고 건수를 수집하고 이를 통해 대-km당 사고발생비율을 구한다. 또한 사고비용 원단위는 기존 자료를 이용하여 인적피해(원/인), 물적피해(원/건) 비용을 구한다.

④ 환경비용(환경오염) 감소편익

교통 투자사업으로 영향을 받게 되는 환경비용으로는 대기오염 및 온실가스 배출, 소음 영향 등의 절감을 화폐가치화 한 것이다.

(4) 경제성 평가 분석기법

각종 경제성분석에 필요한 사항들을 고려하여 각 대안의 상대적인 우위성을 파악하기 위해 일반적으로 순현재가치(NPV), 편익/비용비(B/C Ratio) 및 내부수익률(IRR)이 주로 사용된다.

① 순현재가치(NPV : Net Present Value)

순현재가치란 사업에 수반된 모든 비용과 편익을 기준년도의 현재가치로 할인하여 총편익에서 총비용을 제한 값이며 순현재가치 ≥ 0이면 경제성이 있다는 의미로 해석한다.

$$NPV = \sum_{i=1}^{N} \frac{B_i - C_i}{(1+d)^i}, \quad i = 1, 2, \cdots N$$

B_i = i연도의 편익
C_i = i연도의 비용
d = 할인율
N = 평가 기간

② 편익비용비율(B/C : Benefit Cost Ratio)

편익/비용 비율이란 총편익과 총비용의 할인된 금액의 비율, 즉 장래에 발생될 비용과 편익을 현재가치로 환산하여 편익의 현재가치를 비용의 현재가치로 나눈 것이다. 일반적으로 편익/비용 비율 ≥ 1이면 경제성이 있다고 판단한다.

$$B/C = \frac{\sum_{i=1}^{N} \frac{B_i}{(1+d)^i}}{\sum_{i=1}^{N} \frac{C_i}{(1+d)^i}}$$

③ 내부 수익률(IRR : Internal Rate of Return)

내부 수익율은 편익과 비용의 현재가치로 환산된 값이 같아지는 할인율 R을 구하는 방법으로 사업의 시행으로 인한 순현재가치를 0으로 만드는 할인율이다. 내부수익률이 사회적 할인율보다 크면 경제성이 있다고 판단한다.

$$\sum_{i=1}^{N} \frac{B_i - C_i}{(1+d)^i} = 0$$

> ❗ A, B 두 대안에 대하여 할인율 d를 5%라 할 때 NPV는?
>
> | 대안 | | 연도 | | | |
> |---|---|---|---|---|---|
> | | | 0 | 1 | 2 | 3 |
> | A | 편익 | · | 4 | 8 | 3 |
> | | 비용 | -10 | 0 | 0 | 0 |
> | | 순편익 | -10 | 4 | 8 | 3 |
> | B | 편익 | · | 3 | 10 | 5 |
> | | 비용 | -10 | -2.4 | 0 | 0 |
> | | 순편익 | -10 | 0.6 | 10 | 5 |

해설

$NPV_A = -10 + \dfrac{4}{1.05} + \dfrac{8}{(1.05)^2} + \dfrac{3}{(1.05)^3} = 3.7$

$NPV_B = -10 + \dfrac{0.6}{1.05} + \dfrac{10}{(1.05)^2} + \dfrac{5}{(1.05)^3} = 4.0$

④ 분석기법들의 장단점

편익/비용비, 순현재가치, 내부수익률에 의한 타당성 유무 판단이 항상 동일한 것은 아니다. 우선 순현재가치는 순편익의 흐름을 사업 개시년도의 가치로 평가하였지만 사업규모에 대하여 표준화되어 있지 않기 때문에 사업간 비교에는 적당하지 않다는 단점이 있다. 예를 들어 사업규모를 두 배로 늘릴 경우 순현재가치도 자동적으로 두 배로 늘어난다. 따라서 성격은 동일하지만 상이한 두 사업의 순현재가치만으로 두 사업의 수익성을 비교하는 것은 바람직하지 않다.

반면 내부수익률은 사업의 규모에 의존하지 않는다는 장점은 있으나 수익성이 극히 낮거나 높은 사업의 경우는 계산되지 않는 단점이 있다.

편익/비용 비율은 특정 항목을 편익 혹은 비용으로 처리하는가에 따라 값이 달라진다는 단점이 있으나 일반적으로 투자심사기준으로 사용되고 있다.

[표 8-4] 경제성 분석기법의 비교

분석기법	판 단	장 점	단 점
편익/ 비용비율 (B/C)	B/C≥ 1	• 이해용이, 사업규모 고려 가능 • 비용편익 발생시간의 고려	• 편익과 비용의 명확한 구분이 곤란 • 상호배타적 대안선택의 오류발생 가능 • 사회적 할인율의 파악
내부 수익률 (IRR)	IRR≥ r	• 사업의 수익성 측정 가능 • 타 대안과 비교가 용이 • 평가과정과 결과 이해가 용이	• 사업의 절대적 규모 고려하지 않음 • 몇 개의 내부수익율이 동시에 도출될 가능 　성 내재
순현재 가치 (NPV)	NPV≥ 0	• 대안 선택시 명확한 기준 제시 • 장래발생편익의 현재가치 제시 • 한계 순현재가치 고려 타분석에 이용가능	• 할인율의 분명한 파악 • 이해의 어려움 • 대안 우선순위 결정시 오류발생가능

9.6 민감도 분석

민감도 분석(sensitivity analysis)이란 공공투자사업에서 불확실한 외생요인의 변화가 해당 사업의 경제성에 어떤 영향을 미치는가를 검토하는 것을 말한다. 공공투자사업에 대한 경제성 분석에 있어서 화폐단위로 계측되는 대부분의 비용과 편익의 흐름은 불확실한 미래의 예측에 바탕을 둔 기대치에 불과하므로 오류의 범위를 가지고 있을 수 있으며, 경제성 분석결과도 상대적으로 오차가 발생할 수 있다.

최종 경제성 분석결과에 영향을 미치는 여러 요인들을 결정하고 이 요인들의 변화에 따른 경제성 분석결과의 변화 정도를 파악하기 위하여 민감도 분석을 시행한다.

이러한 요인들로는 할인율의 변화, 공사비의 증감, 교통수요의 증감, 공사시행연도의 연기, 차량운행비용의 증감 등이 있으며, 이 요인들이 일정량만큼 변화되었을 경우 경제성이 어떻게 변화하는지 파악하는 방법이다.

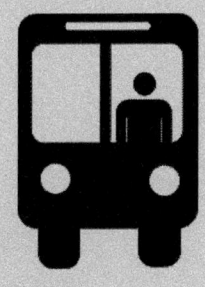

제9장
교통시설

교통시설공학에서 주 학습내용은 교통시설물의 설계에 관한 것이다. 여기서 설계라는 것은 교통시설물의 위치, 크기, 종류 등을 합리적으로 결정하는 것을 의미한다. 교통시설물의 설계에서 가장 중요한 것은 첫째, 교통류가 자연스럽게 처리될 수 있어야 하며 둘째, 안전해야 한다는 것이다. 이를 위해서는 교통시설물의 설계개념이 가급적 일관성 있게 유지되어야 하며 운전자가 느끼는 속도변화의 감각과 자연스럽게 조화를 이루는 것이 요구된다.

본 장에서는 교통시설물 중 도로시설물을 주 대상으로 설명한다. 도로는 교통공학 연구의 시발점이기도 하며, 우리 일상생활에서 언제나 접하는 교통시설물이므로 가장 중요한 교통시설물이라 할 수 있다.

1. 도로의 개요

1.1 도로의 역사

(1) 도로의 기원

① 자연도 : 초기의 도로는 자연에 순응하면서 자연과 더불어 형성된 길. 농경도, 부락도 (태고의 원시의 도로)
② 인공도 : 고대 도시국가시대에 왕궁을 중심으로 태동
③ 로마(B.C. 300년경) : 12만 Km의 우마차 도로(층별로, 석회를 채운 판석, 돌과 석회를 사용한 세립 콘크리트, 조약돌을 사용한 세립 콘크리트, 깬돌)
④ 잉카제국(A.C. 600년) : 아스팔트재료를 포장재로 사용, 우마차를 위한 쇄석 재료에서 자동차를 위한 포클랜드 시멘트를 사용한 포장도로로 발달

(2) 우리나라 도로의 역사

① 도로망에 대한 정비는 삼국시대. 행정도로, 군사도로
② 고려, 조선시대에 와서 주요도로에 30리마다 역을 설치, 도로자체는 외세의 침입과 폐쇄적인 행정 체제를 반영하듯이 불규칙한 오솔길 및 산길
③ 선조 30년부터 통신만을 주로 하는 파발제도 도입(서발 : 서울-의주, 북발 : 서울-경원, 남발 : 서울-동래)
④ 일제시대 식민통치를 위한 도로 개발(북벌정책 및 도시간 도로 개발)
⑤ 1950년대까지는 철도가 주된 교통수단
⑥ 1960년대 도로에 대한 투자가 본격화. 도로 위주의 수송형태로 전환

1.2 도로의 구분

(1) 도로의 건설 및 관리 주체에 따른 구분

도로의 건설 및 관리 주체에 따라 「도로법」에서는 다음과 같이 구분하고 있다.
① 고속국도(지선 포함) : 국토교통부장관
② 일반국도(지선 포함) : 국토교통부장관
③ 특별시도·광역시도 : 특별시장 또는 광역시장
④ 지방도 : 도지사 또는 특별자치도지사
⑤ 시도 : 특별자치시장 또는 시장
⑥ 군도 : 군수
⑦ 구도 : 구청장

(2) 도로의 기능에 따른 구분

도로 설계단계에서는 통상적으로 도로의 기능에 따라 구분하고 있으며, 「도로의 구조·시설 기준에 관한 규칙」에서는 다음과 같이 구분하고 있다.
① 도로는 고속도로와 일반도로로 구분한다.
② 고속도로 중 도시지역에 있는 고속도로는 도시고속도로로 한다.
③ 일반도로는 주간선도로, 보조간선도로, 집산도로, 국지도로로 구분한다.

도로의 기능은 이동성과 접근성으로 구분하며, 이동성이 높은 도로가 도로 기능이 높은 도로가 된다. 예를 들어 고속도로는 이동성이 가장 높은 반면, 접근성은 가장 낮으며, 국지도로는 그 반대이다.
- 접근성(Accessibility) : 토지이용시설에 접근할 수 있는 기능
- 이동성(Mobility) : 통행 시점과 종점 간을 빠르게 통행시키는 기능

(3) 도로의 규모에 따른 분류

「도시·군 계획시설의 결정·구조 및 설치 기준에 관한 규칙」에서는 다음과 같이 도로의 규모를 폭원에 따라 구분하고 있다.

[표 9-1] 도시계획상 도로폭원별 구분

도로구분		도로폭	도로구분		도로폭
광로	1류	70m 이상	중로	1류	20~25m
	2류	50~70m		2류	15~20m
	3류	40~50m		3류	12~15m
대로	1류	35~40m	소로	1류	10~12m
	2류	30~35m		2류	8~10m
	3류	25~30m		3류	8m 미만

2. 도로망 계획

2.1 도로조사

도로건설은 우선 도로현황조사와 도로망계획으로부터 시작된다. 도로현황조사와 도로망계획에서는 도로의 필요성, 도로망의 효과, 교통현상, 지역사회의 발전 상황, 미치는 영향, 도로의 건설규격 등 사회경제적인 요인과 도로현황조사, 교통조사, 경제조사, 측량 기타 기술적인 조사, 재료조사, 노무조사, 가격조사 등 도로의 계획에 따라 적절히 조사한다.

(1) 도로 현황조사

① 도로연장 : 실연장, 개량미개량별 연장, 교량 터널 등의 연장, 폭별 연장, 노면별 연장. 보통 항공사진도상에서 측정, 정밀조사는 거리측량에 의해 조사
② 폭 : 총폭, 차로폭, 차로수, 보도 및 자전거의 폭, 중앙분리대, 길어깨, 측대, 정차대, 노상시설대, 식수대 등의 폭
③ 곡선반경 : 실측에 의한 방법
④ 종단경사 : 레벨로 실측
⑤ 노면의 현황 : 노면의 종류와 유지상황, 요철의 유무, 횡단경사 상황
⑥ 기타 : 건축한계(Clearance), 시거, 배수의 상황, 입체교차로의 상황

(2) 교통량조사

통과 교통량을 교통의 종류별, 방향별, 시간별로 기록한다.
① 일반교통량조사 : 교통량 변화가 적은 봄철과 가을철(10월) 화요일과 금요일사이의 12시간(오전 7시부터 오후 7시까지) 또는 24시간 조사. 15분 또는 1시간 단위로 조사하

며, 자동차 종류별, 보행자, 이륜차, 기타
② 상시교통량조사 : 교통량측정기에 의해 특정지점을 연속적으로 조사. 루프검지기, 초음파검지기, 영상검지기, 초단파검지기 등
③ 기종점조사 : 보통 OD조사라고 하며, 도로망의 검토와 노선계획의 입안에 중요한 자료
④ 조사방법 : 노측조사, 우편엽서조사, 차량번호판조사 등
⑤ 조사결과를 지역의 전체 결과로 확대 재생산 필요, 차량등록대수와 조사대수의 비
⑥ 장래 교통량 예측

(3) 속도조사

각종 속도측정기로 조사(지점속도, 주행속도)

(4) 교통사고조사

발생일시, 발생장소, 발생시의 일기, 원인, 차종별, 관계되는 구조물(도로, 터널, 교량)의 구조, 도로조건(폭, 노면의 종류, 시거, 선형, 경사, 표지, 안전시설, 노면상태, 길어깨 상황), 운전자의 상황, 차량의 적재상황, 자연환경 등

(5) 경제조사

① 조사항목 : 인구 및 산업인구, 산업, 토지이용상황, 공장 분포상황, 자동차 보유대수, 자원, 기타
② 시계열로 연장해서 장래 예측

(6) 토질조사

지형(지형도, 항공사진), 지질 및 토질(성토, 절토, 비탈면 안정, 원지반 안정과 침하)

(7) 기타조사

① 기상조사 : 노선을 선정하기 위해서는 강수량, 적설량, 안개의 빈도, 비탈면이나 배수공의 설계에는 강우강도, 기온, 터널의 환기를 위해서는 풍속, 풍향, 기온 등 조사

② 가격조사 : 도로건설비(노무인건비, 재료비, 운송비 등)
③ 용지 및 보상조사 : 계획노선에 따라서 토지, 가옥, 구축물, 수목 등의 물건조사
④ 재해조사 : 지진, 해일, 홍수 등의 자연재해 방지를 위한 원인 조사

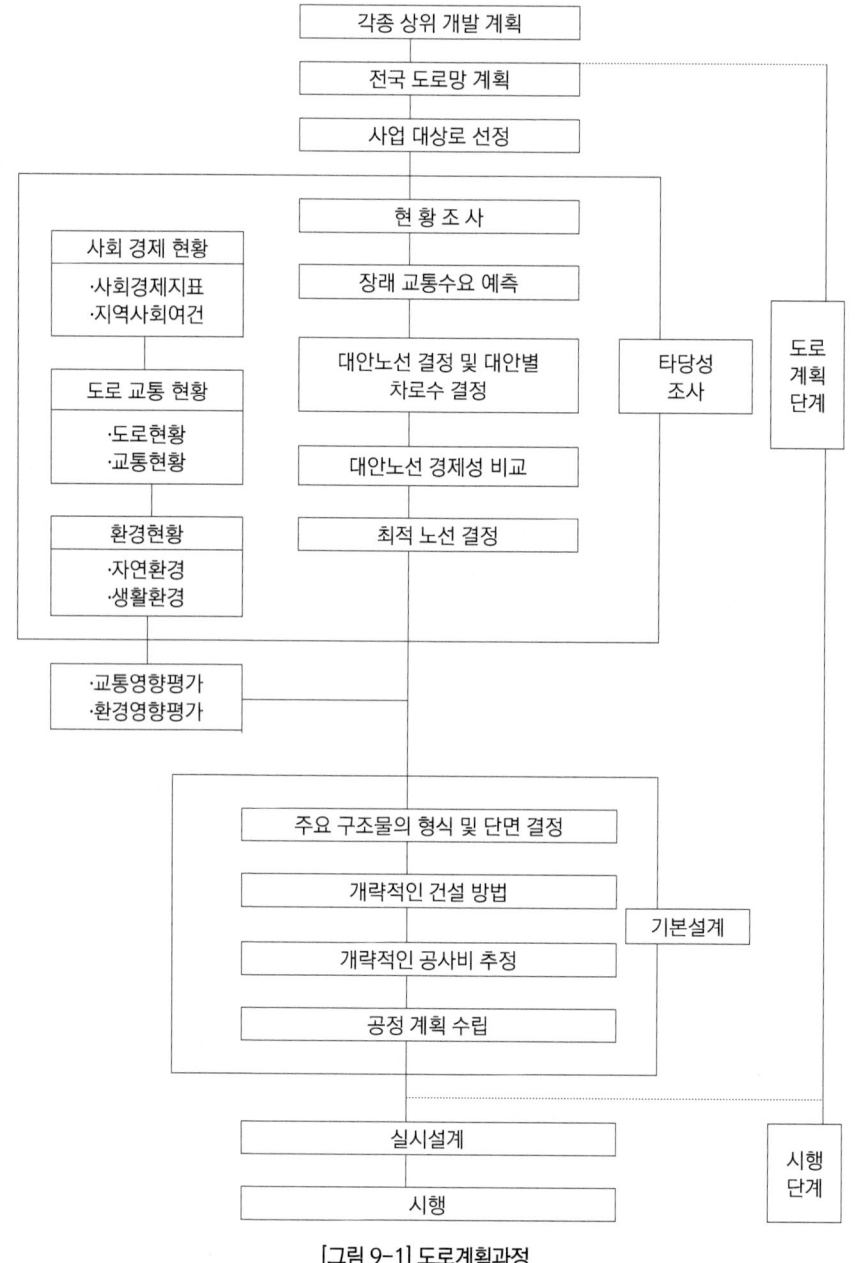

[그림 9-1] 도로계획과정

2.2 노선선정

(1) 개략계획(특정 폭을 가진 노선의 예상 통과지역)

① 1/50,000~1/25,000의 지형도를 이용하여 개략적인 평면도를 작성하고 대안도로도 첨가한다.

(2) 예비설계(통과위치)

① 기준점(통과지점 또는 피해야 할 점) 설정
② 도로구조시설기준에 적합한지 여부에 따라 노선 중심선을 그린다.
③ 중심선을 따라 종단면도를 작성한다.
④ 종단선형이 결정되면 100m 단위로 횡단면도를 작성한다.
⑤ 터널, 교량 등의 구조물의 규모나 대략적인 배치를 계획
⑥ 공사비 산정
⑦ 공사비나 조건을 고려하여 최종노선 결정

(3) 노선선정의 결정요인

① 사회적 요인 : 지역계획과의 관계, 피해야 할 장소, 환경파괴 최소화, 지역분할이나 수리, 기상의 변화 최소화
② 경제적 요인 : 투자에 따른 경제적 편익 계산
③ 기술적 요인 : 다른 도로와의 접속, 철도와의 교차, 도하지점, 지질 및 기상조건

(4) 기본설계와 실시설계(통과 위치에 선형설계를 추가)

① 기본설계 : 기본설계도면은 1/5,000 축척의 지형도를 이용하며, 현지측량 없이 지도상에서 수집된 자료를 활용하여 위치도, 평면도, 종단면도, 횡단면도, 구조물 등을 작성 주요구조 및 수리 계산서, 토질조사 및 수량산출 근거 등의 과업 포함
② 실시설계 : 실제 시공에 필요한 구체적인 설계사항을 설계도면에 표기하는 단계, 1/2,000지형도에서 세부선형설계, 배수 구조물과 교량 및 터널에 대한 상세 설계, 포장

설계, 영업소와 휴게소 등의 부대시설에 대한 세부설계, 일반 시방서 및 특별 시방서, 설계 내역서 실시 설계도면에는 위치도, 평면도, 종단면도, 횡단면도, 구조물도, 부대시설도, 조경도 및 기타 필요한 도면

2.3 환경영향평가와 교통영향평가

(1) 환경영향평가

① 고속국도, 일반국도, 지방도 중 4km 이상의 도로신설
② 왕복 2차로 이상의 도로로서 10km 이상의 도로확장사업
③ 도시지역에서 폭 25m 이상인 도로 중 4km 이상의 도로신설

진행과정은 사전계획검토, 평가대상 환경영향 항목선정, 환경영향조사, 환경영향예측, 환경보전대책 검토 등의 순서로 진행된다.

(2) 교통영향평가

평가대상은 도로교통정비촉진법에서 도로건설의 경우 총길이 5km 이상인 신설노선으로 규정하고 있으며, 내용은 계획도로 주변의 토지이용 및 도로교통 현황, 관련계획 검토, 장래교통수요 예측, 사업시행에 따른 교통영향과 문제점 및 개선방안 등이다.

교통영향평가 시행시의 효과는 도시개발사업으로 인한 교통시설과 교통여건에 대한 평가가 가능하고, 정책수립의 합리성 제고와 의사 결정자에게 교통 행정에 대한 체계적인 자료 제공 등이다.

2.4 도로건설의 경제성 분석

(1) 비용

① 공사비 : 토공 및 포장 공사비, 교량 설치비, 터널 설치비, I/C 및 J/C 설치비, 영업소 설치비용, 기타 휴게소등 부대시설 설치비용, 도로 유지관리비

② 보상비 : 공시지가와 시장가격 사이에서 결정

(2) 편익

① 통행시간 감소
② 차량운행비 감소
③ 교통사고비용 감소
④ 대기오염 발생량 감소 등

3. 도로설계

3.1 도로설계의 개요

도로설계는 그 지역의 지형조건, 개발 가능성, 환경, 경제적 타당성 등을 검토하고, 장래 교통수요를 처리할 수 있는 시설규모를 결정한다. 그리고 설계 전 과정에서 안전 측면을 고려한다.

또한 도로설계는 기본설계와 실시설계로 구분되며, 기본설계에서는 주요 설계기준과 구조물 형식 및 단면의 결정, 개략적 건설방법, 공정계획, 공사비, 설계기준 및 조건 등을 작성하며, 최적 노선을 선정하고 주요 시설물에 대해서 예비설계를 수행한다.

실시설계에서는 기본설계에서 결정된 모든 시설물의 위치, 형식, 규격, 재료 등에 대한 상세한 설계를 시행한다. 또한 기본설계에서 제시된 최적노선에 대한 재검토와 교량, 터널, 교차로와 출입시설, 휴게소, 정류장, 포장, 배수시설 등 모든 시설에 대한 재검토를 실시한 후 공사 시행에 필요안 모든 설계도서를 작성하게 된다.

3.2 설계과정

① 필요시설물 결정
② 수요분석
③ 교통운영분석
④ 시설규모
⑤ 위치선정
⑥ 시스템구성결정
⑦ 물리적 설계표준 인지
⑧ 지형설계
⑨ 보조시스템의 설계
⑩ 표면설계
⑪ 비용 및 영향 예측
⑫ 설계평가

3.3 설계기준차량

횡단면구성, 곡선부의 확폭량, 종단경사 등의 도로구조를 결정하고 또 교차점의 설계를 하기 위해서는 차량의 치수나 성능이 정해져야 한다.

차량의 물리적인 특성과 크기가 다른 각종 차량의 구성비는 도로설계의 중요한 지배요소이다. 그러므로 모든 차량의 종류를 파악하고 분류하여 각 분류별로 대표적인 차량크기를 결정하여 설계에 이용할 필요가 있다. 설계차량이란 이와 같이 대표적으로 선정된 차량으로서 그것의 중량, 크기 및 운행특성은 그 부류의 적합한 도로를 설계하는데 이용되는 지배요소이다.

[표 9-2] 설계기준차량의 제원

(단위 : m)

차종 \ 제원	길이	폭	높이	축거	앞내민 길이	뒷내민 길이	최소 회전반경
소형자동차	4.7	1.7	2.0	2.7	0.8	1.2	6.0
중,대형자동차	13.0	2.5	4.0	6.5	2.5	4.0	12.0
세미트레일러 연결차	16.7	2.5	4.0	전축거:4.2 후축거:9.0	1.3	2.2	12.0

〈앞내민길이: 차량의 전면부터 앞바퀴축의 중심까지의 거리, 후축거도 같은 원리〉
고속도로, 도시고속도로, 주간선도로는 세미트레일러의 기준으로 설계하고 이외의 도로는 소형 및 중대형차가 원활하게 소통하도록 설계한다.

3.4 설계지정항목

설계를 좌우하고 지배하는 설계지배요소 중에서 설계 시에 반드시 그 값이 주어져야 하는 요소를 말한다.

- 현재의 AADT
- 목표연도의 AADT
- 목표연도의 K계수
- 방향별 교통량 분포(D계수)
- 중차량 구성비(T계수)
- 설계속도

- 설계서비스수준

3.5 계획교통량과 설계교통량

(1) 계획교통량

계획도로의 목표연도에 통과할 것으로 예측되는 교통량으로 주로 연평균 일교통량((Annual Average Daily Traffic, AADT)을 사용한다. 계획교통량은 도로의 제공으로 기대할 수 있는 여러 가지 편익을 산출하는 기본 자료로서 경제적 타당성 검토에 이용되며, 주로 4단계 교통수요예측 방법이 사용되고 있다.

교통수요예측을 위해서는 교통량 자료, 즉 현재의 AADT가 필요한데, 우리나라에서는 도로의 계획과 건설, 유지관리 등에 필요한 기본 자료 수집을 위해 전국의 고속도로, 일반국도, 지방도의 주요 지점에서 교통량조사가 실시되고 있으며, 상시조사와 수시조사로 구분된다.

상시조사는 연간 고정된 장비를 통해 차종별, 방향별, 시간대별 교통량 자료를 수집하는 것으로 요일별, 계절별 교통량 변동 특성을 분석하고 인근 수시조사 지점의 AADT 추정에 활용한다.

수시조사는 상시조사를 보완하기 위하여 1년에 1회(10월 셋째 주 목요일) 24시간 조사가 이뤄지며, 상시조사와는 달리 직접적으로 AADT를 구할 수 없으므로 수시조사 지점과 유사한 특성을 가진 상시조사 지점의 월보정계수와 요일보정계수를 이용하여 추정한다.

(2) 설계교통량

도로설계의 기초가 되는 교통량으로 시간당 교통량을 사용한다. 계획교통량은 일단위로서 도로의 타당성 조사 등에서 유용하게 사용되는 반면, 하루의 전체 교통량으로는 하루에 변화하는 교통량 추이를 판단하기 곤란하며, 특히 첨두시간의 교통량 정도를 고려해야 하는 차로수의 결정과 같은 주요 결정 과정에서 사용할 수 없다. 즉, 도로의 설계에서 고려해야 할 지역적 특성 및 시간적 특성을 충분히 포함할 수 없다.

그래서 설계교통량은 계획교통량인 연평균일교통량에 설계시간계수를 곱하여 구한다.

설계시간계수는 설계대상 도로 또는 주변의 유사 교통수요 변동 특성을 가진 도로구간의 값을 적용하며, 다음과 같은 절차를 따른다.

① 상시 교통량조사에 나타난 시간당 교통량을 이용하여 가로축은 1년간 조사된 시간당 교통량을 높은 교통량에서부터 순서대로 배열하고 세로축은 연평균일교통량에 대한 각 시간당 교통량의 비율로 하는 그래프를 작성한다.

② 그래프의 각 점들을 연결하는 매끄러운 곡선을 그리며, 곡선의 기울기가 급격히 변화하는 지점을 결정한 후, 그 지점에 해당하는 연평균일교통량에 대한 시간당 교통량의 비율이 설계시간계수가 된다. 우리나라에서는 주로 30번째 시간교통량의 비율이 사용되며, K_{30}이라고 나타낸다.

설계시간계수는 대상도로의 지역적 특성에 따라 변화하지만, 일반적으로 도시지역 도로에서 가장 작고 지방지역 도로, 관광지역 도로의 순으로 증가하는 경향을 보인다. 그 이유는 도시지역, 지방지역, 관관지역 도로의 순으로 계절적인 교통량 변화가 심할 뿐 아니라 전체적인 통과 교통량, 즉 연평균일교통량도 낮은 값을 나타내어 시간교통량을 비율로 표시하는 경우 교통량의 변화에 비교적 민감하게 반응하기 때문이다.

설계시간계수는 도로의 효율성 측면에서 상당히 중요한 변수로서 너무 높게 산출하게 되면 설계시간교통량이 과다하게 산출되어 비경제적인 도로건설을 초래할 우려가 있으며, 반대로 너무 낮게 산출하면 설계교통량보다 높은 교통량이 이용하는 시간대가 자주 발생하여 잦은 교통혼잡을 유발하게 된다.

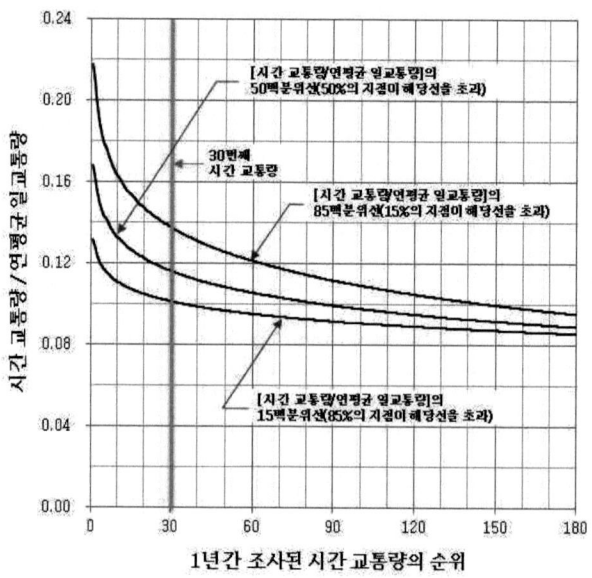

[그림 9-2] 설계시간계수 산출 예

설계시간계수는 다음과 같은 일반적인 특성이 있다.
① 연평균일교통량의 증가와 함께 그 대상도로 구간의 K_{30}은 일반적으로 감소한다.
② K_{30}이 높을수록 교통량의 변화가 심하다.
③ 대상도로 구간 인접지역의 개발이 많이 이루어질수록 K_{30}은 감소한다.
④ K_{30}은 일반적으로 도시지역 도로가 가장 낮은 값이며, 지방지역, 관광지역 도로의 순으로 높은 값을 갖는다.

설계시간 교통량은 다음 식으로 구한다.

$$DHV = AADT \times K_{30}$$

여기서
DHV : 설계시간 교통량(양방향, 대/시)
$AADT$: 연평균 일교통량(양방향, 대/일)
K : 설계시간 계수

한편 교통량의 방향별 분포가 뚜렷한 차이가 있을 경우, 교통향이 많은 방향을 도로의 설계대상 방향으로 설정하여야 한다. 이를 고려한 설계시간 교통량은 다음 식으로 구한다.

$$DDHV = AADT \times K_{30} \times D$$

여기서

DDHV : 중방향 설계시간 교통량(대/시)

D : 중방향계수(양방향 교통량에 대한 중방향 교통량의 비율)

3.6 설계속도(Design speed)

설계속도는 도로의 기하구조를 결정하는데 기본이 되는 속도이다. 이 속도에 따라 구체적인 선형요소인 곡선반경, 곡선의 길이, 편경사, 곡선부의 확폭, 완화구간, 시거, 종단곡선, 오르막차로 등이 결정된다. 또 차로 및 길어깨의 폭도 설계속도와 밀접한 관계에 있다.

설계속도란 어떤 특정구간에서 모든 조건이 만족스럽고 속도가 단지 그 도로의 물리적 조건에 의해서만 좌우되는 최대안전속도를 말한다. 그러므로 설계속도가 정해지면 수평 및 종단 선형, 시거, 편경사, 길어깨 및 차로폭, 건축여유폭 등 제반설계요소는 모두 설계속도의 기준에 맞추어야 한다.

[표 9-3] 도로기능별 설계속도

도로의 구분		설계속도(km/h)			
		지방지역			도시지역
		평지	구릉지	산지	
고속도로		120	110	100	100
일반도로	주간선도로	80	70	60	80
	보조간선도로	70	60	50	60
	집산도로	60	50	40	50
	국지도로	50	40	40	40

3.7 설계구간

① 도로가 위치하는 지역 및 지형의 상황과 계획교통량에 따라 동일한 설계기준을 적용하는 구간을 말한다. 만약 짧은 구간 내에서 설계속도를 자주 변화시키면 운전자의 혼란

야기, 운전의 불안정, 쾌적성의 저해요인 등으로 작용한다.
② 하나의 설계구간은 자동차가 안전하고 쾌적한 주행을 할 수 있는 충분한 길이를 가져야 한다. 설계속도의 차가 20kph를 넘는 설계구간을 접속시키면 도로의 기하구조가 크게 변하므로, 교차부 또는 접속부의 경우를 제외하고는 상호 접속시켜서는 안 된다.
③ 설계구간의 변경점은 지형, 지역, 주요교차점, 입체교차 등 교통량이 변화하는 지점, 교량, 터널 같은 구조물이 있는 곳 등으로 할 수 있으나, 충분한 거리를 두고 운전자의 사전 인지가 가능하도록 주의를 기울여야 한다.

[표 9-4] 최소 설계구간 길이

도로의 구분		최소 설계구간 길이
고속도로		5km
일반도로	지방지역	2km
	도시지역	주요한 교차지점

3.8 설계 서비스수준

계획도로의 운영상태를 나타낸 것으로 도시지역의 도로는 장래 교통량 변화가 심하지 않고 운전자들이 교통혼잡에 비교적 민감하지 않다는 점을 반영할 수 있고, 지방지역의 도로는 장래 교통량 변화가 심하고 운전자들이 높은 이동성을 요구하는 점을 감안하여 설계기준을 정하게 된다. 이때 설계서비스수준에서의 교통량을 설계서비스교통량이라고 하며, 일반적인 설계서비스수준은 다음과 같다.

[표 3-5] 도로별 설계서비스수준

도로구분	지역구분 지방지역	도시지역
고속도로	C	D
일반도로	D	D

3.9 출입제한

(1) 완전출입제한

통과교통을 우선으로 취급하기 위하여 그 도로와의 연결은 한정된 출입로만으로 하고 평면교차나 인접도로와의 직접연결을 금지하는 상태를 의미하며, 도시고속도로는 완전출입 제한을 원칙으로 하되 노선의 성격과 자동차교통 등의 상황에 따라 불완전 출입제한으로 할 수 있다.

(2) 불완전 출입제한

몇 개의 평면교차나 시도와의 직접연결을 허용하는 정도

(3) 완전출입제한은 평면교차가 없음

(4) 이외에 출입제한을 실시하기 위해서는 다음의 조건을 만족시켜야 한다.

① 계획교통량이 많을 것
② 장거리 교통의 비율이 높을 것
③ 노선의 계획연장이 길 것

3.10 도로의 횡단면 구성

도로 횡단면의 설계요소의 모양이나 크기는 그 도로의 용도에 따라 다르다. 높은 설계교통량을 가진 도로는 당연히 많은 차로를 필요로 하거나 넓은 길어깨나 중앙분리대 또는 출입제한을 필요로 할 것이다.
도로 횡단면의 설계요소는 크게 다음 세 가지로 나누어진다.

① 차도 : 차량이 통행하는 부분
② 노변지역 : 길어깨, 배수시설, 기타 도로변 시설
③ 교통분리시설 : 중앙분리대

또한 횡단면 구성시 고려사항은 다음과 같다.
① 도로의 기능에 따라 구성하며, 설계속도가 높고 계획교통량이 많은 노선에 대해서는 높은 규격의 횡단구성요소를 갖출 것
② 계획 목표년도에 대한 교통수요와 요구되는 계획수준에 적응할 수 있는 교통처리 능력을 갖출 것
③ 교통의 안전성과 효율성을 고려하여 구성할 것
④ 출입제한방식, 교차접속부의 교통처리능력, 교통처리방식을 연관하여 검토할 것
⑤ 인접지역의 토지이용을 고려하여, 양호한 생활환경 보전에 노력할 것
⑥ 도로의 횡단구성 표준화를 도모할 것

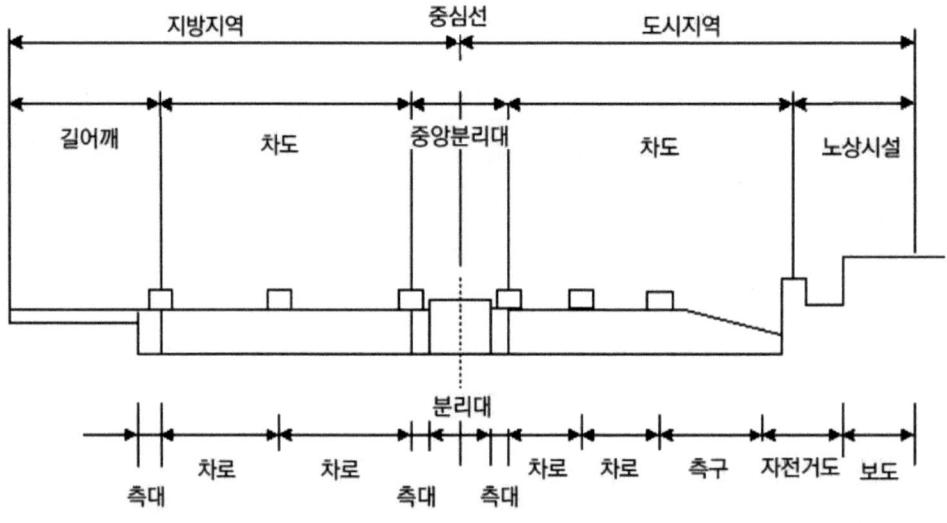

[그림 9-3] 도로횡단면의 구성

3.11 차도 및 차로수

차도는 차량 통행에 사용되는 도로의 부분으로서(자전거도로 제외), 직진차로, 회전차로, 변속차로, 오르막차로, 양보차로 등을 포함한다.

(1) 차로수(보통 왕복차로를 통칭)의 결정

$$차로수 = \frac{설계시간교통량 \times D/PHF}{설계서비스교통량} \times 2$$

$$= \frac{연평균일교통량 \times K \times D/PHF}{설계서비스교통량} \times 2$$

여기서

K : 연평균 일교통량에 대한 30번째 시간교통량의 비율

D : 설계시간에 대한 왕복방향별 교통량의 비율

(2) 차로수 결정 요령

① 자동차의 교차통행을 고려하여 교통량이 적은 경우에도 2차로 이상으로 하는 것을 원칙으로 한다.

② 차로수의 결정은 원칙적으로 설계시간교통량과 서비스수준을 고려한 설계서비스교통량에 의하여 결정한다.

③ 지방지역의 차로수는 짝수차로를 원칙으로 한다. (단 회전차로지역은 홀수 가능)

④ 도시지역의 차로수는 도로의 여건에 따라 홀수차로로 할 수 있다.

(3) 차로폭

차로의 폭은 차로의 중심선에서 인접한 차로의 중심선까지로 하며, 도로의 구분, 설계속도 및 지역에 따라 다음 표의 폭 이상으로 한다. 다만, 설계기준자동차 및 경제성을 고려하여 필요한 경우에는 차로 폭을 3m 이상으로 할 수 있다.

회전차로의 폭은 3m 이상을 원칙으로 하되, 필요하다고 인정되는 경우에는 2.75m 이상으로 할 수 있다.

[표 9-5] 설계속도에 따른 차로 폭

도로의 구분			차로의 최소 폭(m)	
			지방지역	도시지역
고속도로			3.50	3.50
일반도로	설계속도 (km/h)	80 이상	3.50	3.25
		70 이상	3.25	3.25
		60 이상	3.25	3.00
		60 미만	3.00	3.00

3.12 중앙분리대

(1) 중앙분리대의 기능

차도를 왕복방향으로 분리하고 안전하고 원활한 교통을 확보하기 위하여 설치한 도로시설물 중의 한 부분이다. 4차로(오르막차로, 회전차로, 변속차로 제외)이상의 도로에는 차로를 왕복방향별로 분리하기 위한 중앙분리대를 설치하거나 노면표시를 하여야 한다.

① 왕복교통류를 분리, 도로 중심선측 통행저항 감소, 교통용량 증대, 중앙선 침범에 의한 차량의 정면 충돌사고를 방지한다.
② 금지된 유턴(U-turn)을 방지한다.
③ 도로표지 등 교통관리시설을 설치할 수 있는 장소를 제공한다.
④ 폭이 충분할 때 좌회전 차로로 사용할 수 있다.
⑤ 보행자 횡단시 안전섬 역할을 한다.
⑥ 야간 주행시 전조등의 불빛을 방지한다.

(2) 중앙분리대의 구성과 폭

중앙분리대는 분리대와 측대로 구성되며, 중앙분리대의 측대 폭은 설계속도가 시속 80킬로미터 이상인 경우는 0.5미터 이상으로, 시속 80킬로미터 미만인 경우는 0.25미터 이상으로 한다. 차로를 왕복방향별로 분리하기 위하여 중앙선을 두 줄로 노면표시하는 경우에는 각 중앙선의 중심 사이의 간격은 0.5미터 이상으로 한다.

[표 9-6] 도로별 중앙분리대폭 기준

도로의 구분	중앙 분리대의 최소폭 (m)	
	지방지역	도시지역
고속도로	3.0	2.0
일반도로	1.5	1.0

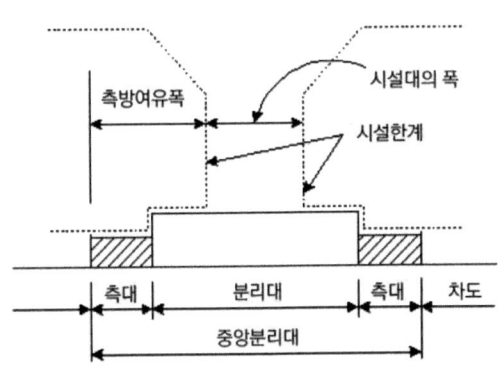

[그림 9-4] 중앙분리대의 구성

넓은 중앙분리대의 표면형상은 오목형으로 잔디를 입히며, 자동차가 넘어갈 수 있는 연석을 사용한다. 좁은 중앙분리대의 표면형상은 볼록형으로 포장을 하며, 자동차가 넘어갈 수 없는 연석을 사용한다.

한편 위 그림에 표시된 시설한계(Clearance limit)는 도로상에서 차량이나 보행자의 안전 확보를 위하여 일정한 폭, 높이 범위 내에서는 장애가 될 만한 시설물을 설치하지 못하게 하는 공간 확보의 한계이다. 이 한계 내에서는 교각, 조명시설, 방호울타리, 신호기, 도로 표지, 가로수, 전주 등의 제 시설을 설치할 수 없다. 높이는 일반적으로 4.0m이나, 동절기 적설에 의한 한계높이의 감소 또는 포장 덧씌우기 등이 예상되는 경우에는 4.5m 이상으로 하는 것이 바람직하다.

3.13 길어깨

(1) 길어깨의 기능

① 도로의 주요 구조부를 보호한다.
② 고장 차의 대피용, 일시주차용, 사고와 교통의 혼잡방지에 도움을 준다.
③ 측방여유폭으로서 교통의 안전성과 쾌적성을 준다.
④ 노상시설, 지하매설물, 유지작업에 필요한 장소로서 이용된다.
⑤ 절토부의 곡선부에서는 시거를 증대시킨다.
⑥ 유지가 잘된 길어깨는 도로의 미관을 높인다.
⑦ 보도가 없는 도로에서는 보행자나 자전거의 통행에 이용된다.

길어깨는 자동차의 하중에 견딜 수 있게 함은 물론 빗물의 침수방지, 경우에 따라서는 자전거, 보행자의 통행을 쉽게 하기 위하여 포장을 하는 것이 바람직하다. 성토부에서는 노면수를 길어깨 끝에서 집수하여 배수시설로 흘러보내도록 연석을 설치하는 것이 좋다.

길어깨의 폭은 도로의 구분과 설계속도에 따라 [표 3-7]의 폭 이상으로 하여야 한다. 다만, 오르막차로나 변속차로를 설치하는 부분이나 교량, 터널, 고가도로 및 지하차도의 길어깨의 폭은 0.5m이상으로 할 수 있다.

또한 도로에는 차도와 더불어 길어깨를 설치하여야 하나 보도 또는 주정차대가 설치되어 있는 경우에는 길어깨를 생략할 수 있다. 다만, 최소한 측대에 해당하는 폭 0.5m와 배수를 위한 측구 설치가 가능한 폭원을 확보하는 것이 바람직하다.

[표 9-7] 도로별 길어깨의 최소폭

도로의 구분			차도 오른쪽 길어깨의 최소폭(m)	
			지방지역	도시지역
고속도로			3.00	2.00
일반도로	설계속도 (km/h)	80 이상	2.00	1.50
		60 이상 80 미만	1.50	1.00
		60 이상	1.00	0.75

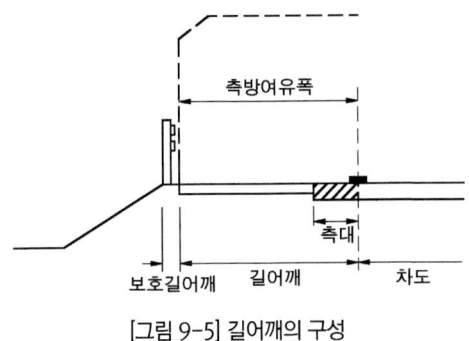

[그림 9-5] 길어깨의 구성

(2) 길어깨의 측대

① 차도와의 경계를 노면표시 등으로 일정 폭 만큼 명확하게 나타내고, 운전자의 시선을 유도하여 운전시 안정성을 증대시킨다.
② 주행상 필요한 측방여유폭의 일부를 확보함으로써 차도의 효용을 유지한다.
③ 차로를 이탈하는 자동차에 대해서 속도가 높은 경우에 안전성을 향상시킨다.
④ 차도와 같은 강도의 포장구조로 차도를 보호한다.

[표 9-8] 길어깨에 설치하는 측대의 여유폭

설계속도(kph)	측대의 최소폭(m)
80 이상	0.5
80미만	0.25

(3) 보호길어깨

보호길어깨는 노상 시설물을 설치하기 위한 것과 보도 등에 접속하여 도로 끝에 설치하는 것이 있다. 보호길어깨의 폭은 0.5m를 표준으로 한다.

(4) 적설지대의 길어깨

적설지대란 최근 5년 이상의 최대 적설 깊이 50cm 이상인 지역, 적설제거를 위한 적설 여유폭이 필요하며, 예상 적설깊이에 따라 노측 여유폭을 1.5~4.5m 이상 확보한다.

3.14 주정차대

주정차대는 자동차의 주차 또는 정차에 이용하기 위하여 도로에 접속하여 설치하는 부분을 말한다. 차량통행의 방해를 방지하기 위하여 우측에 설치하는 것으로, 일반적으로 정차대의 폭은 대형차의 정차를 고려하여 2.5m 이상이 되도록 한다. 다만, 소형자동차를 대상으로 하는 경우에는 2m 이상이 되도록 한다.

3.15 자전거도로

(1) 자전거도로의 구분

자전거도로는 자전거 전용도로, 자전거·보행자 겸용도로, 자전거 전용차로, 자전거 우선도로로 분류된다.

[표 9-9] 자전거도로의 구분

구분	기준
자전거 전용도로	자전거만이 통행할 수 있도록 분리대나 연석, 기타 유사한 시설물에 의하여 차도 및 보도와 구분하여 설치된 자전거도로
자전거·보행자 겸용도로	자전거 외에 보행자도 통행할 수 있도록 분리대나 연석, 기타 유사한 시설물로 차도와 구분하거나 별도로 설치된 자전거도로
자전거 전용차로	차도의 일정 부분을 자전거만 통행하도록 차선(車線) 및 안전표지나 노면표시로 다른 차가 통행하는 차로와 구분한 차로
자전거 우선도로	자동차의 통행량이 2,000대 미만인 도로의 일부 구간 및 차로를 정하여 자전거와 다른 차가 상호 안전하게 통행할 수 있도록 도로에 노면표시로 설치한 자전거도로

(2) 자전거도로의 폭

자전거도로의 폭은 하나의 차로를 기준으로 1.5m 이상으로 한다. 다만, 지역 상황 등에 따라 부득이하다고 인정되는 경우에는 1.2m 이상으로 할 수 있다.
특히 자전거·보행자 겸용도로의 폭은 분리 시 자전거도로 폭 1.5m 이상, 보행자도로의 유효 보도폭 2.0m 이상이고, 비분리시는 3.0m 이상으로 설치하며, 분리형 자전거·보행자 겸용도로의 자전거도로는 차도 측으로 설치한다.

3.16 보도

보차분리를 위해 자동차 전용도로 이외의 일반도로에서는 보도를 설치한다.

(1) 분리기준

보행자수 150인/일 이상, 자동차교통량 2,000대/일 이상일 때 보도 설치의 기준으로 하고 있으며, 통학로 및 주거밀집지역은 위의 조건 이하인 경우에도 보도 설치가 필요하다.

(2) 보도의 폭

보도의 유효 폭은 보행자가 시설물(가로등, 가로수 등)에 방해받지 않고 이용하는 최소 폭으로 보행자의 통행량과 주변 토지 이용 상황을 고려하여 결정하되, 최소 2m 이상으로 하여야 한다. 다만, 지방지역의 도로와 도시지역의 국지도로는 지형상 불가능하거나 기존 도로의 증설·개설시 불가피하다고 인정되는 경우에는 1.5m 이상으로 할 수 있다.

(3) 보도의 구성

보도는 연석, 방호책 등으로 분리한다. 연석의 높이는 25cm 이하로 한다.

3.17 측도

일반도로 또는 도시지역 도로의 구조가 성토와 절토로 이루어져 본 도로와 고저차가 있거나 방음벽을 연속으로 설치함으로 인해 자동차가 주변으로 출입이 불가능한 경우에 자동차가 도로 주변으로 출입할 수 있도록 본선 차도와 병행하여 설치하는 도로를 측도라 한다.

측도는 교통량이 많은 4차로 이상의 고속도로 또는 간선도로에 필요에 따라 설치하며, 측도의 폭은 4m 이상을 표준으로 한다.

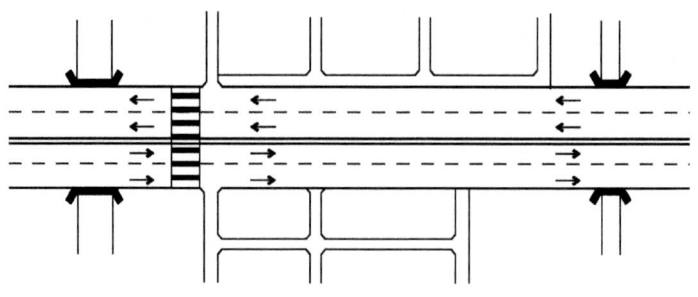

[그림 9-6] 도로주변에 설치되는 측도

3.18 환경시설대

① 교통량이 많은 도로연변의 주거지역이나 정숙을 요하는 시설 또는 공공시설 등의 환경보전을 위해서 도로 바깥쪽에 식수대, 둑, 방음벽 등의 환경시설대를 설치한다.
② 일반 평면도로나 고가도로에서는 양측 차도끝에서 폭 10m, 자동차전용도로에서는 양측 차도 끝에서 폭 20m의 환경시설대를 설치한다.

3.19 횡단경사

차도에서 배수를 위하여 노면의 중심을 정점으로 하고 양쪽으로 향하여 경사진 횡단경사를 붙인다.

[표 9-10] 포장별 횡단경사

노면의 종류	횡단경사(%)
시멘트 콘크리트 포장도로 및 아스팔트 콘크리트 포장도로	1.5~2.0
간이포장도로	2.0~4.0
비포장도로	3.0~6.0

4. 도로평면선형

평면적으로 본 도로 중심선의 형상을 평면선형, 종단면으로 본 도로 중심선의 형상을 종단선형이라 한다. 평면선형은 도로의 설계속도에 따라 직선, 원곡선, 완화곡선으로 구성된다. 특히 평면곡선부인 원곡선과 완화곡선 구간에서는 설계속도와 곡선반지름의 관계뿐만 아니라 횡방향 미끄럼 마찰계수, 편경사, 확폭 등의 설계요소들이 조화를 이룬다.

4.1 곡선반경

도로의 굴곡부에 쓰이는 곡선의 반경은 차량이 안전하고 쾌적하게 주행할 수 있도록 설계해야 하며, 곡선부 주행시의 원심력에 의해 미끄러지거나 전도할 위험을 방지하기 위해 차량의 주행속도, 곡선반경, 횡단경사 및 노면의 마찰계수를 고려하여 설계하여야 한다.

(1) 최소곡선반경

평면곡선부를 주행하는 자동차는 원운동을 하기 위하여 구심력이 필요하며, 그에 반하여 평면곡선반경과 속도에 따라 다음과 같은 크기의 원심력이 작용하게 된다.

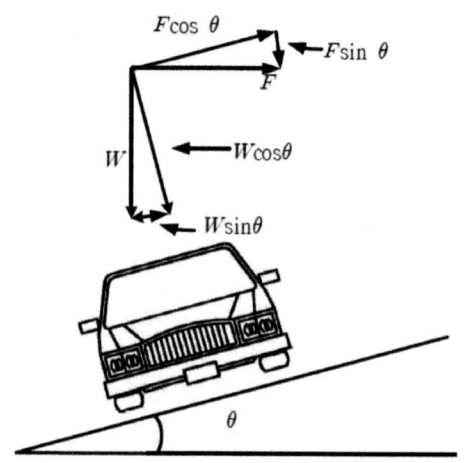

[그림 9-7] 평면곡선부 주행시의 원심력

여기서,

F : 원심력(kg)

g : 중력가속도(≒9.8m/sec2)

v : 자동차의 속도 ($m/\sec$)

W : 자동차의 총중량(kg)

θ : 노면의 경사각

i : 노면의 편경사(($=\tan\theta$)

R : 곡선반경(m)

f : 노면과 타이어 사이의 횡방향 마찰계수

원심력은

$$F = \frac{W}{g} \times \frac{v^2}{R}$$

[그림 3-6]과 같이 평면곡선부를 주행하는 자동차는 노면에 수평방향으로 원심력(F)과 수직방향으로 자동차의 총중량(W)이 작용하게 되며, 노면의 경사각(θ, 편경사)에 의하여 원심력과 자동차의 총중량은 그 분력이 발생하게 된다.

여기서 원심력에 의해서 밖으로 미끄러지지 않기 위해서는 다음 조건을 만족시켜야 한다.

$$F\cos\theta - W\sin\theta \leq f(F\sin\theta + W\cos\theta)$$

여기에 양변에 $\cos\theta$로 나누면

$$F - W\tan\theta \leq f(F\tan\theta + W)$$

F 대신에 원심력 방정식을 대입하고, $\tan\theta$ 대신에 편경사 i를 대입하면,

$$\frac{Wv^2}{gR} - Wi \leq f\left(\frac{Wv^2}{gR}i + W\right)$$

양변을 W로 나누어 정리하면,

$$\frac{v^2}{gR} - i \leq f\left(\frac{v^2}{gR}i + 1\right)$$

위의 식을 평면곡선반경 R의 식으로 정리하면,

$$R \geq \frac{v^2}{g} \cdot \frac{1 - fi}{i + f}$$

여기서 fi는 매우 작으므로 생략하여 정리하며,

$$R \geq \frac{v^2}{g(i + f)}$$

여기서, v의 m/s 단위를 km/h로 바꾸기 위한 전환계수 3.6과 $g = 9.8 m/\sec^2$을 적용하면,

$$R \geq \frac{V^2}{127(f + i)}$$

따라서 횡방향미끄럼에 안전할 수 있는 최소곡선반경은 다음 식으로 구한다.

$$R = \frac{V^2}{127(f + i)}$$

(2) 최소곡선반경의 산정시 f값 고려사항

횡방향미끄럼 마찰계수는 노면의 재질 및 상태에 따라 정하고 있으며, 일반적으로 콘크리트포장 0.4~0.6, 아스팔트포장 0.4~0.8, 결빙된 노면 0.2~0.3으로 하고 있다.
또한 일반도로에서는 안정성을 유지하기 위해서 f=0.10~0.16으로 하며, 편경사는 6~8%로 한다.

4.2 곡선의 설치

직선 사이 또는 완화곡선 사이에 설치되는 원곡선은 일반적으로 곡선방정으로 표시하는데 원곡선의 각 요소와 기호는 다음과 같다

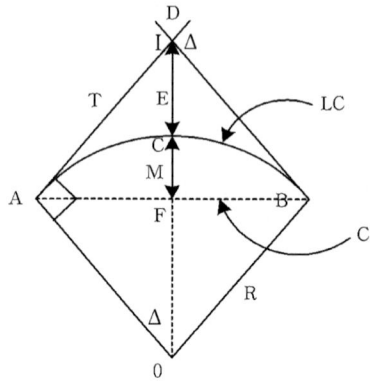

[그림 9-8] 원곡선의 구성

A : 곡선시점(Point of Curve)

B : 곡선종점(Point of Tangent)

T : 접선장

E : 외선장(External distance)

M : 중앙종거(Middle ordinate distance)

D : 교점

Δ : 중심각

LC : 곡선장

C : 장현

R : 반지름

(1) 접선장(T)

삼각형 AOD는 직각삼각형이므로 $\tan\dfrac{\Delta}{2}=\dfrac{T}{R}$ 따라서

$$T = R\tan\dfrac{\Delta}{2}$$

(2) 곡선장(LC)

$$1\text{Radian} = \dfrac{180}{\pi} = 57.2958$$

D(호의 길이 100m인 경우에 중심각)$=\dfrac{5729.58}{R}$

$$L = \dfrac{\Delta}{D} \times 100, \text{ 따라서}$$

$$L = \dfrac{R\Delta}{57.2958}$$

(3) 외선장(E)

삼각형 AOD에서 $\dfrac{OD}{R}=\sec\dfrac{\Delta}{2}$, 그런데 OD는 E+R, 따라서

$$E = R(\sec - 1)$$

(4) 장현(C)

선분 AB = 선분 FA의 2배 = $2R\sin\dfrac{\Delta}{2}$

(5) 중앙종거(M)

선분 FC = R - 선분 OF = $R - R\cos\dfrac{\Delta}{2}$, 따라서

$$M = R(1 - \cos\dfrac{\Delta}{2})$$

❶ 반지름이 1000m이고, 교각이 45°, 두 접선장이 만나는 지점의 station이 20+86.44라면 곡선장, 곡선 시작점, 끝점의 station을 구하라.

해설

$LC = \dfrac{R\triangle}{57.2958} = 1000 \times 45 / 57.2958 = 785.40$

$T = R\tan\dfrac{\triangle}{2} = 1000 \times \tan 22.5 = 414.21$

곡선 시작점의 station = (20+86.44) - (4+14.21) = 16+72.23
곡선 끝점의 station = (16+72.23) + (7+85.40) = 24+57.63

❶ 특정 지형을 조사한 결과 교각이 25°, 절벽의 시작부터 교각지점까지 길이가 196m이며, 회복구간의 길이를 30m로 설계하고자 한다. 곡선의 반경을 구하라.

해설

외선장의 길이 = 196 + 30 + 1.75 = 227.75

$E = R(\sec\dfrac{\triangle}{2} - 1)$

$227.75 = R(1/\cos 12.5 - 1) = 9384m$

(6) 최소곡선의 길이는 다음조건을 고려하여 정한다.

① 운전자가 핸들조작에 불편을 느끼지 않게 한다.
② 곡률의 변화로 인한 원심가속도의 변화율을 일정한 값 이하로 한다.
③ 교각이 작을 경우 곡선반경이 실제보다 작게 보이는 착각을 일으키지 않는 정도 길이로 한다.
④ 위에 대하여 운전자가 착각을 일으키는 한계를 5°로 보고, 착각을 일으키지 않기 위해서는 외선장의 길이를 길게 하면 된다.

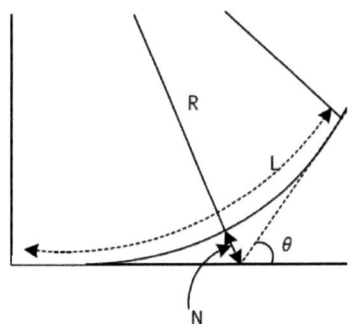

[그림 9-9] 도로교각 5° 미만일 경우의 외 선길이

따라서 최소곡선의 길이는 교각의 한계값인 5°로 보고 다음과 같은 식이 성립된다.

$$L = 688\frac{N}{\theta}$$

> ❶ 교각이 25°, 회복구간이 30m 정도 필요한 절벽에 도로를 건설하고자 한다. 절벽부터 교각 지점까지의 거리가 200m라면 도로의 곡선반경은 얼마여야 하나?
> 다음과 같은 조건의 경우에 곡선의 길이를 구하라.

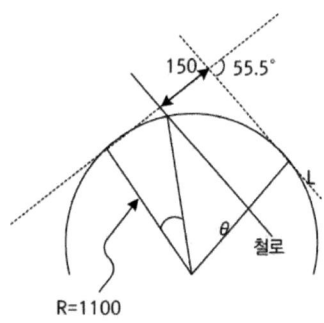

4.3 편경사

곡선부를 주행하는 차량의 원심력을 줄이기 위하여 곡선부의 횡단면에는 곡선의 안쪽으로 향하여 경사를 붙이는데, 이를 편경사라 한다.

편경사의 설치비율은 다음과 같다.

[표 9-11] 편경사 설치비율

구분		최대 편경사(%)
지방지역	적설·한랭 지역	6
	기타지역	8
도시지역		6
연 결 로		8

(1) 편경사 설치방법

가장 단순한 편경사 설치인 양방향 2차로도로의 편경사 설치 과정은 다음과 같다. 이를 보면 직선부가 끝나고 곡선이 시작되는 지점에서부터 차량진입을 원활하게 하기 위하여 도로횡단면의 변화를 주고 있음을 알 수 있다.

① 도로의 정상 횡단경사의 바깥쪽 차로의 횡단경사를 어느 정도 길이 내에서 0으로 한다.
② 안쪽 차로는 도로의 정상 횡단경사를 유지하고 바깥쪽 차로는 계속 기울기를 높여, 바깥쪽 차로와 안쪽 차로의 횡단경사가 일직선이 되게 한다.
③ 바깥쪽 차로와 안쪽 차로의 횡단경사가 일직선이 된 후는 계속하여 일직선의 경사를 높여 최대 편경사가 되도록 한다.

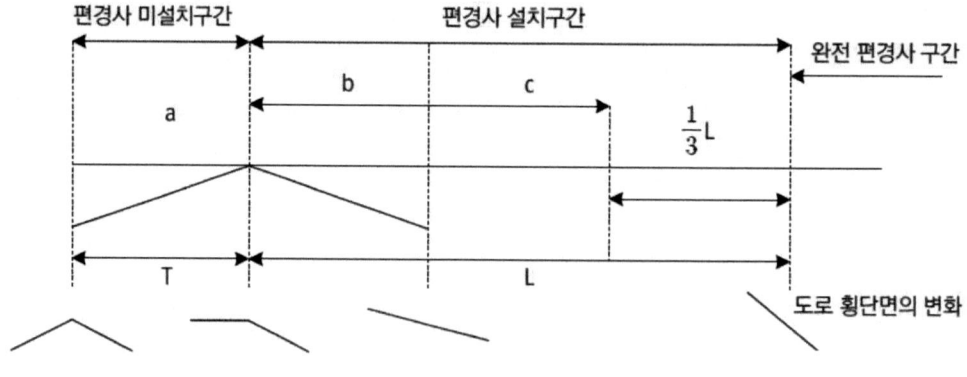

[그림 9-10] 편경사의 설치방법

(2) 편경사의 접속설치 비율(Transition standards)

편경사의 설치 길이는 도로 중심선길이와 편경사에 의한 표고차의 비율이 항상 일정 한도를 초과하지 않도록 충분히 긴 값을 가져야 하는데 이를 편경사의 접속설치 비율이라 한다.

편경사의 회전축으로부터 편경사가 설치되는 차로수가 2개 이하인 경우의 편경사의 접속설치길이는 설계속도에 따라 다음 표의 편경사 최대 접속 설치율에 의하여 산정된 길이 이상이 되어야 한다.

[표 9-12] 편경사의 접속설치 비율

설계속도(km/h)	편경사의 접속설치 비율
120	1 : 200
110	1 : 185
100	1 : 175
90	1 : 160
80	1 : 150
70	1 : 135
60	1 : 125
50	1 : 115
40	1 : 105
30	1 : 95
20	1 : 85

❶ 설계속도 80kph의 도로의 곡선부에 편경사를 설치하고자 한다. 도로폭이 3.5m인 경우 PC에서의 편경사 값은 얼마인가(단, 설치비율은 1:150, 직선구간의 편경사는 2%, 곡선구간의 편경사: 8%)?

해설

a지점부터 수평구간인 b지점까지의 거리 : 0.02×3.5×150=10.5m
b지점부터 c지점까지의 거리 : 0.02×3.5×150=10.5m
c지점부터 d지점까지의 거리 : 0.06×3.5×2×150=63m
b지점부터 d지점까지의 거리 : 73.5m
b지점부터 pc지점까지의 거리 : 73.5×2/3=49m, pc-d구간거리 : 24.5m
c점부터 pc지점까지의 거리 : 38.5m
따라서 pc에서의 편경사는 2% + 6%(38.5/24.5+38.5)=5.67%

4.4 완화곡선

도로가 직선부에서 곡선부로 또는 큰 원곡선에서 작은 원곡선으로 변하는 부분에서는 차량이 속도를 낮추는 일이 없이 주행할 수 있게 하기 위하여 완화곡선 또는 완화구간을 설치하여야 한다.

(1) 완화곡선 설치의 이점

① 곡선반경을 서서히 변화시켜, 곡선부를 주행하는 차량에 대한 원심력을 점차적으로 변화시켜 일정한 주행속도 및 주행궤적을 유지시킨다.
② 표준횡단경사 구간과 곡선부의 최대편경사 구간을 원활하게 접속시킨다.
③ 표준 횡단폭과 곡선부의 확폭된 폭을 원활하게 접속시킨다.
④ 원곡선의 시작점과 끝점에서 확폭된 절곡된 형상을 시각적으로 원활하게 보이도록 한다.

직선주행에서 일정반경의 원곡선의 주행으로 옮길 때까지의 주행을 완화주행이라 한다. 그때의 주행궤적은 다음과 같다.

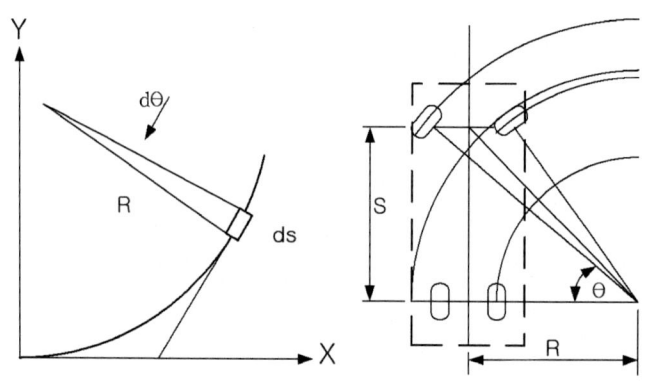

[그림 9-11] 자동차의 완화주행

위 그림에서 t시간동안의 주행거리를 S, 회전각을 θ라고 하면, 회전각속도 W는

$$W = \frac{d\theta}{dt} = \frac{d\theta}{dS} \cdot \frac{dS}{dt} = \frac{V}{R} \; (\because R\theta = S, \; \frac{S}{t} = V \;)$$

여기서,

V : 자동차의 주행속도 ($m/\sec$)

R : 곡선반경(m)

회전각 가속도를 구하기 위하여 아래 그림에서와 같이 조향각을 θ, 축거를 b라 하면,

$$R = b/\tan\theta$$

여기서 속도 v가 일정하면,

회전각 가속도는 회전각속도를 미분한 값이므로 다음과 같다.

$$\frac{dw}{dt} = \frac{d}{dt}\left(\frac{v}{R}\right) = \frac{d}{dt}\left(\frac{v \cdot \tan\theta}{b}\right)$$

직선주행에서 곡선주행으로 옮기려는 자동차에 대해서, 이 회전각가속도가 일정하게 되는 주행이 운전하기 쉬운 주행이라고 가정하면,

$$\frac{d}{dt}\frac{v \cdot \tan\theta}{b} = k(일정)$$

여기서 적분을 통해 tanθ로 풀면

$$\tan\theta = \frac{kb}{v}t + C$$

만약 $t=0$라면, $\tan\theta = 0, C = 0$, 그리고 $R = b/\tan\theta$

$$\frac{1}{R} = \frac{k}{V}t$$

곡선의 시점으로부터의 길이를 L이라 하면, $t = L/V$

$$\frac{1}{R} = \frac{kL}{V^2}$$

$$RL = \frac{v^2}{k} = A^2(일정)$$

여기서 A를 클로소이드의 파라미터라고 한다.

일정속도로 주행하고 있는 자동차의 핸들을 천천히 돌리면 자동차의 주행궤적은 크고 파라미터가 큰 클로소이드곡선이 되고, 핸들을 빠르게 회전시키면 파라미터가 작은 클로소이드 곡선이 된다.

일정 각속도로 핸들을 회전시킬 경우는 주행속도가 빠를수록 파라미터는 커지고 늦을수록 작아진다.

❶ A=60.00m의 클로소이드곡선상의 곡선길이 20.00m 마다의 지점에서의 반경을 구하라.
A=60.00m, L=20.00, 40.00, 60.00, 80.00m
R_1=180.00m
R_2=90.00m
R_3=60.00m
R_4=45.00m

(2) 완화곡선 및 완화구간의 길이

자동차전용도로의 전구간 및 일반도로 중 설계속도가 80kph 이상인 도로의 곡선부에는 완화곡선을 설치하여야 하며, 완화곡선의 길이는 다음과 같이 구한다.

$$L = Vt = \frac{v}{3.6}t$$

L : 완화곡선의 길이

t : 주행시간(2초)

v, V : 주행속도($m/s, km/h$)

일반도로 중 설계속도가 60kph 미만인 도로의 곡선부에는 완화구간을 설치하여 편경사와 확폭을 접속 설치하여야 한다.

(3) 완화곡선의 생략

완화곡선을 직선부와 원곡선 사이에 삽입할 때, 직선과 원곡선을 직접 삽입할 때에 비하여 아래 그림과 같이 이정량이 생긴다. 이정량이 차로폭에 포함된 여유 폭에 비하여 작은 경우에는 직선과 원곡선을 직접 연결시켜도 직선부에서 완화 곡선으로 주행할 수 있다.

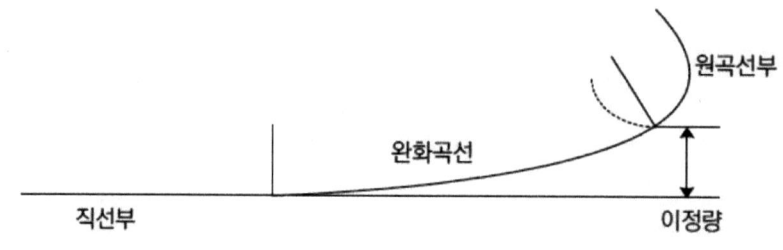

[그림 9-12] 완화곡선의 이정량

완화곡선의 설치 여부는 한계 이정량 20cm로 결정, 이상이면 완화곡선을 설치하고, 이하이면 설치하지 않는다. 이정량의 계산은 다음 식으로 개략 계산할 수 있다.

$$S = \frac{1}{24}\frac{L^2}{R}$$

여기서,

S : 이정량(m)

L : 완화구간의 길이(m)

R : 곡선반경(m)

따라서,

$$0.2(m) = S = \frac{1}{24}\frac{L^2}{R}$$

여기서 완화곡선의 길이 $L = \frac{v}{3.6}t$ 에서, t=2초를 대입하고 L을 소거하면

$$4.8R = \left(\frac{v}{1.8}\right)^2, \quad R = 0.064\,v^2$$

여기에 설계속도를 대입해서 곡선반경을 구하고 이상의 반경에서는 완화곡선을 생략하며, 일반적으로 설계시에는 위 곡선반경의 3배 이상의 경우에 완화곡선을 생략한다.

4.5 곡선부의 확폭

자동차가 곡선부를 주행할 때에 앞바퀴와 뒷바퀴는 다른 궤적을 그리며 뒷바퀴는 앞바퀴보다 안쪽으로 기울어진다. 그러므로 곡선부에서는 직선부에 비해서 차로의 폭을 넓혀야 한다. 이와 같이 곡선부에서 넓혀야 할 폭의 크기를 확폭이라 한다. 그리고 확폭은 원칙적으로 차로 안쪽으로 행하고 다른 차로의 차량이 침입하지 못하도록 한다. 일반적으로 확폭은 뒷바퀴의 중심과 앞바퀴의 중심의 변화량만큼 확폭한다.

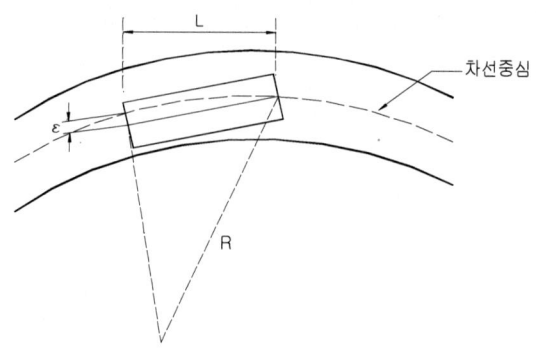

[그림 9-13] 곡선부의 확폭

여기서,

R : 차로중심선의 반경

ε : 확폭량

L : 차량의 전면에서 뒷차 축까지의 거리

이고 다음과 같은 관계식이 성립된다.

$(R-\varepsilon)^2 + L^2 = R^2$에서, $L^2 = 2R\varepsilon - \varepsilon^2$, 여기서 ε^2은 $2R\varepsilon$에 비해서 작은 양이므로, 확폭량은 다음과 같다.

$$\varepsilon = \frac{L^2}{2R}$$

세미트레일러의 확폭량은

$$\varepsilon = \frac{L_1^2 + L_2^2}{2R}$$

> ❶ 주간선도로와 보조간선도로의 확폭은 세미트레일러로 계산을 한다. R=100m, 4차로도로의 확폭은?

5. 시거(Sight Distance)

운전자가 주행시 전방을 내다볼 수 있는 차로 중심선의 거리를 시거라 한다. 도로 위를 주행하는 차량의 노면위에 있는 장애물을 발견하고 제동 정지하거나, 저속차를 추월할 때 충돌의 위험이 없도록, 도로의 선형은 운전자의 위치에서 전방을 충분히 내다볼 수 있어야 한다.

시거의 종류는 정지시거와 앞지르기시거로 구분된다.

① 정지시거 : 운전자가 전방의 물체를 인지하고 위험하다고 판단하여 브레이크를 밟기까지의 주행한 거리와 브레이크를 밟기 시작하여 자동차가 정지할 때까지의 거리로 이루어진다. 정지시거의 측정방법은 차로의 중심선 1.0m의 높이(운전자 눈의 높이)에서 같은 차로의 중심선상에 있는 높이 15cm의 물체의 정점을 내다볼 수 있는 거리로 차로의 중심선을 따라 측정한다.

② 앞지르기시거 : 2차로 도로에서 저속 자동차를 안전하게 앞지를 수 있는 거리로 차로의 중심선상 1.0m의 높이에서 반대쪽 차로의 중심선에 있는 높이 1.2m의 반대쪽 자동차를 인지하고 앞차를 안전하게 앞지를 수 있는 거리를 도로 중심선에 따라 측정한 길이를 말한다.

5.1 정지시거

(1) 정지시거의 계산

정지시거는 반응시간 동안의 주행거리와 제동정지거리의 합으로 이루어지며, 반응시간은 2.5초를 사용한다. 또한 종방향미끄럼마찰계수 f는 정지시거 계산시 노면습윤상태에서의 값을 사용하고 있고 속도가 증가함에 따라 그 값이 감소한다.

$$D = d_1 + d_2 = \frac{V}{3.6}t + \frac{V^2}{254f} = 0.694V + \frac{V^2}{254f}$$

여기서

D : 정지시거(m)

d_1 : 반응시간 동안의 주행거리

d_2 : 제동정지거리

V : 주행속도(km/h)

t : 반응시간(2.5초)

f : 타이어와 노면의 종방향미끄럼계수

[표 9-13] 최소 정지시거 길이

설계속도 (km/h)	정지시거 (m)
120	215
110	185
100	155
90	130
80	110
70	95
60	75
50	55
40	40
30	30
20	20

(2) 도로의 종단경사에 따른 정지시거

정지시거는 그 도로의 종단경사에 따라 변화하게 된다. 즉, 제동정지거리가 상향 경사구간에서는 감소하고 하향 경사구간에서는 증가하게 된다.

$$D = 0.694V + \frac{V^2}{254(f \pm s/100)}$$

여기서

D : 정지시거(m)

V : 주행속도(km/h)

f : 타이어와 노면의 종방향 미끄럼계수

s : 종단경사(%)

5.2 앞지르기 시거

(1) 앞지르기 시거 계산시 가정

① 앞지르기 당하는 차량은 등속 주행한다.
② 앞지르기하는 차량은 앞지르기할 때까지는 앞지르기 당하는 차량과 등속으로 주행한다.
③ 앞지르기가 가능하다는 것을 인지한다.
④ 앞지르기할 때에는 최대가속도 및 앞지르기를 당하는 자동차보다 빠른 속도로 주행한다.
⑤ 대향차량은 설계속도로 주행하는 것으로 하고, 앞지르기가 완료된 경우 대향차량과 앞지르기하는 차량 사이에는 적절한 여유거리가 있으며 서로 엇갈려 지나간다.

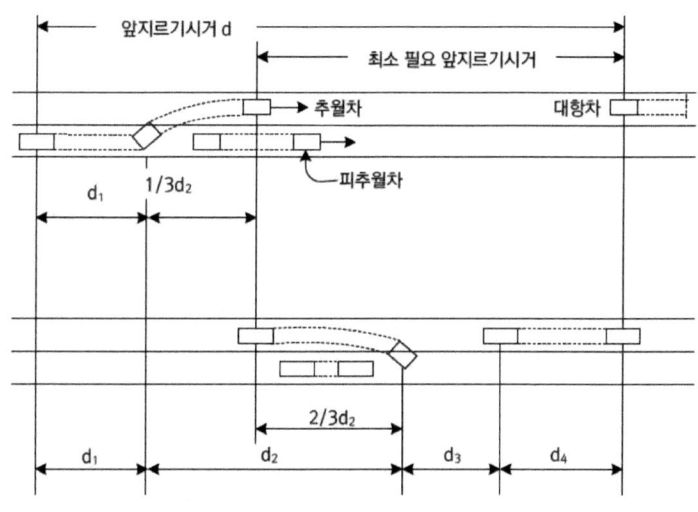

[그림 9-14] 앞지르기 시거의 산정

(1) 앞지르기시거 계산

앞지르기시거는 다음의 네 가지 거리를 합한 총거리를 확보하여야 한다.

d_1 : 추월이 가능하다고 판단하여 추월차가 가속하면서 대향차로로 옮기기 직전까지 주행한 거리

$$d_1 = \frac{V_0}{3.6}t_1 + \frac{1}{2}at_1^2$$

d_2 : 대향차로에 옮기기 직전부터 대향차로를 주행하여 원차로로 돌아갈 때까지 주행한 거리

$$d_2 = \frac{V}{3.6}t_2$$

d_3 : 추월이 끝나고 원차로로 돌아왔을 때의 대향차와의 차간거리

d_3= 설계속도에 따라 15~70m를 적용

d_4 : 추월차가 추월을 완료하는 동안에 대향차가 주행한 거리

$$d_4 = \frac{2}{3}d_2$$

따라서 전체 앞지르기 시거 d는

$$d = d_1 + d_2 + d_3 + d_4$$

여기서

V_0 : 앞지르기 당하는 자동차의 속도(kph)

t_1 : 가속시간(초)

V : 추월차의 반대편 차로에서의 속도 (kph)

t_2 : 앞지르기를 시작하여 완료하기까지의 시간(초)

[표 9-15] 앞지르기시거 길이

설계속도 (km/h)	앞지르기시거 (m)
80	540
70	480
60	400
50	350
40	280
30	200
20	150

5.3 평면곡선부의 시거

평면곡선부에서 충분한 시거를 확보하기 위해서는 평면곡선반경을 크게 취하든가, 필요한 범위를 도로부지로서 확보하는 등의 배려가 필요하다.

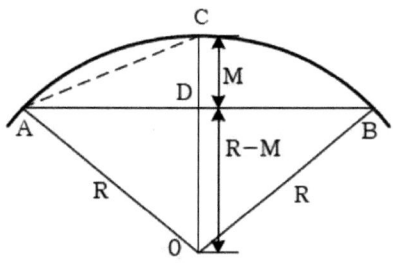

[그림 9-15] 평면곡선에서의 시거

$$\triangle ACD 에서 \; AD^2 = AC^2 - M^2$$
$$\triangle ADO 에서 \; AD^2 = R^2 - (R-M)^2$$
$$\therefore M = \frac{AC^2}{2R}$$

호AB를 정지시거 d 라 하고, 선분AC의 길이는 호AC의 길이와 근사하다 가정하면,

$$AC \approx d/2$$
$$\therefore M = \frac{d^2}{8R}$$

6. 종단선형

6.1 종단경사

종단경사의 완급은 도로건설비뿐만 아니라 완공 후에도 도로이용 효율 등 경제적인 측면에서 중요하게 고려되어야 한다. 특히 우리나라와 같이 산지가 많은 지형에서는 경제적인 면과 속도저하의 측면을 동시에 고려하여 합리적으로 종단경사의 설계가 이루어지도록 하여야 한다. 설계시 종단경사는 가능한 한 표준경사를 사용하여야 하며, 부득이한 경우의 종단경사는 설계도로의 경제적인 측면과 주변여건이 불가피한 경우에만 적용하여야 한다.

[표 9-15] 최대 종단경사

설계속도 (km/h)	최대종단경사 (%)							
	고속도로		간선도로		집산도로 및 연결로		국지도로	
	평지	산지	평지	산지	평지	산지	평지	산지
120	3	4						
110	3	5						
90	3	5	3	6				
80	4	6	4	6	6	9		
70	4	6	4	7	7	10		
60			5	7	7	10	7	13
50			5	8	7	10	7	14
40			5	8	7	11	7	15
30			6	9	7	12	8	16
20							8	16

6.2 오르막차로

설계된 경사구간의 길이가 제한 길이를 초과할 경우에는 트럭이 허용된 최저속도로 주행할 수 있도록 종단경사를 조정하거나, 고속으로 주행하는 다른 차량과 분리할 수 있도록 오르막차로를 설치하여야 한다.

① 종단경사가 있는 구간에서 자동차의 오르막능력 등을 검토하여 필요하다고 인정되는 경우에는 오르막차로를 설치
② 저속차량을 교통류로부터 분리시킴으로써 교통을 원활하게 유도하고 필요한 교통용량을 확보하기 위함
③ 오르막구간의 진입속도는 설계속도가 80kph 이상인 경우는 모두 80kph로 하며, 설계속도 80kph 미만인 경우는 설계속도와 같은 속도로 한다.
④ 오르막구간의 정점에서의 속도는 오르막구간의 진입속도에서 20kph를 감한 값 이상의 속도를 유지하도록 한다.
⑤ 설계속도가 시속 40킬로미터 이하인 경우에는 오르막차로를 설치하지 않을 수 있다.
⑥ 오르막차로의 폭은 본선의 차로 폭과 같게 설치한다.

6.3 종단곡선

(1) 종단곡선의 개요

차도의 종단경사가 변경되는 부분에는 종단곡선을 설치하여야 하며, 일반적으로 종단곡선은 포물선으로 설치하며, 충분한 범위 내에서 주행의 안전성과 쾌적성을 확보하고 도로의 배수를 원활히 할 수 있도록 설치하여야 한다.

종단곡선 변화비율은 두 종단경사의 차가 1% 변화하는데 확보하여야 하는 수평거리로서 다음과 같으며, 여기서 PVC와 PVT는 종단곡선의 시종점을 나타낸다.

$$K = L/I$$

K : 종단곡선 변화비율($m/\%$)
L : 종단곡선 길이(m)
I : 종단경사 차의 절대값(%)

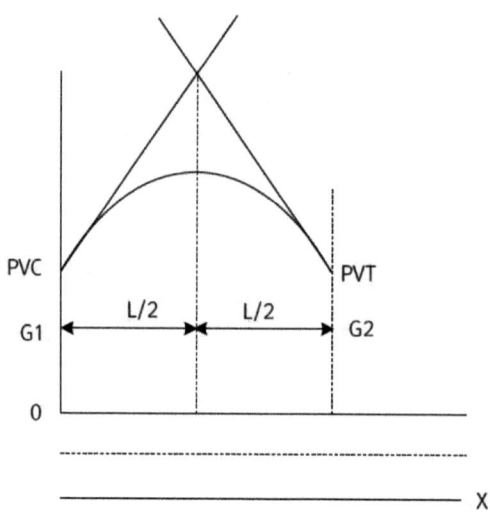

[그림 9-16] 종단곡선의 설치길이

종단곡선의 일반식을 $y = ax^2 + bx + c$라고 할 때

$y = ax^2 + bx + c$에서 접선의 기울기를 구하기 위해서 미분을 하면,

$$\frac{dy}{dx} = 2ax + b$$

① $x = 0$, $y = ax^2 + bx + c$에서 $y = c$ (PVC의 고도)

② $x = 0$, $\frac{dy}{dx} = 2ax + b$에서 PVC지점의 경사, 경사 $b = G_1$

③ $x = L$, $G_{2 = 2aL + G_1}$, $a = \dfrac{G_2 - G_1}{2L}$

따라서, $y = \dfrac{G_2 - G_1}{2L}x^2 + G_1 x + PVC$의 고도

최고점/최저점의 위치

$\frac{dy}{dx} = 2ax + b = 0$인 점, 즉 기울기가 0인 지점, $x = -b/2a$

(2) 볼록형 종단곡선

종단곡선의 형태상 오목형에서는 정지시거가 문제가 되지 않으나 볼록형에서는 정지시거를 확보할 수 있는 종단곡선길이가 필요하다.

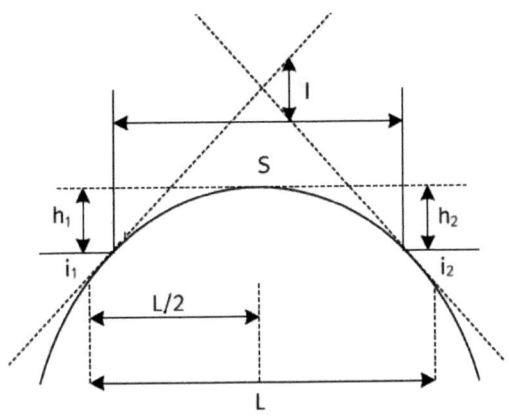

[그림 9-17] 볼록형 종단곡선 길이

① 정지시거(S)보다 종단곡선 길이(L)를 길게 설치할 경우(S<L)

$$L = \frac{Is^2}{100(\sqrt{2h_1} + \sqrt{2h_2})^2}$$

여기서 일반적으로 h_1은 1.0m, h_2는 0.15m로 설정

$$L = \frac{IS^2}{100(\sqrt{2\times1.0} + \sqrt{2\times0.15})^2}$$

$$= \frac{IS^2}{385}$$

② 정지시거(S)보다 종단곡선길이(L)를 짧게 설치할 경우(S>L)

$$L = 2S - \frac{200(\sqrt{h_1} + \sqrt{h_2})^2}{I}$$

$$= 2S - \frac{385}{I}$$

(2) 오목형 종단곡선

오목형 종단곡선에서는 야간 주행시 전조등을 비출 때 정지시거의 확보가 가능하도록 종단곡선길이가 설치될 필요가 있으며, 이때 전조등의 높이(h)는 60cm, 전조등이 비쳐지는 각도는 상향각 1°로 한다.

① 정지시거(S)보다 종단곡선길이(L)를 길게 설치할 경우(S<L)

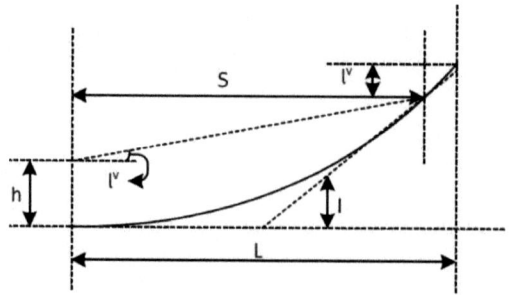

[그림 9-18] 오목형 종단곡선길이

$$L = \frac{IS^2}{120 + 3.5S}$$

② 정지시거(S)보다 종단곡선길이(L)를 짧게 설치할 경우(S>L)

$$L = 2S - \frac{120 + 3.5S}{I}$$

7. 평면교차

교차로는 2개 이상의 도로가 교차 또는 접속되는 지점으로 서로 다른 교통류가 횡단하거나 또는 회전하여 통행노선을 바꾸는 장소이다.
이러한 교차로에서는 정상적인 교통의 진행뿐만 아니라 횡단·회전, 분류·합류 등이 발생하여 도로의 기본구간보다 복잡한 운전행태가 일어난다. 따라서 사고, 정체가 일어나기 쉬우므로 설계 및 운영에 각별히 신경을 기하여야 하는 곳이다.

7.1 평면교차로의 개요

(1) 평면교차로의 상충

평면교차로에서는 2개 이상의 교통류가 동일한 도로공간을 사용하려 할 때 교통류 간의 상충(Conflict)이 발생하게 되며, 합류, 분류 및 교차 상충으로 구분된다.

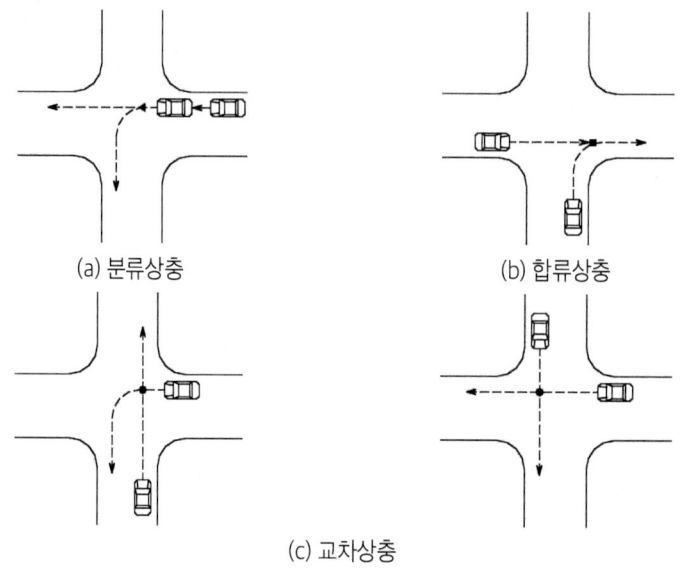

(a) 분류상충　　(b) 합류상충　　(c) 교차상충

[그림 9-19] 평면교차로의 상충유형

(2) 평면교차로 설계의 기본 원리

① 상충의 횟수를 최소화한다.
② 상충이 발생하는 교통류간의 속도차를 적게 하고 교차각도 30°이하로 한다.
③ 기하구조와 교통관제 운영방법이 조화를 이루어야 한다(속도차이 배제).
④ 교통표지나 신호등 등의 적극적인 상충처리 방법을 적용한다.
⑤ 회전차로는 가급적 독립적으로 설치한다.
⑥ 한 주행경로에서 여러 번의 분류나 합류가 발생하지 않도록 한다.
⑦ 상충의 위치가 근접해 있으면 위험과 차량혼잡이 커지므로, 상충지점은 서로 분리하고 상충이 발생하는 지점을 최소화한다.
⑧ 가장 많은 교통량과 높은 속도를 갖는 교통류를 우선 처리한다.
⑨ 속도 등 교통특성이 서로 다른 교통류는 분리한다.

(3) 평면교차로의 계획

① 도로의 교차는 네 갈래 이하로 하는 것이 바람직하고, 교차하는 도로의 교차각은 직각에 가깝게 하여야 한다.

② 필요에 따라서 회전차로, 변속차로 또는 교통섬을 설치하고, 가각부를 곡선으로 설치하여 적당한 정지시거와 교통안전이 확보되도록 하여야 한다. 회전 및 변속차로의 폭은 3m로 하고, 필요에 따라서는 0.25m를 감할 수 있다.
③ 종단경사는 교차로 부근에서 3%를 초과하지 말아야 한다.
④ 평면교차로의 간격을 결정하기 위해서는 도로의 기능상 구분, 설계속도, 차로수 및 회전차로의 접속형태 등을 고려하여야 하며, 인접교차로와 간격이 좁은 경우에는 일방통행, 출입금지 등의 규제와 그것에 적합한 교차로 개선사업을 실시하여야 한다.

(3) 평면교차로의 시거

① 신호교차로의 시거 : 교차로 전방에서 신호를 인지할 수 있는 최소거리

$$S = \frac{1}{3.6}Vt + \frac{1}{2\alpha}\left(\frac{V}{3.6}\right)^2$$

S : 최소시거(m)
V : 설계속도(kph)
t : 반응시간($\sec$)
α : 감속도($m/\sec^2$)

[표 9-16] 신호교차로의 최소시거

설계속도(V) (km/h)	최소시거(m)		비고 (정지시거)
	지방지역 (t=10sec, a=2.0m/m/s²)	도시지역 (t=6sec, a=3.0m/m/s²)	
20	65	45	20
30	100	65	30
40	145	90	40
50	190	120	55
60	240	150	75
70	290	180	95
80	350	220	110

② 신호 없는 교차로의 시거 : 운전자가 부도로 전방에 설치한 일시정지표지를 인지하고 브레이크를 밟아 교차로 전방에 정지할 수 있는 거리

[표 9-17] 신호없는 교차로의 최소시거

설계속도 (km/h)	20	30	40	50	60
최소시거(m)	25	35	55	80	105

(4) 도류로의 곡선반경 및 변속차로

곡선반경은 보행자의 영향, 교통섬의 기능, 교통관제시설, 도로의 폭등을 고려하여 구한다. 일반적으로 교차각이 90°에 가까울 경우 평면곡선반경은 15~30m 정도로 한다.

회전차로나 변속차로를 설치하는 경우에는 당해도로의 설계속도에 따라 적절한 변이구간을 설치하여야 한다. 회전 및 변속차로의 교차각은 작을수록 좋다.

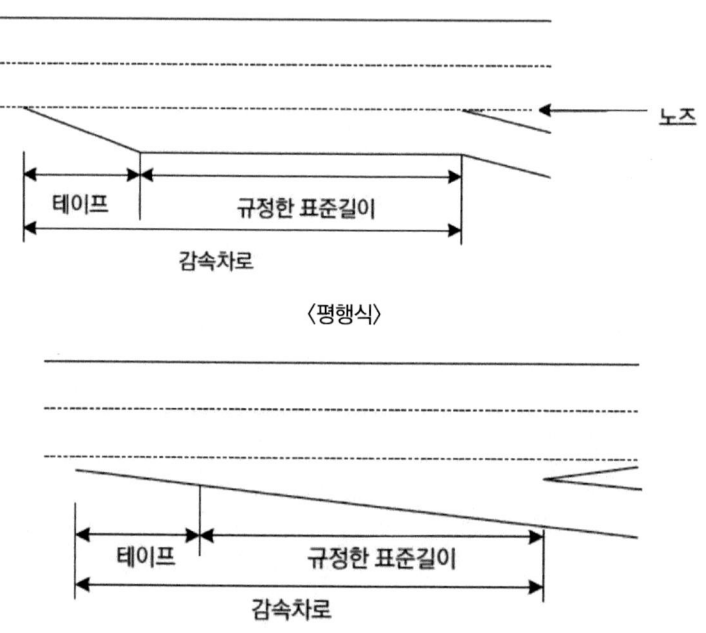

[표 9-18] 가감속차로의 길이

	설계속도(km/h)	80	70	60	50	40	30
가속 차로 길이 (m)	지방지역 (a=1.5m/sec²)	160	130	90	60	40	20
	도시지역 (a=2.5m/sec²)	100	80	60	40	30	-
감속 차로 길이 (m)	지방지역 (a=2.0m/sec²)	120	90	70	50	30	20
	도시지역 (a=3.0m/sec²)	80	60	40	30	20	10

7.2 평면교차로의 교통처리

(1) 교통신호에 의한 교통처리

단독제어(독립교차로 제어) 방식, 계통제어(간선도로 제어, Network 제어) 방식, 광역제어

(2) 좌회전차로

좌회전차로는 교차로에서 좌회전 교통류를 다른 교통류와 분리함으로써 좌회전 교통류에 의한 영향을 최소화할 수 있으며, 좌회전 차량의 대기공간을 확보함으로써 신호운영의 적정화를 도모할 수 있다. 이러한 좌회전차로의 설계요소는 차로폭, 접근로 테이퍼, 차로 테이퍼, 유출 테이퍼, 좌회전차로 등으로 구성된다.

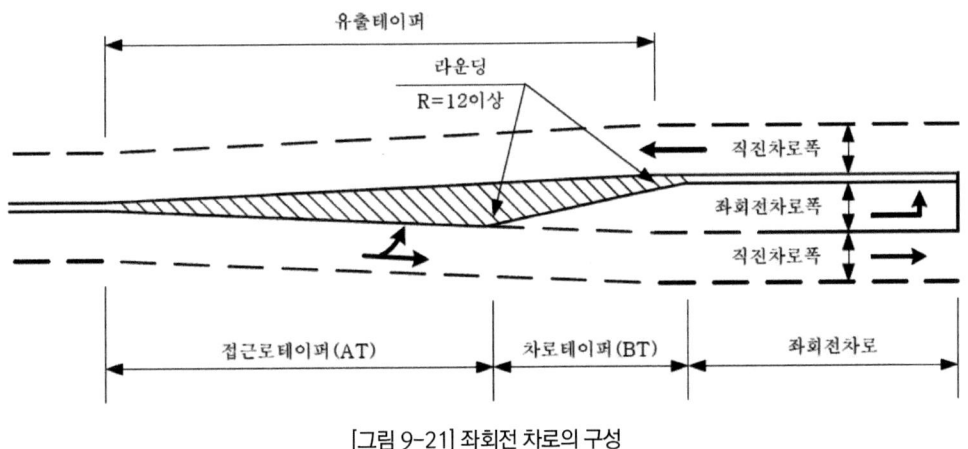

[그림 9-21] 좌회전 차로의 구성

(가) 좌회전 차로의 차로폭

좌회전 차로의 차로폭은 3m 이상이어야 하며 최소 2.75m까지 축소할 수 있다.

(나) 접근로 테이퍼

접근로의 테이퍼는 접근방향 교통류를 우측으로 유도함으로써 좌회전 차로를 설치할 수

있는 공간을 확보하기 위한 것으로 직진차량들이 원만한 진행을 할 수 있도록 충분한 거리 내에서 설치되는 것이 중요하다.

접근로 테이퍼는 우측으로 평행 이동되는 값에 대한 거리의 비율로 1/55는 우측으로 1m 평행이동시킬 때 55m의 접근로 테이퍼를 설치한다는 의미이다.

[표 9-19] 접근로 테이퍼 최소 설치기준

설계속도(km/h)		80	70	60	50	40	30
테이퍼	기준값	1/55	1/55	1/40	1/35	1/30	1/20
	최소값	1/25	1/20	1/20	1/15	1/10	1/8

(다) 차로 테이퍼

좌회전 교통류를 직진차로에서 좌회전 차로로 유도하는 기능을 가진다. 설치시 좌회전 차량이 좌회전 차로로 진입할 때 무리한 감속을 유발하지 않도록 해야 하며, 너무 완만하여 직진차로와 혼동하지 않도록 해야 한다. 차로 테이퍼는 폭에 대한 길이의 변화비율로 나타내며, 설계속도 60km/h 이상에서는 1:15, 50km/h 이하에서는 1:8을 사용한다.

(라) 좌회전 차로의 길이

좌회전 차로의 길이 산정은 가장 중요한 사항으로 그 길이의 산정 기초는 감속을 하는 길이와 차량의 대기공간이 확보되도록 하는 것이다.

- 감속을 위한 길이 : 감속을 위한 길이는 차로테이프 구간부터 감속을 시행하게 되므로 감속을 위한 길이는 차로테이프 길이를 포함한 값이 된다.

$$L_d = l - T \qquad l = \frac{1}{2a} \times \left(\frac{V}{3.6}\right)^2$$

여기서,
L_d : 좌회전차로의 감속을 위한 길이(m)
l : 감속길이(m)
T : 차로테이퍼 길이(m)

[표 9-20] 좌회전 차로의 감속길이(ℓ)

설계속도		80	70	60	50	40	30	비고
감속거리(m)	기준치	125	95	70	50	30	20	a = 2.0m/sec²
	최소치	80	65	45	35	20	15	a = 3.0m/sec²

- 대기차량을 위한 길이

대기차량을 위한 길이는 감속을 위한 길이보다 더 중요한 문제로서 만일 이 값이 적으면 대기차량으로 인한 직진차량의 방해로 교통사고의 위험증대와 함께 해당교차로는 물론 노선 전체 교통정체의 요인이 된다.

좌회전 차로의 대기차량을 위한 길이는 비신호 교차로의 경우 첨두시간 평균 2분간 도착하는 좌회전 교통량을 기준으로 하며, 그 값이 1대 미만의 경우에도 최소 2대의 차량이 대기할 공간은 확보되어야 한다. 신호교차로에의 경우에는 첨두시 신호 1주기당 도착하는 좌회전 차량 수가 필요하나 교통량의 변화, 정체시의 대기차량 등을 고려하면 그 1.5배에 해당하는 길이가 되도록 하며, 이렇게 산출된 거리도 최소한 신호 1주기당 도착하는 좌회전 차량 수에 두 배를 한 값보다 길어야 한다. 또한 차량길이는 대부분 정확한 중차량 혼입률 산정이 곤란하므로 그 값을 7.0m하여 계산하되, 화물차 진출이 많은 지역에서는 그 비율을 산정하여 승용차는 6.0m 화물차는 12.0m로 하여 길이를 산정하여야 한다. 즉 좌회전 차로의 최소 설치길이는 다음 식에 의한 것으로 한다.

$$L = L_s + L_s = (\alpha \cdot N \cdot S) + (\ell - T) \geq 2.0 \cdot N \cdot S$$

여기서,

L_s : 좌회전 대기차로의 길이

α : 길이계수(신호교차로 1.5, 비신호교차로 2.0)

N : 좌회전 차량의 수(신호 1주기당 또는 비신호시 1분간 도착하는 좌회전 차량)

S : 차량길이

(3) 회전교차로(Roundabout)

회전교차로는 교차로 중앙에 원형 교통섬을 두고 교차로를 통과하는 자동차가 이 원형 교통섬을 반시계 방향으로 우회하도록 하는 교차로 형식으로 교차로 회전차량이 우선권을 가지게 된다. 일반적인 교차로에 비해 상충지점 수가 적고, 저속으로 운행되어 안전성이 향상되며, 지체시간이 감소되는 효과가 있다.

회전교차로 설치가 다음과 같은 여건에서 권장된다.
- 점멸로 운영되는 4지, 5지 교차로인 경우
- 4현시로 운영되는 편도 2차로 이하의 4지 신호교차로 경우
- 주도로에 편중된 좌회전 교통량이 있는 경우
- 오전, 오후 첨두현상이 심한 경우
- 회전차량 사고가 빈발한 경우
- Y형, T형, 기타 교차로 형태가 특이한 경우

반면, 다음과 같은 경우에는 회전교차로 설치가 부적절하다.
- 총 진입 교통량이 1일 4만대를 초과하는 경우
- 접근로 중 하나라도 제한속도 70km/h 이상인 경우
- 시야확보가 어려운 경우
- 접근로가 6지 이상인 경우(구조개선이 필요)
- 긴급자동차의 우선통과가 보장되어야 할 경우(소방서 부근 등)

(4) 도류시설물

도류화(channelization)는 자동차와 보행자를 안전하고 질서 있게 이동시킬 목적으로 교통섬, 노면표시 등을 이용하여 상충하는 교통류를 분리시키거나 규제하여 명확한 통행경로를 지시해주는 것을 말한다. 이때 교통섬이나 노면표시 등을 도류시설물이라 한다.

(가) 교통섬의 설계

① 설계의 목적
- 차량의 주경로를 분명히 설정
- 교통흐름을 분리
- 교통흐름의 억제
- 보행자 보호
- 교통통제시설 설치공간확보
- 정지선의 전진효과

② 교통섬의 종류
- 보행자 대피섬
- 교통분리섬
- 도류화섬(회전교통류와 같은 특정경로 유도)

③ 교통섬 설계시 고려사항
- 교통섬의 형태 결정
- 교통성의 크기와 모양 결정
- 교통섬의 위치 결정
- 교통섬의 제원을 결정

④ 설계시 유의사항
- 차로이나 회전차로는 운전자들에게 자연스러운 주행을 유도하여야 함.
- 교통섬의 설치 횟수는 최소한으로 유지되어야 한다.
- 교통섬은 적정크기를 확보해야 한다.
- 교통섬은 시거가 확보되지 않는 지점이나 급한 평면곡선 내에는 설치할 수 없다.
- 교통운영 면으로 볼 때 회전차로가 설치되면 회전교통류에는 독립적인 교통표지나 신호등 현시가 제공되어야 한다.

(5) 평면교차로의 구성형태

① 차로 : 차로수 및 폭은 원칙적으로 접근로와 동일해야 하며, 유입차로수와 유출차로수는 균형을 이루어야 한다. 특히 유출 차로수가 유입차로수보다 적어서는 안된다.
② 도류로 : 도류로의 형상을 결정하는 요소는 이용 가능한 용지폭, 교차로의 형태, 설계차량, 설계속도 등이며, 도시지역은 용지와 교통량에 의해서, 지방지역은 속도에 의해 주로 형상이 결정된다.
③ 부가차로 : 좌회전 차로의 길이는 비신호 교차로에서는 2분 동안 도달하는 좌회전 교통량을, 신호교차로에서는 1주기 동안에 도달하는 좌회전 차량수를 기준으로 한다.
④ 감속차로와 가속차로 : 충분한 가감을 위한 공간확보
⑤ 교통섬 및 분리대
⑥ 우회전차로의 효과

- 직진교통량의 혼란이 감소된다.
- 도로 교통용량이 증대한다.
- 보행자 안전섬의 여유를 제공한다.
- 정지선을 전진시킬 수 있다.

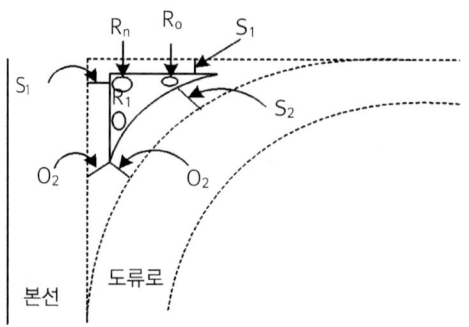

[표 9-21] 교통섬 선단의 곡선반경

R_i	R_o	R_n
0.50 - 1.00	0.50	0.50 ~ 1.50

[표 9-22] Nose Offset, Set Back의 최소값

구분 \ 설계속도(km/h)	80kph	60kph	50~40kph
S_1	2.00	1.50	1.00
S_2	1.00	0.75	0.50
O_1	1.50	1.00	0.50
O_2	1.00	0.75	0.50

⑦ 보도 및 횡단보도 : 횡단보도의 폭은 보행자 교통량에 따라 증가시켜야 하며, 최소 4m 이상으로 한다. 위치는 교차로 상황, 자동차 및 보행자 교통량 등을 고려하여 가능한 한 차도횡단거리가 짧고 교차면적도 좁아야 한다.

8. 입체교차

교차로에서 교통의 안전성과 효율성은 교차로를 입체화할 때 최대의 능력이 발휘될 수 있다고 알려져 있다. 그러나 입체교차가 원칙인 고속도로급 도로를 제외하고는 입체교차를 위한 용지와 공사비가 부담스러운 것도 현실이다.
현재 우리나라는 4차로 이상의 도로가 서로 교차할 경우는 입체교차를 원칙으로 하며, 완전출입제한도로(자동차전용도로)와 불완전출입제한도로가 교차하는 경우도 입체교차를 원칙으로 한다.

8.1 입체교차 개요

입체화할 교통류는 원칙적으로 교통량이 많은 방향으로 하며, 모든 방향으로 교통량이 많은 경우는 평면교차점을 지표부에 두고, 통과차도의 한쪽을 지하차도, 다른쪽을 고가차도 형식으로 3층 입체교차가 가능하다.

① 본선 : 본선의 종단곡선은 하나로 하는 것이 좋으며, 차로수는 편도 2차로 이상을 원칙으로 한다. 측방여유폭은 0.75m 정도가 적당하다. 그리고 보도, 자전거도는 지표부에 설치하므로 입체부 본선에 설치하지 않는 것이 보통이다.
② 측도 : 측도의 폭은 교차부에서 좌우회전 교통량에 따라 정하지만 적어도 1차로 외에 정차대를 포함한 폭 이상으로 한다.
③ 입체교차 유출입부 : 본선이 측도와 접속하는 부분의 근처를 말하며, 여기서 교통류의 분·합류가 이루어지고 교통류의 혼란이 발생하기 쉬우므로, 안전하고 원활한 교통이 확보되도록 해야 한다. 측도와 본선의 분·합류구간은 분·합류교통의 안전과 원활함을 위하여 적당한 길이를 확보해야 한다.

8.2 인터체인지

인터체인지는 입체교차 구조와 교차도로 상호간의 연결로를 갖는 도로의 한 부분을 의미한다. 인터체인지는 교통류를 원활히 소통시키는 장점이 있으나, 설치비용의 과다와 넓은 용지가 필요하다. 설치위치는 교통상의 조건, 사회적 조건, 자연조건을 고려하여 신중히 검토해야 한다.

(1) 인터체인지의 배치계획시 기준

① 일반국도 등 주요도로와의 교차점 또는 접근지점
② 인구 30,000명 이상의 도시부근 또는 인터체인지 세력권 인구가 50,000~100,000명 정도가 되도록 배치
③ 중요한 항만, 비행장, 유통시설 또는 국제관광상 중요한 지역 등을 통하는 도로와의 교차 또는 근접지점
④ 인터체인지의 출입교통량이 30,000대/일 이하가 되도록 배치
⑤ 인터체인지 간격은 교통운영상 최소 2km, 도로 유지관리상 최대 30km가 되도록 배치
⑥ 고속도로 본선과 인터체인지에 대한 총편익비용비가 최대로 되도록 배치

[표 9-23] 인터체인지 표준 설치수

도시인구(1,000인)	1노선당 인터체인지 표준 설치수
100미만	1
100~300미만	1~2
300~500미만	2~3
500이상	3

[표 9-24] 인터체인지 설치의 지역별 표준간격

지역	표준간격
대도시 도시고속도로	2~5
대도시 주변 주요 공업지역	5~10
소도시가 존재하고 있는 평야	15~25
지방촌락, 산간지	20~30

(2) 인터체인지의 위치선정

① 교통조건 : 위치 및 연결로의 접속지점이 그 지역의 도로망에 적합한가를 조사
② 사회적조건 : 보상비 산정, 매장문화재 등 용지관계조사
③ 자연조건 : 지형, 지질, 배수, 수리, 기상에 관한 것, 지형도나 실지답사 또는 토질조사를 실시

(3) 인터체인지의 구성

① 연결로(Ramp) : 직결로, 준직결로, 루프로 구분
  - 직결로 : 목적방향에 따라서 설치한 연결로
  - 준직결로 : 목적방향과 반대로 분기는 하지만 합류지역에서는 목적방향으로 연결
  - 루프 : 목적방향과 반대로 분기하여 270°를 전향하여 우회하는 연결로
② 가속차로 : 가속차로의 길이는 연결로와 통과차로의 설계속도에 따라 상이
③ 감속차로 : 감속차로의 길이는 연결로와 통과차로의 설계속도에 따라 상이하나 일반적으로 가속차로의 길이보다 짧다.

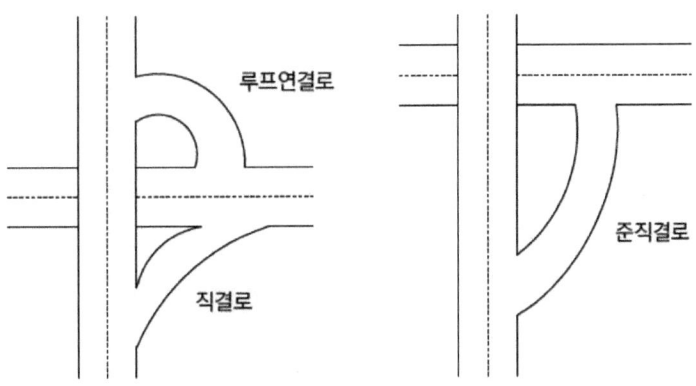

[그림 9-22] 인터체인지 연결로 형식

(4) 인터체인지의 형식

① 다이아몬드형 인터체인지
   다이아몬드형 인터체인지는 두 도로의 교차점이 분리된 인터체인지 중에서 가장 간단

한 형태이다. 통과교통과 교차교통간의 상충은 교차점을 교량구조물로 설치하여 입체화시키므로 제거되며, 교차하는 두 도로 중에서 주도로에서의 좌회전은 램프를 통해 부도로로 끌어들여 좌회전시킴으로써 상충의 위험성을 줄인다.
- 장점 : 토지의 효율성, 건설비용 과소, 이상적인 도시네트워크
- 단점 : 용량과소, 진출입 오류발생 우려, 보행자 횡단 문제

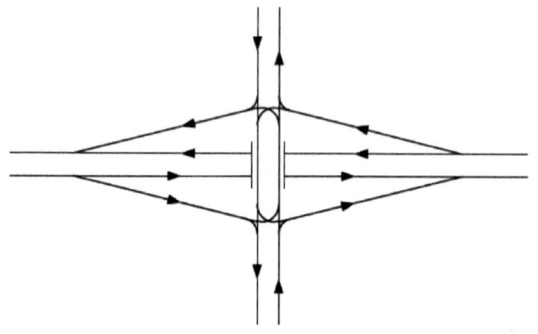

[그림 9-23] 다이아몬드형 인터체인지

② 클로버형 인터체인지

엇갈림 구간을 사용하여 모든 방향의 교차상충을 제거한다.

엇갈림 구간은 교차점 직전의 출구와 직후의 입구 사이에 생기며 이 구간이 클로버형 인터체인지 설계에서 가장 중요한 부분이 된다.

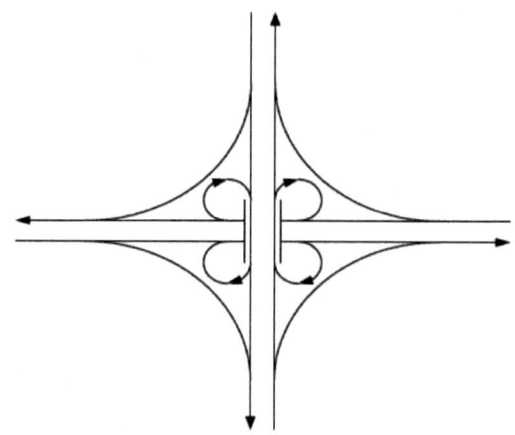

[그림 9-24] 클로버 인터체인지

- 장점 : 용량증대, 심미적
- 단점 : 토지이용과다, 엇갈림문제

③ 직결형 인터체인지(Directional interchange)

좌회전교통을 처리하기 위한 하나 혹은 둘 이상의 직접 혹은 반직접연결 램프를 가지고 있다. 두 개의 고속도로가 교차하는 인터체인지나 또는 대단히 많은 하나 혹은 둘 이상의 회전교통을 가진 인터체인지에는 직결램프를 설치하는 것이 좋다.

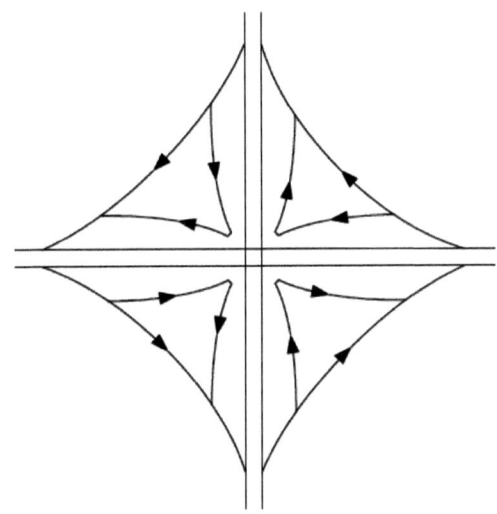

[그림 9-25] 직결형 인터체인지

- 장점 : 용량증대, 토지이용 효율적
- 단점 : 미적 감각 부재, 과다 비용

제10장
교통안전

사회발전에 따라 통행량이 증가함에 따라 교통사고의 가능성도 높아진다 할 수 있다. 특히 우리나라의 교통사고 발생 정도는 세계적으로도 상당히 높은 상황이다. 그러나 최근 교통사고 감소를 위한 관계기관의 노력 및 운전자들의 의식전환 등이 결합하여 가시적인 효과를 보이고 있는 것처럼, 교통사고는 인위적인 노력으로 상당부분 방지할 수 있다. 교통의 구성이 교통주체, 교통수단, 교통시설 3요소로 이루어지는 것처럼, 교통사고 역시 이 3요소의 단독 및 결합된 원인으로 일어난다. 또한 교통사고에 대한 체계적인 분석이 반드시 이루어져야만, 교통사고 감소에 대한 공학적인 해결책을 마련할 수 있다. 본장에서는 이와 같은 점에서 교통사고에 대한 특성, 사고의 조사 및 분석 등을 언급하고 사고방지대책까지 검토하고자 한다.

1. 교통안전

(1) 교통안전 관리의 필요성

① 특효약이 없다. 이동성이 있는 한은 피할 수 없다. 물론 확률을 최소화하기 위한 조치는 취해야 한다.
② 원인과 책임 개념의 포기, 즉 도로설계자는 인간의 실수에 대하여 설계할 의무를 가지며, 사고희생자의 잘못을 열렬히 비난할 의무를 가지지는 않는다. 즉 불량한 주거환경에서 생활하므로 생활양식이 불결하여 전염병이 발생한다는 태도를 버려야 전염병을 퇴치할 수 있다.
③ 결과는 사고가 아니다. 사고빈도를 줄이는 데만 골몰한다면, 사고의 정도를 경감시키는 프로그램으로부터 얻을 수 있는 많은 가능한 이익을 잃게 된다.
④ 위험상황에 대한 노출을 줄이는, 즉 이동성을 관리함으로서 사고로 인한 손실을 줄일 수 있다(음주운전, 초보자). 그러나 특정장소에서 사고가 많이 발생함에도 불구하고 교통량이 많아 양호한 사고율을 보이는 경우가 있으므로, 사고율보다는 사고빈도에 중요성을 부과해야 한다.
⑤ 과학에 기초한 분석의 중요성이 강조된다. 신뢰할 수 있는 자료와 자료의 분석 및 해석 기술의 두 가지를 의미한다.
⑥ 효과적인 대책을 선정하기 위하여 대안을 평가할 필요가 있다.
⑦ 다른 대안보다는 편익이 크다는 것을 보여줘야 한다.

(2) 국내 교통안전의 문제점과 대책

① 교통안전의 문제점 : 국내 교통안전상의 주요 문제점들은 다음의 5가지로 요약될 수 있다.
 • 교통안전에 대한 정책의지 취약

- 실무조직의 미비 및 관련인력의 전문성 결여
- 교통환경의 불량 및 안전시설의 불비
- 직업 운전자들의 근로환경 불량
- 도로 이용자들의 안전의식 결여

② 교통안전대책
- 정책적으로는 교통안전상의 문제점들의 개선을 위한 대책이 수립되어야 한다.
- 기술적으로는 교통사고의 원인분석에 기초한 과학적인 방안이 강구되어야 한다.
- 교통안전에 대한 인식의 전환이 필요하다.

(3) 교통안전 전략

① 노출통제 : 교통의 행태를 안전한 형태로 바꾼다. 도로교통의 대안(철도, 항공, 재택근무), 차량제한, 도로제한(보행자 전용도로, 자동차전용도로)
② 사고예방 : 도로설계, 교차로설계 및 통제, 가로조명 및 표지, 도로건설 및 유지, 노변위험관리, 속도 및 속도제한, 교통약자에 대한 조치, 차량안전공학(AVCS), 제동, 조명, 운전자 통제, 시야, 충격저항, 냉방 및 환기
③ 행태수정 : 안전벨트 착용, 보행자 훈련, 운전자 훈련, 규제(음주, 속도)
④ 부상통제 : 자동차(문 잠금장치, 안전벨트, 에너지 흡수 조향장치대, 보행자 안전을 고려한 외부모양), 자전거 및 오토바이(헬멧), 버스(안전대, 부드러운 내부설비)
⑤ 부상후의 관리(부상후 관리의 주요 효과는 사고후의 1~2시간 이내) : 사고의 발생, 위치, 성격을 알려줄 효과적인 통신, 준의료서비스에 의한 신속한 대응을 확신할 수 있는 체계, 희생자를 병원에 후송할 효율적이고 효과적인 교통

(4) 교통안전공학의 역할

① 안전을 의식한 새로운 도로망의 계획
② 새로운 도로의 설계에 안전사항의 결합
③ 장래 안전문제를 예방하기 위하여 기존 도로의 안전개선
④ 기존 도로망에서 알려진 위험지점의 개선

(5) 사고조사의 단계

① 경찰의 사고자료를 토대로 분석
② 보완적 자료 분석 : 경찰에 의해 수집되는 통상적인 자료 이외의 자료(특정유형의 사고, 특정유형의 도로 사용자, 특정유형의 차량)
③ 심층 다방면 조사(의학, 인간공학, 차량공학, 도로 및 교통공학, 경찰 등)

(6) 사고 자료의 집계 방법

① 지점별 집계
- 단일지점 : 사고다발지점
- 노선조치 : 비정상적으로 사고가 많이 발생하는 도로에 치료적 조치의 적용
- 지역조치 : 사고다발지역(주거지역)에의 치료적 조치의 적용
- 일반조치 : 일반적 사고특성(철도 건널목, 보행자 시설)을 가진 지점들에서 치료적 조치의 적용

② 공통적 특성의 집계
- 사고의 유형(정면충돌)
- 도로특성(노견, 교량접근)
- 차량유형(트럭, 오토바이)
- 일반적 특성(과속, 피로, 음주, 마약)

2. 교통사고의 특성

(1) 교통사고 유발 인자

일반적으로 교통사고는 인적요인, 차량요인, 환경적 요인에 의해서 또는 이들 인자들간의 복합적 관계에 의해서 일어난다.

일부의 교통사고는 위의 인자들 중 하나의 인자만으로 설명되어질 수 있으나 대부분의 교통사고는 인자들이 결합되어 복합적인 요인으로 유발되는 사고이다.

① 도로사용자(운전자, 보행자)

운전자의 지능, 성격, 기질, 태도, 의욕, 기분, 피로, 질병, 약물, 시각, 청각, 연령, 성별, 근육운동기능 등과 같은 심리적 및 정신적 조건, 생리적 및 감각적 조건, 육체적 및 근육적 조건 등이 있다.

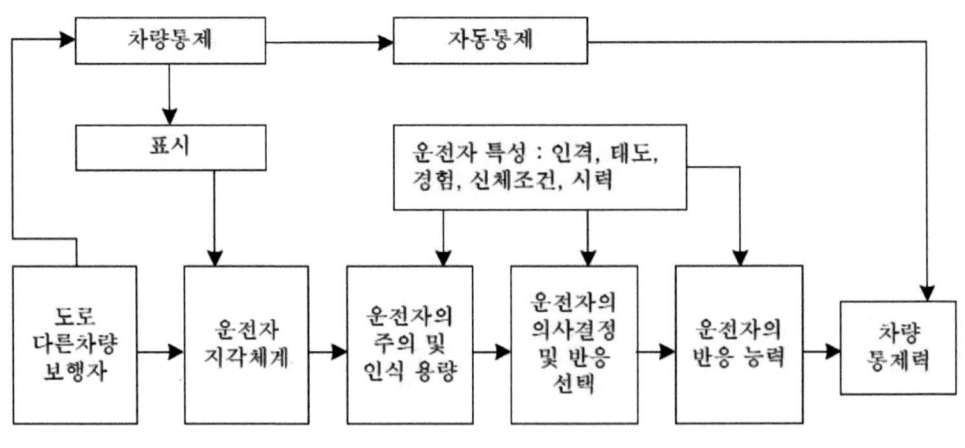

[그림 10-1] 운전자의 정보처리과정

② 차량

차량의 성능, 결함을 의미하며 차량자체의 결함에 의한 사고는 그 빈도가 낮다.

③ 환경(도로, 교통상태, 기후)

도로, 교통조건, 명암, 일기, 온도 등의 자연조건과 직장, 가정 같은 사회적인 조건이 있다. 특히 도로설계자의 기본목표 중 하나는 최대한으로 사고의 위험을 제거하는 것인데, 교통량이 많을 경우 완전 입체화된 고속도로가 현재로서는 최선의 해결책으로 인식되고 있다.

(2) 교통안전을 위한 인자의 개선

도로 교통체계의 개선을 위한 노력은 교통사고의 세 가지 유발인자, 즉 운전자, 차량 및 도로에 집중되었다. 이 중 운전자가 이 체계에서의 의사 결정 요소이므로 대부분의 교통사고에 책임이 있다고 주장된다. 그러나 사고를 감소시키기 위한 최선의 방법은 운전자를 개선하는 것이라는 주장에 지나치게 집착하는 것은 바람직하지 않다.

이는 인간의 본성을 바꾸는 데는 한계가 있으며 세 유발인자들 중 개선하기도 가장 어렵기 때문이다. 그러므로 운전자를 개선하려는 시도를 지속적으로 추진하면서 운전자의 정보처리 및 운전조작을 도울 수 있는 도로·환경 및 차량의 개선을 위해 노력하는 것이 효율적인 방법이 될 것이다.

3. 사고의 조사

3.1 개 요

(1) 교통사고의 개념

① 일반적 의미의 교통사고
 차량, 궤도차, 열차, 항공기, 선박 등 교통기관이 운행 중 다른 교통기관, 사람 또는 사물과 충돌하여 사람을 사상하거나 물건을 손괴한 경우

② 협의의 교통사고
 도로교통법(이하 "법") 제54조①항에 의하면 도로상의 차의 교통으로 인하여 사람을 사상하거나 물건을 손괴한 경우

(2) 교통사고의 구분

교통사고는 피해정도에 따라 사망사고, 중상사고, 경상사고, 부상신고사고, 물피사고 등으로 구분한다. 우리나라에서 적용하고 있는 각 사고의 구분은 다음과 같다.

① 사망사고 : 교통사고 발생일로부터 30일 이내에 사망자를 낸 사고
② 중상사고 : 3주 이상의 치료를 요하는 중상자를 낸 사고
③ 경상사고 : 5일 이상 3주 미만의 치료를 요하는 경상자를 낸 사고
④ 부상신고사고 : 5일 미만의 치료를 요하는 부상자를 낸 사고
⑤ 물피사고 : 물적피해만 낸 교통사고

(3) 교통사고 조사의 목적

교통사고를 조사하고 분석하는 궁극적인 목적은 교통사고의 원인을 정확히 규명하여 이

에 대한 효율적인 교통사고 예방대책을 강구하여, 교통사고로부터 귀중한 생명과 재산을 보호하기 위함이다. 또한 사고 원인에 대한 책임의 소재를 명확히 하고자 하는 것으로써 크게 세 가지로 구분한다.

① 공학적 목적
- 차량과 도로의 안전설계, 교통관제 시설, 교통안전 시설 등의 개선을 위한 자료제공
- 교통사고의 정확한 원인규명으로 사고 방지대책 강구
- 사고에 기여하는 요인을 찾아내어 교통안전대책을 수립을 위한 기초 자료로 활용
- 사고 많은 장소를 선별, 투자의 우선순위 결정을 위한 기초자료로 활용
- 교통운영의 효율화

② 법적 목적
- 교통사고에 대한 책임 규명
- 법제도의 개선
- 교통지도·단속의 효율화
- 재판의 공정성을 기하기 위한 과학적 자료의 제공

③ 교육적 목적
운전자 및 보행자의 교통안전 의식개선을 위한 교육·홍보자료로 활용

(4) 교통사고 조사 방법

교통사고는 일반적으로 3단계법과 7단계법의 2가지 방법으로 조사한다.

① 3단계 법 : 사고 전, 사고 당시, 사고 후로 진행과정을 구분 조사한다.
- 사고 전
사고당사자가 도로의 어느 부분을 어느 방향으로부터 어느 방향으로 진행하였는가, 사고현장의 교통량, 도로, 시야, 장애물, 운전하고 있는 자동차의 상태 등을 객관적으로 판단하고, 조사하는 것이다. 특히 사고전의 과정을 정확히 하지 않으면 사고원인의 결정적 모순이 발생하므로 주의하여야 한다.
- 사고 당시
사고당사자가 교통사고 발생시 최초로 접촉지점, 충돌과정, 충돌 후 분리되기 이전

최초 접촉지점과 최후로 접촉되어 있는 상황을 파악하는 것이다.

- 사고 후

  교통사고의 결과로 차량이나 피해자가 정지된 정확한 위치 및 상황을 파악하는 것이다. 특히 사고 후 사고현장에 있던 사람들이 현장의 사정상 사고차량이나 사상자의 위치를 변경시킬 수도 있기 때문에 사고발생지점과 사상자의 정확한 위치를 확인하여야 한다.

② 7단계 법

대형교통사고의 경우에는 교통사고 조사 방법에 7단계법을 활용한다.

- 피해자 인지 가능지점

  정상적인 운전자가 위험요소를 인지할 수 있는 시공간적인 위치를 뜻하는 데, 인지가능지점은 직접 실험하여 명확하게 해 두어야 한다. 운전자의 입장에서 운전대로부터 거리, 방향, 사고현장부근의 상황, 시야 상황 등을 실험한다.

- 피해자 발견지점

  운전자가 현실적으로 피해자를 발견할 때의 거리와 지점을 파악하여야 한다.

- 위험예방 조치지점

  운전자가 피해자를 발견하였으나 가까운 거리에 있는 긴박한 위험이 없으므로 감속하거나 경음기를 울리는 등 조치를 취한 지점을 파악한다.

- 위험 인지지점

  운전자가 현실적으로 위험을 감지하고 조향장치나 제동장치 등을 조작하였을 때의 거리 및 지점을 파악하는 것으로, 활주흔이나, 차륜흔, 기타 노면에 생긴 흔적이나 충돌, 접촉, 추돌지점으로부터 역산하여 추정한다.

- 위험 회피지점

  운전자가 조향장치, 제동장치 등에 의하여 피양조치를 취하였던 때의 거리 및 지점을 파악하는 것으로 활주흔이나 차륜흔의 위치 굴절의 현출상황이나 충돌, 접촉, 추돌지점으로부터 역산하여 추정한다.

- 접촉 충돌지점

  충돌시 대상들간의 최초접촉에서부터 인명이나 재산의 피해, 최대접촉지점, 충돌 후 대상들 간의 분리되기 이전 최후 접촉이 있는 상태나 지점을 파악하는 것으로 활주흔이나 차륜흔, 기타 노면에 생긴 흔적이나 자동차 등으로부터의 낙하물, 냉각수, 윤활유, 브레이크액 등을 통하여 추정한다.

- 정지지점

  충돌 후 자동차나 사상자가 도로상에 정지된 최종적인 위치를 파악하는 것으로 사고 차량이 정차직후의 상태일 때는 바로 그 지점이 정지지점이 되어 문제가 없으나 부상자의 구호, 교통정체의 해소 때문에 현장이 변경되어 그 위치나 상태가 바뀌어 졌으면 활주흔, 차륜흔, 기타 노면에 생긴 흔적이나 피해자의 소지품 등이 있는 장소의 의하여 추정한다.

3.2 자료의 정리

사고 자료의 공학적인 이용을 위하여 사고 보고서는 사고 발생 지점별로 정리되어야 한다. 전산에 의한 자료의 정리는 [그림 10-2]와 같다.

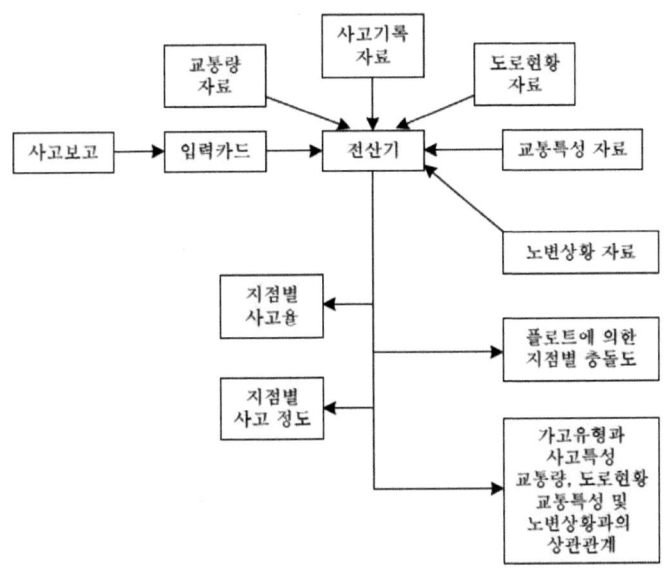

[그림 10-2] 교통사고의 보고 및 정리 절차

3.3 사고의 공학적인 조사

(1) 사고지점도

사고지점도는 사고가 집중적으로 발생하는 지점의 신속한 시각적 색인을 제공한다. 가장 일반적인 사고지점도는 1/25,000의 지도상에 핀, 색종이를 붙이거나 표시를 하여 사고지점을 나타낸다.

다수의 희생자(사망 또는 부상)를 포함하는 대형사고에 의한 왜곡을 피하기 위하여 사고지점도는 희생자수 대신 사고건수를 나타내는 것이 일반적이다.

① 보행자사고지점도
② 야간사고지점도
③ 어린이사고지점도
④ 외부 운전자 관련 사고지점도
⑤ 음주 운전자 관련 사고지점도
⑥ 사고 운전자 거주지도
⑦ 사고 보행자 거주지도
⑧ 사고 관련자의 직장도
⑨ 특수자동차에 관련된 사고지점도

(2) 사고다발지점의 작도

사고지점도 및 위치파일이나 전산자료처리에 의해 사고건수가 많은 지점들의 리스트를 작성한다.

(3) 충돌도 및 대상도의 작도

① 충돌도 : 화살표와 기호로 사고에 관련된 차량이나 보행자의 경로, 사고의 유형 및 정도를 도식적으로 나타낸다(사고의 패턴, 예방책의 연구에 사용).
② 대상도 : 충돌도와 유사하나 수마일 연장의 균일한 도로구간에 대해서 작도, 대상도의 경우 사고다발지점간의 거리는 축소

(4) 현황도

현황도는 교통사고 다발지점에서의 중요한 물리적 현황을 축척에 맞추어 그린 것이다. 1/100~1/250의 축척으로 사고다발지점의 물리적 특성을 작도한다.

① 연석과 차도의 경계
② 인접 건축물선
③ 도류화, 노면표시 등의 차도 및 보도
④ 교통안전표지 및 교통통제설비
⑤ 시야장애
⑥ 도로 부근의 물리적 장애물

4. 사고의 분석

(1) 개요

개별적 사고의 원인 규명, 특정지점에서의 가능한 예방책을 제시
① 개별적 사고의 상세한 분석
② 한 지점 또는 유사한 지점들에서 발생하는 일단의 사고 분석

(2) 교통사고분석의 종류

① 기본적인 사고통계 비교분석 : 국가, 지역내, 지역간, 도로종류별 사고통계, 사고발생 주체별 사고통계, 사고발생구간 또는 지점별 사고통계(교통안전정책수립 및 예산배정의 근거자료로 사용)
② 사고요인 분석 : 도로, 교통, 차량, 교통안전시설, 교통운영방법과 사고율과의 관계 (교통사고방지대책수립의 근거자료 및 소요예산정책의 근거자료로 사용)
③ 위험도 분석 : 사고 많은 구간 또는 지점을 판별
④ 사고원인 분석 : 사고 많은 지점 또는 특정한 사고에 대해서 그 원인을 분석하거나 규명하는 미시적 분석(사고방지대책수립의 근거자료로 사용, 특정사고의 사고유발 책임소재 규명)

4.1 개별적 사고의 분석 단계

① 사고보고 : 모든 사고에 관한 1차적 정보
② 선정된 사고에 대한 보충자료의 수집 : 측량, 사진촬영 등의 사실자료와 개인적 진술 (충돌 전 상황)

③ 기술적 자료 준비 : 도로와 차량의 실험 및 시험, 사고 후의 상황도 등에 의한 사실자료와 의견(충돌시의 상황, 사고 후의 상황)
④ 전문적인 재구성 : 어떻게 사고가 발생하였는가 하는 결론(전적으로 의견)
⑤ 원인분석 : 사고원인의 종합적 분석
- 교통공학자는 주로 3,4,5번에 참여를 하게 되며, 몇 개의 목적들 중 어느 하나를 위하여 개별 사고의 각 상황에 경중을 두어 분석한다. 이들 목적은 특정한 지점에서 모호한 원인으로 발생한 사고에서 도로-차량-운전자 관계의 이해, 관련 전문가들로 구성된 팀의 구성원으로 표본적 사고의 심층연구 또는 교통사고로 인한 소송과의 관련들이다.
- 개별적 사고의 분석에 있어서 교통 공학자들의 임무인 사고의 재구성과 이에 필요한 공학적 기초지식은 다음과 같다.

(1) 사고의 재구성

사고의 재구성에서 가장 기본적인 것은 정지 및 미끄럼흔적, 회전시의 편주흔적, 가속흔적 및 충돌흔적과 같은 도로상의 타이어 자국의 유형을 인식할 수 있는 능력이다.
① 속도, 도로상에서의 위치, 교통통제 장비의 지각과 이해 및 방어적인 조치에 대한 추론
② 정지, 미끄럼 흔적, 회전시의 편주흔적, 가속흔적 및 충돌흔적 같은 도로상의 타이어 자국의 유형을 인식할 수 있는 능력. 차량파손의 특성, 접촉파손부분, 정적, 동적인 접촉 및 부딪치거나 힘이 가해진 방향이 인식되어야 한다.

(2) 차량의 미끄럼거리 추정

① 미끄럼 흔적으로부터 추정된 미끄럼거리는 사고차량의 초기속도 추정을 가능하게 한다.
② 직선 미끄럼(skid mark)은 양후륜의 미끄럼 흔적들 모두가 전륜의 미끄럼 흔적을 벗어나지 않는다. 미끄럼 거리는 차량의 모든 바퀴들의 미끄럼흔적 중 가장 긴 미끄럼흔적의 길이
③ 곡선미끄럼(yaw mark)은 양후륜의 미끄럼흔적들이 전륜의 미끄럼흔적의 어느 한쪽을 벗어난다. 각 바퀴의 미끄럼길이를 측정하고 그 합을 바퀴의 수로 나눈 평균미끄럼거리를 그 차량의 미끄럼 길이로 한다.

(3) 역학의 응용

사고의 재구성에 사용되는 동력학의 세 가지 개념은 다음과 같다.

① 공중에서 떨어지는 물체의 거동(도로로부터 추락한 차량의 속도 추정)

차량이 도로를 벗어나 도로의 맨 끝으로부터 거리 S(m), 높이 차 h(m)의 지점에 추락하였다면, 비행시간 t의 관계식은 다음과 같고 g는 중력가속도($9.8 m/sec^2$)이다.

$$t = \sqrt{\frac{2h}{g}}$$

낙하속도를 V라 하면, $V = \frac{S}{t}$이고 여기에 t를 대입하면, $V = \frac{S\sqrt{g}}{\sqrt{2h}}$

중력가속도 g를 대입하면, $V = \frac{2.21S}{\sqrt{h}}$ (m/sec) 또는 $V = \frac{7.97S}{\sqrt{h}}$ (kph)를 얻을 수 있다.

② 마찰로 인한 에너지 소모로 미끄러지는 물체의 감속

미끄러지는 거리를 S(m), 속도를 V라 하면,

$$V = \sqrt{2gSf} = 4.43\sqrt{Sf} \ (m/sec) = 15.9\sqrt{Sf} \ (kph)$$

여기서 f는 마찰계수, 만약에 경사가 있으면 $f \pm 0.01n(\%)$

③ 곡선부에서의 원심력

평면곡선반경을 R이라 하면

$$R = \frac{V^2}{g(e+f)}$$

$$V = \sqrt{(e+f)gR}$$
$$= 3.13\sqrt{(e+f)R} \ (sec)$$
$$= 11.3\sqrt{(e+f)R} \ (kph)$$

(4) 속도 추정

① 스키드마크로(급정지할 경우 노면 상의 타이어 흔적, skid mark)부터 속도 추정

$$V = 3.6\sqrt{2g(f \pm i)S}$$

여기서,

V : 제동시 속도(kph)

f : 타이어와 노면의 마찰계수
i : 종단경사(상향경사일 때 +)
S : 스키드마크 길이(m)

② 요마크(급핸들 조향으로 차량의 측방향으로 쏠리면서 생기는 타이어 흔적, yaw mark)로부터 속도추정 : 요마크로부터 속도추정은 요마크의 길이가 아니고 곡선반경을 사용한다.

$$V = 3.6\sqrt{2g(f \pm i)R}$$

여기서,
R = 요마크의 곡선반경(m)

(5) 속도합의 추정

미끄러질 때의 초기속도(등속도)

$$V = \sqrt{V_1^2 + V_2^2}$$

여기서,
V ; 미끄러지기 시작할 때의 속도
V_1 : 미끄럼으로부터 미끄러짐-정지 속도
V_2 : 미끄러짐 끝에서의 속도

(6) 충돌속도의 추정

전형적인 충돌의 유형은 다음과 같이 구분된다.
① 정지한 차량과의 충돌
② 다른 방향에서 접근하는 두 차량의 교차로에서의 충돌
③ 반대 방향에서 접근하는 두 차량의 정면충돌
④ 주행 중인 차량의 전신주, 나무 또는 강성 구조물과의 충돌

질량이 m_a, m_b인 두 대의 차량이 속도 v_a, v_b로 충돌할 때 완전 소성체인 경우

$$(m_a v_a) + (m_b v_b) = (m_a + m_b)\ V'$$

완전 탄성체(반발계수 1)인 경우

$$(V_a - V_b) = (V_{b'} - V_{a'})$$

반발계수 e를 알고 있을 경우

$$e(V_a - V_b) = (V_{b'} - V_{a'})$$

등의 식으로 정리할 수 있다.

한편 또 다른 충돌상황들을 정리하면 다음과 같다.

① 주행차량이 정지한 차량과 충돌할 경우

- 속도 $V_1 m/sec$로 주행하는 자동차 A가 브레이크 작동 후 거리 S_1만큼 미끄러진 후 정차한 차량 B와 충돌하고 두 차량이 함께 거리 S_2만큼 미끄러졌을 경우, 차량 A의 초기속도는?

- 충돌 전 초기속도, $V_1 m/sec$로 주행하는 무게 W_A인 차량 A가 브레이크 작동 후 거리 S_1만큼 미끄러져 충돌하기 직전 그 속도가 $V_2 m/sec$로 되었다면,

$$V_1^2 = V_2^2 + 2gfS_1$$

- 무게 W_B인 정차한 차량 B와 충돌하여 두 차량이 속도 $V_3 m/sec$의 속도로 함께 움직일 때 e=0인 완전한 소성충격을 가정한 V_2와 V_3와의 관계는,

$$\frac{W_A}{g}V_2 = \frac{W_A + W_B}{g}V_3 \quad \text{또는}\; V_2 = \frac{W_A + W_B}{W_A}V_3$$

$$\therefore\; V_1^2 = (\frac{W_A + W_B}{W_A})^2 \cdot V_3^2 + 2gfS_1$$

- 충돌 후 차량 A, B가 정지하기 전 거리 S_2만큼 미끄러졌다면 V_3와 S_2와의 관계는?

$$V_3^2 = 2gfS_2$$

위의 공식을 합치면

$$V_1 = \sqrt{(\frac{W_A + W_B}{W_A})^2 2gfS_2 + 2gfS_1} \quad (mps)$$

$$V_1 = \sqrt{250f\,[S_2(\frac{W_A + W_B}{W_A})^2 + S_1]} \quad (kph)$$

여기서,

W_A : 주행차량의 무게, kg

W_B : 정차한 차량의 무게, kg

f : 평균 마찰계수

S_1 : 충돌 전의 초기 미끄럼거리, m

S_2 : 충돌 후 두 차량이 함께 미끄러진 거리, m

> ❶ 한 차량이 50m 거리를 미끄러져 주차한 차량과 충돌하여 15m을 미끄러져 정지하였다. 양 차량의 무게가 동일할 때 주행차량의 초기속도를 계산하라(단, 마찰계수는 0.5).
> S_1 = 50m, S_2 = 15m, f=0.5, Wa = Wb, (Wa+Wb)/Wa = 2

해설

$$V_1 = \sqrt{250 \times 0.5(15 \times 2^2 + 50)} = 117.3 kph$$

② 직각에서 접근하는 두 차량이 충돌할 경우

교차로에 접근하는 두 차량 A, B가 브레이크 작동 후 미끄러지면서 직각으로 충돌한 경우의 수는 다음 3가지가 일반적이다.

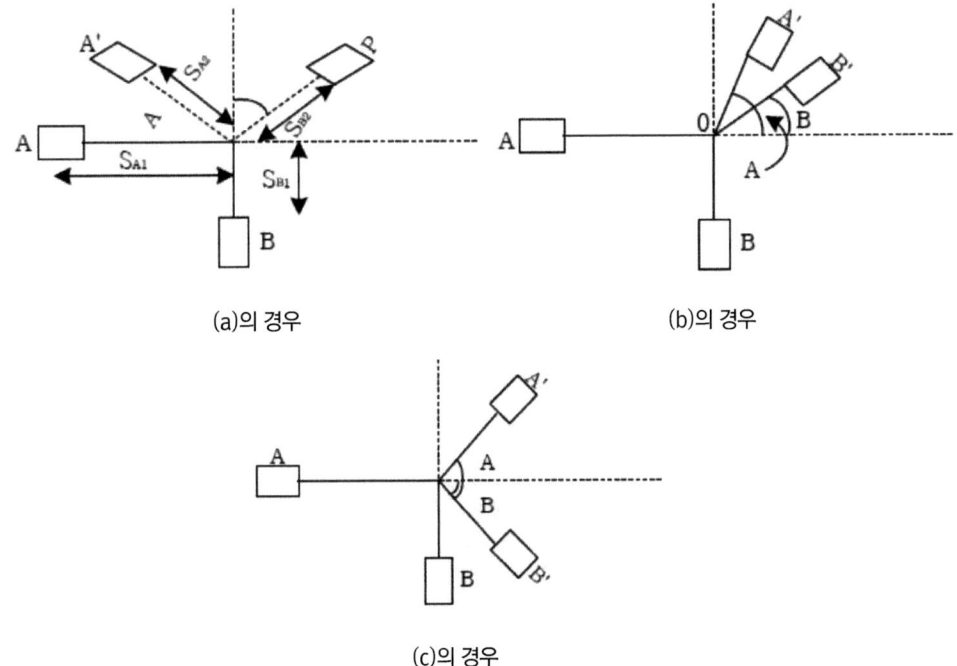

(a)의 경우   (b)의 경우

(c)의 경우

[그림 10-3] 직각으로 근접하는 두 차량의 충돌

위와 같은 경우 충돌 후의 미끄러지는 차량들의 방향은 두 차량의 초기속도와 무게에 좌우된다. S_{A2}와 S_{B2}가 충돌 후의 두 차량의 미끄러진 거리라면 충돌 직후의 두 차량의 속도 V_{A3}와 V_{B3}의 관계식은

$$V_{A3} = \sqrt{250fS_{A2}}$$

$$V_{B3} = \sqrt{250fS_{B2}}$$

세 경우에 대해서 거리 S_{A1}과 S_{B1}만큼 미끄러져 충돌하기 직전 두 차량의 속도 V_{A2}또는 V_{B2}들은 다음과 같은 관계식이 성립한다.

(a의 경우)

$$V_{A2} = \frac{W_B}{W_A} V_{B3} \sin B - V_{A3} \cos A$$

$$V_{B3} = \frac{W_A}{W_B} V_{A3} \sin A + V_{B3} \cos B$$

(b의 경우)

$$V_{A2} = \frac{W_B}{W_A} V_{B3} \cos B + V_{A3} \cos A$$

$$V_{B2} = \frac{W_A}{W_B} V_{A3} \sin A + V_{B3} \sin B$$

(c경우)

$$V_{A2} = V_{A3} \cos A + \frac{W_B}{W_A} V_{B3} \cos B$$

$$V_{B2} = \frac{W_A}{W_B} V_{B3} \sin A - V_{B3} \sin B$$

미끄러지기 전의 차량의 초기속도 V_{A1}과 V_{B1}은

$$V_1 = \sqrt{250fS_1 + V_2^2}$$

> ❶ 두 차량이 서쪽과 남쪽으로부터 직각으로 접근하는 두차량 A와 B가 충돌하여 차량 A는 서쪽으로부터 50° 북쪽으로 차량 B는 북쪽으로부터 60° 동쪽으로 미끄러졌다. 차량 A, B의 충돌 전 초기 미끄럼거리는 각각 38과 20m이며, 충돌 후의 미끄럼거리는 각각 15m과 36m이다. 차량B와 차량A의 중량비가 1.5일 때의 두 차량의 초기속도를 계산하라.

해설

a의 경우에 해당한다.

$A = 50°$, $B = 60°$, $S_{A1} = 38m$, $S_{B1} = 20m$, $S_{A2} = 15m$, $S_{B2} = 36m$, $W_B/W_A = 1.5$, $f = 0.5$

① 충돌 후의 두 차량의 속도

$$V_{A3} = \sqrt{250 \times 0.5 \times 15} = 43.3 kph$$
$$V_{B3} = \sqrt{250 \times 0.5 \times 36} = 67.1 kph$$

② 충돌 직전의 두 차량의 속도

$$V_{A2} = \frac{W_B}{W_A} V_{B3} \sin B - V_{A3} \cos A$$
$$= 1.5 \times 67.1 \times \sin 60° - 43.3 \times \cos 50°$$
$$= 59.4 kph$$

$$V_{B3} = \frac{W_A}{W_B} V_{A3} \sin A - V_{B3} \cos B$$
$$= 1/1.5 \times 43.3 \times \sin 50° + 67.1 \cos 60°$$
$$= 55.7 kph$$

③ 충돌하기 전 차량의 초기속도

$$V_1 = \sqrt{250 f S_1 + V_2^2}$$
$$V_{A1} = 91.0 kph$$
$$V_{B1} = 74.8 kph$$

❶ 한 차량이 단속적으로 15m에 이어 30m의 바퀴자국을 남기고 정지하였을 경우 이 차량의 초기속도를 계산하라(f=0.5로 가정한다).

해설

$$V = \sqrt{250 f S_1 + 250 f S_2} = \sqrt{250 f (S_1 + S_2)}$$

따라서,

$$V_1 = \sqrt{250 \times 0.5 \times 1.5} = 43.3 kph$$
$$V_2 = \sqrt{250 \times 0.5 \times 3.0} = 61.2 kph$$
$$V = \sqrt{250 \times 0.5 \times (15+30)} = 75.0 kph$$
$$V = \sqrt{43.3^2 \times 61.2^2} = 75.0 kph$$

4.2 교통사고 조사분석 자료

(1) 사람으로부터의 교통사고 자료

(가) 운전 전술과 운전 전략

자동차를 운전하는 과정은 2단계로 구분할 수 있는데, 첫째는 운전전술(Driving Tactics)이고, 둘째는 운전전략(Driving Strategy)이다.

① 운전전술

자동차 운행 중 위험상황에 처할 때마다 이를 피하기 위해서는 그 위험을 피할 수 있는 조치를 취하여야 한다. 이때 운전자가 하는 행동을 운전전술이라 한다. 이 운전전술에는 다음 3가지의 행위를 포함한다.
- 위험상황의 인지
- 위험상황을 회피하려는 의사결정
- 의사결정에 의한 운전전술의 시행이다.

② 운전 전략

자동차 주행 중 직면하는 위험상황에 직면할 때 일반적인 인지와 의사결정, 운전전술의 시행으로 인해서 사고의 위험을 줄이기 위하여 노상에서 실행되는 속도와 위치를 적절하게 조정하는 것으로, 특정차량의 운행 중 운전전술을 성공적으로 이끌어 내기 위한 행위라 할 수 있다.

(나) 반응

반응은 위험을 인지하는 것부터 운전전술이나 운전전략을 결정하는 데까지의 행동이동이고, 반응시간은 이때까지 소요되는 시간을 말한다. 따라서 반응시간의 길이는 판단의 복잡성과 상황의 긴박성, 인지와 위험회피의 시행에 의하여 달라지고, 반응의 기민성은 정확성만큼 중요하지 않다. 반응에는 크게 반사, 단순, 복합, 식별 반응 등으로 나눌 수 있다.

(다) 선천적 기능과 후천적 능력

① 선천적 기능

선천적 기능으로는 운전 시 필요한 정보의 80% 이상을 받아들이며, 정보의 옳고 그름을 판단할 수 있는 시각이 있다. 시각은 시야, 현혹 회복력, 색약, 시력 등으로 구분된다. 청각, 지능 및 신체장애 등도 선천적 기능에 포함된다.

② 후천적 능력

후천적 능력에는 자동차를 조종하는 조작 능력, 운전 경험에 따른 도로 조건의 인식, 운전자의 성격과 관련된 도로의 분할 사용, 운전 습관에 따른 주의력 지속 등이 포함된다.

(라) 음주

음주, 주취 시에는 운전자의 지각, 반응시간이 길어지고 판단능력이 떨어져 착각, 주의력 산만, 주의태만 등으로 인한 사고위험이 높아지므로 음주운전은 엄격한 단속의 대상이 되고 있다. 그러므로 교통사고 시 운전자의 음주여부에 대한 확인은 반드시 해 두어야 한다. 음주의 정도는 혈액 중 알코올의 농도에 의하여 판단하는데, 일반적으로 [표 10-2]에서 보는 것과 같다. 그러나 [표 10-1]의 자료는 평균적인 주취효과를 나타내는 것이므로 실제로는 많은 개인차가 있다.

[표 10-1] 혈중 알콜 농도와 음주와의 관계

혈중 알콜 농도	의미구간	취한정도
0.05% 이하	무취	정상, 운전능력에는 별 영향이 없다
0.05~0.15%	미취	안면홍조, 보행정상, 약간 취하며 말이 좀 많아지고 기분이 좋은 상태. 운전 시 음주의 영향을 받는다.
0.15~0.25%	경취	안면이 창백해지고, 보행이 비정상이며, 사고판단, 주의력 등이 산만해지며, 언어는 불명확하고 비뇨감각이 저하되며, 운전시 모든 운전자가 음주의 영향을 받는다.
0.25~0.35%	심취	모든 기능이 저하되고 보행이 곤란하며 언어는 불명확하고 사고력이 감퇴한다.
0.35~0.45%	만취	의식이 없고, 체온이 내려가며, 호흡이 곤란해진다.
0.45이상	사망	치명적으로 호흡마비, 심장마비, 심장쇠약으로 사망한다.

(마) 사고 관련자의 증언 신뢰도

교통사고의 추정을 위해서는 사고관련자의 증언이 필연적인데 여기에는 허위성이 다소 내재되어 있기는 하나 그렇다고 그들의 증언을 완전히 배제하고 교통사고를 추정할 수 없다. 증언은 보통 다음과 같은 네 가지의 편위성이 있게 된다.
① 기억에 의존하는데 기인한 부정확성
② 허구 증언
③ 부화뇌동적 허구성
④ 자기 방어적 허위진술

또한 증언은 사고 후, 차나 건조물의 피해상태 등을 보고, 또한 주위사람들의 말을 듣는 도중에 자신도 모르게 주위의 분위기에 휩싸여 가상의 스토리에 영합하게 됨으로써 자신이 보지 못한 것도 보았다고 생각하는 잘못을 범하게도 된다. 그러나 교통사고 조사분석에서 가장 경계하여야 할 것은 ④ 자기 방어적인 허위진술이다. 이것은 사고 당사자에 한하지 않고 동승자로서도 사고 당사자와의 이해관계나 인간관계에 의하여 허구적인 진술을 하는 경우가 있다. 따라서 이러한 증언의 편위성을 파악하는 방법으로는

- 첫째 물증과의 부합성
- 둘째 복수증언과의 일치성을 조사해 보아야 한다.

물증은 활주흔으로부터 추정한 충돌 속도 등이 있는데, 물증에도 이론이나 전제조건을 잘못 적용함으로서 야기되는 잘못이 있을 수 있으므로 이를 증언과 맞추어 봄으로써 정확성을 기할 수 있다.

(2) 차량으로부터의 교통사고 자료

(가) 운행기록계(Tachograph)

고속버스, 전세버스, 위험물 운반 화물차, 쓰레기 운반전용 화물차, 최대 적재량 8톤 이상 적재 화물차, 택시 등에는 자동차 안전기준에 관한 규칙 등에 의하여 운행기록계(tachograph)가 부착되어 있다. 운행기록계는 속도계와 시계를 조합한 것으로 운행시간, 순간속도, 운행거리 등 운전자의 운행 중의 행적을 기록지에 기록하는 장치로서 충돌시에 충격으로 인하여 진동 기록이 기록지에 그대로 기록으로 남게 되기 때문에 이것을 분석하면 충돌시간, 충돌 전의 속도 등을 추정할 수 있다.

(나) 제동장치의 결함

제동장치의 결함에 의한 사고 중 전형적인 것은 바퀴잠김 불량에 의한 미진현상에 기인한 것이다. 그 밖의 제동장치의 결함에 의한 사고 요인은 다음과 같은 것들이 있다.

① 제동력 전달 불량
② 증기폐쇄(Vaper Lock)
③ 물기에 의한 제동 저하(Wet Fading)
④ 제동력의 치우침

⑤ 모닝효과(Morning Effect)
⑥ 페이드(Fade)
⑦ 제동 라이닝의 마모
⑧ 제동액의 부족이나 누설로 인한 에어룩 현상
⑨ 마스터 실린더의 제동 컵고무가 마모된 경우
⑩ 바퀴 실린더의 제동 컵고무가 마모된 경우

이상 10가지 중 증기폐쇄, 모닝효과, 물기에 의한 제동 저하, 페이드 등은 과도적 현상이기 때문에 사고 후 시간이 지나게 되면 검증이 거의 불가능하므로 현장 조사시 확인하여 두어야 한다.

(다) 창유리

자동차가 앞쪽에서 충돌하게 되면 탑승자는 앞쪽으로 튕겨나가 전면 유리를 부딪치게 되며, 또한 보행자를 정면으로 충격하여도 보행자가 보닛(bonnet) 위로 끌려 올라와 미끄러지면서 머리를 전면 유리에 부딪치게 된다. 따라서 전면 유리의 파손상태로부터 충돌의 양태를 추정할 수 있는 경우가 종종 있다. 자동차용 창유리를 머리모형에 부딪힌 경우의 실험치로 나타난 자료가 [표 10-2]인데 이 표에 의하면 유리의 파손 상태로부터 충돌속도의 개략치를 역 추리할 수가 있다.

[표 10-2] 자동차용 유리의 강도

유리의 종류	파손(균열)속도	관통속도
부분경화유리	20km/h	20km/h
보통접합유리	10km/h	20km/h
HPR접합유리	10km/h	35km/h

주) HPR(High Penetration Resistance)접합유리 : 중간막을 0.38mm에서 0.76mm로 두껍게 하고 유리와의 접합정도를 낮추어 적층 효과를 높인 유리.

(라) 페인트

충돌부위에는 반드시 상대차의 페인트가 묻게 되므로 페인트의 부착 상태에 의하여 충돌의 양태에 대한 설명을 보완시킬 수가 있다.

(3) 도로로부터의 교통사고 자료

(가) 노상에서 발견되는 흔적들

거의 대부분 교통사고에서 적어도 1~6종류의 흔적들을 노상에서 발견할 수가 있다. 이런 흔적이 어떻게 해서 일어났는가에 따라 분석해 보면 사고의 전모를 그려보는 데 큰 도움이 된다. 노상에서 발견될 수 있는 흔적을 구분하여 정리하면 다음과 같다.

① 차량 및 사상자의 최종위치
- 제어되지 않은 최종위치
- 제어된 위치

② 타이어 흔적 (앞 절의 '속도 추정' 참조)
- 스키드 마크(Skidmark) : 바퀴가 고정된 상태에서 미끄러진 경우
- 스커프 마크(Scuffmark) : 빗살흔, 바퀴가 구르면서 미끄러진 경우
- 타이어 프린트(Tire Print) : 타이어 자국, 바퀴가 구르면서 미끄러지지 않은 경우

③ 금속자국
- 패인 자국
- 긁힌 자국

④ 낙하물
- 하체 부착물(진흙, 녹, 페인트, 눈, 자갈 등)
- 차량용 액체(냉각수, 연료, 배터리용액 등)
- 차량의 부속
- 차량 적재물
- 차로 재질

⑤ 파손된 고정 대상물

⑥ 차량의 도로이탈 흔적
- 추락
- 전도, 전복

(2) 곡선 반경

곡률과 곡선 반경은 그 개념이 상반된 용어인데, 둘 다 곡선의 굽은 정도를 나타내기는 하나, 곡률이 크다는 것은 커브가 급하다는 말이고, 곡선 반경이 크다는 말은 커브가 완만하다는 것을 의미한다. 교통사고 조사시에는 보통 곡선 반경으로 커브의 굽은 정도를 나타내는대 곡선 반경은 현의 길이와 호의 높이를 측정하여 간단하게 구할 수가 있다.

4.3 특정 지점에서의 사고 분석

특정지점의 사고분석의 목적은 분석되는 지점에서의 특정사고를 예방하기 위해서는 어떠한 조치가 행해져야 하는가를 찾기 위해서이다.
특정지점에서의 사고분석은 지점개선의 일부이며, 유사한 특성을 가진 지점들의 연구는 특수한 설계의 영향이나 도로의 사용 패턴을 평가하기 위해서이다.

(1) 지점개선을 위한 사고근거

지점개선의 근거는 사고경험이다. 이러한 경험이 교통안전 개선에 사용되기 위해서는 다음과 같은 것이 갖추어 주어야 한다.
① 사고 보고서 상에서의 지점이 명확해야한다.
② 충분한 자료로서 공학적 분석이 가능해야 한다.
③ 경미한 사고의 보고체계 확립, 이는 공학적 판단을 하는데 데이터의 양을 갖출 필요가 있다.

(2) 연구의 우선순위를 두기 위해 피해의 정도에 따라 경중을 두는 방법

(가) 교통사고에 비중을 주는 순서

① 사망사고
② 불구 부상사고
③ 비불구 부상사고

④ 가벼운 부상사고
⑤ 물적 피해 사고

(나) 사고비용에 의한 비중

사망사고 > 부상자 > 물적 피해

(다) 관련된 교통단위의 수에 의한 비중

사고건수 대신에 차량, 보행자, 자전거 등의 관련자의 수

(3) 지점의 유형

(가) 교차부

교차부 내에서의 교통사고, 교차로에 관련된 교통사고

(나) 구간

비교차로 사고, 도로변 유출입 사고
표준 구간 장으로는 도시지역에서는 0.2km, 지방부에서는 2km가 권장된다.

(다) 특성상의 균질성

차로수, 폭, 중앙분리대, 노견, 유출입 빈도, 경사, 교통운영, 노면의 상태, 인접지역의 토지이용

5. 교통사고 방지대책

교통사고를 방지하기 위한 안전개선계획은 다음 3단계 개선책의 계획, 개선대안의 선택, 개선대안의 시행의 순서로 수분된다. 그리고 이 3단계 이후에 안전개선의 효과를 평가하는 단계를 갖는다.
본 절에서는 안전개선계획 3단계를 세부적으로 정의하고 궁극적으로 교통사고 감소를 위한 방안을 모색한다.

5.1 안전개선계획

안전개선계획의 단계별 역할을 보다 구체적으로 정리하면 다음과 같다.
① 계획(사고, 교통, 도로자료 수집, 분석, 시행의 우선순위 결정)
② 선택(개선대안 경제성, 시행의 용이성 등으로 판단)
③ 시행(안전개선의 시행계획 및 시행과정)
④ 평가(사고 및 잠재사고의 건수 또는 정도를 감소시키는데 있어서의 안전개선의 효과 평가)

(1) 안전개선계획의 단계 세분화

① 위험지점의 선정
② 개선대안의 선택
③ 개선대안의 평가
④ 개선의 시행 계획 및 시행
⑤ 개선의 효과 평가
⑥ 계획의 평가

(2) 위험지점의 선정

위험지점을 선정하는 4가지 기법
① 사고건수법(빈도)
② 사고율법
③ 사고건수-율법
④ 율-품질관리법

[표 10-3] 위험지점 선정 기법별 필요 자료

자료	사고건수법	사고율법	사고건수-율법	율-품질관리법
기간	X	X	X	X
사고지점	X	X	X	X
구간거리	X	X	X	X
교통량		X	X	X
평균사고율		X	X	X
도로의 유형			X	X

[표 10-4] 사고의 측정단위

지점	측정단위	사고건수법	사고율법	사고건수-율법	율-품질관리법
구간	km당 사고건수	X		X	
	백만차량-km당 사고건수		X	X	X
교차로 및 지점	백만차량당 사고건수	X		X	
	사고건수		X	X	X

(3) 사고건수법

가장 단순하고 직접적인 접근방법으로서, 교통량이 적은 지방부 도로에 효과적이다. 교통량의 많고 적음에 따른 요인은 고려하지 않는다.

(4) 사고율법

교통량이 차이가 심할 때 효과적이다. 계산방법으로는
① 각 구간 및 개별적 교차로나 지점의 사고건수를 구한다.
② 분석기간 동안의 각 구간의 실제 사고율을 계산한다.

- 백만차량-km당 사고건수

$$= \frac{(구간의\ 사고건수)10^6}{ADT(일수)(구간장)}$$

③ 분석기간 동안의 각 교차로나 지점의 사고율을 계산한다. 교차로의 ADT는 그 교차로 접근로들의 ADT 합의 1/2을 사용한다.
- 백만차량 당 사고건수

$$= \frac{(교차로나\ 지점에서의\ 사고건수)10^6}{ADT(일수)}$$

④ 동시에 지점의 유형별 총 교통사고, 총차량-km 및 총교통량을 합계하여 구간과 교차로 및 지점들의 체계 전체의 평균사고율을 구한다.
⑤ 위험지점을 선정하기 위한 기준으로서의 최소사고율을 결정한다.

(5) 사고건수-율법

사고건수 외에 다음의 계산과정을 요구한다.
① 도로의 구간에 대해서는 각 등급별 전체구간에 대한 전체자료에 기초하여 도로의 등급별로 km당 평균사고율 및 백만차량-km당 평균사고율을 계산한다.

$$km당\ 평균사고율 = \frac{총사고건수}{도로의\ 총연장}$$

$$백만차량-km당\ 평균사고율 = \frac{(총사고건수)(10)^6}{\sum(구간별ADT)(일수)(구간장)}$$

② 지점 및 교차로에서 사고가 집중 발생하는 곳(160m 이내에 2건 이상)을 선정하여 도로의 각 등급별로 지점당 평균사고건수 및 백만차량 당 평균사고건수를 계산한다.

$$지점당\ 평균사고율 = \frac{총사고건수}{도로의\ 총연장}$$

$$백만차량당\ 평균사고건수 = \frac{(총사고건수)(10)^6}{\sum(구간별ADT)(일수)}$$

③ 위의 각 기준의 최소 기준값을 설정한다. 도로의 각 등급별로 전체 평균의 2배의 값부터 시작한다.

④ 각 구간에 대하여 km당 및 백만차량-km당 실제 사고건수를 계산한다.

⑤ 지점이나 교차로와 같이 사고가 집중적으로 발생하는 곳은 사고건수 및 백만 차량당 사고 건수를 계산한다.

⑥ 사고건수나 율, 모두의 값에서 한계 최소 기준값보다 높은 지점들은 위험지점 리스트에 오르게 된다. 분석될 도로의 등급별로 그 기준에 의하여 비교가 이루어진다.

(6) 율-품질관리법

통계적 검정을 적용함으로써 분석의 질적 통제가 가능하다.

- 통계적 검정방법

$$R_c = R_a + K\sqrt{\frac{R_a}{M} + \frac{0.5}{M}}$$

여기서,

R_c : 한계사고율 구간에 대하여는 백만차량당 사고건수, 교차로나 지점에 대하여는 백만 차량당 사고건수

R_a : 도로 등급별 평균사고율

M : 그 지점이나 구간의 분석기간 동안의 차량노출(백만차량, 백만차량 -km)

K : 상수, 신뢰의 수준을 결정하는 값

① 도로구간의 각 등급별 백만차량-km당 평균사고건수를 계산한다.

신뢰수준	K값
0.995	2.576
0.95	1.645
0.90	1.282

② 160m 이내의 각 구간에서 2건이나 그 이상의 사고가 발생하는 지점 및 교차로의 사고 다발지점을 가려내고 그러한 지점들에 대하여는 도로 등급별 백만차량 당 평균사고건수를 계산한다.

③ 각 개별지점들에 대하여 분석기간 동안의 차량노출 M을 결정한다.

구간에 대하여는

$$M = \frac{(구간 ADT)(일수)(구간장)}{(10)^6} (MVK)$$

교차로나 지점에 대하여는

$$M = \frac{(지점 ADT)(일수)}{(10)^6} (MV)$$

④ 각 지점에 대하여 한계사고율, R_c를 계산한다.
⑤ 같은 기간 동안의 각 지점에 대한 실제 관찰 사고율을 계산한다. (구간에 대하여는 백만 차량-km당 사고건수로 계산한다.)
⑥ 각 지점에 대하여 실제 사고율을 한계사고율과 비교하여 한계사고율을 초과하는 모든 지점(구간, 교차로 및 지점)들의 리스트를 준비한다.

5.2 개선대안의 선택

개선대안 제안을 위한 위험지점 분석의 4단계는 다음과 같다.
① 충돌도의 준비
② 사고특성의 요약
③ 현장조사의 실시
④ 개선책의 대안

(1) 사고분석 자료의 이용

특정지점에서의 사고분석의 목적은 그 지점에서의 사고의 예방을 위해 가능한 개선책을 찾아내기 위한 사고의 패턴을 발견하는 것, 사고조사 과정에서 작도된 충돌도 및 대상도의 분석과 요약된 사고의 특성에 기초하여 사고의 패턴을 조사한다.

(2) 현장조사

충돌도나 자료로부터 사고의 원인이 결정되지 않으면 위험지역의 현장조사가 필요하다.
현장조사의 과정은 다음과 같다.
① 사고보고, 사고요약, 도면, 교통량, 교통법규, 위반사항, 기타 운영상의 자료 등 현재

이용 가능한 자료들을 재검토한다.

② 야간, 젖은 노면 등 분명한 유의적인 특성에 따라 현장조사계획을 세운다.

③ 현장관측에 유리한 몇 개소의 지점을 선택하여 비정상적인 행태를 규명하기 위해 운전자들을 관측하며 가능하면 그들 행태의 원인을 밝힌다.

④ 운전자들이 도로환경을 어떻게 볼 것인가에 특별한 주의를 기울이면서 그 지점의 방향을 달리하여 수차례 운전하여 본다.

⑤ 현재의 기록에 포함되지 않은 특이한 상황을 조사한다.

⑥ 개인적 관찰을 위해 위험지역 근처에 거주하거나 근무하는 사람들과 그 지점의 상황을 상의한다.

⑦ 발견 및 결론을 정리한다.

한편 현장 관측시 고려사항으로서는 다음과 같은 부분을 검토하여야 한다.

① 사고가 도로 또는 인접부지의 물리적 조건에 의해 유발되었으며 그 조건이 제거되거나 수정될 수 있는가?

② 시야를 가리는 장애물이 있으며 제거될 수 있는가? 또는 사전에 운전자에게 경고하기 위한 적절한 조치가 취해질 수 있는가?

③ 현재의 교통표지, 신호등 및 노면표시는 의도한 바의 기능을 다하고 있는가?

④ 교통은 사고발생을 최소화하기 위하여 적절히 도류화 되었는가?

⑤ 부도로의 좌회전 같은 어느 하나의 통행을 금지함으로써 사고가 예방될 수 있는가?

⑥ 교통의 일부를 사고의 위험이 높지 않는 다른 통과도로로 전환시킬 수 있는가?

⑦ 교통량에 기초할 때 야간교통사고의 비율이 주간교통사고의 비율보다 높지 않은가?

⑧ 상황으로 보아 부가적인 교통법규나 선택적인 규제가 필요한가?

⑨ 현재의 교통설비에 대한 운전자의 준수, 사고지점에 접근하는 차량들의 속도 등과 같은 교통의 움직임에 대한 보충적인 조사가 필요한가?

⑩ 그 지역에서의 주차가 사고를 유발하는가?

⑪ 운전자들이 충분한 선행거리에서 적절한 차로를 선택함으로써 위험지역 가까이에서 차로 변경의 필요를 최소화할 수 있는 적절한 예고표지가 있는가?

(3) 개선책의 개발 및 제안

개선책 개발과정을 위한 목표로서는 다음 사항들을 들 수 있다.
① 지배적인 사고유형 및 도로 특이점에 영향을 미칠 수 있는 일련의 조치의 결정
② 전문적인 판단 및 경험에 기초하여 그 지점에서 지배적인 사고 건수 또는 정도를 경감시킬 것으로 기대되는 개선책의 선정
③ 선택된 개선책의 안전측면, 교통효율 또는 환경측면에의 악영향 배제
④ 위험지역 개선으로부터의 편익을 최대화하는 비용-효과성
⑤ 비용을 능가하는 편익을 가져오는 효율성

(4) 안전한 도로의 정의

① 기준 이하이거나 비정상적인 상태를 운전자에게 경고한다.
② 운전자에게 마주칠 상황에 대한 정보를 제공한다.
③ 비정상적인 구간에서는 운전자를 유도한다.
④ 운전자의 상충 지점 또는 구간의 통과를 통제한다.
⑤ 운전자의 잘못이거나 부적절한 행태를 포용한다.

(5) 교차로 설계 원칙

① 충돌점의 최소화로 사고의 기회를 최소화
② 선형, 노면 및 유도표시, 교통통제를 통하여 주 이동류에 우선권을 준다.
③ 공간적, 시간적으로 충돌지점을 분리
④ 충돌각도를 통제한다.
⑤ 충돌지역을 명확히 하고 최소화
⑥ 차량경로를 명확히
⑦ 선형, 차로폭, 교통통제, 또는 속도제한을 사용하여 접근속도를 통제
⑧ 도로부지 요구의 명확한 지침을 제공
⑨ 노변위험을 최소화
⑩ 교차로를 이용할 것으로 예상되는 모든 차량 및 비차량 교통에 대비
⑪ 운전 작업을 단순화

⑫ 도로이용자의 지체를 최소화

(6) 구간, 비교차 지점에서의 안전설계 및 운영 원칙

① 평면 및 종단선형에 대한 적절하고 지속적인 표준의 확보
② 도로기능 및 교통량에 적합한 도로 횡단면의 개발
③ 차도의 유도
④ 인접한 부지로부터 적절한 접근통제표준의 확보
⑤ 노변환경의 장애물 제거 또는 포용(사고원인 및 가능대책에 관한 일반대책)

6. 개선대안의 시행

(1) 개요

① 일반 원칙

교통안전 개선은 교통시설에 대한 물리적 개선을 수반하기 때문에 그 개선책 또한 교통을 구성하는 여러 시스템에 대한 개선을 의미한다. 교통사고를 방지하기 위한 안전대책의 일반적인 원칙으로는 다음과 같은 것을 생각할 수 있다.

- 교통의 흐름을 단순화시키고 유도할 것
  - 일방통행, 좌우회전금지, U턴 금지, 추월금지, 차로표시, 도류대표시, 교통섬 등 교통규제의 실시와 안내표지의 설치

- 교통의 흐름을 시간적·공간적으로 분리하고 불필요한 교차를 줄일 것
  - 시간적으로 분리하는 시설 : 신호기, 일시정지 표지 설치 등
  - 공간적으로 분리하는 시설 : 중앙분리대, 보도, 방호책, 차도 외측선, 육교, 지하보도 등

- 분리하고 단순화하여도 여전히 교차할 가능성이 있는 차량, 사람, 또는 장애물은 확인하기 쉽게 하고, 차의 주행에 적합하지 않은 도로상황을 시정할 것

한편, 교통사고를 줄이기 위한 대책은 3E로 불리는 세 가지 분야로 대별할 수 있으며, 이들 대책의 종합적인 추진을 계획해야 한다.

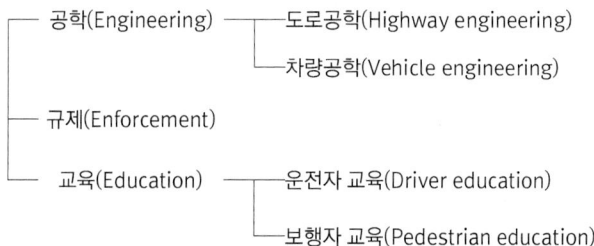

② 대책의 분류

교통사고를 분석하고 그에 대한 방지대책을 수립하기 위하여 교통안전 기술자는 문제의 성격에 따라 다음과 같이 단일지점대책, 지역대책, 노선대책, 광역대책의 4가지 측면에서 접근할 수 있다.

- 단일지점 대책 : 보통 사고다발지점이라고 불리는데, 교통사고가 기준치 이상으로 많이 발생하는 특정지점에 대한 개선 대책을 말한다.
- 지역 대책 : 미끄러짐, 과속, 야간사고 등이 특정지역에 걸쳐 문제가 되는 경우에 시·군·구 등의 지역 일부 또는 전체에 대한 개선 대책을 말한다. 면적인 대책에 속한다.
- 노선 대책 : 특정노선 전체에 걸쳐 특정사고유형이 문제가 되는 경우에 대한 개선대책을 말한다. 선적인 대책에 속한다.
- 광역 대책 : 넓은 범위의 광역지역을 대상으로 컴퓨터 분석 등에 의하여 단위 면적 당 사고건수 또는 단위 인구 당 사고건수 등을 구하여 문제지역을 파악하고 이에 대한 대책을 수립하는 것을 말한다.

(2) 단로부 개선대책

단로부(mid-block)는 교차로에 비해 교통류 흐름이 단순한 편이나, 이 단순성 때문에 차량이 과속하고 운전자의 주의를 태만히 함으로써 교통사고가 발생하게 된다.

(3) 교차로 개선대책

교차로에서 발생하는 사고를 방지하기 위해서는 경찰의 사고원인조사서, 사고발생상황도, 현장답사 등을 통하여 해당 교차로의 사고원인이 무엇인가를 찾아내야 한다. 사고원인이 밝혀지면 그에 따라 적절한 교통시설 및 교통운영상의 개선대책을 강구한다.

(4) 교통 정온화 대책

교통정온화 대책이란 최근 영국, 독일, 일본 등에서 대두되기 시작한 대책으로서, 주로 주택지역에서 교통안전을 개선하고 거주환경을 정숙하게 함으로써 도로교통의 부(-) 영향을 감소시키기 위한 제반 대책을 말한다.

이러한 교통정온화 대책은 속도 감소대책, 도로환경 개선대책 등 두 범주로 구분한다.

① 속도 감소 대책

속도 감소 대책은 주로 자동차의 속도를 감소시키는 것을 목적으로 하는 여러 가지 대책을 말한다. 이러한 속도 감소대책에는 다음과 같은 종류가 있다.

- 차도좁힘(Traffic throttle), 입구처리(Entry treatment), 보도확장(Footway widening), 진입금지("Plug" No-entry), 과속방지턱(Road hump), 입구 좁힘(Treatment across junction), 도로차단(Road closures), 노폭제한(Width restrictions), 차도굴절(Chicane) 등

② 도로환경 개선대책

도로환경 개선대책은 직접 노면을 높이거나 좁히는 물리적 대책 대신, 도로의 제반환경을 변화시켜 운전자로 하여금 속도를 줄이도록 하는 대책을 말한다. 이러한 도로환경 개선대책에는 다음과 같은 종류가 있다.

- 시각적 폭(Optical width) 좁힘, 노면 스트립(Occasional strips), 노면 재질변경(Surface changes), 입구 효과(Gateway effect), 식재(Planting) 등.

[표 10-5] 사고원인별 개선대책

사고패턴	가능원인	일반적 대책
비신호 교차로에서의 직각 충돌	제한된 시거	시야 장애물의 제거 가각 주차 제한 정지표지 설치 경고표지 설치 가로조명 개선 접근로의 제한속도 낮춤 신호등 설치 양보표지 설치 교차로의 도류화
	교차로의 높은 교통량	신호등 설치 통과교통의 타노선으로의 전환
	높은 접근속도	접근로의 제한속도 노면 요철구간 설치
신호교차로에서의 직각 충돌	신호등의 불량한 가시도	사전경고표지 설치 대형 신호등 렌즈의 설치 문형식 신호대의 설치 신호등 뒷판 설치 신호등 두부의 위치 개선 시야 장애물 제거 보조 신호등 두부의 설치 접근로의 제한속도 낮춤
	부적절한 신호시간	황색신호시간 조정 전적색신호의 현시 신호시간의 재설계 일련의 신호교차로의 연동화
야간사고	가시도 불량	가로조명 설치 또는 개선, 시선유도표지의 설치 또는 개선
젖은 노면사고	미끄러운 노면	적절한 배수의 제공, 제한속도 낮춤
비신호교차로에서의 추돌사고	횡단보행자	횡단보도표지 노면표지의 설치 또는 개선, 횡단보도의 재배치
	운전자의 교차로 불인지	경고표지의 개선
	미끄러운 노면	재포장, 적절한 배수제공, 포장구간경사, 접근로의 제한속도 낮춤
	높은 회전교통량	좌, 우회전차로 설치, 회전금지, 연석회전반경 증가
신호교차로에서의 추돌사고	신호등의 불량한 가시도	신호교차로에서 직각충돌과 동일
	부적절한 신호시간	황색신호시간 조정, 신호시간의 재설계, 교차로의 연동화
	보행자 횡단	횡단보도 표지나 노면표시의 설치 또는 개선, 보행자 신호 현시
	미끄러운 노면	비신호교차로에서의 추돌사고와 동일
	준거에 맞지 않는 신호등	신호등의 제거

[표 10-5] 사고원인별 개선대책(계속)

사고패턴	가능원인	일반적 대책
교차로에서의 보행자사고	높은 회전교통량	좌우회전차로의 설치, 회전금지, 연석 회전반경 증가
	제한된 시거	시야 장애물제거, 횡단보도설치, 횡단보도표시 및 노면표시의 개선
	보행자의 부적절한 보호	보행자섬의 설치, 보행자 신호등 설치
	부적절한 신호현시	보행자 신호 현시, 보행자 신호시간 조정
	학교 앞 신호현시	"아동보호"표지 설치
교차로간의 보행자 사고	운전자의 부적절한 주의	주차금지, 주의표지 설치, 제한속도 낮춤, 보행자 방호책 설치
	보행자의 차도보행	보도 설치
	횡단보도간 거리가 너무 멀다.	횡단보도 설치, 보행자 작동 보행자 신호등 설치
교차로에서의 좌회전 충돌사고	높은 좌회전 교통량	좌회전 신호 현시, 좌회전 금지 교차로의 도류화, 일방통행제 실시
	제한된 시거	시야장애 제거, 주의표지 설치, 접근로의 제한속도 낮춤
교차로에서의 우회전 충돌	작은 회전 반경	연석 회전 반경 증가
고정물체와의 충돌	차도에 인접한 고정물체	장애물의 제거, 방호연석설치, 방호책 설치
차량의 차도 이탈 및 고정물체와의 충돌	미끄러운 노면	노면의 재포장, 적절한 배수제공, 제한속도의 낮춤
	교통조건에 부적절한 도로설계	차도확장, 교통섬의 재배치, 도로의 재건설
	불량한 시선유도	노면시선유도 표지 설치, 급커브 등 예고 주의표지 설치, 차도 경계표시 설치 또는 개선
진입로에서의 보행자 사고	보도가 차량 통행로에 지나치게 근접	보도를 차량통행로로부터 후퇴
반대방향에서 주행하는 차량들 간의 측면충돌 또는 정면충돌	교통조건에 부적절한 도로설계	차로확장, 교차로의 도류화, 회전차로 설치, 예고노선 안내도 설치, 주차금지
진입도로에서의 충돌	좌회전 차량	중앙분리대 설치 중앙회전차로 설치
	부적절하게 위치한 진입	진입로의 최소간격 규제, 부도로로 유도, 인접한 진입도로의 통합
	우회전 차량	우회전 차로 설치, 진입로 근처의 주차금지, 진입로의 확폭, 통과도로의 확폭
	높은 통과 교통량	부도로를 이용하도록 유도, 지구 서비스도로 건설, 통과교통의 타 노선으로의 전환
	진입로의 높은 교통량	신호등 설치, 가감속차로의 설치, 진입로의 도류화
	시거제한	시야장애제거, 진입로 근처의 주차 금지, 가로조명의 설치 또는 개선

제11장
지능형 교통체계

1. 지능형 교통체계(Intelligent Transportation Systems)

(1) 정의

ITS는 도로와 차량 등 기존 교통의 구성요소에 첨단의 정보·통신·제어 기술을 적용하여 교통운영을 최적화, 자동화하고 여행자에게 유용한 교통정보를 제공하여 안전하고 편리한 통행과 전체 교통체계의 효율성을 기하도록 하는 미래형 교통체계라 정의할 수 있다.

(2) 개념

ITS는 도로건설, 교통, 통신, 전기, 전자, 자동차 등의 하드웨어와 운영기법, 정보처리기법 등의 소프트웨어가 결합되어 다양한 형태의 서비스로 나타나며, 이는 운전자, 보행자, 교통시설 운영·관리자 등에 제공되어 통행이나 운영·관리에 다양한 혜택을 주게 된다. 도로, 차량, 신호 등의 기존 교통체계의 구성요소에 정보, 전자, 통신, 전자, 제어 등 첨단 기술을 접목시켜, 기존의 교통 시설을 효율적으로 이용하고, 교통 사고율을 감소시키려는 미래형 교통체계이다.

(3) 등장배경

교통은 사람이나 화물이 다양한 목적을 가지고 도시 공간상에서의 이동성과 접근성을 부여하는 역할을 수행하고 있다. 교통에서의 수요(사람이나 화물)와 공급(교통수단 및 시설)은 도시가 발전하고 복잡해질수록 균형을 이루기가 어려워지며, 특히 물리적인 측면에서의 공급은 더더욱 수요를 감당해내기가 어려워지는 것이다. 이러한 불균형은 전국의 도시 및 지역으로 확산되고 있으며, 이로 인해 발생하는 교통혼잡, 교통사고, 환경오염 같은 교통문제는 개인은 물론 사회 전체에 막대한 경제적 손실을 안겨주고 있다. 이와 같은 교통문제를 해결하기 위해서는 새로운 교통시설을 구축하는 것과 동시에 기존 교통체계의 운영을 효율적으로 개선하는 것이 함께 추진되어야 한다.

교통문제 해결의 실마리를 찾기 위한 국가적 차원에서 노력 중 하나가 ITS이다. 발전되는 디지털 기술을 기반으로 하는 ITS의 도입은 교통공학은 물론, 다양한 첨단산업기술이 복합적으로 연계, 적용되는 산업이다. 교통공학계가 최근 들어 정보, 통신, 전자 분야의 첨단기술을 적극 활용하면서 교통시스템들이 유리되지 않도록 다양한 방안을 마련하고 나선 것도 바로 이런 이유에서다. 교통공학 전문가들은 '교통공학, 제어, 첨단산업기술의 연계를 통해 총체적이고 종합적인 교통제어, 정보제공, 관리 등이 가능한 시스템'이 가장 이상적인 ITS형태라고 밝히고 있다.

(4) 필요성

① 증가하는 물류비 및 높은 교통사고 사망률
　1990년 이후부터 교통혼잡 비용이 매년 2조원 이상이 급증하여 2015년에는 33.3조원에 이르렀으며, 도로교통사고 비용은 연간 23조(GDP의 약 1.4%, 2017년 기준)를 상회함.

② 도로, 자동차, 이용자 등 교통체계 구성요소 간 정보흐름의 단절
　우회도로나 도로상황 등의 정보를 운전자에게 전달하지 못하고, 교통량에 관계없는 고정적 신호주기와 교차로 간 비연동적인 제어신호로 교통흐름이 단절되고 혼잡하게 됨.

③ 인력에 의한 비효율적인 교통운영 및 관리
　교통위반 및 과적차량 단속, 통행요금 징수 등을 상당부분 인력에 의존하여 상시단속이 곤란하고 관련정보의 자동적 처리 및 유관기관간의 공동 활용이 불가능함.

④ 새로운 교통수요에 대한 대비 필요
　다양한 교통정보, 여행자정보, 교통체증이나 사고에 대한 정보, 최단경로안내, 교통사고·고장 등 긴급상황 시 구조 서비스 등 신규교통서비스에 대한 수요 급증

(5) ITS 추진 목표

① 교통혼잡 완화를 위한 교통시설 이용효율의 극대화
- 신호제어, 진입제어의 지능화 등을 통한 교통관리 첨단화
- 교통정보 제공 및 활용을 위한 교통정보화 기반 구축
- 도로용량 증대를 위한 첨단자동차 및 자동운전도로체계 도입

② 교통사고 감소를 위한 도로 및 차량의 안전체계 확충
- 사고방지를 위한 첨단 차량안전장치의 개발 및 보급
- 위험상황 자동인식 및 경고체계 구축

③ 대중교통이용 확대를 위한 대중교통의 정보화 및 첨단화
- 이용자 편의성 제고를 위한 대중교통 정보제공체계 구축
- 대중교통 경영개선 및 경쟁력 강화를 위한 관리체계 구축

④ 물류비 절감을 위한 물류수송체계의 정보화 및 관리의 과학화
- 시간절약 및 수송효율 향상을 위한 종합물류정보체계 구축
- 화물차량 안전성 제고를 위한 첨단관리체계 구축

(6) ITS 추진연혁

(가) 1단계(1991~2000년)

ITS 도입초기인 1997년 ITS 기본계획을 수립하고 ITS 추진을 위한 목표와 추진체계, 추진단계 등의 사업추진을 위한 기본전략과 추진방향을 제시하였다. 또한 ITS 관련 연구개발 및 표준제정 등을 통해 사업추진을 위한 기반조성과 사업확대를 위한 재원확보방안을 제시하였다.

(나) 2단계(2001~2010년)

2000년대 초반에 ITS 사업추진을 위한 기반조성과 기초단위의 서비스 제공을 위한 활동에 중점을 두었으며, 시스템 호환성 확보를 위한 표준을 제정하고 법·제도를 정비하였다. 또한 기술이 검증된 단위서비스는 주요 간선도로 및 도시지역을 중심으로 제공 확대하였으며, 신기술을 적용한 단위서비스는 시범사업을 통해 본 사업으로 추진될 수 있도록 지원하였다.

(다) 3단계(2011년~2020년)

2010년 이후의 ITS 추진계획은 성숙고급화에 중점을 두고 기존 공공 중심의 사업에서 민간이 참여할 수 있는 시스템을 추진하고 있다. 또한 무인자동차 개발을 대비해 자동주행

이 가능한 차량 및 도로 첨단화서비스를 확대하고자 C-ITS(Cooperative ITS)와 관련된 다양한 연구개발 및 시범사업을 추진하고 있다.

2. ITS 국가 기본계획

(1) 계획 수립의 배경

ITS 기본계획은 정부차원의 ITS 도입 결정 이후 체계적이고 효율적인 ITS 도입을 위해 수립하게 되었다. 이후 ITS 근거법인 '국가통합교통체계효율화법'이 제정되어 중앙정부와 지방정부가 ITS의 개발 및 보급을 촉진하기 위해 중장기계획을 수립하고 있다.

(2) 기본계획의 수립경위

정부차원의 ITS 도입이 결정됨에 따라 ITS 추진계획(안)이 1993년 수립되었으며 이에 따라 ITS 기본계획이 1997년 최초로 수립되었다. 이후 관련계획의 보완을 위한 연구가 진행되었으며 2001년 여러 차례 보완을 거쳐 ITS 기본계획 21이 확정되었다.
또한 1999년 제정된 교통체계효율화법이 2009년 국가통합교통체계효율화법으로 개정되면서 자동차도로교통 중심의 지능형교통체계 기본계획 범위를 철도, 해상, 항공 교통 분야로 확대하고 계획기간을 10년으로 규정한 ITS 기본계획 2020이 2011년에 수립되었다. 또한 2012년에는 각 분야의 사업 추진을 위한 분야별 ITS 계획 2020이 수립되었다. 최근 2017년에는 ITS 기본계획 2020 수정계획이 수립되었다.

① 1993. 4. : 대통령비서실 사회간접자본투자기획단 주관으로 지능형 교통시스템 국내 도입방안 검토
② 1993. 10. : 사회간접자본투자기획단에서 ITS 추진계획(안) 수립
③ 1994. 7. ~ 1996. 7. : 국가기본계획 수립을 위한 연구용역 시행
④ 1997. 9. : 지능형교통체계 기본계획 수립
⑤ 1999. 12 : 지능형교통체계 기본계획 개정을 위한 연구 수행
⑥ 2001. 3. : 지능형교통체계 기본계획 21 수립
⑦ 2011. 12 : 지능형교통체계 기본계획 2020 수립

⑧ 2017. 1 : 지능형교통체계 기본계획 2020 수정계획 수립

(3) 기본계획의 주요내용

ITS 기본계획은 ITS 분야별 계획의 상위계획으로서 ITS의 효율적인 추진을 위한 목표 설정과 기본방향 제시를 목적으로 하고 있으며, 또한 분야별 ITS 구축 및 운영을 위한 추진계획들을 제시하고 있다.

ITS 기본계획에서 다루는 주요 내용은 다음과 같다.
- 교통현황 및 향후 여건전망
- ITS 추진의 목표 및 기본방향 / 분야별 ITS 추진계획
- 연구개발, 표준화, 관련 법·제도 정비 등 ITS 추진의 기반조성 계획
- ITS 추진체계 및 재원조달 분담 방안

(4) 추진전략의 변화

2001년에 수립된 ITS 기본계획 21은 도로 위주로 계획이 수립되었으나 이후 교통기술이 발달함에 따라 수단간 연계의 중요성이 대두되기 시작하였고, 이에 따라 육·해·공 지능형 교통체계 분야를 총괄하는 지능형교통체계 기본계획 2020이 2011년에 수립되었다. 이 계획에서는 ITS 기본계획 21 수립 이후의 성과에 대한 평가와 ITS 기본계획 범위의 확대를 반영하여 변화된 추진전략을 제시하고 있다.

[표 11-1] 추진전략의 비교

추진단계	지능형교통체계 2010	지능형교통체계 2020
중점 서비스	• 혼잡·사고의 사후관리	• 혼잡·사고의 사전예방
지능화 대상	• 공공 교통시설(도로) 중심	• 교통수단, 여행자 중심
시스템 구조	• 단일 센터 기반의 집중형	• 현장 기반의 분산형 • 연계 기반의 통합형
통신방식	• 고정 구성요소간 유선통신	• 이동 구성요소간 무선통신
제공주체	• 공공부문 주도의 서비스	• 공공과 민간의 상호협력

3. 자동차·도로교통 분야 ITS 추진계획

3.1 서비스 분야 및 주요 내용

1997년에 수립된 ITS 기본계획상에서는 첨단교통관리, 첨단교통정보, 첨단대중교통, 첨단화물운송, 첨단차량 및 도로의 5개 시스템 분야에 14개의 서비스로 분류·제시되고 있었는데 서비스 및 시스템간 분류가 불명확하고, 매우 포괄적이었다는 지적이 있었다.
또한 기존 ITS기본계획상에 제시된 서비스, 시스템, 기능에서 교통안전성의 우선순위를 제고하고, 일부 누락된 서비스를 포함한 새로운 서비스와 시스템의 추가 요구도 계속 제기되어 왔다.
이러한 여건 변화에 따라 ITS 기본계획이 능동적으로 보완 발전될 필요성이 대두되었고, 궁극적으로 사업의 보다 구체적인 추진전략과 사업방향의 수립에 참조가 될 수 있도록 하기 위해서 ITS서비스 구성을 7개의 서비스분야와 22개 서비스 및 47개의 단위 서비스로 확대 재편성하였다.
ITS 서비스분야는 교통관리, 대중교통, 전자지불, 교통정보유통, 부가교통정보 제공, 지능형 차량 및 도로, 화물운송으로 구성되어 있으며, 각 서비스분야의 구체적인 내용은 다음과 같다.

(1) 교통관리 서비스

도로교통의 이동성, 정시성, 안전성, 지속가능성을 제고하기 위하여 소통 및 안전과 관련된 정보를 수집하여 도로교통의 운영 및 관리에 이용하고 여행자에게 제공하는 서비스로 세부적으로는 교통류 제어, 돌발 상황 관리, 기본 교통정보 제공, 주의운전구간 관리, 자동교통 단속, 교통행정 지원 등의 서비스가 포함되어 있다.

[표 11-2] 교통관리 서비스분야의 분류

서비스분야	서비스	단위서비스
1. 교통관리	1) 교통류제어	(1) 실시간신호제어 (2) 우선처리신호제어 (3) 철도건널목연계제어 (4) 고속도로교통류제어
	2) 돌발상황관리	(5) 돌발상황관리
	3) 기본교통정보제공	(6) 기본교통정보제공
	4) 주의운전구간관리	(7) 감속구간관리 (8) 시계불량구간관리 (9) 노면불량구간관리 (10) 돌발장애물관리
	5) 자동교통단속	(11) 제한속도위반단속 (12) 교통신호위반단속 (13) 버스전용차로위반단속 (14) 불법주정차단속 (15) 제한중량초과단속
	6) 교통행정지원	(16) 도로시설관리지원 (17) 교통공해관리지원 (18) 교통수요관리지원

(2) 대중교통 서비스

대중교통 운행의 정시성과 이용의 편의성을 제고하기 위하여 노변에 설치된 차량위치 확인 장비(비콘, Beacon)나 인공위성(GPS), 단거리 무선통신(DSRC) 등을 활용하여 버스와 같은 대중교통 차량의 위치정보를 확인하고 이 정보를 대중교통 정보센터나 운수회사가 수신하여 분석과정을 거쳐 가공한 정보를 대중교통의 운영 및 관리에 이용하고 여행자에게 제공하는 서비스로 세부적으로는 대중교통 정보제공, 대중교통 운영관리, 대중교통 예약, 준대중교통 이용지원이 포함되어 있다.

[표 11-3] 대중교통 서비스분야의 분류

서비스분야	서비스	단위서비스
2. 대중교통	7) 대중교통정보제공	(19) 버스정보제공
	8) 대중교통운영관리	(20) 버스운행관리
	9) 대중교통예약	(21) 대중교통예약
	10) 준대중교통이용지원	(22) 준대중교통이용지원

(3) 전자지불 서비스

교통시설 및 수단의 이용요금 지불에 따른 지체, 이용자의 불편, 요금징수 업무의 비효율성 등을 해소하기 위하여 전자화폐로 요금을 징수하고 처리하는 서비스로 교통혼잡 완화에 큰 효과를 가져올 수 있으며, 운전자가 간편하게 요금을 지불하게 되어 통행시간절감과 편리함을 느낄 수 있다. 세부적으로는 통행료 전자지불, 교통시설 이용요금 전자지불, 대중교통요금 전자지불이 포함되어 있다.

[표 11-4] 전자지불 서비스분야의 분류

서비스분야	서비스	단위서비스
3. 전자지불	11) 통행료전자지불	(23) 유료도로통행료/혼잡통행료전자지불
	12) 교통시설이용요금전자지불	(24) 교통시설이용요금전자지불
	13) 대중교통요금전자지불	(25) 버스/택시요금전자지불 (26) 지하철요금전자지불

(4) 교통정보유통 서비스

지역·수단 단위로 수집·이용되는 교통정보를 효율적으로 공유·활용하기 위하여 시스템을 연계하고 정보를 취합·분석 및 관리·배포하여 여행자에게 제공하는 서비스로 세부적으로는 교통정보연계 관리, 통합교통정보 제공을 포함하고 있다.

이러한 서비스를 제공하기 위하여 대도시 중심의 각 권역별 교통관리센터에서는 교통정보 제공의 중심으로서 자체적으로 정보를 수집하고 모든 공공기관에서 수집된 정보를 통합하고 관리하는 정보의 연계기능을 수행한다.

또한 보유한 정보를 가공하여 소통상황, 교통사고, 공사, 기상정보 등의 기본정보를 도로이용자에게 제공하기도 한다. 이러한 권역교통관리센터에 의한 정보의 통합·연계·관리는 수집된 모든 정보를 누락됨이 없이 효율적으로 활용하므로 정보수집장치에 투자된 비용의 회수는 물론이고 사용자에게 최종 정보로 제공된 후의 사회적 편익을 고려할 때 기대효과는 매우 크다고 할 수 있다.

[표 11-5] 교통정보유통 서비스분야의 분류

서비스분야	서비스	단위서비스
4. 교통정보유통	14) 교통정보연계관리	(27) 교통정보연계관리
	15) 통합교통정보제공	(28) 통합교통정보제공

(5) 부가교통정보제공 서비스

여행자가 빠르고 편리하게 통행할 수 있도록 교통정보를 제공하거나 정보를 분석하여 여행자의 이동수단 및 경로선택을 도와주는 서비스로 세부적으로는 통행전 및 통행중 여행정보제공 서비스를 포함하고 있다.

예를 들어 민간정보제공업자는 권역교통관리센터를 통해 필요한 각종 기초정보를 얻어 이 기초정보를 다시 가공, 추가로 다양한 정보를 창출하여 사용자(통행자)에게 정보를 유료로 제공한다. 사용자(통행자)는 여행 전에 집 혹은 사무실에서 PC, ARS 등을 통하거나 혹은 여행 중에 차량단말기(CNS)나 핸드폰 등을 통해서 주행안내, 도로교통상황, 주차정보, 사고상황 등 여러 가지 정보를 얻을 수 있고 이에 따라 주행노선을 계획하거나 경로를 변경하는 등 교통상황에 능동적으로 대응할 수 있다. 통행자가 정보를 통해 교통상황에 능동적으로 대응함은 통행경로를 균등 배분하여 교통혼잡을 완화하고 안전성이 제고되는 등의 효과를 가져올 수 있다.

[표 11-6] 부가교통정보제공 서비스분야의 분류

서비스분야	서비스	단위서비스
5. 부가교통정보제공	16) 통행전 여행정보제공	(29) 통행전 여행정보제공
	17) 통행중 여행정보제공	(30) 운전자 여행정보제공 (31) 대중교통이용자 여행정보제공 (32) 보행자, 자전거이용자 여행정보제공

(6) 지능형 차량 및 도로 서비스

도로교통의 안전성과 이동성, 운전자의 편의성을 제고하기 위하여 차량 및 도로의 위험요소를 감지하여 운전자에게 알려주거나, 차량을 제어함으로서 사고발생을 예방하고, 차량이 자율적으로 도로를 운행하는 서비스로 세부적으로는 안전운전차량, 안전운행도로, 자율운행 서비스를 포함하고 있다.

예를 들어 도로상의 위험상황을 노변장치 및 차량내 장치를 통해 운전자에게 사전에 경고하거나, 필요시 차량 자동제어장치를 통해 사고 위험을 예방하거나 피할 수 있도록 운전자의 안전운전을 지원한다. 또한 자동운전 지원서비스는 차로유지, 차량간격 자동제어, 위험상황 회피 기술 등을 통해 부분적인 자동운전에서 자동조향을 통한 완전 자동운전 서비스까지 제공하게 됨으로써 안전하면서도 쾌적하고 편안한 주행환경이 실현된다.

[표 11-7] 지능형 차량 및 도로 서비스분야의 분류

서비스분야	서비스	단위서비스
6. 지능형 차량 및 도로	18) 안전운전차량	(33) 운전자시계향상 (34) 위험운전예방 (35) 차량안전자동진단 (36) 사고발생자동경보 (37) 충돌예방 (38) 차로이탈예방 (39) 보행자보호
	19) 안전운행도로	(40) 교차로안전운행지원 (41) 철도건널목안전운행지원 (42) 주의운전구간안전운행지원
	20) 자율운형	(43) 차량간격자동제어 (44) 자동주행 (45) 자동주차

(7) 화물운송 서비스

화물차량운행의 안전성과 화물운송의 효율성을 제고하기 위하여 화물차량, 위험물질 운송차량의 정보를 수집하고 화물차량의 운행최적화 및 안전관리에 이용하는 서비스로 구체적으로 화물차량 운행지원과 위험물 운송차량 안전관리 서비스를 포함하고 있다.

[표 11-8] 화물운송 서비스분야의 분류

서비스분야	서비스	단위서비스
7. 화물운송 효율화	21) 화물차량운행지원	(46) 화물차량경로안내
	22) 위험물운송차량안전관리	(47) 위험물운송차량안전관리

3.2 중점추진과제

(1) 돌발상황에 신속 대응하는 교통관리체계 확대

안전지원을 위한 인프라 구축 및 우회안내 등 실시간 돌발상황관리시스템의 확대·구축하고 민관교통정보 협업을 통한 전국 주요간선도로의 교통소통정보를 제공한다. 또한 가용용량 극대화를 위한 실시간 교통제어 및 연계기능 확대와 고속국도 교통제어를 위한 차로제어시스템(LCS) 확대 운영으로 본선의 용량 증대를 도모한다.

(2) 도로위험요소 관리 및 실시간 모니터링을 위한 협력형 ITS 도입·확대

악천후, 노면·시거불량, 공사구간, 장애물 등 교통사고 유발 요인을 감지하여 알려주는 주의운전구간 관리서비스를 도입하고 차량과 차량 사이의 무선통신(V2X) 기술의 상용화 및 보급 추진, 지능형 도로관련 법·제도 정비, 위험물질의 도로 운송 전 과정을 실시간으로 모니터링하고 사고 발생 시 신속·정확한 대응과 방재활동을 지원하는 관리센터 설치를 추진한다.

(3) 민간부문 교통정보체계를 활용한 공공인프라의 안전정보 제공확대

민간부문의 교통소통정보를 활용하여 모든 관리구간에 교통정보를 확대·제공하고 공공부문 교통정보에 쉽게 접근하고 활용할 수 있는 환경을 조성한다. 또한 악천후, 돌발상황, 도로공사, 특정행사 등 교통소통 상황을 사전에 예측하여 제공하는 교통예보서비스를 위한 기술 개발 및 사업을 추진한다.

(4) 교통소통정보체계 구축 및 부가서비스 제공확대

공공부문 교통정보의 유통활성화를 통해 교통정보 콘텐츠의 보급 및 촉진 등 민간 교통정보 서비스의 활성화를 추진한다.

(5) 교통요금 전자지불 방법 및 시설 개선

하나의 요금지불수단으로 전국의 모든 교통시설 및 수단을 이용할 수 있도록 전국호환 교통요금지불수단(One Card All Pass)의 보급 및 확대와 스마트톨링 시스템의 전국 도입을 추진한다. 또한 무정차, 무감속, 다차로 통행료 정산 방식의 스마트톨링 시스템 구축을 통해 탄소배출량 및 대기오염 절감을 도모한다.

(6) 여행자 맞춤 대중교통정보 통합 및 제공 확대

시내버스 정보제공을 위한 버스정보단말기(BIT) 설치 정류장 확대 및 매체의 확대, 고속버스 환승휴게소를 중심으로 한 주요 노선별 실시간 운행정보 제공, 시외버스의 실시간 운행정보 제공, 대중교통 노선간 환승지원을 위한 정보서비스 제공을 추진한다. 또한 친환경 교통수단, 특별교통수단 이용지원을 위한 정보제공과 버스·지하철 중심의 도착/환승 정보서비스를 확장, 카쉐어링, 자전거와도 연계 환승(Integrated Mobility)되도록 서비스 개발을 추진한다.

(7) 자율주행차와 첨단안전차량 도입·확대를 통한 글로벌 경쟁력 강화

자율주행차량과 지능형 도로관련 법·제도 정비 및 연구개발 추진, 자율주행차 개발·보급을 위한 협력형 ITS 도입·확대, 음주, 졸음, 피로 등 운전자의 사고유발요인을 감지·경고하고, 차량이 위험운전을 자동으로 제한하는 첨단안전차량의 개발·보급 등을 추진한다.

(8) 교통플랫폼 등을 통한 이용자 교통편의 및 저탄소 녹색교통 지원 강화

전국대중교통정보센터(TAGO)와 수요응답형교통(DRT) 시스템을 활용하여 교통낙후지역의 대중교통정보 서비스 개선을 도모하고 친환경 운전을 유도하기 위한 교통관리시스템 확대 운영, 친환경자동차 이용확대, 에코드라이빙 유도를 위한 교통정보 제공을 위한 서비스 확대 및 관련기술 개발과 보급을 추진한다.

제12장

교통정책

지금까지 교통공학의 기초에서 시작하여 교통운영, 용량, 교통계획, 시설, 안전 그리고 ITS까지 교통을 공부함에 있어서 기본적으로 필요한 전반적인 내용들을 다루었다. 교통이라는 분야는 교재 앞부분에서 다뤘듯이 다양한 분야의 전문적이고 이론적인 내용들을 연구하고 도입해야 하는 분야이자, 우리의 현실 생활 속에서 항상 경험할 수 있는 실용학문이다.

또한 교통은 공공성이 강한 분야로서 교통의 계획에서부터 운영까지 각 단계에서의 실수 및 잘못은 바로 국민들의 불편과 고통으로 이어진다. 여기서 실수 및 잘못은 기술적인 측면만 말하는 것이 아니라 정책적 측면까지도 포함한다.

교통의 정책적 부분은 교통의 개선이 누구의 편의를 위해서인가라는 다소 철학적인 부분에서부터 시작하여 미래 교통의 밑그림이 어떻게 그려져야 하는 부분까지 거론할 수 있다.

본 장에서는 교통문제 해결을 위한 여러 방안인 대중교통정책, 교통체계개선, 교통환경개선 등과 교통경제학 분야에 대한 인식을 높이기 위한 민자유치방안, 공학경제 등 정책적인 부분들을 다룬다.

1. 도시교통의 특성 및 문제점

(1) 특성

① 도시의 팽창으로 상대적으로 장거리 교통화가 되었으나, 국가 및 지역교통에 비하면 단거리 교통
② 대중교통수단의 발달로 대량수송
③ 전통적으로는 오전, 오후 첨두시간 교통집중에서 상시 교통체증으로 변화
④ 도시의 다극화로 단방향 교통 체증에서 양방향 교통 체증으로 변화
⑤ 통행로, 교통수단, 터미널 등에 의한 서비스 제공

(2) 도시계획도로가 지역간 연결도로와 다른 교통특성

① 평균주행거리가 짧음
② 통과교통이 적음
③ 주행속도가 비교적 낮음
④ 좌, 우회전 차량이 많음

(3) 도시계획도로가 지역간 연결도로와 도로구조상 다른 점

① 교차로간의 간격이 짧음
② 평면교차로가 많음
③ 보도 및 주·정차대가 필요함
④ 노상시설 및 지하매설물이 많음

(4) 문제요인

① 도시구조와 교통체계간의 부조화

급격한 도시화에 따른 전환기적 과정에 있는 구조적 변동이 공간적으로 표출되는 결과라 할 수 있다.

- 도시가 단핵도시로 형성되어 도시기능이 도심지에 편재되어 교통집중(관공서, 은행, 대기업 본사, 기타)
- 도시의 확산으로 인해 직장과 주거지가 떨어짐에 따라 교통시간이 증가
- 도시구조가 간선도로 위주로 형성되었기 때문에 간선도로 이외의 도로는 교통을 처리할 능력이 갖추어 있지 않다. (신호처리 어려움)
- 교통영향을 감안하지 않고 도심지에 재개발 고층건물을 허가하여 교통유발과 이로 인한 주변지역에 교통 혼잡이 가중된다. (재개발 아파트)
- 아파트단지를 한 곳에 집중시켰으나 직장이나 공단이 인접되지 않아 직장과 공단의 주변도로에 심한 교통체증을 일으키고 있다. (자생도시가 없음)

② 교통시설제공의 부족

도심지 우회도로가 부족하기 때문에 도심지역을 목적지로 하지 않은 통행이 불필요하게 도심지역을 통과하여야 한다.

- 도로의 연결성이 결여되어 있다. 높은 용량의 도로와 낮은 용량의 도로가 연결되어 있어 교통류의 흐름을 오히려 저해하고 있다.
- 도로의 기하구조가 불량하여 교통처리능력이 떨어지고 사고위험이 높아진다.
- 도로의 계층구조가 제대로 되어 있지 않다. 도로는 주간선도로, 간선도로, 집·분산도로, 국지 도로 등으로 위계가 형성되나 서울을 비롯한 우리나라 도시의 도로는 이러한 기능적 구분이 되어 있지 않다.
- 터미널의 위치가 부적합하고, 규모가 협소하며, 터미널 주변 가로의 교통체증이 심하다. 또한 내부동선 처리가 불량하고 다른 교통수단과의 연계가 제대로 이루어지지 않고 있다.

③ 교통시설의 운영관리미흡

서울을 비롯한 우리나라의 도시는 교통체계의 형성이 계획적이지 못하고 교통사업간에 연계성도 부족할 뿐 아니라 건설된 교통시설을 효율적으로 운영하지 못하고 있다. 이는 도로, 교통시설, 교차로, 주차, 교통안전, 보행자, 표지판 등의 복합적인 요인들에 의해 일어나는 현상으로 상호간에 체계적인 관리가 이루어지지 않고 있기 때문이다.

④ 교통계획 및 행정의 미흡

우리 나라 도시의 교통문제는 이를 진단하고 처방할 수 있는 교통이론이나 교통계획을 제시할 수 없어서가 아니라 그 이론이나 계획을 적용·운영할 수 있는 계획 및 운영기능과 이러한 기능을 담당할 만한 행정기구가 빈약하기 때문이다.

이는 교통분야의 종합계획기능의 미비, 교통담당 부서의 다원화로 인한 교통정책의 집행기능 분산, 교통행정관련 부서간의 협의 및 조정체계의 미흡, 교통행정관련 부서의 전문성과 연구능력이 부족하고 전문인력양성체제의 미비, 자동차 위주의 교통정책만이 입안·집행되어 왔기 때문에 자전거, 오토바이, 보행자에 대한 정책적 배려가 미흡하기 때문이다.

⑤ 대중교통체계의 비효율성

서울시 시내버스의 수송 분담율은 점점 저하되고 있는데, 이는 정시성의 상실과 첨두시간대 혼잡, 노선망의 불충분 등이 주 요인이라 하겠다.

- 시내버스는 안락하고 정시성 확보가 그 생명이다(시내버스는 빨리 가는 것이라는 인식의 전환 필요).
- 버스 서비스 개선을 위해서는 버스업체를 대형화할 필요가 있다.
- 공공운임 제도를 도입하여 장거리 통근자에게 혜택을 줌으로 도심의 인구분산 효과

⑥ 준대중교통의 비효율성

- 서울의 경우 택시의 수송분담율은 약12%로서 택시가 거의 대중교통 수단화되어 있음
- 난폭운전, 승차거부, 합승강요 등 불친절과 위법행위
- 외국인과 공항이용자 및 관광객 상대의 부당요금 징수
- 개인택시의 약 5, 6배에 달하는 회사택시의 높은 교통사고율

⑦ 자동차의 악순환 구조

자동차 중심 교통체계 → 교통투자의 대부분이 도로에 집중 → 대중교통수단의 부족, 서비스 부실, 비합리적인 운영체계 → 승용차 증가 → 도시의 확장 → 또 다른 자동차의 증가 → 버스의 승객 부족으로 경영난 악화 → 자동차 수요폭발

⑧ 자동차 증가에 따른 피해

- 교통혼잡 비용, 교통사고 증가, 특히 보행자 사고의 증가(전체 교통사고의 46%), 자

동차중심 문화의 인명경시 구조 초래
- 낮은 자동차 운행 비용 → 자동차의 과다 이용 → 교통혼잡과 정체 발생 → 유류 소비량의 증가 → 자동차 배출가스로 인한 대기오염의 심화
- 고소득층은 유류비 부담 없음, 피해자는 저소득층
- 보행환경 악화

(5) 문제해결 방안

① 자동차 중심정책에서 탈피
- '도로-차도=보도'에서 '도로-보도=차도'로 인식전환 필요, 인간의 생명과 생활의 질 우선

② 투자의 우선 순위 및 효율화(공공적인 개념인 철도, 버스에 대한 투자 낮음)
- 도시에는 다양한 계층, 특별히 서민공간이 다양하게 존재해야 한다.
- 최대개발에서 최소개발로 발상 전환
- 적절성과 상황성을 고려

③ 오염자 부담 원칙
- 린치 교수의 "바람직한 대도시 환경기준"은 다음과 같다.
  - 선택 가능한 환경(도시화로 인한 인구집중으로 공동주택의 개발)
  - 상호작용(인간-환경, 순환, 다양성)
  - 비용저렴(모든 사람이 접근 가능한 환경)
  - 편리함
  - 참여(도시화에 참여하는 참환경 조성)
  - 성장과 적응성(자연 환경에 순응하는 성장)
  - 연속성(지속가능한 개발)
  - 기억성(과거와 개발의 상존)
- 건축가들이 제안한 "Sustainable city"의 비전
  - 다양성을 제고한다. (존의 다양화, 복합건물 형태)
  - 밀도를 높인다. (낙후된 지역을 개발하여 녹지공간의 잠식 억제)
  - 녹지공간을 개발한다.

- 대중교통 중심으로 한다.
- 기존 건물을 재활용한다. (새로운 용도와 기능에 적응)
- 장소적 특성을 살린다.
- 지역사회 개발이 되도록 한다. (사회복지 공동개념)
- 많은 사람들의 참여를 유도한다. (개인, 토지소유자, 개발업자, 단체 등 참여)

④ 수익자 부담(공공서비스)

2. 교통체계관리기법(TSM)

교통은 출발지와 목적지가 서로 다른 교통수단이 도로망 내에서 서로 다른 속도로 혼합되는 현상이다. 지금까지 교통문제를 해결하기 위한 접근방법은 이러한 여러 가지 교통수단과 도로, 또는 교통형태를 종합적이고 유기적인 것으로 취급하지 않고 개개의 단일요소에 대한 연구에만 관심을 두고 왔기 때문에 교통체계 전반에 걸친 효율은 매우 저조하다. 따라서 승용차, 대중교통, 택시, 보행자 및 자전거 등 도시교통시스템의 구성요소를 함께 고려하여 시스템 전체의 생산성, 즉 예산과 에너지를 절감하고, 환경의 질을 높이며, 도시생활의 질을 향상시키기 위하여 단기 교통개선계획과 운영과정을 교통체계관리기법(TSM : Transportation systems management strategies)이라 한다.

2.1 TSM의 특성

① 저투자비용
② 단기적인 편익
③ 기존 시설 및 서비스의 효율적인 활용
④ 지역적이고 미시적인 기법
⑤ 고투자사업의 보완
⑥ 고투자사업의 대치 가능
⑦ 도시교통체계 모든 요소간의 균형에 기여
⑧ 양보다 질 위주의 전략
⑨ 차량보다는 사람의 효율적인 움직임에 역점

2.2 교통체계 관리기법의 유형

(1) 유형 I : 차량통행 수요를 감소시킴

① 승용차 공동이용제(Car-pool)

② Park-and-Ride 및 연계버스 운행
③ 대중교통수단의 노선 및 배차간격조정
④ 준대중교통(Paratransit) 체계도입
⑤ 대중교통수단의 요금인하 및 개인교통수단의 요금인상
⑥ 근무일수 단축
⑦ 자전거와 보행자를 위한 시설개선

(2) 유형 II : 교통공급을 증가시킴

① 교통체계개선
② 화물차 통행규제
③ 시차제 실시
④ 도시고속도로 교통량 처리개선

(3) 유형 III : 수요를 감소시키는 동시에 공급도 감소

① 대중교통수단의 전용차로제(기존차로 활용)
② 대중교통수단의 우선통행
③ 승용차 제한구역 설정

(4) 유형 IV : 수요를 감소시키고 공급을 증가

① 대중교통수단의 전용차로 추가건설
② 노상주차 제한

[표 12-1] TSM의 목표와 방안

목표	방안	목표	방안
교통신호개선	단독교차로신호개선 간선도로 신호개선 지역 신호체계개선 고속도로 차량분산시설 고속도로 관제 및 통제	버스운영	버스노선 및 스케줄 변경 고급버스제공 버스우선 교통신호 버스터미널 요금체계간소화
보행자와 자전거 안전	보도확폭 고가 또는 지하차도 설치 자전거전용차로 자전거 보호지역설치 보도변 방호벽설치	버스관리	버스관리개선 차량개선 운행감시체계
경로분산	지역통행허가제 승용차제한구역 보행자전용지역 주거지 교통통제	가격정책	첨두시간 도심진입세 저인승차량세 연료세 첨두/비첨두시 버스운임차등 노약자 및 장애자 우대제도 버스요금인하
주차관리	노변주차금지 주거지 주차통제 노상주차금지 다인승차량 우선주차 주차회전율 변화	시차제 출퇴근	시차제 출퇴근 가변 출퇴근시간제 출근일수 단축조정
교통수단간 연계	환승주차(Park & Ride)시설 환승시설 개선	상업용 차량	노변적재적하 시설 노상 적재적하 시설 첨두시간대 적재적하 금지 트럭노선지정

2.3 TSM의 기법

(1) 일방통행제

(가) 일방통행제의 설치 준거(warrants)

① 한 쌍을 이루는 두 도로는 교통류의 기점과 종점이 비슷해야 한다.

② 각 도로구간의 첨두시간 교통량(회전 교통량을 구분) 파악
③ 첨두시간과 비첨두시간동안 각 노선의 통행시간과 지체시간
④ 도로와 교차로의 정확한 용량, 정확한 노선망도
⑤ 증가된 통행거리와 감소된 통행시간에 의한 경제성 평가
⑥ 접근성, 교통사고, 보행자 이동, 인접지 사업 등에 미치는 영향

(나) 일방통행제의 장점

① 교통용량의 증대
② 상충 이동류 감소
③ 안전성 향상
④ 신호시간조절의 용이
⑤ 주차조건의 개선
⑥ 평균통행속도 증가
⑦ 교통운영의 개선
⑧ 도로변 업무지역의 효과

(다) 일방통행제의 단점

① 통행거리의 증가
② 대중교통 용량의 감소
③ 도로변 영업에 악영향
④ 회전용량의 감소
⑤ 교통통제설비의 증가
⑥ 넓은 도로에서 보행자 횡단곤란

(2) 가변차로제

(가) 가변차로제 설치 준거

① 방향별 교통량 분포가 6:4 이상인 경우
② 양방향 교통 소통을 위해 도로 용량이 충분한 구간
③ 정기적으로 교통혼잡이 발생하고 일방통행제 실시가 불가능한 간선도로

(나) 가변차로제 장점

① 필요한 방향에 추가적인 용량제공
② 일방통행때 생기는 운전자 및 보행자의 통행거리 장거리화 방지
③ 적절한 평행도로가 없더라도 일방통행제와 같은 장점을 살릴 수 있다.
④ 대중교통의 노선을 재조정할 필요가 없다.

(다) 가변차로제 단점

① 경방향 교통에 대한 용량이 부족할 경우가 있다.
② 경방향 교통쪽에 버스정거장이나 좌회전을 금지해야만 할 경우가 있다.
③ 교통통제설비의 설치에 비용이 많이 든다.
④ 교통사고의 빈도나 심각성이 높아질 수 있다.

(3) 대중교통 전용차로제

(가) 대중교통 전용차로제 장점

① 대중교통차량과 다른 차량과의 마찰방지
② 대중교통의 통행시간 단축
③ 일반차량의 지체감소에 따른 도로용량 증대
④ 사고율 감소

(나) 대중교통 전용차로제 단점

① 전용차로가 연석차로인 경우 도로 우측으로의 접근 방해
② 회전이동류와 상충
③ 전용차로가 도로 중앙차로인 경우 별도의 승하차 교통섬 필요
④ 교통통제설비 추가 소요

(4) 시차제

(가) 시차제의 효과

① 교통혼잡에 영향

② 고용인의 지각이 감소
③ 첨두시 교통수요의 감소

(나) 시차제의 문제점

① 에너지 소비, 대기오염 증가의 원인
② 개인의 차량 이용이 증가
③ 대중교통 배차간격의 조정이 필요함

(5) 혼잡세

① 비피크시 이용자보다 피크시 이용자에게 부담을 부과하는 것이며 첨두시 교통량 감소와 수단선택의 변화를 위해 사용
② 적용 가능한 교통정책
- 피크시 사용을 감소시키기 위해 toll요금의 인상
- 카풀이나 대중교통 이용을 증가시키기 위해 단독차량에 대한 toll요금의 인상
- 비피크시, 승차인원이 적을 때 대중교통 유지비용의 지출을 감소시키기 위한 대중교통요금의 인상
- 대중교통의 이용을 증가시키기 위해 승용차 장기 주차에 대한 주차료 인상

3. 교통환경 개선

3.1 교통과 교통환경

(1) 교통의 이해

① 인류문화가 발전하는 과정에서 사람들의 일상생활, 여가생활 및 생산활동을 편리하게 하기 위해서 끊임없이 발전하여 왔음.
② 인간생활에 있어서 공간적, 시간적 한계성을 극복하는 기능
③ 인간생활의 3요소인 의, 식, 주+교통, 4요소
④ 교통의 발달로 분업을 통한 생산성 향상과 시장의 확대, 대량생산 유도
⑤ 교통의 발달은 교통이용을 더욱 증대시켜, 오늘날의 교통문제 야기
⑥ 오늘날의 교통문제 개선을 위해서
  - 교통시설물을 건설
  - 교통시설의 운영을 효율화
  - 교통수요 감축

(2) 교통체계와 관련된 관계자

① 정부
② 교통시설 운영자
③ 교통시설 이용자 : 시민들의 건전한 교통문화 형성 필요(법규 준수, 대중교통 이용, 교통문화정착)

(3) 교통과 시민고발 의식

법규 미준수시 불이익 감수, 보편적 사회의식 창조

(4) 교통정책과 집단이기주의

① 교통계획가는 사회 전체적 측면의 효율적 교통체계를 이룩하는 교통정책의 관심
② 그러나 상대적 박탈감은 항시 상존(버스 및 지하철 정류장의 위치, 일방통행제도, 좌회전 금지, 버스노선 정비, 기타)
③ 상대적인 불이익을 이해하고 전체적인 교통체계의 합리화 및 효율성을 위해 다수의 목소리를 대변

3.2 미래의 교통환경

① 자동차 중심 문화의 확산 및 인명중시 교통문화의 도입
② 환경에 대한 중요도 증가로 인한 대체에너지 개발
③ 정보화의 가속화로 인해 교통정보의 상품화 및 재택근무 활성화
④ 지능형 교통체계의 구축
⑤ 도시의 팽창 및 대단위 도시의 등장으로 교통의 고속화 진행
⑥ 소득증대로 인한 교통수요의 증가와 현재의 첨두시간, 첨두방향 소멸
⑦ 통행목적의 다양화
⑧ 교통체계의 호환을 위한 다양한 교통수단을 위한 복합터미널

(1) 미래를 위한 교통정책의 방향

① 교통정책 : 교통공급 측면(기반시설 건설), 교통수요 측면(대중교통 이용 증진, 통행요금, 휘발유세)
② 교통공급 측면은 막대한 예산소요, 단기대책으로 불가능, 그러나 교통수요 측면은 단기대책으로 효과적
③ 정부의 교통정책 방향 지침
  - 가능한 통행자에게 선택의 폭을 넓게 줄 수 있는 정책
  - 통행자들에게 강제적으로 승용차 통행을 억제하는 정책보다는 자발적으로 유도하는 정책 개발

- 교통위반 및 사고원인을 국민의 교통문화 부족의 탓으로 돌리기보다는 교통시설의 미비 혹은 교통운영상의 잘못을 검토
- 획기적인 교통정책을 찾는 데 노력하기보다는 전통적인 교통 수요관리 정책의 실패 원인을 수정
- 정보, 통신 등 교통대체수단을 개발하고 활성화

(2) 교통 수단

기술혁신이 급속하게 전개되고 있으며, 수송의 고속성, 안전성, 효율성 등의 향상을 목표로 여러 가지 연구개발이 진행되고 있다.

① 첨단교통체계(ITS : Intelligent Transportation System)
　운전자, 차량, 대중교통이용자들에게 매순간의 교통상황에 따른 적절한 대응책을 제시함으로써 교통 소통과 안전문제를 동시에 해결하기 위한 기술체계라 할 수 있다.

② 녹색교통수단
　사람들은 지금보다 더 안락하고, 더 접근이 쉽고, 더 환경친화적인 교통수단을 선호하는 경향으로 인식이 바뀌고 이 같은 관점은 대중교통, 보행, 자전거와 같은 환경친화적인 녹색교통을 중심으로 한 교통정책으로 방향이 바뀔 것이다.
- 21세기 도시교통의 새로운 출발점
  - 첨단도로교통체계를 통한 도로의 효율 극대화
    (최적경로, 무공해 교통수단, 도로의 정보, 지능형 자동차 및 도로)
  - 자동차 중심의 환경조성 가능성
  - 인간의 얼굴을 가진 도시환경과 기술개발이 절박함
  - 자전거도로, 보행도로의 개발
- 지속가능한 도시교통체계와 녹색 교통수단
  - 지속가능한 교통은 자동차 중심의 교통체계를 극복하고 녹색도시로 전환하는 과정에서 보행자, 자전거전용도로 확보
  - 자전거 타기 운동 캠페인 : 대기오염 방지, 국민건강 증진, 교통난 완화

③ 새로운 대중교통수단
　신교통 시스템으로써 첨단 경전철이나 자기부상식 소규모의 철도의 도입이 거론된다.

고속교통망의 공백지역이나 대도시권내의 거점간 수송에 대한 고속교통수단으로서 소형 항공수송을 도입·개발할 가능성이 높다.

4. 대중교통 정책

대중교통을 정의하자면 공공기관에서 운영하며, 유지관리하는 자체의 루터를 따라 고정된 시간에 고정운임을 받고 모든 시민에게 서비스를 공급하는 대량 교통수단이라고 할 수 있다.

4.1 대중교통정책의 종류

(1) 대중교통 수송체계

① 대량수송과 공공서비스의 속성을 갖는다.
② 대중교통수단은 일반대중을 대량으로 수송하는 교통수단으로 일정한 노선과 구간을 운행하는 체계이며 정해진 노선을 운행하므로 정해진 배차간격에 의해 운영되고 도로나 궤도를 이용하는 것이 특징
③ 대중교통수단의 종류 : 도시전철, 지하철, 도시 모노레일, 노면전차, 시내버스(좌석버스), 트롤리버스 등

(2) 대중교통수단 우선처리의 효과

① 경제적인 효과
- 버스 승차자와 차량이용자의 통행시간의 변화
- 버스와 다른 교통수단의 운영비용의 변화
- 소비자 잉여값의 변화
- 사고발생 건수의 변화

② 사회 및 경제적인 변화

- 교통수단분담의 효과
- 연료 소모량의 감소
- 쾌적성의 증가
- 수용성(버스의 중요성을 인식)

③ 환경적인 효과
- 대기오염의 변화
- 소음의 변화
- 시각적인 효과

(3) 버스정류장 : 전진형, 중간형, 후진형

① 전진형(버스 정류장 전방에 교차점 위치)
- 장점 : 적색 신호시 승하차의 장점
  후진형 정류장과 환승이 유리
- 단점 : 시거가 나쁘다.
  직진 차량을 가린다.
  버스 추월에 따른 사고 위험이 높다.

② 중간형
- 교통 운영 차원에서는 가장 바람직하나 이용자의 walking time이 증가하는 단점이 있다.

③ 후진형(버스 정류장 후방에 교차점 위치)
- 장점 : 적색 시간 우회전의 기회가 증대
  버스 정지에 의한 우회전에 지장을 주지 않는다.
  버스의 출발 지체를 감소시킨다.
  시거에 방해받지 않는다.

(4) 대중교통수단의 요금 징수 방법

① 균일 요금제 : 승객의 여행거리에 관계없이 동일한(고정된) 요금이 부과되는 요금구조

② 거리 요금제 : 승객이 여행한 거리에 따라 매회 부과되는 요금구조로서 균일 요금제보다 형평성과 효율성이라는 측면에서 적절하다.
- 단점
  - 승객과 승무원 모두에게 혼란을 초래하고 요금징수속도가 느려져 버스운행을 지체시킨다.
  - 승객이 지불한 요금에 상응하는 거리를 나타내는 일정양식의 티켓을 배부할 필요가 있다.
  - 요금에 상응하는 거리보다 초과승차할 우려가 있다.

③ 거리 비례제 : 노선별로 수많은 소지역(section)으로 세분하여 거리에 비례하여 요금을 설정하는 방법, 일반적으로 소지역간의 경계는 버스정류장을 기준으로 한다.
- 장점 : 승객이 여행한 소지역의 수는 실제 여행한 거리와 비슷하다.
- 단점
  - 복잡하다.
  - 환승권 제도와 병행하기 곤란함

④ 구간 요금제 : 전 노선을 몇 개의 구간으로 나누어 출발구간과 도착구간 사이의 요금을 정하는 방법

(5) 준 대중교통수단(Para-transit)

① 인구밀도가 낮은 지역에서(또는 한 가지 교통수요가 존재할 때) 대중교통의 대체수단으로 사용될 수 있고, 다른 교통수단과 연계하여 사용

② 전형적인 응용
- 대중교통체계가 없는 소규모 도시지역에 적합
- 개인적인 단거리 수송(door-to-door service)을 필요로 하는 고령자와 장애자와 같은 소수의 시민을 위한 교통서비스

③ 특징
- 유동적인 노선
- 승차자의 안락함

- 편리성
- 사생활 보장
- 저수요, 저밀도 지역에 적합

4.2 대중교통의 정책적인 고려사항 및 문제점

(1) 대중교통이 공공서비스가 되어야 하는 이유

① 교통서비스는 시민생활 및 국민경제에 필수적 요소
② 교통서비스에 따른 초기 시설투자가 크지만 효과는 늦게 나타남.
③ 외부효과가 크다. 도시 및 지역개발에 막대한 영향, 부정적인 측면은 교통 사고, 대기오염, 소음 등 공해를 유발
④ 국가차원의 효율적 배분(국토의 균형개발, 시장의 효율성 제고)
⑤ 공공정책의 궁극적 목표는 시장을 안정시키고, 소득의 분배를 꾀하며, 국가 재원을 효율적으로 배분, 이로 인해 정부가 서비스의 질과 양을 규제하고 각종 보조정책을 시도

(2) 대중교통의 문제점

① 지하철
- 타기가 힘들다(연계 미비, 보행거리가 길다).
- 환승이 어렵다(한 노선에서 다른 노선으로 보행거리가 길다).
- 사람이 많은 노선과 적은 노선의 기복이 심하다(건설시 정치적 고려).
- 안전 및 유지관리 미비(잦은 고장)
- 통행시간의 차이가 적다(지하철과 승용차, 보행거리가 길고 환승이 어렵다).
- 급행 지하철의 운행시설 미비

② 버스
- 버스노선의 미정비로 승객이 불편(중복노선, 장거리 노선, 배차간격의 불합리)
- 정류장(Bus Shelter시설 미비, 버스안내시설 미비)
- 버스운전자의 소양 부족(불법운전, 급정거, 급출발, 급회전)

- 버스회사 운영이 전 근대적이다.
- 지하철과 버스의 연계부족

(3) 복지 지향적 대중교통정책

① 대중교통정책은 크게 2가지로 구분
- 시장의존 원칙 : 자유경쟁 아래 자원배분
- 사회복지 원칙 : 교통은 지역개발, 환경보호 등 사회적 목적을 추구하기 위한 효과적인 도구

② 복지측면에서 대중교통수단이 갖추어야 할 정책평가의 기준
- 적당한 서비스에 대한 적절한 요금수준의 결정
- 교통서비스가 다른 공공재와 마찬가지로 균등한 서비스 제공
- 소득배분의 기능을 담당하도록 하여야 함(가난한 사람들의 경제적 부담 감축)

③ 대중교통을 정부에서 지원하는 이유
- 대중교통의 이용을 높여 교통체증이나 교통공해 완화
- 도시교통의 비용 및 에너지 절약
- 현 도시체계의 유지
- 기존 대중교통체계의 활용도 제고
- 저소득층의 보호와 불평등 인식의 불식
- 노약자, 장애인 등의 통행욕구 충족

5. 교통시설의 투자 정책

5.1 투자원리

도시시설 투자에 소요되는 투자요소는 일반경제에서의 투자요소인 자본, 노동력, 토지가 있으며, 추가적으로 기술력 등의 요소가 포함된다.

(1) 고려사항

① 한정된 투자재원
② 투자의 기술적 타당성
③ 투자의 경제적인 타당성

(2) 투자정책의 기본방향

① 투자재원 확대방안
② 투자의 효율화 방안

5.2 투자분석

(1) 투자의 타당성 충족 요건

① 투자효율의 극대화
② 자적 투자정책 제시
③ 자시기의 적정성
④ 기타 공공투자로 인하여 발생할 수 있는 문제점을 최소화

(2) 분석기법

① 재정분석
② 비용편익분석
③ 지역경제효과분석
④ 환경영향평가

5.3 투자자본 형성 방법

(1) 공공부문에서 재원을 마련하는 방안

① 세원을 통한 조달방안
② 국공채발행을 통한 조달방안
③ 복권, 경영수익사업 전환, 교부금 등을 활용하는 방안

(2) 민간부문에서 재원을 마련하는 방안

① 직접적인 민간 투자
② 정부가 시설을 마련하고 민간부문을 활용하는 방안
③ 정부와 민간이 공동으로 출자하는 방안

[표 12-2] 민간참여의 형태

민간참여형태	구분	민간참여방안
관공출자형태	정부 공사, 공단	정부가 공사주식의 상당부문을 소유 잔여지분 민간보유
민관혼합출자형태	제3섹터	정부와 민간기업의 혼합출자로 주식회사 설립
	민영회사	정부와 민간의 혼합출자에 의한 공공성이 강한 민영회사 설립
민간출자형태	기부체납방식(BOT)	민간기업에 의한 주식회사 설립 건설과 운영을 책임지고 수행 투자비 회수후 기부채납
민간출자형태	계약제도방식	Franchise업체가 정부와 계약 후 건설 운영 일정기간 후 정부매수 또는 재계약

(3) 민간투자의 방식

교통시설에 대한 민간투자의 방식은 민간자본으로 시설물을 건설하고 일정기간 운영권을 가진다. 다만 시설물의 소유권 부분에서 건설 후 즉시 국가에 귀속시키는 BTO(Build-transfer-operate)방식과 일정기간 운영 후 소유권을 귀속시키는 BOT(Build-operate-transfer)방식으로 주로 구분된다.
따라서 민간투자의 특징과 절차는 다음과 같다.
① 민간섹터가 정부와 계약
② 민간섹터가 재원을 조달하여 건설
③ 건설 후 일정기간을 무상으로 운영
④ 사용자에게 사용료를 징수하여 투자수익을 확보
⑤ 건설 후 또는 사업기간 만료 후에 국가에 소유권을 귀속

[표 12-3] 민간투자 방식의 종류

유형	투자방식 내용
BTO	건설(build)-이전(transfer)-운영(operate)
BOT	건설(build)-운영(operate)-이전(transfer)
DBO	개발(develop)-건설(build)-운영(operate)
BT	개발(develop)-이전(transfer)
ROT	재개발(redevelop)-운영(operate)-이전(transfer)
BROT	건설(Build)-임대(rent)-운영(operate)-이전(transfer)
BOT	건설(build)-운영(operate)-이전(transfer)

6. 공학경제(Engineering Economy)

6.1 공학경제 분야의 필요성

교통프로젝트에 대한 경제성분석 및 재정분석의 중요성은 8장과 9장에서 언급한 바 있다. 교통프로젝트의 상당부분은 대규모·장기간의 투자를 필요로 하며 또한 그 파급효과도 장기간에 걸쳐 영향을 미치므로, 교통프로젝트는 경제성의 개념에 입각한 신중한 검토가 필요하다.

본 절에서 공학경제에 관한 내용을 공부하는 것은 이와 같이 교통프로젝트에 있어 검토해야 하는 투자시기, 시설물의 내구연한, 공사비지불방법 등 서로 다른 요인들을 경제학적으로 분석하여 비용-효용가치를 산정하고자 하기 때문이다.

(1) 발생시기

① 현재가치 즉 출발시기에 전체 금액을 투자하는 경우
② 미래 특정시기에 전체금액을 투자하는 경우
③ 일정한 간격을 유지하며 일정금액을 비율로 투자하는 경우

(2) 내구연한

① 도로의 내구년한 20년
② 철도의 내구년한 100년 등 다양

(3) 지급방법

① 일시불 현재 지불(Single payment Transactions)
② 일시불 준공후 지불(Uniform series sinking fund factor)

③ 매년 혹은 매월 지불

6.2 분석방법

(1) 일시불 지급

일시불 예금, 일시불 출금 등 한번에 모든 교환이 이루어지는 것

년말 총액	복리 방법
1	$P+Pi = P(1+i)$
2	$P(1+i) + P(1+i)^i = P(1+i)^2$
3	$P(1+i)^2 + P(1+i)^{2i} = P(1+i)^3$
4	$P(1+i)^3 + P(1+i)^{3i} = P(1+i)^4$
-	
n	$P(1+i)^{n-1} + P(1+i)^{n-1i} = P(1+i)^n$

따라서 미래 n년 후의 지불액수는 다음과 같다.

$$S = P(1+i)^n$$

여기서

S : 미래 n년 후의 총액

P : 현재 투자액수

I : 이자율

n : 연도

반대로 미래의 가격을 알고 현재의 가격을 알고자 할 때

$$P = S \times 1/(1+i)^n \text{ (현재가치화 방법)}$$

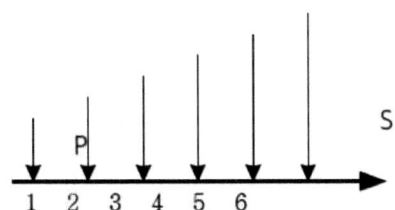

(2) 균일 현금류 적립기금계수

① 균일 현금 R을 매년 말에 예금하고
② 이자율 i인 경우에 n년 후에 현금 S를 찾을 경우에 S의 값은

지불년도	복리량
1	$R(1+i)^{n-1}$
2	$R(1+i)^{n-2}$
3	$R(1+i)^{n-3}$
N	$R(1+i)^{n-N}$
n	$R(1+i)^{n-n} = R$

따라서,

$$S = R(1+i)^{n-1} + R(1+i)^{n-2} + R(1+i)^{n-3} + \cdots + R(1+i) + R$$

그런데 여기서 각 항에 $(1+i)$를 곱하면

$$S = R(1+i)^{n-1} + R(1+i)^{n-2} + R(1+i)^{n-3} + \cdots + R(1+i) + R$$

$$(1+i)S = R(1+i)^n + R(1+i)^{n-1} + R(1+i)^{n-2} + \cdots + R(1+i)$$

$$S_i = R(1+i)^n - R$$

$$S = R \times \frac{(1+i)^n - 1}{i}$$

그리고 미래 일시불을 알고 매년의 적립기금을 알고자 할 때,

$$R = S \times \frac{i}{(1+i)^n - 1}$$

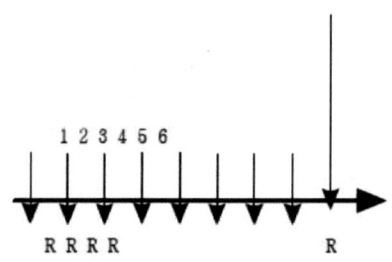

(3) 균일 현금류 자본회수계수

① 일시불 현금류 P를 예치하고
② 매년 말에 R을 예출하고자 할 경우
③ 이자율 i 기간 n

기간	년말에 R을 예출할 경우 통장의 잔액
1	P(1+i) - R
2	[P(1+i)-R](1+i) -R = P(1+i)² -R(1+i)-R
3	-
-	-
-	-
n	P(1+i)ⁿ-R(1+i)ⁿ⁻¹-R(1+i)ⁿ⁻² - ---- -R =0

$$P(1+i)^n - R(1+i)^{n-1} - R(1+i)^{n-2} - \cdots - R = 0$$

여기서 각 항에 $(1+i)$를 곱하면

$$P(1+i)^n - R(1+i)^{n-1} - R(1+i)^{n-2} - \cdots - R = 0$$
$$P(1+i)^{n+1} - R(1+i)^n - R(1+i)^{n-1} - \cdots - R(1+i) = 0$$

위에서 아래를 빼면

$$-P(1+i)^{n+1} + P(1+i)^n + R(1+i)^n - R = 0$$

여기서 R에 관해서 풀어보면

$$R = P \left[\frac{i(1+i)^n}{(1+i)^n - 1} \right]$$

반대로 일정 예출금을 알 때의 현금 예금액은

$$P = R \left[\frac{(1+i)^n - 1}{i(1+i)^n} \right]$$

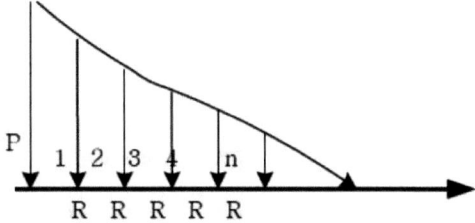

> ❗ 은행에 2,000,000원을 반년에 이자율 6%로 예금하였다. 10년 후에 원금과 이자를 인출하면 모두 얼마인가?

> ❗ 철도를 건설하는 데 100,000,000,000원의 자금을 투자해야 하는데, 준공 기간은 10년이 걸린다. 자금은 준공 후에 일시불로 지급하여야 하는데, 자금을 지불하기 위해서 10년동안 매해 같은 액수를 은행에 예치하고자 한다. 만약에 이자율이 년10%라면 해마다 얼마를 예치해야 하는가?

해설

다음을 비교하라(미래가치)
① 매해 같은액수로 연말에 계산
② 반은 공사시작전, 반은 공사준공 후
③ 전액을 공사시작전

> ❗ 교통회사 직원의 퇴직금을 지급하기 위해서 연리 8%로 적립해 놓았다. 직원 1인에게 30년 동안 매해 2,000,000원의 퇴직금을 지불하기 위해서는 1사람의 직원을 위해서 얼마를 예치해야 하는가?

> ❗ 도로의 포장상태를 정상상태로 유지하기 위해서는 매해 300,000,000원의 자금을 투입해야 한다. 도로포장의 내구년한 10년동안 정상상태를 유지하기 위한 유지보수 비용은 얼마를 적립해야 하는가(단, 이자율은 8%)?

> ❗ 도로의 안전시설물을 부착하기 위한 나무 포스트의 가격이 10,000원이고 내구년한은 6년이다. 그런데 나무 포스트에 방습제를 사용함으로 인해 내구년한을 15년으로 연장할 수 있다. 방습제를 칠한 나무 포스트는 내구년한이 지나면 폐기물 처리하는데 100원이 소요된다. 만약 이자율이 7%라면 방습제 사용가격이 적어도 얼마 이하이어야 경제성이 있는가?

(4) 무한대의 서비스 내구연한 분석 방법

① 균일 현금류 현재가치

$$P = R\left[\frac{(1+i)^n - 1}{i(1+I)^n}\right]$$

여기서 n이 무한대면

$$P = R\left[\frac{(1+i)^{\infty}-1}{i(1+i)^{\infty}}\right]$$

위의 공식을 분리하면

$$P = R\left[\frac{(1+i)^{\infty}}{i(1+i)^{\infty}} - \frac{1}{i(1+i)^{\infty}}\right]$$

여기서 뒷부분은 0이고 앞부분은 $1/i$,

$$P = R \times 1/i = R/i$$

② 내구연한이 있는 현금류의 현재가치

미래의 특정기간의 값을 현재화하는 현금회수 공식 이용

$$P = \frac{S}{(1+i)^n} + \frac{S}{(1+i)^{2n}} + \ldots + \frac{S}{(1+i)^{\infty}}$$

양변에 $\frac{1}{(1+i)^n}$을 곱하면

$$\frac{P}{(1+i)^n} = \frac{S}{(1+i)^{2n}} + \frac{S}{(1+i)^{3n}} + \ldots + \frac{s}{(1+i)^{\infty+1}}$$

위 공식에서 아래를 빼면

$$P\left(1 - \frac{1}{(1+i)^n}\right) = \frac{S}{(1+i)^n}$$

$$P = S\frac{1}{(1+i)^n - 1}$$

따라서 $P = \frac{S}{i} SFF_{n,i}$

---

❶ 철교를 건설하고자 한다. 철교는 매20년마다 교체해야 하며, 설치비용은 50,000,000,000원이며, 매해 유지보수비용이 100,000,000원이 소요된다. 그래서 시는 내구년한이 무한대인 철교를 건설하고자 하는데 얼마를 투자하는 게 바람직한가(단, 이자율은 6%, 유지비용은 50,000,000)?

❶ AADT가 10,000인 2Km 도로를 입체교차로로 전환한 결과 1Km에 차량 당 200원의 에너지를 절약할 수 있다고 한다. 연이자율이 6%이고, 내구년한은 무한대이다. 그러면 입체교차로를 신설하는데 얼마까지를 투자할 수 있겠는가?

(5) 투자대안을 선별하기 위한 방법

(가) 직접방법

총 투자비용을 연비용, 현재가격으로 환산하는 방법

① 자본 투자 비용
② 유지, 관리비용
③ 사용자의 사용비용

(나) 현재가격으로 환산하는 방법

> ❗ 내구년한 15년인 대교를 건설하고자 한다. 초기설비 투자비용은 15,000,000,000원이고 이자율은 5%이다. 유지관리비용을 고려하지 않는다면 25년간의 총시설비용은 얼마인가?
> PWF : Present Worth Factor
> CRF : Capital Recovery Factor
> SPW : Series Present Worth
> RV : Residual Value

해설

nP =150억+150억PWF 15, 5%

R =150억 CRF 15, 5%

$RV\text{\`}$=RSPW 5, 5%

PRV=RV 25, 5%

$P1$ =P-PRV

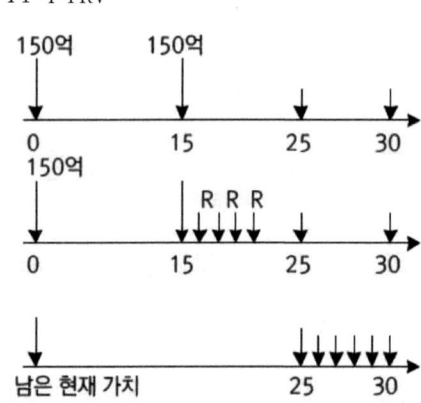

(다) 연비용으로 환산하는 법

모든 비용을 연비용으로 환산해서 분석하는 방법

❶ 도로의 새로운 포장과 유지관리 및 내구년한 후의 재포장을 위한 비용이 다음과 같은 경우 연비용으로 환산해서 분석하라. 단, 분석기간은 30년이며 초기 포장비용은 10,000,000원/Km, 내구년한 20년, 유지관리 비용은 500,000원/Km/yr, 재포장(덧쒸우기) 비용은 5,000,000원/Km, 내구년한은 10년이다(단, 이자율은 6%).

해설
① 모든 비용(포장비+덧쒸우기)의 현재가격
② 연비용으로 환산
③ 연비용 + 유지관리비

❶ 다음 3가지의 포장방법 중에 가장 경제적인 방법을 선택하라.(단 이자율은 6%)

포장두께	초기비용	내구년한	유지관리비
6inch	800,000/km	15yr	15,000/km
7inch	1,000,000/km	18yr	10,000/km
8inch	1,150,000/km	20yr	8,500/km

해설
내구연한이 다르기 때문에 연비용으로 환산

(6) 편익-비용 비율을 이용한 분석방법

(가) 사용자 효용 증가율(Incremental User Benefits)

① 대안간의 여행경비 및 개인용 자동차의 유지관리비의 차이
② 대안 전체 교통량의 평균

$$IUB = (U_1 - U_2)\frac{(V_1 + V_2)}{2}$$

여기서

U_1 : 대안1의 사용자 비용

U_2 : 대안2의 사용자 비용

V_1 : 대안1의 교통량

V_2 : 대안2의 교통량

- 대안1이 대안2보다 비용이 큰 값을 설정하여야 한다.
- 연비용으로 환산되어짐

(나) 시스템 비용 증가율(Incremental system Costs)

① 초기 투자
② 도로의 유지관리비
③ 대중교통의 유지관리비
④ 대안간의 교통량에 무관

$$ISC = SC_2 - SC_1$$

여기서

SC_2 : 대안2의 전체 비용
SC_1 : 대안1의 전체 비용

(다) 편익-비용 분석 방법

$$BCR = \frac{IUB}{ISC} = \frac{(U_1 - U_2)\frac{(V_1 + V_2)}{2}}{SC_2 - SC_1}$$

① 대안1은 대안2보다 사용자 비용이 크고, 투자비용이 적어야 한다.
② BCR > 1.0 : 대안2가 더욱 경제적임.
③ BCR < 1.0 : 대안1이 더욱 경제적임.
④ BCR = 1.0 : 두 대안이 경제적 효과가 같다.

대안	가상의 경우에 대한 BCR
NULL	
1	2.75
2	3.86
3	2.10
4	1.95

가상의 기준의 경우와의 BCR은 대안2가 가장 경제적임.

대안	각각의 대안에 대한 BCR		
	1	2	3
1	--	--	--
2	0.85	--	--
3	1.98	1.22	--
4	1.01	1.09	0.78

그러나 각 대안간의 BCR을 비교해보면
대안3 > 대안4 > 대안1 > 대안2

⑤ 이유
- IUB가 100원이고 ISC가 25원인 경우의 BCR은 4.0
- IUB가 1000원이고 ISC가 250원인 경우의 BCR은 4.0
  비록 BCR은 같으나 실재로 두 번째 경우가 더욱 경제적이다. 따라서 반드시 모든 경우를 비교 분석하여야 한다.

(7) 내부수익률(Internal Rate of Return) 분석 방법

① 지금까지의 방법은 이자율은 일반 이자율을 사용하고 모든 비용을 현재가격과 연비용으로 환산하여 산정
② 내부수익률 방법은 편익(IUB) = 비용(ISC)이 되는 이자율 산정
③ I > i 투자해서 편익이 많이 생김, 더욱 투자해도 좋음.
④ I < i 투자의 편익이 비용보다 적음, 투자가 적절치 않다.
⑤ I = i, 편익 비용이 모두 동등

이자율	IUB(원)	ISC(원)	IUB-ISC(원)
5%	800,000	1,000,000	-200,000
7%	800,000	1,050,000	-150,000
9%	980,000	1,080,000	-100,000
11%	1,070,000	1,100,000	-30,000
13%	1,100,000	1,115,000	-15,000
15%	1,120,000	1,118,000	+2,000

이자율 I = 13+2(15,000/15,000+2,000) = 14.76%

---

❶ 2차선 도로를 10Mile 건설하고자 하는데 노선에 따라 다음과 같은 사항이 있다. 단 모든 노선의 내구 년한은 20년으로 동일하다(이자율은 5%).

항목	현존도로	대안 대안1	대안2	대안3
노선길이(mile)	10	10	9	8.5
초기건설비용(원/mile)	--	800,000	1,000,000	1,050,000
연 유지관리비(원/mile/yr)	10,000	5,000	5,000	5,000
교통수요량(VPD)	25,000	25,000	28,000	30,000
사용자비용(원/1000mile)	135	110	108	108

해설

BCR Method

① System costs

  현존도로: AC =10,000×10 = 100,000/yr

  대안1 : AC =(800,000×10)CRF20,5%+(5,000×10)=691,600/yr

  대안2 : AC =(1,000,000×9)CRF20,5%+(5,000×9)=766,800/yr

  대안3 : AC =(1,050,000×8.5)CRF20,5%+(5,000×8.5)=758,285/yr

② 사용자 비용(per vehicle, 자동차1대당)

  현존도로 : U =(135×10/1000)=1.35원/자동차/mi

  대안1 : U =(110×10/1000)=1.10원/자동차/mi

  대안2 : U =(108×9/1000)=0.97원/자동차/mi

  대안3 : U =(108×8.5/1000)=0.92원/자동차/mi

③ 연교통량

  현존도로: V =25,000×365=9,125,000

  대안1 : V =25,000×365=9,125,000

  대안2 : V =28,000×365=10,220,000

  대안3 : V =30,000×365=10,950,000

④ 현존도로대 대안1

  BCR = (1.35-1.10)(9,125,000)/(691,600-100,000)=3.86

  대안1이 더욱 경제적

⑤ 대안1과 대안2

  BCR=[(1.10-0.97)(9,125,000+10,220,000/2)]/(766,800-691,600)=16.72

  대안2가 대안1보다 경제적

⑥ 대안2와 대안3

  BCR=[(0.97-0.92)(10,950,000+10,220,000/2)]/758,285-766800=-62.15

  대안3이 대안2보다 경제적(-값이 나오는 이유는 비용이 저렴하기 때문)

  따라서 대안3>대안2>대안1>현존도로

❶ 철도역을 건설하고자 한다. 대안1은 엘리베이트 등 고급서비스를 제공할 수 있는 반면 대안2는 부대시설이 빈약한 역사이다. 두 역사 건설의 비용은 아래와 같으며, 내구년한은 50년이다. 현재 이자율이 6%라면 어디에 투자하는 것이 바람직한지 내부수익율 방법을 이용하여 분석하라.

	대안1	대안2
초기비용(원)	39,000,000	25,000,000
운영비(원/년)	1,000,000	1,250,000
유지관리비(원/년)	150,000	120,000
사용자비용(원/인)	0.75	0.90
연승객수	30,000,000	30,000,000

해설

① $IUB = [(0.90-0.75)\{(30,000,000+30,000,000)/2\}] = 4,500,000$원/연

② $SC1 = 39,000,000 CRF50, i + 1,000,000 + 150,000$

$SC2 = 25,000,000 CRF50, i + 1,250,000 + 120,000$

$ISC = SC1 - SC2 = 14,000,000 CRF50, i - 250,000 + 30,000$

③ $IUB = ISC$

$4,500,000 = 14,000,000 CRF50, i - 220,000$

$CRF50, i = 0.3371$

$i > 25\%$

내부수익률이 현존 이자율을 초과하여 수익을 보장하므로 대안1에 투자하는 것이 바람직하다.

❶ 은행에 1,000,000원을 예치하고 10년 후에 원리금을 일시불로 찾고자 한다. 10년 후의 원리금은 얼마인가(단, 이자율은 분기별 8%)?

❶ 공사 진행 상황별로 매년 1,000,000원씩 지급하기로 하였다. 공사기간은 10년이고 이자율은 연 6%라면 10년 후의 총지급 금액은 얼마인가?

❶ 공사기간 초기에 일시불로 1,000,000원을 지급하였다. 공사대금이 5,000,000원이라면 총 공사기간은 얼마인가(단, 이자율은 10%)?

❶ 20년동안의 유지보수비용을 충당하기 위하여 일시불로 은행에 예치하였다. 처음 10년간은 매년 1,000,000원씩, 다음 10년간은 1,500,000원씩 소요된다. 얼마를 초기에 일시불로 예치되어져야 하는가(단, 이자율은 8%)?

❶ 고속도로 톨게이트를 수동식에서 기계식으로 전환하고자 한다. 수동식인 경우 매년 20,000,000원의 인건비가 소요되나, 기계식인 경우는 15년 내구년한 동안 비용이 유지관리비용인 1,000,000원이 소요된다. 기계식 톨게이트를 위해 최대한 얼마까지를 투자할 수 있는가(단, 이자율은 7%)?

❷ 경주시의 부채가 50,000,000,000원이다. 경주시는 향후 20년동안 이자율 9%를 포함한 원리금을 매년 같은 값으로 상환하려고 한다. 경주시는 매년 얼마를 상환해야 하는가(단, 이자율은 7%)?

❸ 경주역의 포장공사를 실시하고자 한다. 두 업체의 조건이 다음과 같다면 어느 업체를 선정할 것인가(단, 이자율은 7%)?

	업체 A	업체 B
비용	30,000,000원	60,000,000원
내구년한	5년	10년

❹ 교각을 건설하고자 하는데 다음과 같은 조건이라면 초기투자비용이 얼마인가? 매 40년마다 같은 비용으로 새로운 교각을 건설하여 무한대로 사용하고자 한다.

초기투자비용	500,000,000원
내구년한	40년
이자율	8%

❺ 철교 건설비용이 100,000,000,000원, 유지관리비용이 10,000,000원이 소요되고, 내구년한이 50년이라면 초기투자비용은 얼마인가(단, 이자율은 8%)?

❻ 나무 지지대를 알루미늄 지지대로 교체하고자 한다. 최대 가능 투자비용은 얼마인가(단, 이자율은 9%)?

	알루미늄	나무
내구년한	15년	6년
초기비용		50,000원
유지관리비	500원	1,000원

❼ 버스회사를 설립하고자 한다. 그런데 버스의 내구년한은 13년이며, 초기투자 비용은 12억이고 10년 후에 10억을 투자해야 하고, 매년 유지관리비용은 4천만원이다.
a) 이자율이 10%라면 총투자비용을 연례 비용화하라.
b) 승객중의 75% 요금이 1,000원이고, 나머지 25%가 500원이라면 얼마나 많은 승객이 타야 총투자 비용에 손실이 발생하지 않겠는가?

❶ 내구년한 10년인 새로운 도로를 건설하는데 100억이 소요되어, 3년을 사용하다가 도로 기하구조의 불합리로 10억을 지불하고 허물었다. 사용기간동안 유지관리비용이 1억이었다. 이자율이 8%라면 총연례 비용은 얼마인가?

❶ 다음과 같은 조건을 만족시키기 위한 총투자비용을 산출하라. 내구년한 5년인 중고버스를 2억에 인수하고, 5년 후에 중고차를 2천만에 팔고, 내구년한 14년인 새로운 버스를 10억에 구입하였다. 그리고 10년 후에 버스사업을 중단하기 위하여 5억에 회사를 팔았다. 단, 유지관리비는 2천만원이고, 이자율이 10%라면, 총손익은 얼마인가?

❶ 다음과 같은 조건을 가진 3종류의 도로의 경제성을 평가하라(i=10%).

	현존도로	대안1	대안2
초기투자비용(내구년한 40년)		500억	800억
재포장비용(20년)		60억	100억
도로길이	5km	5km	5km
유지관리비	7억	2억	2.5억
사용자비용(원/1000km)	2000원	1500원	1000원
교통량(vpd)	25,000	25,000	25,000

a) 현재가치를 산정하라.
b) 연례가치로 환산하라.
c) 편익-비용 분석방법으로 환산하라.
d) 내부수익율 방법으로 환산하라.

❶ 다음을 분석하라(내구년한 25년, 이자율 8%).

토지비용(도로전용)	150억
도로공사 초기비용	200억
유지관리비용	1억

a) 현재가치로 환산하라.
b) 연례비용으로 환산하라.

참고문헌

1. 도철웅, "교통공학원론", 청문각, 1992
2. 원제무, "도시교통론", 박영사, 1990
3. 원제무, "알기쉬운 도시교통론", 세진사, 1996
4. 국토교통부, "도로용량편람", 2013
5. William R. Mcshane, Roger P. Roess, "Traffic Engineering", Prentice Hall, 1990
6. 임강원, "도시교통계획", 서울대학교 출판부, 1992
7. TRB, "Highway Capacity Manual", TRB, 1994
8. ITE, "Transportation and Traffic Engineering Handbook", ITE, 1982
9. 권호진, 진명섭, "최신 도로공학", 교문당, 1998
10. 한국도로공사, "도로설계요령", 1992
11. 김춘옥, "크로소이드 곡선과 도로선형 설계", 효성, 1997
12. AASHTO, "A Policy on Geometric Design of Highways and Streets", AASHTO, 1990
13. ITE, "Transportation Planning Handbook", Prentice Hall, 1992
14. R.E. Walpole 원저, "통계학 입문", 진영사, 1998
15. Johnson, Liebert, "Statistics", Prentice Hall, 1977
16. 건설교통부, "첨단도로교통체계 국가 기본계획", 1996
17. 국토해양부, "지능형교통체계 기본계획 2020, 2011
18. 국토해양부, "자동차도로교통 분야 지능형교통체계 계획 2020, 2012
19. 국토교통부, "지능형교통체계 기본계획 2020 - 제1차 수정", 2017
20. May, "Traffic Flow Fundamentals", Prentice Hall, 1990
21. 국토교통부, "도로의 구조·시설 기준에 관한 규칙 해설 및 지침", 2013
22. 서울대학교 교통공학 연구실, 교통공학개론, 영지문화사, 2000
23. 김경환, 교통안전공학, 태림문화사, 1991

박창수

미국 뉴욕대학교 교통공학(NYU) 석사
미국 뉴욕대학교 교통공학(NYU) 박사
미국 뉴욕 롱아일랜드대학교 도시공학 석사
대구, 울산광역시 교통영향평가 심의위원
현 경주대학교 조경도시개발학과 교수

황정훈

영남대학교 교통공학 석사
일본 오사카대학 교통공학 박사
일본 오사카대학 특임교수
영남대학교/대구대학교 겸임교수
대구시, 경상북도 교통영향평가 심의위원
중앙산업단지계획심의회 심의위원
현 사단법인 미래도시교통연구원 원장(이사장)

도시교통의 이해

발행일 / 2021년 2월 25일

저자 / 박창수 황정훈
발행인 / 이병덕
발행처 / 도서출판 정일
등록날짜 / 1989년 8월 25일
등록번호 / 제 3-261호
주소 / 경기 파주시 한빛로 11
전화 / 031)946-9152(대)
팩스 / 031)946-9153

정가 / 29,000원
copyright©Jungil Publishing Co.